乡村兽医指南

主　编　申海燕　郝瑞芳　王群亮

西南交通大学出版社
·成都·

图书在版编目（CIP）数据

乡村兽医指南 / 申海燕，郝瑞芳，王群亮主编. —成都：西南交通大学出版社，2019.3（2021.3 重印）
ISBN 978-7-5643-6570-7

Ⅰ. ①乡… Ⅱ. ①申… ②郝… ③王… Ⅲ. ①兽医学－技术培训－教材 Ⅳ. ①S85

中国版本图书馆 CIP 数据核字（2018）第 248350 号

乡村兽医指南

主编	申海燕　郝瑞芳　王群亮
责任编辑	牛　君
封面设计	严春艳
出版发行	西南交通大学出版社 （四川省成都市二环路北一段 111 号 西南交通大学创新大厦 21 楼）
邮政编码	610031
发行部电话	028-87600564　028-87600533
网址	http://www.xnjdcbs.com
印刷	四川森林印务有限责任公司
成品尺寸	185 mm×260 mm
印张	23.5
字数	588 千
版次	2019 年 3 月第 1 版
印次	2021 年 3 月第 5 次
书号	ISBN 978-7-5643-6570-7
定价	78.00 元

课件咨询电话：028-81435775
图书如有印装质量问题　本社负责退换
版权所有　盗版必究　举报电话：028-87600562

编委会

主　编　申海燕　郝瑞芳　王群亮

副主编（以姓氏笔画为序）

　　　　　王庆芳　申芳丽　张志斌

　　　　　武记学　侯海鹏　栗朝亮

参　编（以姓氏笔画为序）

　　　　　付保铭　乔惠敏　李斌清

　　　　　宋林春　张　伟　陈爱青

　　　　　赵利民　郝保根　郭日新

　　　　　郭　良　韩记明

作者简介

申海燕，女，1973年10月出生，大学文化程度，高级兽医师。1993年参加工作，现在林州市畜牧兽医技术推广站工作，多次到大学和科研机构学习深造。多年来主要从事动物疫病防控和兽医临床诊疗等方面的研究，推广畜牧兽医新技术、新成果，长期在基层生产一线从事临床诊疗，积累了丰富的实践经验，发表《探讨中兽医在畜牧业方面的潜在优势》等技术论文40余篇，编写出版《人兽共患病学》。主持参与"生物饲料开发制造技术"等10余个项目的研究与推广，分别获得安阳市级科技进步一等奖2项、二等奖4项、三等奖3项，河南省科技成果3项；制定安阳市畜牧饲养地方标准5个；申请国家发明专利4项；参与技术巡回服务60余次，举办畜牧兽医培训班40期，培训人员1300余人次；荣获"河南省优秀基层动物防疫员""安阳市青年科技专家""安阳市巾帼建功标兵""林州市五一劳动奖章""林州市优秀专业技术人才（市管专家）"等荣誉称号。

郝瑞芳，女，1974年2月出生，1996年大学毕业后参加工作，先后在林州市疫情测报站、林州市畜牧兽医技术推广站工作，一直从事畜牧兽医技术推广和服务工作，发表《影响畜产品质量安全的原因与保障措施》等论文20余篇，编写出版《奶牛临床疾病》。主持参与"猪鸡疫病综合防治技术"等10多个项目，分别获"河南省农业综合开发"2等奖2项，市科技成果2等奖2项，教育部科技成果2项，省、市科技成果4项；申请国家发明专利2项，主持制定《太行黑山羊》等2项市地方标准。积极参与科技推广与服务，编写基层畜牧业培训教材，累计培训人次1300余人，获得全国农牧渔业丰收奖一等奖，获得"安阳市三八红旗手""安阳市巾帼建功标兵""安阳市畜牧兽医技术能手"等荣誉称号。

王群亮，男，1973年12月出生，高级兽医师。1996年大学毕业后，一直在河南省许昌市建安区动物卫生监督所工作，多次到大学和科研机构学习。多年来主要从事动物疫病防控和兽医临床诊疗等方面的研究，发表疫病诊断、畜牧执法等技术论文10余篇，编写出版《动物检疫》。获得许昌市市级科技进步二等奖2项；申请国家新型实用专利3项；获河南省检疫技术能手、建安区第七批拔尖人材；参与技术巡回服务40余次，举办畜牧兽医培训班22期，累计培训人员790余人次。

前言

为了贯彻落实《中华人民共和国动物防疫法》、国务院《兽药管理条例》、农业农村部《动物诊疗管理办法》《乡村兽医管理办法》等有关法律法规及有关规定，落实执业兽医制度和乡村兽医登记制度，提高乡村兽医的业务素质和职业道德水平，规范乡村兽医执业行为，保证兽药质量及其使用安全，维护乡村兽医合法权益，保护动物健康和公共卫生安全，我们专门组织有关人员编写了《乡村兽医指南》一书。本书可为乡村兽医业务开展提供技术支撑，对我国乡村兽医的发展壮大具有重要的现实意义。

本书共分十一章，涵盖了动物组织、动物生理、兽医药理、兽医微生物、兽医传染病、兽医寄生虫病、兽医内科疾病、兽医外科疾病、兽医产科疾病、中兽医知识、兽医兽药法律法规等有关知识。本书一方面结合乡村兽医工作实际需要，系统地介绍了兽医理论方面的基础知识，概括乡村兽医应掌握的临床诊疗技术要点；另一方面根据实践经验，梳理整理了乡村兽医在诊疗过程中的疾病治疗方法。

本书由林州市农业畜牧局、许昌市建安区动物卫生监督所、许昌市建安区动物疫病预防控制中心、鹤壁市浚县畜牧局等单位的部分一线畜牧兽医工作者共同编写而成。其中申海燕编写第五章、第十一章及附录；郝瑞芳编写第六章、第七章；王群亮编写第一章、第九章；王庆芳编写第二章第一至第三节、第四章第十二至第十五节；申芳丽编写第二章第四至第七节、第八章第一至第三节；张志斌编写第二章第八至第十节、第十章第一节；武记学编写第三章第一至第四节、第八章第四至第五节；栗朝亮编写第八章第六至第八节、第十章第二节；付保铭编写第十章第三至第四节；侯海鹏编写第四章第七至第十一节；乔惠敏编写第三章第十三至第十七节；李斌清编写第三章第十节、第四章第三节；宋林春编写第三章第十一至第十二节；张伟编写第四章第一至第二节；陈爱青编写第四章第四至第六节；赵利民编写第八章第九至第十节；郝保根编写第三章第七至第九节；郭日新编写第四章第十六至第二十节；郭良编写第八章第十一节；韩记明编写第三章第五至第六节。

我们在编写本书过程中，组织人员深入基层走访养殖场户，了解动物疾病发生趋势，召开乡村兽医座谈会，广泛听取各方面意见，联系当前临床常见的动物疾病，特别是犬、猫等宠物疾病，搜集总结了大量临床经验处方，便于在临床诊疗中参考应用。该书内容丰富，观点新颖，具有较高的针对性和较强的实用性，既可作为乡村兽医培训的学习教材，也可作为乡村兽医临床参考的工具书，又可作为参加执业兽医资格考试人员学习的参考资料。

本书编写过程中，得到有关畜牧兽医方面专家学者的耐心指导，得到当地畜牧兽医管理部门的大力支持，得到在畜牧生产一线工作执业兽医师的鼎力协助，在此表示衷心的感谢。

由于编写时间仓促，编者水平有限，书中难免有不足之处，恳请读者批评指正。

编　者

2018 年 6 月

目 录

第一章 动物组织学 ··· 1
    第一节 细 胞 ·· 1
    第二节 骨 骼 ·· 2
    第三节 关 节 ·· 3
    第四节 肌 肉 ·· 4
    第五节 皮 肤 ·· 5
    第六节 内 脏 ·· 6
    第七节 消化系统 ·· 6
    第八节 呼吸系统 ·· 8
    第九节 泌尿系统 ·· 9
    第十节 心血管系统 ··· 10
    第十一节 淋巴系统 ··· 11
    第十二节 神经系统 ··· 12
    第十三节 内分泌系统 ·· 14
    第十四节 生殖系统 ··· 15
    第十五节 感觉器官 ··· 16
    第十六节 禽的解剖特点 ··· 17

第二章 动物生理学 ··· 19
    第一节 概 述 ·· 19
    第二节 细胞的基本功能 ··· 20
    第三节 血 液 ·· 21
    第四节 血液循环 ··· 26
    第五节 呼 吸 ·· 27
    第六节 采食、消化和吸收 ·· 29
    第七节 能量代谢和体温 ··· 32
    第八节 尿的生成和排出 ··· 33
    第九节 神经系统 ··· 35
    第十节 内分泌 ·· 36

第三章 动物病理学 ··· 41
    第一节 动物疾病概论 ·· 41
    第二节 变 性 ·· 41
    第三节 坏死与细胞凋亡 ··· 43

第四节　病理性物质沉着……………………………………………………45
   第五节　血液循环障碍………………………………………………………47
   第六节　细胞、组织和适应与修复…………………………………………49
   第七节　水盐代谢及酸碱平衡紊乱…………………………………………51
   第八节　缺　氧………………………………………………………………53
   第九节　发　热………………………………………………………………54
   第十节　应　激………………………………………………………………55
   第十一节　炎　症……………………………………………………………56
   第十二节　败血症……………………………………………………………59
   第十三节　呼吸系统…………………………………………………………59
   第十四节　消化系统…………………………………………………………60
   第十五节　心血管系统………………………………………………………62
   第十六节　泌尿生殖系统……………………………………………………63
   第十七节　免疫系统…………………………………………………………65

第四章　兽医药理学……………………………………………………………67
   第一节　基本概念……………………………………………………………67
   第二节　药物动力学…………………………………………………………67
   第三节　药效动力学…………………………………………………………70
   第四节　影响药物作用的因素和合理用药…………………………………72
   第五节　化学合成抗菌药……………………………………………………74
   第六节　抗生素与抗真菌药物………………………………………………78
   第七节　消毒防腐药…………………………………………………………84
   第八节　抗寄生虫药…………………………………………………………87
   第九节　外周神经系统药物…………………………………………………87
   第十节　中枢神经系统药物…………………………………………………88
   第十一节　解热镇痛抗炎药…………………………………………………89
   第十二节　消化系统药物……………………………………………………89
   第十三节　呼吸系统药物……………………………………………………90
   第十四节　血液循环系统药物………………………………………………90
   第十五节　泌尿生殖系统药物………………………………………………91
   第十六节　调节组织代谢药物………………………………………………91
   第十七节　组胺受体阻断药…………………………………………………91
   第十八节　解毒药……………………………………………………………92
   第十九节　犬临床上使用药物剂量及用法…………………………………92
   第二十节　兽药配伍禁忌知识………………………………………………98

第五章　兽医微生物学与免疫学………………………………………………101
   第一节　细菌的结构与生理…………………………………………………101
   第二节　细菌的感染…………………………………………………………107

  第三节 消毒与灭菌…………………………………………………………………109
  第四节 主要的动物病原菌……………………………………………………………117
  第五节 病毒基本特性…………………………………………………………………118
  第六节 主要的动物病毒………………………………………………………………118
  第七节 免疫应答………………………………………………………………………119
  第八节 变态反应………………………………………………………………………121
  第九节 抗感染免疫……………………………………………………………………122
  第十节 免疫防治………………………………………………………………………123
  第十一节 免疫学技术…………………………………………………………………133

第六章 兽医传染病学……………………………………………………………………………135
  第一节 动物传染与感染………………………………………………………………135
  第二节 动物传染病流行过程的基本环节……………………………………………136
  第三节 动物流行病学调查……………………………………………………………137
  第四节 动物传染病的诊断方法………………………………………………………137
  第五节 动物传染病的免疫防控措施…………………………………………………138
  第六节 常见的动物传染病……………………………………………………………139

第七章 兽医寄生虫病……………………………………………………………………………177
  第一节 寄生虫与宿主类型……………………………………………………………177
  第二节 寄生虫的致病机理……………………………………………………………178
  第三节 寄生虫病的诊断技术…………………………………………………………178
  第四节 寄生虫病控制…………………………………………………………………179
  第五节 常规寄生虫学实验技术………………………………………………………179
  第六节 主要动物寄生虫病……………………………………………………………180

第八章 中兽医学………………………………………………………………………………198
  第一节 概　述…………………………………………………………………………198
  第二节 阴阳学说………………………………………………………………………198
  第三节 五行学说………………………………………………………………………199
  第四节 脏腑学说………………………………………………………………………199
  第五节 气血津液………………………………………………………………………201
  第六节 病因和病机……………………………………………………………………203
  第七节 辨证论治………………………………………………………………………206
  第八节 中兽药炮制……………………………………………………………………210
  第九节 中兽药性能……………………………………………………………………211
  第十节 常见中兽药……………………………………………………………………213
  第十一节 病症论治…………………………………………………………………224

第九章 兽医内科学……………………………………………………………………………235
  第一节 牛羊疾病………………………………………………………………………235

    第二节 猪疾病 253
    第三节 兔疾病 260
    第四节 禽疾病 263
    第五节 犬疾病 269
    第六节 猫疾病 275
第十章 兽医外科学 279
    第一节 外科感染 279
    第二节 损伤 280
    第三节 术前准备 281
    第四节 常见兽医外科疾病 285
第十一章 兽医产科学 294
    第一节 动物激素 294
    第二节 发情 295
    第三节 妊娠 298
    第四节 分娩 300
    第五节 动物主要产科疾病 303
参考文献 323
附录 兽医兽药法律法规及规定 324
    附录A 中华人民共和国动物防疫法 324
    附录B 兽药管理条例 333
    附录C 动物诊疗机构管理办法 343
    附录D 执业兽医管理办法 346
    附录E 乡村兽医管理办法 350
    附录F 兽用处方药和非处方药管理办法 352
    附录G 兽药经营质量管理规范 354
    附录H 兽医处方格式及应用规范 358
    附录I 禁止在饲料和动物饮用水中使用的药物品种目录 359
    附录J 食品动物禁用的兽药及其他化合物清单 361
    附录K 兽用处方药品种目录 362
    附录L 乡村兽医基本用药目录 364

第一章　动物组织学

　　动物体有 4 种基本组织：上皮组织、结缔组织、肌组织和神经组织。由几种不同的组织结合在一起，构成具有一定形态和执行特殊功能的结构，称为器官。由许多功能相关的器官联系起来，共同完成某种特定的生理功能，则构成系统。动物机体由运动系统、消化系统、呼吸系统、泌尿系统、生殖系统、心血管系统、淋巴系统、内分泌系统、感觉系统和被皮系统组成。各系统之间有着密切的联系，在功能上相互影响、相互配合，构成一个统一的有机整体，表现出各种生命活动。

第一节　细　胞

一、细胞的构造

　　构成动物机体的细胞种类很多，大小、形态、结构和功能各异，但却具有共同的特征：一般都由细胞膜、细胞质和细胞核构成。细胞是有机体代谢与执行的基本单位，具有生物合成的能力。细胞是遗传的基本单位。细胞是有机体生长和发育的基本单位。构成细胞的基本物质是原生质，主要由蛋白质、核酸、脂类、糖类等有机物和水、无机盐等无机物组成。

1. 细胞膜

　　细胞膜是包围在细胞质外面的一层薄膜。化学成分主要包括蛋白质、脂质和少量多糖。基本作用是保持细胞形态结构的完整，维护细胞内环境的相对稳定，细胞识别，与外界环境进行物质交换，能量和信息的传递。

2. 细胞质

　　细胞质是执行细胞生理功能和化学反应的主要部分，由基质、细胞器和内容物组成。
　　（1）基质　基质呈均匀、透明而无定形的胶体，内含蛋白质、脂类、糖类、水、无机盐等。各种细胞器、内含物和细胞核均悬浮于基质中。
　　（2）细胞器　细胞器是细胞质内具有一定形态结构和执行一定功能的小器官，包括线粒体、核蛋白质、内质网、高尔基复合体、溶酶体、过氧化物酶体、中心体、微丝、微管和中间丝等。线粒体存在于除成熟红细胞以外的所有细胞内，主要功能是进行氧化磷酸化，为细胞生命提供直接能量，被称为细胞内的"能量工厂"。核蛋白质是合成蛋白质的场所。内质网可分为粗质内质网和滑面内质网。粗面内质网的主要功能是合成和运输蛋白质；滑面内质网是脂质合成的重要场所。溶酶体的主要功能是进行细胞内消化作用。

（3）内容物　为广泛存在于细胞内的营养物质和代谢产物，包括糖原、脂肪、蛋白质和色素等。

3. 细胞核

细胞核是遗传信息的储存场所，控制细胞的遗传和代谢活动。在家畜体内除成熟的红细胞没有核外，所有细胞都有细胞核。细胞核主要由核膜、核质、核仁和染色体组成。核膜是细胞核与细胞质之间进行物质交换的通道。核质是无结构、透明、胶状物体，又称核酸。核仁有 1~2 个，是 RNA 合成、加工和核糖体亚单位的装配场所。染色体均呈高度螺旋化，正常的家畜体细胞的染色体为双倍体（即染色体成对），而成熟的性细胞其染色体是单倍体。在成对的染色体中有一对为性染色体。哺乳动物的性染色体又可分为 X 和 Y 染色体，它们决定性别。雌性动物体细胞的性染色体为 XX，雄性动物的则为 XY。在家禽中性染色体可分为 Z 和 W 染色体，雌性为 ZW，雄性为 ZZ。

二、细胞的主要生命活动

1. 细胞分裂

细胞增殖是细胞生命活动的重要特征之一，细胞增殖是通过细胞分裂来实现的。细胞分裂分为有丝分裂、无丝分裂和减数分裂。

2. 细胞分化

由一种相同的细胞类型经细胞分裂后逐渐在形态、结构和功能上形成稳定性的差异，产生不同细胞类群的过程称为细胞分化。

3. 细胞衰老和死亡

衰老的细胞主要表现为代谢活动降低、生理功能减弱，并出现形态结构的变化。在体表死亡的细胞则自行脱落。

4. 细胞凋亡

凋亡是指细胞在一定的生理或病理条件下，受内在遗传机制的控制自动结束生命的过程，即细胞程序性死亡。

第二节　骨　骼

骨由骨组织组成，具有一定的形态和功能，坚硬而富有弹性，有丰富的血管和神经，能不断地进行新陈代谢和生长发育，并具有改建、修复和再生的能力。骨内含有骨髓，是重要的造血器官。骨质内有大量的钙质和磷酸盐，是动物体的钙、磷库。

一、骨的构造

骨由骨膜、骨质和骨髓构成，并含有丰富的血管和神经。

1. 骨　膜

除关节面外，骨的内、外表面均覆盖一层骨膜。位于骨质外表面的称骨外膜，含有大量的细胞和少量纤维，具有修补和再生骨质的作用，故在手术中应尽量保留骨膜。在骨髓腔面、骨小梁表面、中央管和穿通管的内表面也衬有薄层结缔组织膜，称为骨内膜。骨内膜的纤维细而少，富含细胞和血管。

2. 骨　质

骨质是构成骨的主要成分，由骨组织构成。

3. 骨　髓

骨髓分红骨髓和黄骨髓。红骨髓具有造血功能。成年家畜的红骨髓被富含脂肪的黄骨髓代替，但长骨两端、短骨和扁骨内终生保留红骨髓。当大量失血或贫血时，黄骨髓又能转化为红骨髓而恢复造血功能。骨松质中的红骨髓终生存在，因此临床上常进行骨髓穿刺，检查骨髓象，诊断疾病。

二、骨的物理特性和化学成分

物理特性是具有硬性和弹性；骨的化学成分主要包括无机物和有机物。有机物主要是骨胶原，使骨具有弹性和韧性；无机物主要是磷酸钙和碳酸钙，使骨具有硬性和脆性。

第三节　关　节

动物机体全身骨借助骨连结连接成骨架。其中骨与骨之间借助膜性的结缔组织囊相连结，其间隙有腔隙，能间隙灵活地活动。这种连结又叫滑膜连结，简称关节。

一、关节的基本结构

1. 关节面和关节软骨

关节面是形成关节的骨与骨相对的光滑面，骨质致密，表面覆盖有透明软骨，称为关节软骨。关节面主要是适应关节的运动；关节软骨富有弹性，有减少摩擦和缓冲震动的作用。

2. 关节囊

关节囊是由结缔组织构成，附着于关节面的周缘。囊壁分内外两层，外层为纤维层，内层为滑膜层，滑膜可分泌滑液，有营养软骨和润滑关节的作用。

3. 关节腔

关节腔为关节软骨与滑膜围成的密闭腔隙，内有滑液。关节腔内有负压，有助于维护关节的稳定。

4. 血管、淋巴管及神经

关节的血管来自附近动脉的分支，在关节周围形成动脉网。关节囊各层均有淋巴管网分布。关节囊内有丰富的神经分布。关节软骨内无血管、淋巴管及神经分布。

二、关节的辅助结构

1. 韧　带

韧带是由致密结缔组织构成的纤维带，分囊内韧带和囊外韧带。韧带可增强关节的稳定性，并对关节的运动有限定作用。

2. 关节盘

关节盘是位于两个关节面之间的纤维软骨板，可使两个关节面更加吻合，并有扩大关节运动范围和缓冲震动的作用。

3. 关节唇

关节唇是指附着在关节面周缘的纤维软骨环，有加深关节窝、扩大关节面、增强关节稳定性的作用。

第四节　肌　肉

运动系统的肌肉由横纹肌组织构成，它们附着于骨骼上，又称为骨骼肌，是运动的动力器官。

一、肌肉的结构

肌肉可分为能收缩的肌腹和不能收缩的肌腱两部分。

1. 肌　腹

肌腹是肌器官的主要组成部分，位于肌器官的中间，由无数骨骼肌纤维借结缔组织结合而成，具有收缩力。肌肉的结缔组织形成了肌膜，构成肌器官的间质部分。每一条肌纤维外面包有肌膜，称为肌内膜。整块肌肉外面由肌外膜包裹。肌膜是肌肉的支持组织，使肌肉具有一定形状。血管、淋巴管及神经随着肌膜进入肌肉内，对肌肉的代谢和机能调节有主要意义。

2. 肌　腱

肌腱位于肌腹的两端或一端，由规则的致密结缔组织构成。肌腱不能收缩，但有很强的韧性和抗张力，不易疲劳。

二、肌肉的辅助结构

1. 筋　膜

分浅筋膜和深筋膜。浅筋膜位于皮下，由疏松结缔组织构成，覆盖在全身肌肉的表面。深筋膜由致密结缔组织构成，位于浅筋膜下。筋膜主要起保护、固定肌肉位置的作用。

2. 黏液囊

黏液囊是密闭的结缔组织囊。多位于骨的突起与肌肉、肌腱和皮肤之间，起减少摩擦的作用。

3. 腱　鞘

腱鞘由黏液囊包裹于肌腱外而成，腱鞘内有少量滑液，可减少肌腱活动时的摩擦。

第五节　皮　肤

皮肤覆盖于动物体表，在天然孔处与黏膜相连接。由复层扁平上皮和结缔组织构成，含有大量的血管、淋巴管、汗腺和多种感受器，具有感觉、分泌、保护深层组织、调节体温、排泄废物、吸收及储存营养物质等功能。皮肤一般可分为表皮、真皮和皮下组织3层。

1. 表　皮

表皮位于皮肤的最表层，由复层扁平上皮构成，没有血管和淋巴管，但有丰富的神经末梢。表皮由角质形成细胞和非角质形成细胞组成。

2. 真　皮

真皮位于表皮的深层，由致密结缔组织构成，是皮肤最厚的一层。其胶原纤维和弹性纤维交错排列，使皮肤具有一定的弹性和韧性。皮革就是真皮鞣制而成的。临床治疗上的皮内注射是把药液注入真皮层与表皮之间。

3. 皮下组织

皮下组织位于真皮的深层，由疏松结缔组织构成，又称浅筋膜。皮下组织内有皮血管、皮神经和皮肌，营养好的家畜还蓄积大量的脂肪，因此是常用的皮下注射部位。

第六节　内　脏

内脏是指动物体内的器官，绝大部分位于体腔（胸腔、腹腔和骨盆腔）内的器官，一般包括消化、呼吸、泌尿和生殖四个器官系统。这些器官共同的特点是：每个器官都直接或间接地以一端或两端与外界环境相通，借以保证动物机体代谢和种族延续。

一、内脏器官

根据其基本结构，可分为管状器官和实质器官两大类。

1. 管状器官

大多数内脏器官属于管状器官，如消化道、呼吸道、泌尿和生殖管道。其结构有两个特点：一个是器官的中央都有管腔，而管壁结构从内向外依次由黏膜、黏膜下层、肌层和浆膜（或外膜组成）；另一个是以一端或两端与体外相通。

2. 实质器官

实质器官包括肺、胰、肾、睾丸和卵巢等。实质器官无特定的空腔，由实质和间质两部分组成。实质部分是器官的结构和功能的主要部分。间质是结缔组织，它覆盖于器官的外表面并伸入实质内构成支架。

二、体腔和浆膜腔

1. 体　腔

体腔是指动物机体内部的腔洞，一般包括胸腔、腹腔和骨盆腔。

2. 浆膜腔

体腔内表面和位于体腔内器官的表面衬有一层光滑、透明的薄膜，称为浆膜。贴在体壁内表面的叫浆膜壁层。包在内脏器官外表面的叫浆膜脏层，浆膜脏层和壁层之间的腔隙为浆膜腔，腔内有少量的浆液，以减少器官在活动时摩擦。衬在胸腔内的浆膜称为胸膜，衬在腹腔和骨盆腔内的浆膜称为腹膜。由胸膜或腹膜的壁层和脏层围成的腔隙分别称为胸腔和腹腔。胸膜和腹膜具有分泌作用，分泌少量稀薄的透明液体，叫浆液。胸膜和腹膜还具有吸收作用，所以在治疗某些疾病或进行麻醉时，把药注射到腹膜腔内。通常所说的腹膜注射，实际上是把药物注射到腹膜腔内。

第七节　消化系统

消化系统是由口腔、咽、食管、胃、肠道、肝脏、胰脏组成。

一、口腔、咽、食管

口腔由唇、峡、硬腭、软腭、口腔底、舌和齿组成，是消化道的起始部，具有采食、吸吮、咀嚼、味道、吞咽和泌涎等功能。

咽为消化道和呼吸道的公共通道，由鼻咽部、口咽部和喉咽部组成。

食管是食物通过的肌膜型管道，起于喉咽部，后接于胃。食管壁由黏膜、黏膜下组织、肌层的外膜构成。

二、胃

胃位于腹腔内，为消化管的膨大部分，前端以贲门接食管，后端以幽门通十二指肠，具有暂时储存食物、进行初步消化和推送食物进入十二指肠的作用。胃可分为单室胃和多室胃两种类型。

1. 多室胃

牛羊的胃为多室胃，依次为瘤胃、网胃、瓣胃和皱胃。前3个胃的黏膜衬以复层扁平上皮，浅层细胞角化，且黏膜内不含腺体，主要储存食物和分解粗纤维的作用，常称为前胃。皱胃黏膜内分布有消化腺，能分泌胃液，具有化学性消化作用，也称为真胃。

（1）瘤胃　瘤胃最大，占胃总容积的80%，呈前后稍长、左右略扁的椭圆形大囊，几乎占据整个腹腔的左侧，其后腹侧部越过正中平面而突入腹腔右侧。

（2）网胃　网胃的容积约占胃总面积的5%，是四个胃中最小的。外形呈梨形，前后稍扁。位于季肋部的正中矢面上，与第6~8肋骨相对。

（3）瓣胃　瓣胃的容积占胃总面积的7%~8%，呈两侧稍扁的球形，位于右季肋部，在瘤胃和网胃交界处的右侧，与第7~11（12）肋骨相对。瓣胃黏膜形成百余片大小、宽窄不同的瓣叶。瓣叶呈新月形，有规律的相间排列，横切面很像一叠"百叶"故又称"百叶胃"。

（4）皱胃　皱胃的容积占胃总面积的7%~8%，呈前端粗、后端细的弯曲长囊，位于右季肋部和剑状软骨部，与第8~12肋骨相对。皱胃黏膜平滑而柔软，按位置和颜色可分为贲门腺区（色较淡）、胃底腺区（色较红）和幽门腺区（色黄）。

2. 单室胃

胃壁由内向外为黏膜、黏膜下层、肌层和浆膜四层。

（1）马胃　马胃黏膜分为腺部和无腺部。无腺部的结构与食管相似，缺消化腺，黏膜苍白，占据整个胃盲囊和幽门口以上的胃黏膜区。腺部黏膜富有皱褶，呈红褐色或灰色，内有丰富的贲门腺、胃底腺和幽门腺分布。幽门黏膜形成的一环褶，称为幽门瓣。

（2）猪胃　猪胃黏膜的无腺部很小，仅位于贲门周围，呈苍白色。贲门腺区很大，由胃的左端达中间，呈淡灰色。胃底腺区较小，呈棕红色。幽门腺区位于幽门部，呈灰白色。

三、肠

肠起自胃的幽门，止于肛门，分为小肠和大肠两部分。草食动物肠管较长，肉食动物的肠道较短。小肠可分为十二指肠、空肠和回肠三部分。十二指肠位于右季肋部和腰部，位置较固定。空肠是最长的一段形成许多迂曲的肠圈，并以肠系膜固定于腹腔顶壁，活动范围较大。回肠较短。大肠比小肠短，管径较粗，分为盲肠、结肠和直肠。草食动物的盲肠特别发达。牛的小肠长 40 m，大肠长 6.4~10 m；羊的小肠长 25 m，大肠长 7.8~10 m；马的小肠长 24 m，大肠长 4.5~5 m；猪的小肠长 15~20 m，大肠长 1~2 m；犬的小肠长 4 m，大肠长 0.6~0.75 m。

肠的组织结构由黏膜、黏膜下组织、肌层和浆膜构成。小肠黏膜和黏膜下组织形成许多环形皱褶，黏膜表面有许多细小的指状突起，突向肠腔，称为肠绒毛。绒毛由上皮和固有层构成。黏膜上皮由柱状细胞、杯状细胞和少量内分泌细胞构成。柱状细胞最多，具有吸收作用；杯状细胞能够分泌黏液，对黏膜有保护作用；固有层构成绒毛的中轴，内含大量肠腺、毛细血管、神经和各种细胞成分。管壁由一层内皮细胞构成，通透性较大，便于大分子的脂肪乳糜颗粒进入管内。

大肠壁的特点：黏膜表面比较平滑，不形成皱褶和绒毛；固有层内肠腺比较发达，分泌碱性黏液，中和粪便发酵的酸性产物，分泌物不含消化酶，但有溶菌酶；肌层特别发达。

四、肝

肝呈扁平状，暗褐色，是动物体内最大的腺体。位于腹前部，膈的后方，大部分位于右侧肋部。肝分大小不等的肝叶。中部有肝门，门静脉和肝动脉经肝门入肝，胆汁的输出管和淋巴管经肝门出肝。肝各叶的输出管合并在一起形成肝管。无胆囊的动物，肝管和胰管一起开口于十二指肠。有胆囊的动物，胆囊的胆囊管与肝管合并，称为胆管，开口于十二指肠。

五、胰

胰呈现淡红色，柔软而分叶明显。胰位于腹腔背侧，靠近十二指肠，可分为左、右、中三叶，中叶又称胰头。牛的胰呈不正的四边形，猪的胰呈不规则的三角形，马的胰呈不正的三角形，犬的胰呈 V 形。胰的表面包有薄层结缔组织被膜，结缔组织伸入腺体，将腺实质分隔成许多小叶。胰的实质分外分泌部和内分泌部，外分泌部分泌胰液，含有多种酶，参与消化作用；内分泌部称胰岛，分泌激素，对糖代谢起重要调节作用。

第八节 呼吸系统

呼吸系统包括鼻、咽喉、气管、支气管和肺等器官以及胸膜腔等辅助器官。鼻、咽喉、气管、支气管是气体出入肺的通道，称为呼吸道。肺是气体的交换器官。

1. 喉

喉既是空气出入肺的通道，又是发音的器官，喉壁主要由喉软骨和喉肌组成，内面衬有猴黏膜。声带由声壁及其外侧的声韧带和声带构成。

2. 气管和支气管

气管和支气管为圆筒状长管，由软骨环构成支架。气管位于经腹侧中线，由喉向后延伸，经胸前口进入胸腔，在心底背侧分为左、右两条支气管进入肺脏。

3. 肺

肺为气体交换器官，正常为粉红色，富有弹性，入水不沉，表面光滑、湿蕴。位于胸腔内、肺的两侧，分左肺和右肺，右肺较大。肺底缘薄，为从第 6 肋骨软骨交界处至第 11 肋骨上端的弧线，在临诊上具有重要意义。

肺于主支气管在肺内的第一级分支，分为肺叶，左肺分二叶，前叶（尖叶）和后叶（膈叶），右肺分四叶，前叶、中叶、后叶和副叶。肺表面被覆一层浆膜称为肺胸膜。浆膜下结缔组织伸入肺内形成肺间质，将肺组织分隔成许多肺小叶。肺实质是指肺内各级支气管及其分支和肺泡。气管—左右主支气管—肺门—肺叶支气管—细支气管—终末支气管—呼吸性细支气管—肺泡管—肺泡囊—支气管树—肺小叶。

机体的气体交换发生于肺泡上皮和肺泡隔毛细血管之间。肺泡 1 型细胞下方及肺泡隔毛细血管内皮之外，各有一层基膜，两层基膜间有薄层结缔组织。所以肺泡与血液之间进行气体交换时，至少要通过肺泡上皮、上皮基膜、血管内皮基膜和内皮细胞四层结构，这四层结构成为气-血屏障。

第九节　泌尿系统

泌尿系统由肾脏、输尿管、膀胱和尿道组成。肾是生尿的器官，输尿管是送尿液至膀胱的管道，膀胱是储存尿液的器官，尿道是排出尿液的管道。后三者合称尿路。

一、肾的位置和形态

肾为成对的实质性器官，呈豆形，红褐色，位于主动脉和后腔静脉两侧、腰椎的腹侧。右肾位置靠前。肾的外面通常包有厚层的脂肪，称为脂肪囊。

二、肾的组织结构

1. 被　膜

被膜由结缔组织构成。结缔组织在肾门处进入实质，形成肾间质。

2. 肾实质

肾实质分为皮质和髓质。皮质位于外周，因富含血管而呈红褐色，切面可见许多红色小颗粒，为肾小体。髓质位于内部，血管较少而色较浅，呈圆锥形，称肾锥体。肾髓质切面可见许多放射状、淡色条纹，伸入髓质形成髓放线。每个髓放线及其周围的皮质组成一个肾小叶。肾实质实际上是由许多泌尿小管构成。泌尿小管包括肾单位和集合小管两部分。

（1）肾单位　由肾小体和肾小管组成。

① 肾小体　呈球状，由血管球和肾小囊组成。肾小体具有两个极，小动脉进出的一端为血管极，与其相对的一端是尿端。血管球为一团盘曲成团球状的动脉毛细血管，为有孔毛细血管，无隔膜，血管内皮外是一层基膜。血管球有孔内皮、基膜和足细胞裂隙膜合称为滤过或原尿的滤过屏障。

② 肾小管　包括近端小管、细段和远端小管。近端小管是原尿重吸收的主要部分，可吸收原尿中全部葡萄糖、氨基酸、蛋白质、维生素，以及60%以上的钠离子、50%的尿素和65%~70%的水分等。远端小管是离子交换的重要部分，在醛固酮的作用下，能主动吸收钠离子，并以钠-钾交换的方式排出钾。

（2）集合小管　肾小体形成的原尿，经过肾小管和集合小管的重吸收、分泌和排泄作用，有用的物质大部分或全部被重吸收入血，并把无用的物质分泌和排泄到管腔，最后形成终尿。

第十节　心血管系统

心血管系统也称为循环系统，分为心血管系和淋巴系。心血管系由心、动脉、毛细血管和静脉构成。心是血液循环的动力器官。动脉是将血液由心运输到全身各部的血管。静脉是将血液由全身各部运输到心的血管。毛细血管是血液与组织液进行物质交换的场所。

一、心

心位于胸腔纵膈内，夹于左、右肺之间，略偏左侧，在第3~6肋骨之间。心呈倒圆锥形，外有心包包围。心脏以房间隔和室间隔分为左右两半，每半上部为心房，下部为心室，因此，心腔分为右心房、右心室、左心室、左心房四部分，同侧的心房和心室经室房口相通。右房室口呈卵圆形，口周缘有由致密结缔组织构成的纤维环，环上附着3片三角形瓣膜，称为右房室瓣；肺动脉口位于右心室左前方，呈圆形，口周缘也有纤维环，环上附着3片半月瓣，称为动脉干瓣（半月瓣）。左房室口呈圆形，口周缘也纤维环，环上附着有两片强大的瓣膜，称为左房室瓣（二尖瓣）。

二、肺循环

血液由右心室输出，经肺动脉、肺毛细血管、肺静脉回流到左心房，称为肺循环（小循环）。

三、体循环

血液由左心室输出,经主动脉及其分支运输到全身各部,通过毛细血管、静脉回流到右心房,称为体循环(大循环)。

四、微循环

微循环是指由微动脉到微静脉之间微血管的循环系统,是血液循环的基本功能单位,既是血液和组织之间进行物质交换的部位,又是局部血流影响局部代谢和功能的结构。

第十一节 淋巴系统

一、淋巴系统的组成

淋巴系统包括淋巴管、淋巴组织和淋巴器官。淋巴组织和淋巴器官可产生淋巴细胞,通过淋巴管或血管进入血液循环,参与机体的免疫活动,因此,淋巴系统是机体的主要防御系统。

(1)淋巴管是收集淋巴回流的管道,始于组织间隙,结构与静脉相似,管道内含有淋巴,最终汇入静脉。

(2)淋巴组织是含有大量淋巴细胞的网状组织,包括淋巴组织和淋巴小结。

(3)淋巴器官是以淋巴组织为主构成的器官,包括淋巴结、脾、胸腺、扁桃体等。根据其功能和淋巴细胞的来源分为中枢(初级)淋巴器官和周围(次级)淋巴器官,前者包括胸腺、骨髓和禽类的法氏囊,后者包括淋巴结、脾、扁桃体等,是引起免疫应答的主要场所。

二、中枢淋巴器官

单蹄类和肉食类动物的胸腺位于胸腔内,偶蹄动物的位于胸部和颈部。新生动物的胸腺在生后继续发育,至性成熟期体积达到最大,到一定年龄(犬1岁,马2~3岁,猪1~2岁,牛4~5岁)开始退化,直至消失。

三、周围淋巴器官

1. 脾

脾位于腹前部、胃的左侧。牛脾呈长二扁的椭圆形,蓝紫色,质地硬;羊脾呈钝三角形扁平,红紫色,质地软;马脾呈镰刀形,蓝红色或铁青色,位于胃大弯左侧;猪脾呈细长的带状,暗红色,质地较硬。犬脾略呈舌形或靴形,中部稍窄,紫红色,质地硬。脾由被膜和实质构成,具有造血、滤血、灭血和贮血等作用。被膜由一层富含平滑肌和弹性纤维的结缔组织构成,表面被覆间皮被膜的结缔组织伸入脾内形成许多分支的小梁,它们互相连接构成脾的支架。实质由白髓、边缘区和红髓组成。白髓包括脾小结和动脉周围淋巴鞘。脾小结即淋巴小结，主要由 B 细胞构成。边缘区在白髓和红髓之间，呈红色。红髓分布于被膜下、小梁周围、白髓及边缘区的外侧，因含大量血细胞，在新鲜切面上呈红色，因而得名。红髓包括脾索和脾血窦。脾索是由富含血细胞的索状淋巴细胞构成，内含 T 细胞、B 细胞、浆细胞、巨噬细胞和其他血细胞。脾索内含有各种血细胞，是滤血的主要场所。脾血窦简称脾窦，为相互连通的、不规则的静脉窦。

2. 扁桃体

扁桃体由淋巴组织构成，既有弥漫淋巴组织，也有淋巴小结，分布于舌、咽等处皮下结缔组织中，为机体重要的防御器官。扁桃体滤泡的特点之一是表面上皮凹陷，称隐窝。一个隐窝及其相连的淋巴组织为一个扁桃体滤泡，数个滤泡聚集成一个扁桃体。在家畜主要有如下扁桃体：舌扁桃体位于舌根部背侧。腭扁桃体位于咽部侧壁、腭舌弓和腭咽弓之间。咽扁桃体位于软腭口腔黏膜下，猪的特别发达，咽扁桃体位于鼻咽部后背侧壁，猪和反刍兽位于咽隔。

3. 淋巴结

（1）淋巴结的组织机构　淋巴结分为间质和实质。间质包括表面和被膜和伸入实质内的网状小梁。淋巴结表面被覆薄层致密结缔组织构成的被膜，数条输入淋巴管穿越被膜下淋巴窦。被膜和门部的结缔组织伸入淋巴结实质，形成许多粗细不等的小梁。小梁互相连接成网，构成淋巴结的支架。实质分为外周的皮质和中央的髓质，二者之间无明显界限。猪淋巴结的皮质和髓质的位置恰好相反。

（2）主要浅在淋巴结的位置

①下颌淋巴结　下颌淋巴结位于下颌间隙后部、下颌骨支后内侧。

②颈浅淋巴结　颈浅淋巴结又称肩前淋巴结，牛、马、犬只有颈浅淋巴结，猪有颈浅背侧、中和腹侧淋巴结。位于肩关节前上方，臂头肌和肩胛横突肌（牛）的深层。

③腹股沟浅淋巴结　母牛、母马的位于乳房基部上方或外侧的皮下，称乳房淋巴结，母猪、母犬的位于最后乳房的后外侧或基部后上方。公畜的称阴囊淋巴结，公牛的位于阴茎背侧、精索的后方；公马有 2 群，分别位于精索前、后方；公猪、公犬的位于阴茎外侧、腹股沟管皮下环的前方。

④髂下淋巴结　又称股前淋巴结，位于阔筋膜张骨前缘的膝褶中。

⑤腘淋巴结　位于臀股二头肌与半腱骨之间，腓肠肌外侧头起始部的脂肪中。

第十二节　神经系统

神经系统由脑、脊髓、神经节和分布于全身的神经组成。神经系统能接受来自体内和外界环境的各种刺激，并将刺激转变为神经冲动进行传导，一方面调节机体各器官的生理活动，保持器官之间的平衡和协调；另一方面保持机体与外界环境之间的平衡和协调一致，以适应环境的变化。因此，神经系统在畜体调节系统中起主导作用。体内包括：分泌、蠕动、血管、心跳等；体外包括：运动、体温等。

一、定 义

（1）神经元　即神经细胞，是一种高度分化的细胞，它是神经系统的结构和功能单位。

（2）突触　相邻的神经元之间借突触彼此发生联系。

（3）神经纤维　神经纤维是中枢神经和外围神经的组成部分，由神经元的突起构成，包括有髓神经纤维和无髓神经纤维。

（4）灰质和皮质　在中枢部，神经元胞体及其树突集聚的地方，在新鲜标本上呈灰白色，称为灰质，如骨髓灰质。灰质在脑表面成层分布，称为皮质。

（5）神经和神经纤维束　起止行程和功能基本相同的神经纤维集聚成束，在中枢称为神经纤维束。由脊髓向脑传导感觉冲动的神经束为上行束；由脑传导运动冲动到脊髓的为下行束。神经根据冲动的性质分为感觉神经运动神经和混合神经。

（6）神经末梢　神经末梢为神经纤维的末端部分，在各种组织器官内形成多种样式的末梢装置。分为感觉神经末梢和运动神经末梢两大类。运动神经末梢是中枢发出的传出神经末梢装置，故又称效应器，包括躯体运动神经末梢和内脏运动神经末梢。

二、脊 髓

1. 脊髓的位置和形态

脊髓位于椎管内，呈上下略扁的圆柱形。前端在枕骨大孔处与延髓相连；后端到达荐骨中部，逐渐变细呈圆锥形。称脊髓圆锥。脊髓末端有一根细长的终丝。

2. 脊髓的结构特点

脊髓中部为灰质，周围为白质，灰质中央有一纵贯脊髓的中央管。灰质：主要由神经元的胞体构成，横断面呈蝶形，有一对背侧角（柱）和一对腹侧角（柱）。白质：被灰质柱分为左右对称的3对索。

3. 脊 膜

脊髓外周包有三层结缔组织膜，由外向内依次为脊硬膜、脊蛛网膜和脊软膜。

三、脑

脑是神经系统中的高级中枢，位于颅腔内，在枕骨大孔与脊髓相连。脑可分大脑、小脑、间脑、中脑、脑桥和延髓6部分。

1. 大脑的结构特点

大脑位于脑干前上方，被大脑纵裂分为左、右两大脑半球，纵裂的底是连接两半球的横行宽纤维板，即胼胝体。海马：呈弓带状，为古老的皮质，位于侧脑室的后内侧，海马的吻侧由梨状叶的后部和内侧部形成。边缘系统：大脑半球内侧面的扣带和海马回等，因其位置在大脑和间脑之间,所以称为边缘叶。

2. 小脑的结构特点

小脑近似球形,其表面有许多沟和回。小脑被两条纵沟分为中间的蚓部和两侧的小脑球。

3. 脑干的结构特点

脑干通常包括延髓、脑桥、中脑和间脑。延髓、脑桥和小脑的共同室腔为第四脑室。

四、脑神经

脑神经是指与脑相联系的外周神经,共12对。有嗅神经、视神经、动眼神经、滑车神经、三叉神经、外展神经、面神经、前庭耳蜗神经、舌咽神经、迷走神经、副神经、舌下神经。

五、脊神经

脊神经的组成:脊神经为混合神经,含有感觉纤维和运动纤维,由椎管中的背侧根(感觉)和腹侧根(运动)自椎间孔或椎外侧孔穿出形成,分为背侧支和腹侧支,每支均含有感觉纤维和运动纤维,分别到邻近的肌肉和皮肤,分别称为肌支和皮支。

六、植物性神经

在神经系统中,分布到内脏器官、血管和皮肤的平滑肌、以及心肌、腺体等神经,称为内脏神经。其中的传出神经称为植物神经或自主神经。植物性神经的特点:①躯体运动神经支配骨骼肌,而植物性神经支配平滑肌、心肌和腺体。②躯体运动神经神经元的胞体存在于脑和脊髓,神经冲动由中枢传至效应器只需一个神经元。③躯体运动神经由脑干和脊髓全长的每个节段向两侧对称地发出。④躯体运动神经纤维一般为粗的有髓纤维,且通常以神经干的形式分布。⑤躯体运动神经纤维一般都受意识支配;植物性神经在一定程度上不受意识的直接控制,具有相对的自主性。植物性神经根据形态和机能的不同,分交感神经和副交感神经两部分。

第十三节 内分泌系统

一、概念和组成

1. 概　念

内分泌系统是动物体的重要的调节系统,它以体液的形式进行调节,主要作用于动物体的新陈代谢,保持内部环境的平衡,对外界的适应,个体的生长发育和生殖方面等。

2. 组　　成

内分泌系统包括独立的内分泌器官和分散在其他器官中内分泌组织。内分泌器官有甲状腺、甲状旁腺、垂体、肾上腺和松果体。内分泌组织分散存在于其他器官或组织内，共同组成混合腺的器官，如胰脏内的胰岛、肾脏内的小球旁复合体、睾丸内的间质细胞、卵巢内的间质细胞、卵泡的黄体等。

二、内分泌器官的位置

垂体位于蝶骨体颅腔面的垂体窝内，借漏斗与间脑的丘脑下部相连。垂体是动物机体内最重要的内分泌腺，结构复杂，分泌的激素种类很多，作用广泛，并与其他内分泌腺关系密切。

甲状腺一般位于喉的后方，前2~3个气管环的两侧面和腹侧面，表面覆盖胸骨甲状肌和胸骨舌骨肌。

甲状旁腺通常有两对，位于甲状腺附近或埋于甲状腺实质内。

肾上腺成对，借助于肾脂肪囊与肾相连。左、右肾上腺分别位于左、右肾的前内侧缘附近。

松果体位于间脑背侧壁中央，大脑半球的深部，以柄连接于丘脑上部。

三、内分泌腺的结构特点

① 腺体的表面被覆一层被膜；② 腺细胞在腺小叶内排列成索、团、滤泡或腺泡；③ 没有排泄管；④ 腺内富有血管，腺小叶形成毛细血管网或血窦，激素进入毛细血管或血窦内，加入血液循环。各种激素在血液中经常保持着适宜的浓度，彼此间互相对抗的协调，以维持机体的正常生理活动。如果某个内分泌腺的激素分泌量过多或过少，就会出现内分泌腺机能亢进症或机能不足症，表现出一系列的病理变化和临诊症状。

第十四节　生殖系统

一、雄性生殖器官

雄性生殖系统由睾丸、附睾、输精管和精索、雄性尿道、副性腺、阴茎、包皮、阴囊组成。其中睾丸为生殖腺体，附睾、输精管和雄性尿道为生殖管道，阴茎、包皮为交配器官。

二、雌性生殖器官

雌性生殖系统由卵巢、输卵管、子宫、阴道、阴道前庭和阴门组成。其中卵巢为生殖腺，输卵管和子宫为生殖管，阴道、阴道前庭和阴门为交配器官和产道。

卵巢的组成结构：卵巢由被膜和实质组成。

1. 被　膜

包括生殖上皮和白膜。

2. 实　质

分为外周的皮质和内部的髓质。

（1）皮质　位于白膜的内侧，由基质、卵泡和黄体构成。基质中主要是紧密排列的较幼稚的结缔组织，胶原纤维较少，网状纤维较多。皮质中的卵泡大小形态各不相同，是卵泡发育的不同阶段。幼畜的卵巢含有许多小卵泡，性成熟后卵泡发育，可见到许多不同发育阶段的卵泡。

（2）髓质　位于卵巢中部，占小部分。含有较多的疏松结缔组织。其中有许多大的血管、神经及淋巴管。

3. 卵　泡

由原始卵泡发育成为生长卵泡和成熟卵泡的生理过程，称为卵泡发育。根据卵泡的发育特点，将卵泡分为原始卵泡、生长卵泡和成熟卵泡。

（1）原始卵泡　位于皮质浅层，体积小，数量多，为处于静止状态的卵泡。

（2）生长卵泡　静止的原始卵泡开始生长发育，根据发育阶段不同，又可分为初级卵泡和次级卵泡。

（3）成熟卵泡　次级卵泡发育到即将排卵的阶段，卵泡液及其压力激增，即为成熟卵泡，此时卵泡体积显著增大，卵泡壁变薄，并向卵巢的表面突出。

排卵：卵泡破裂，卵母细胞及其周围的透明带和发射冠自卵巢排出的过程，称为排卵。

黄体的形成和发育：排卵后，卵泡壁塌陷形成皱襞，卵泡内膜毛细血管破裂引起出血，基膜破碎，血液充满卵泡腔内，形成血体（红体）。如母畜未妊娠，黄体则逐渐退化，此种黄体称为发情黄体或假黄体。如动物已妊娠，黄体在整个妊娠期继续维持其大小和分泌功能，这种黄体称为妊娠黄体或真黄体。黄体完成其功能后即退化成结缔组织瘢痕，称为白体。

第十五节　感觉器官

一、眼

1. 眼球壁的结构

眼球壁有纤维膜、血管膜、视网膜组成。纤维膜位于眼球壁外层，分为前部的角膜和后部的巩膜。血管膜是眼球壁的中层，富有血管和色素细胞，具有输送营养和吸收眼内分散光线的作用。血管膜由后向前分为虹膜、睫状体和脉络膜。视网膜位于眼球壁内层，分为视部和盲部。

2. 眼球的内含物

眼球的内含物主要是折光体，包括晶状体、眼房水和玻璃体。其作用是与角膜一起，将通过眼球的光线经过使焦点集中在视网膜上，形成影像。

二、耳

耳由外耳、中耳和内耳三部分构成。外耳收集声波，中耳传导声波，内耳是听觉感受器和位置感受器所在地。外耳、中耳和内耳的形态与结构特点：① 外耳包括耳郭、外耳道和鼓膜三部分。② 中耳由鼓室、听小骨和咽鼓管组成。③ 内耳分为骨迷路和膜迷路。

第十六节　禽的解剖特点

一、消化系统的特点

1. 口腔的特点

禽类没有软腭、唇和齿，颊不明显，上下颌形成喙。舌的形状与喙相似，舌肌不发达，黏膜上缺少味觉乳头，仅分布有数量少、结构简单的味蕾。口腔与咽没有明显的界线，唾液腺比较发达。

2. 嗉囊的特点

嗉囊为食管的膨大部，位于食管的下 1/3 处，胸前口皮下。鸡的偏于右侧。

3. 腺胃和肌胃的特点

（1）腺胃：腺胃呈纺锤形，位于腹腔左侧，在肝的左右两叶之间。腺胃黏膜表面形成 30~40 个圆形的矮乳头，其中央是深层复管腺的开口。

（2）肌胃：肌胃紧接腺胃之后，为近圆形或椭圆形的双凸体。肌胃内经常有吞食的砂砾，又称砂囊。肌胃以发达的肌层和胃内沙砾及粗糙而坚韧的类角质膜对吞入食物起机械性磨碎作用，因而在机械化养鸡场饲料中，须定期掺入一些砂粒。

4. 盲肠扁桃体和泄殖腔的结构特点

禽类盲肠基部有丰富的淋巴组织，称盲肠扁桃体，是禽病诊断的主要观察部位。泄殖腔为肠道末端膨大形成的腔道，为消化、泌尿、生殖三系统的共同通道。泄殖腔背侧有腔上囊，性未成熟的腔上囊体积很大，性成熟后逐渐退化。泄殖腔内有两个由黏膜形成的不完整的环开襞，把泄殖腔分成粪道、泄殖道和肛道三部分。

二、呼吸系统的特点

1. 鸣管的特点

鸣管是禽类的发音器官，由数个气管环和支气管环以及一块鸣骨组成。在鸣管的内侧、外侧壁覆以两对鸣膜。当禽呼吸时，空气经过鸣膜之间的狭缝，振动鸣膜而发声。公鸭鸣管形成膨大的骨质鸣泡，故发声嘶哑。

2. 气囊的特点

气囊是禽类特有的器官，分为前后两群。禽肺略呈扁平四边形，不分叶，位于胸腔背侧。

3. 肺的特点

禽肺略呈扁平四边形，不分叶，位于胸腔背侧，从第1~2肋骨向后延伸到最后肋骨。其背侧面有椎肋骨嵌入，形成几条肋沟；脏面有肺门和几个气囊开口。

三、泌尿系统的特点

1. 家禽泌尿系统的组成

禽类泌尿系统由肾和输尿管组成，没有膀胱。

2. 家禽泌尿系统的特点

禽肾比例较大，占体重的1%以上，位于综荐骨两旁和髂骨的内面，前端达最后椎肋骨，肾外无脂肪囊，仅垫以腹气囊的肾憩室。禽肾呈红褐色，长豆荚状，分为前、中、后三部。没有肾门，血管、神经和输尿管在不同部位直接进出肾脏。输尿管在肾内不形成肾盂或肾盏，而是分支为初级分支和次级分支。输尿管两侧对称，起自肾髓质集合管，沿肾内侧后行达骨盆腔，开口于泄殖道背侧，接近输卵管或输精管开口的背侧。

四、淋巴结器官的特点

1. 胸腺和脾脏的结构特点

胸腺：家禽胸腺呈黄色或灰红色，分叶状，从颈前部到胸部沿着颈静脉延伸为长链状。
脾脏：鸡的脾脏呈现球形。鸭脾脏呈三角形，背面平，腹面凹。

2. 法氏囊的位置和结构特点

法氏囊（腔上囊）为椭圆形盲囊状，位于泄殖腔背侧，肾贴尾椎腹侧，以短柄开口于肛道。性成熟时达到最大体积。性成熟后腔上囊开始退化。腔上囊的构造与消化道构造相似，但黏膜层形成多条富含淋巴小结的纵行皱襞。腔上囊的功能与体液免疫有关，是产生B淋巴细胞的初级淋巴器官。B淋巴细胞受到抗原刺激后，可迅速增生，转变为浆细胞，产生抗体起防御作用。

第二章　动物生理学

第一节　概　述

动物生理学是研究动物机体的生命活动及其规律的科学，其研究内容包括动物整体、系统、器官及组织细胞的生理功能，以及各部分功能活动的调节机制。

一、机体功能与环境

1. 体液与内环境的概念

动物体内所含的液体统称为体液。成年哺乳动物的体液约占体重的 60%，幼年动物的体液含量更高。以细胞膜为界，可将体液分为细胞内液与细胞外液。细胞内液是指存在于细胞内的液体，其总量约占体液的 2/3；细胞外液则指存在于细胞外的液体，约占体液的 1/3。细胞外液的分布比较广泛，包括血液中的血浆，组织细胞间隙的细胞间液（也称组织液），淋巴管内的淋巴液，蛛网膜下腔、脑室以及脊髓中央管内的脑脊液。

2. 稳态的概念

正常情况下，机体可通过自身的调节活动，把内环境的变化控制在一个狭小范围内，即内环境的成分和理化性质保持相对稳定，称为内环境稳态。内环境稳态是细胞维持正常功能的必要条件，也是机体维持正常生命活动的基本条件。内环境稳态的维持主要决定于消化、呼吸、循环和排泄等系统的功能活动，但血液所起的作用是十分重要的。这是由于血液在体内不断循环，与机体各部发生广泛而密切的联系，是体内组织细胞之间以及体内物质交换的媒介。并且，血液本身对内环境某些理化性质的变化也具有一定的"缓冲"能力。因此，检查血液成分和理化性质的变化是临床诊断的重要手段之一。

二、机体功能的调节

动物机体功能的调节主要有三种方式，即神经调节、体液调节以及器官、组织、细胞的自身调节。

1. 神经调节

机体许多生理功能都是通过神经系统的活动来调节的，神经系统的基本活动方式是反射。反射是指在中枢神经系统的参与下，机体对内外环境变化所产生的规律性应答。完成反射所需的结构称为反射弧，包括感受器、传入神经、神经中枢、传出神经、效应器五个环节。

2. 体液调节

体液调节是指机体某些组织细胞能产生一些具有信息传递功能的化学物质，经体液途径运送到特殊的靶组织、细胞，作用于相应的受体，对靶组织、细胞的活动进行调节。胰岛细胞分泌的胰岛素随着血液运送到机体各个组织细胞，可以使它们加速进行摄取、储存和利用葡萄糖，结果使血糖水平降低。血糖水平较低又可抑制胰岛素的分泌，从而使血糖水平保持相对。与神经调节相比，体液调节的作用范围较广，作用比较缓慢，持续时间较长。这种调节对机体持续性的生理活动，尤其是代谢过程起重要作用。体液调节和神经调节有着密切的联系，许多体液因素的生成和释放直接或间接地受神经系统的调节。在此过程中，体液调节可看作是神经调节的延续，激素成为反射弧传出途径的体液调节，所以称为神经-体液调节。

3. 自身调节

自身调节是指组织、细胞在不依赖于神经调节或体液调节的情况下，自身对刺激发生的适宜性反应。

与上述两种调节方式相比，自身调节较为简单、幅度小，但对稳态的维持仍然十分重要。

第二节　细胞的基本功能

一、静息电位和动作电位的概念

细胞水平的生物电主要有两种表现形式：静息电位和动作电位。

1. 静息电位

静息电位是指细胞未受到刺激时存在于细胞膜两侧的电位差，也叫静息膜差电位。若规定膜外电位为 0，则膜内为负电位。静息状态下膜电位外正内负的状态称为极化，当膜内负值减小时称为去极化；去极化到膜外为负而膜内为正时称为反极化；去极化后，膜内电位向外正内负的极化状态恢复，称为复极化；极化状态下膜内负值进一步增大时称为超极化。

2. 动作电位

动作电位是指细胞受到刺激时静息膜电位发生改变的过程。当细胞受到一次适当强度的刺激后，膜内原有的负电位迅速消失，进而变为正电位，这构成了动作电位的上升支。动作电位在 0 电位以上的部分称为超射。此后，膜内电位急速下降，构成了动作电位的下降支。由此可见，动作电位实际上是膜受到刺激后，膜两侧电位的快速翻转和复原的全过程。一般把构成动作电位主体部分的脉冲样变化称为峰电位。在峰电位下降支最后恢复到静电位以前，膜两侧电位还有缓慢的波动，称为后电位，一般是先有后电位，再有正后电位。

二、生物电产生的机制

1. 静息电位产生的机制

静息状态下，细胞膜内的 K^+ 浓度远高于膜外，且此时膜对 K^+ 的通透性高，结果 K^+ 以易化扩散的形式向膜外，但带负电荷的大分子蛋白不能通过膜而留在膜内，故随着 K^+ 的移出，膜内电位变负而膜外变正，因此，静息电位主要是 K^+ 外流所致，是 K^+ 的平衡电位。

2. 动作电位产生的机制

细胞受到刺激后，细胞膜的通透性发生改变，膜对 Na^+ 的通透性突然增大，膜外高浓度的 Na^+ 在膜内负电位的吸引下以易化扩散的方式迅速内流，结果造成膜内负电位迅速降低，此时的电位即为动作电位。动作电位即 Na^+ 的平衡电位。

三、阈值、阈电位

引起细胞兴奋或产生动作电位的最小刺激强度称为阈刺激，刺激达到阈值后即可引发动作电位，而从静息膜电位变动作电位的这一临界值，称为阈电位。

第三节 血 液

血液是由血浆和血细胞组成的流体组织，是体液的重要组成部分。血液在心脏的推动下，在血管系统内循环流动时实现运输营养物质、维持稳态、保护机体以及传递信息等生理功能。组织液源于血液，并与细胞内液发生交换，终又回归血液；尿液也来源于血液。因而，血液在沟通各部位的体液，完成体内外物质交换等活动中起着尤为重要的作用。

一、血量及血液的基本组成

1. 血 量

血量是指机体内的血液总量，是血浆和血细胞的总和。血液总量中，在循环系统中不断流动的部分，称为循环血量；另一部分常滞留在肝、脾、肺和皮下的血窦、毛细血管网和静脉内，流动很慢，称为储备血量。循环血与储备血之间保持着频繁的交换，在剧烈运动和大量失血的情况下，储备血液可以补充循环血液的不足，以适应机体的需要。失血是引起血量减少的主要原因。失血对机体的危害程度，通常与失血的多少和失血的速度有关。一次失血不超过血量的 10%，一般不会影响机体健康；一次失血达到血量的 20% 时，生命活动将受到明显影响；一次失血超过血量的 30% 时，则会危及生命。

2. 血液的基本组成

血液由液体的血浆和混悬于其中的血细胞组成。取一定量的血液和抗凝血剂混匀后置于分血计中，经过离心沉淀血细胞因相对密度较大而下沉并被压紧、分层：上层淡黄色液体为血浆，底层为红色的红细胞，红细胞层的表面有一薄层灰白色的白细胞和血小板。压紧的血细胞在全血中所占的容积百分比，称为血细胞比容。白细胞和血小板在血细胞中所占的容积约1%，常被忽略不计，因而通常也将血细胞比容称为红细胞比容或红细胞压积。血液比容可反映血浆容积、红细胞数量或体积的变化。临诊上测定血细胞比容有助于诊断机体脱水、贫血和红细胞增多症等。

二、血液的理化性质

1. 血液的颜色、相对密度与气味

血液呈红色，动脉血中，血红蛋白氧结合量高，呈鲜红色；静脉血中，血红蛋白氧结合量低，呈暗红色。血液中由于存在挥发性脂肪酸，有特殊的臭味，即血腥气；又由于血液中含有血氯化钠而稍带咸味。动物全血的相对密度在1.050～1.060，其中红细胞的相对密度最大，白细胞和血小板次之，血浆的相对密度最小。

2. 血液的黏滞性

液体流动时，由于液体分子间相互碰撞摩擦而产生阻力，以致流动缓慢并表现出黏着的特性，称为黏滞性。血液黏滞性的相对恒定，对于维持正常的血流速度和血压起重要作用。黏滞性增高，血管内血流阻力增大，血流速度减慢，血压升高；黏滞性降低，血流阻力减小，流速增快，血压降低。

3. 血液的酸碱性

血液呈弱碱性，pH为7.35～7.45，平均pH种间略有差异，如马为7.40、牛为7.50、绵羊为7.49、猪为7.47、狗为7.40、猫为7.35。

三、血　浆

1. 血浆与血清的区别

血液流出血管后如不经抗凝处理，很快会凝成血块，随着血块逐渐缩紧析出的淡黄色清亮液体，称为血清。由于血浆中的纤维蛋白原在血液凝固过程中已转变成为不溶性的纤维蛋白，并被留在血凝块中，因而血清与血浆的主要区别在于血清中无纤维蛋白原。同时，血浆中参与凝血反应的一些成分也不会存在于血清之中。

2. 血浆的主要成分

血浆是有机体内环境的重要组成部分，其主要成分是水、低分子物质、蛋白质和O_2、CO_2等。

3. 血浆蛋白的功能

血浆蛋白是血浆中多种蛋白质的总称。用盐析法可将血浆蛋白分为白蛋白（清蛋白）、球

蛋白和纤维蛋白原三类。白蛋白、α-球蛋白、β-球蛋白和纤维蛋白原主要由肝脏合成，γ-球蛋白主要是由淋巴细胞和浆细胞分泌。各种蛋白有各自的功能特点：① γ-球蛋白几乎都是免疫抗体，故称之为免疫球蛋白，包括lgM、lgG、lgA、lgD和lgE五种，以IgG含量最高。许多种新生幼畜的血浆中不含 γ-球蛋白，因此只能依靠吮吸初乳来获得被动免疫。② 血浆白蛋白的主要功能有：形成血浆胶体渗透压，运输激素、营养物质和代谢产物，保持血浆 pH 的相对恒定。③ 纤维蛋白原参与凝血和纤溶的过程。补体是血浆中一组参与免疫反应的蛋白酶系，它由 11 种血清蛋白组成，按其发现先后，分别被命名为 C1、C2、C3……C9。其中 C1 又由 Clq、Clr、Cls3 三个亚单位组成。通常它们处于酶原状态，在某些因素如特异性抗原-抗体复合物的作用下可转化为活性状态。当补体系统被激活时，发生特异性的连锁反应，影响靶细胞（如侵入的微生物）膜表面的性质、功能和结构，最后使靶细胞崩解或崩溃。补体是机体免疫反应的重要组成部分，测定其消长情况在兽医临床诊断和治疗中有十分重要的意义。

4. 血浆渗透压

促使纯水或低浓度溶液中的分子透过半透膜向高浓度溶液中渗透的力量，称为渗透压。血浆渗透压包括晶体渗透压和胶体渗透压两部分，其中晶体渗透压约占血浆总渗透压的 99.5%，主要来自溶解于血浆中的晶体物质，有 80%来自 Na^+和 Cl^-。血浆胶体渗透压是由血浆中的胶体物质（主要是白蛋白）所形成的渗透压，约占血浆总渗透压的 0.5%。血浆晶体渗透压在细胞内外水平衡、细胞内液组织液的物质交换、消化道对水和营养物质的吸收、消化腺的分泌活动以及肾脏尿的生成等生理活动中，都起着重要的作用。血浆胶体渗透压对于维持血浆和组织液之间的液体平衡极为重要。有机体细胞的渗透压与血浆的渗透压相等。与细胞和血浆渗透压相等的溶液叫作等渗溶液。0.9%的氯化钠溶液和 5%的葡萄糖溶液的渗透压与血浆渗透压大致相等。通常把 0.9%的氯化钠溶液称为等渗溶液或生理盐水。渗透压比它高的溶液称为高渗溶液，渗透压比它低的溶液称为低渗溶液。

四、血细胞

1. 红细胞生理

（1）红细胞的形态　哺乳动物成熟的红细胞为无核、双凹碟形，呈圆盘状。这种形态可使红细胞表面积与体积的比值增大，具有很强的变形和可塑性，较易通过比其直径还小的毛细血管和血窦空隙。此外，这种形态使细胞膜到细胞内的距离缩短，对于 O_2 和 CO_2 的扩散、营养物质和代谢产物的运输，都非常有利。

（2）红细胞的生理特性　① 膜通透性：红细胞是以脂质双分子层为骨架的半透膜。红细胞的通透性有严格的选择性，水、尿素、氧和二氧化碳等可以自由通过细胞膜。电解质中，负离子如 Cl^-、HCO_3^- 较易通过细胞膜，但正离子则很难通过。② 悬浮稳定性：双凹碟形的红细胞由于表面积与体积的比值较大，以至与血浆之间摩擦力也较大，因此下沉缓慢，能较稳定地悬浮于血浆中，此种特性称为红细胞的悬浮稳定性。动物患某些疾病时，血沉也发生明显变化，因而临诊上有一定诊断价值。③ 渗透脆性：红细胞在低渗溶液中，水分会渗入胞内，膨胀成球形，胞膜最终破裂并释放出血红蛋白，这一现象称为溶血。红细胞在低渗溶液中抵抗破裂和溶血的特性称为红细胞渗透脆性。对低渗溶液的抵抗力大，则脆性小；反之，对低渗溶液的抵抗力小，则脆性大。衰老的红细胞脆性较大。在某些病理状态下，红细胞脆性会显著增大或减小。

（3）红细胞的功能　红细胞的主要功能是运输 O_2 和 CO_2，并对酸、碱物质有缓冲作用，这些功能的实现主要依赖于细胞内的血红蛋白。

（4）血红蛋白与气体运输　血红蛋白是一种含铁的特殊蛋白质、由珠蛋白和亚铁血红素组成，占红细胞成分的 30%~35%。血红蛋白既能与氧结合，形成氧合血红蛋白（HbO_2）；又易于将它释放，形成脱氧血红蛋白（或还原血红蛋白 HHb）。释放出的氧，供组织细胞代谢需要。此外，二氧化碳也可与 Hb 结合，以氨基甲酸血红蛋白形式经血液运输。

（5）红细胞生成所需的主要原料　红细胞由红骨髓的髓系多功能干细胞分化增殖而成。某些放射性物质或药物会抑制骨髓的造血功能，造成再生障碍性贫血。造血过程中除了骨髓造血机能必须处于正常以外，还要供应充足的造血原料和促进红细胞成熟的物质。蛋白质和铁是红细胞生成的主要原料，若摄取不足，造血将发生障碍，出现营养性贫血。促进红细胞发育和成熟的物质，主要是维生素 B_{12}、叶酸和铜离子。前二者在核酸（尤其是 DNA）是合成中起辅酶作用，可促进骨髓原红细胞分裂增殖；铜离子是合成血红蛋白的激动剂。叶酸缺乏会引起与维生素 B_{12} 缺乏时相似的巨幼细胞性贫血。维生素 B_{12} 是一种含钴的化合物，一旦吸收不足就可引起贫血。此外，红细胞生成还需要氨基酸、维生素 B_6、维生素 B_2、维生素 C、维生素 E 和微量元素锰、钴、锌等。

（6）红细胞生成的调节　红细胞数量的自稳态主要受促红细胞生成素的调节，雄激素也起一定作用。促红细胞生成素主要在肾脏产生，正常时在血浆中维持一定浓度，使红细胞数量相对稳定。该物质可促进骨髓内造血细胞的分化、成熟和血红蛋白的合成，并促进成熟的红细胞释放入血液。雄激素可以直接刺激骨髓造血组织，促使红细胞和血红蛋白的生成，也可作用于肾脏或肾外组织产生促红细胞生成素，从而间接促使红细胞增生。这也是雄性动物的红细胞和血红蛋白含量高于雌性动物的原因之一。

2. 白细胞

（1）白细胞的分类　白细胞是一类有核的血细胞。根据形态、功能和来源，白细胞可分为粒细胞、单核细胞和淋巴细胞三大类。按粒细胞胞浆颗粒的嗜色性质不同，又分为中性粒细胞、嗜酸性粒细胞和嗜碱性粒细胞。

（2）白细胞的功能　白细胞具有渗出、趋化性和吞噬作用等特性，并以此实现对机体的保护功能。除淋巴细胞外，其他白细胞能伸出伪足做变形运动，并得以穿过血管壁，称为血细胞渗出。白细胞具有向某些化学物质游走的特性，称为趋化性。

① 中性粒细胞　中性粒细胞有很强的变形运动和吞噬能力，趋化性强。能吞噬侵入的细菌或异物，还可吞噬和清除衰老的红细胞的抗原-抗体复合物等。中性粒细胞内含有大量的溶酶体酶，能将吞噬入细胞内的细菌和组织碎片分解，在非特异性免疫系统中有十分重要的作用。

② 嗜酸性粒细胞　嗜酸性粒细胞内虽有溶酶体和一些特殊颗粒，但因不含溶菌酶，所以能进行吞噬，但没有杀菌能力。它的主要机能在于缓解过敏反应和限制炎症过程。

③ 嗜碱性粒细胞　嗜碱性粒细胞含有组胺、肝素和 5-羟色胺等生物活性物质，细胞自身不具备吞噬能力。组胺对局部炎症区域的小血管有舒张作用，增加毛细血管的通透性。所含的肝素对局部炎症部位起抗凝血作用。

④ 单核细胞　单核细胞有变形运动和吞噬能力，可渗出血管变成巨噬细胞。

⑤ 淋巴细胞　淋巴细胞可划分为 T 淋巴细胞和 B 淋巴细胞两类。T 淋巴细胞主要参与细胞免疫，一些与含有某种特异抗原性物质或细胞相互接触时，发挥免疫功能，以对抗病毒、细菌和癌细胞的侵入。另一些 T 淋巴细胞受到抗原刺激后，能合成一些免疫性物质（淋巴因子、干扰素等），参与体液免疫。B 淋巴细胞主要存在于淋巴结、脾脏和肠道组织内，在抗原刺激下转化为浆细胞，浆细胞产生和分泌多种特异性抗体，释放入血液能阻止细胞外液中抗原、异物的厉害，这种由免疫细胞产生和分泌的特异性抗体引起的免疫反应，称为体液免疫。

3. 血小板

血小板是从骨髓成熟的巨核细胞胞浆裂解脱落下来的活细胞，无色，无细胞核，呈椭圆形、杆形或不规则形。血小板具有重要的保护功能，主要包括生理性止血、凝血功能纤维蛋白溶解作用和维持血管壁的完整性等。血小板生理功能的实现，与其具有黏附、聚集、释放、吸附和收缩等生理特性密切相关。

五、血液凝固和纤维蛋白溶解

血液由流动的溶胶状态转变为不能流动的凝胶状态的过程，称为血液凝固或血凝。血液的凝固状态现象可避免机体失血过多，为机体的一种保护功能。

1. 凝血过程

凝血过程大体上经历三个阶段：第一阶段为凝血酶原激活物的形成；第二阶段为凝血酶的形成；第三阶段为纤维蛋白的形成。最终形成血凝块。

2. 纤维蛋白溶解

血凝过程中形成的纤维蛋白被溶解、液化的过程，称为纤维蛋白溶解。

3. 抗凝物质

血浆中有多种抗凝物质，统称为抗凝系统。抗凝物质主要包括如下几种：抗凝血酶、肝素、蛋白质、V_C 等。

4. 加速或减缓血液凝固的方法

（1）抗凝或减缓凝血的常用办法：移钙法（柠檬酸钠、草酸钾、草酸铵、乙二胺四乙酸）、肝素、脱纤法、低温度、血液与光滑面接触、双香豆素。

（2）加速或促凝的常用方法：血液加温、补充维生素 K。

第四节　血液循环

一、心脏的泵血功能

1. 心动周期

心脏（心房和心室）每收缩、舒张一次称为一个心动周期。每分钟的心动周期数，即为心率。

2. 心脏泵血过程

每次心动周期中，左右心室舒张时均有血液回流入心室，而左右心室收缩时又都有一定的血液射入主动脉即肺动脉，这就是心脏泵血。

3. 心室收缩与射血

可分为等容收缩、快速射血和缓慢射血三个时期。心室舒张与血液充盈将经历等容舒张、快速充盈和减慢充盈器三个过程。

二、血管生理

1. 影响动脉血压的主要因素

血管内血液对单位面积血管壁的侧压力，称为血压。在一个心动周期中，心室收缩时动脉血压上升所达到的最高值称收缩压（高压）；心室舒张时，动脉血压下降所达到的最低值称舒张压（低压），收缩压与舒张压之间的差称为动搏压。心脏射血和外周阻力是形成血压的主要条件，因此，凡能影响心输出量和外周阻力的各种因素，都能影响动脉血压，主要有：①每搏输出量。②心率。③外周阻力（血管口径变小，可造成外周阻力过高，是原发性高血压发病的主要原因之一。另外血液黏滞度也影响外周阻力。如果血液黏滞度增高，外周阻力就增大，舒张压就升高）。④主动脉弹性。⑤循环血量和血管系统容量比。

2. 组织液的生成及影响因素

组织液的生成：组织液是血浆滤过毛细血管壁而形成的。液体通过毛细血管壁的滤过和重吸收，由四个因素共同完成，即毛细血管血压、血浆胶体渗透压、组织液静水压和组织液胶体渗透压。它们的作用：毛细血管血压和组织液胶体渗透压是促使液体由毛细血管向血管外过滤（生成组织液），血浆胶体渗透压和组织液静水压是将液体从血管外重吸收入毛细血管内（重吸收）的力量。

影响组织液生成的因素：在正常情况下，组织液的生成和重吸收处于动态平衡状态，故血量和组织液能维持相对稳定。一旦与有效滤过压有关的因素发生改变，或毛细血管壁的通透性发生变化，都将影响组织液的生成。影响组织液生成的因素主要因素有毛细血管血压、血浆胶体渗透压、淋巴回流和毛细血管壁的通透性。

3. 肾上腺素和去甲肾上腺素对心血管功能的调节

循环血液中的肾上腺素主要由肾上腺髓质分泌。肾上腺髓质释放的肾上腺素占80%，去甲肾上腺素约占20%。肾上腺素能神经末梢释放的去甲肾上腺素也有一小部分进入血液循环。因为肾上腺素和去甲肾上腺素对不同的肾上腺素能受体的结合能力不同，所以，它们对心脏和血管的作用虽有许多共同点，但并不完全相同。肾上腺素可与α和β两类肾上腺素能受体结合。在心脏，肾上腺素与β受体结合，产生正性变时和变力作用，使心输出量增加，而肾上腺素对血管的作用取决于血管平滑肌上α和β受体分布的情况。在皮肤、肾脏和胃肠道的血管平滑肌上，α受体占优势，肾上腺素的作用是使这些器官的血管收缩；在骨骼肌和肝脏的血管，β受体占优势，小剂量的肾上腺素常以兴奋β受体的效应为主，引起血管舒张；大剂量时也兴奋α受体，引起血管收缩。去甲肾上腺素主要与α受体结合，也可与心肌β1肾上腺素能受体结合，但与血管平滑肌β2肾上腺素能受体结合的能力较弱。静脉注射去甲肾上腺素，可使全身血管广泛收缩，动脉血压升高；血压升高又使压力感受性反射活动加强，该反射对心脏的效应超过了去甲肾上腺素对心脏的直接效应，故心率减慢。

第五节 呼 吸

机体与外界环境之间的气体交换过程称为呼吸。呼吸的全过程由三个环节完成：① 外呼吸包括肺通气和肺换气。肺通气是指外界气体与肺内气体的交换过程；肺换气是指肺泡气与肺泡壁毛细血管内血液间的气体交换过程。② 气体运输是指机体通过血液循环把肺摄取的氧运到组织细胞，并把组织细胞产生的二氧化碳运送到肺的过程。③ 内呼吸或称组织呼吸，是指血液与组织细胞间的气体交换。

一、肺通气

实现肺通气的呼吸器官包括呼吸道、肺泡及胸廓。呼吸道是沟通肺泡与外界的通道，位于胸腔外的鼻、咽、气管，称为上呼吸道；位于胸腔内的气管、支气管及其在肺内的分支，称为下呼吸道；肺泡是肺气与血液气进行交换的主要场所；而呼吸肌舒缩引起胸廓的节律性运动，则是产生通气的原动力。

1. 胸内压

胸内压又称胸膜腔内压。在平静呼吸过程中，胸膜腔内压比大气压低，故称为负压。胸膜腔内压=肺内压（大气压）-肺回缩力。

2. 肺通气的动力和阻力

（1）肺通气的动力　大气和肺泡气之间的压力差是气体进出肺的直接动力。

呼吸运动可分为平静呼吸和用力呼吸两种类型。安静状态下的呼吸称平静（平和）呼吸。它由膈肌和肋间外的舒缩而引起，主要特点是呼吸运动较为平衡均匀，吸气是主动的呼气是被动的。家畜运动时，用力而加深的呼吸称为用力呼吸。用力吸气时，不但膈肌和肋间外肌收缩加强，其他辅助吸气肌也参加收缩，使胸廓进一步扩大，吸气量增加；发生呼气时，呼气时，呼气肌收缩，使胸廓和肺容积尽量缩小，使呼气量增加。因此，用力呼吸时，吸气和呼气都是主动过程。

呼吸运动：① 吸气动作：由吸气肌的收缩而产生。平静呼吸时，主要的吸气肌是肋间外肌和膈肌。② 呼气动作：平静呼气时，呼气运动只是膈肌与肋间外肌舒张，依靠胸廓及肺本身的回缩力量而回位，增大肺内压，产生呼气。

呼吸类型：根据在呼吸过程中，呼吸肌活动的强度和胸腹部起伏变化的程度将呼吸分为三种类型① 胸式呼吸，主要由肋间肌舒缩使肋骨和胸骨运动生产的呼吸运动，称为胸式呼吸。② 腹式呼吸，因膈肌收缩，膈后移时，腹腔内器官因受压迫而使腹壁突出；膈肌舒张时，腹腔内脏恢复原来的位置，这种主要由膈肌舒缩引起的呼吸运动称为腹式呼吸。③ 胸腹式呼吸，如果肋间外肌和膈肌都参与呼吸活动，胸腹部都有明显起伏运动的称为胸腹式呼吸。

（2）肺通气的阻力　肺通气的阻力有两种：弹性阻力（肺的弹性阻力和胸廓的弹性阻力）和非弹性阻力。弹性阻力是平静呼吸时的阻力，约占总阻力的70%；非弹性阻力包括气道阻力、惯性阻力和组织的黏滞阻力，约占总阻力的30%，以气道为主。

3. 肺容积和肺容量

肺容积：肺量计记录有四种基本肺容积，全部相加等于肺的大容量。基本肺容积由潮气量、补吸气量、补呼气管、残气量组成。

二、气体交换与运输

1. 气体交换原理

肺泡与血液以及组织与血液间气体交换是通过扩散进行的，气体扩散遵守物质扩散的一般规律。混合气体中，每种气体分子运动所产生的压力为该气体的分压，气体分子由其压力高的区域向压力低的区域扩散。

2. 肺和组织内的气体交换

（1）肺换气　肺与组织间的气体交换称肺换气。由于气体总是由分压高的一侧透过呼吸膜向分压低的另一侧扩散，因此，肺泡气中的氧气透过呼吸膜扩散进入毛细血管内，而血中的二氧化碳透过呼吸膜扩散进入肺泡内。

（2）组织换气　组织与血液间的气体交换称为组织换气。体循环毛细血管中动脉血的O_2、CO_2，组织中由于氧化营养物质不断消耗O_2，在组织代谢过程中不断产生CO_2，依据气体由高分压扩散的规律，组织中的CO_2进入血液，而血液中的O_2进入组织。毛血管中的动脉血边流动边进行气体交换，逐渐变成为静脉血。

3. 影响气体交换的主要因素

包括气体分压差、溶解度和分子量；呼吸膜面积与厚度；肺通气/血流量比值。

4. 氧和二氧化碳在血液中运输的基本方式

氧和二氧化碳都以物理溶解和化学结合两种形式存在于血液中，但溶解度很低，氧在动脉血和静脉血中的溶解度分别为 0.3% 和 0.12%，二氧化碳的溶解度分别为 2.6% 和 3%，绝大部分氧和二氧化碳都以化学结合形式存在于血液中。机体内血中的氧和二氧化碳的物理溶解和化学结合状态保持着动态平衡。在肺或组织进行气体交换时，进入血中的氧和二氧化碳都是先溶解、提高其分压后再结合。氧和二氧化碳从血液释放时，也是溶解的先逸出，分压下降，被结合的再分离出来补充所失去的溶解的气体。

（1）氧的运输　血红蛋白与氧结合：血液中的氧主要是与血红蛋白结合，以氧合血红蛋白的形式运输的约占 98.4%；溶解运输仅占 1.6%。血红蛋白与氧结合有下列特征：① 反应快、可逆、不须酶催化，要在肺泡 p_{O_2} 高时，血红蛋白与 O_2 结合形成氧合血红蛋白；在组织 p_{O_2} 降低时，氧合血红蛋白迅速解离，释放 O_2。② 血红蛋白与 O_2 结合，其中铁仍为二价，所以该反应是氧合而不是氧化。③ 只有在血红素的 Fe^{2+} 和球蛋白的链结合的情况下，才具有运输 O_2 的机能。

（2）二氧化碳的运输　CO_2 在血中以化学结合形式运输的量高达 94%，主要以两种结合形式运输；即碳酸氢盐运输形式（87%）和氨基甲酸血红蛋白运输形式（7%）。以溶解形式运输仅占 5%。氨基甲酸血红蛋白：当组织中一部分 CO_2 进入红细胞内，即可与还原型血红蛋白（HHb）的氨基（NH_2）结合，形成氨基甲酸血红蛋白（$Hb \cdot NHCOOH$）。这一反应是氧合作用，无须酶参与。在组织毛细血管内，CO_2 与 HHb 结合形成 $Hb \cdot NHCOOH$，血液流经肺部时，Hb 与 O_2 结合，促使 CO_2 释放进入肺泡而排出体外。

三、呼吸运动的调节

呼吸中枢是指中枢神经系统内产生和调节呼吸运动的神经细胞群。它们分布在大脑皮质、间脑、脑桥、延髓和脊髓等部位。脊髓是呼吸反射的初级中枢，基本呼吸节律产生于延髓，在脑桥上 1/3 处的 PBKF 核群中存在呼吸调整中枢，其作用是限制吸气，促使吸气转为呼气。

第六节　采食、消化和吸收

畜禽用嘴食入食物，并将食物送入口腔的过程称为采食。食物中的各种营养物质在消化道路内被分解为可吸收和利用的小分子物质的过程，称为消化。食物在消化道内的消化有 3 种方式：机械性消化、化学性消化和微生物消化。食物经过消化后，透过消化道黏膜，进入血液和淋巴循环的过程，称为吸收。

一、采食方式

不同动物的采食方式不同。唇、舌、齿是各种动物采食的主要器官。

二、唾　液

1. 唾液的组成

唾液是三对大唾液腺（腮腺、颌下腺和舌下腺）和口腔黏膜中许多小腺体的混合分泌物。唾液为无色透明的黏稠液体，呈弱碱性反应，由水、无机盐和有机物组成，水占 98.92%。无机物有钾、钠、镁、氯化物、磷酸盐和碳酸盐等。不同种属的动物，唾液中无机物差别很大。反刍动物的唾液含有碳酸氢钠和磷酸钠，pH 值较高。唾液的蛋白性分泌物有两种，一种为浆液性分泌物，富含唾液淀粉酶；另一种是黏液性分泌物，富含黏液，具有润滑和保护作用。在狗、猫等动物唾液内还含有微量溶菌酶。此外，某些以乳为食的幼畜如犊牛，唾液中还含有消化脂肪的舌脂酶。各种动物唾液一般呈弱碱性反应，平均 pH 猪为 7.32，狗和马为 7.56，反刍动物为 8.2。

2. 唾液的生理功能

① 润湿口腔和饲料，有利于咀嚼和吞咽。② 唾液淀粉酶在接近中性环境中催化淀粉水解为麦芽糖。③ 某些以乳为食物的幼畜唾液中和舌脂酶可以水解脂肪为游离脂肪酸。④ 清洁和保护作用。⑤ 维持口腔的碱性环境，使饲料中的碱性酶免于破坏，在其进入胃的初期仍能发挥消化作用。⑥ 某些动物如牛、猫和狗的汗腺不发达，可借助唾液中水分的蒸发来调节体温。⑦ 反刍动物有大量尿素经唾液进入瘤胃，参与机体的尿素再循环。

三、胃内消化

胃具有暂时储存食物和初步消化食物的功能。食物在胃内经过机械性和化学性消化，形成食糜，然后被逐渐排入十二指肠。

1. 单胃运动的主要方式

单胃动物胃运动的主要功能：容纳进食时大量摄入的食物；对食物进行机械性消化；以适当的速率向小肠排出食糜。

（1）容受性舒张　当动物咀嚼和吞咽时，食物刺激咽和食管等处的感受器，通过迷走神经反射性地引起胃的近侧区肌肉舒张，称为胃的容受性舒张，使胃更好地完成容受贮存食物的机能。

（2）蠕动　胃的蠕动是指胃壁骨肉呈波浪形向幽门推进的舒缩运动。强烈的蠕动波起始于胃中部，有节律地向幽门方向移行，当蠕动波到达幽门附近时，幽门收缩，只将一些小颗粒物质排入十二指肠，阻断了胃的通路。在消化活动间离开胃的颗粒直径小于 2 mm，不能通过幽门的颗粒物质被蠕动波所挤压，返回胃窦。因此，远侧风蠕动的意义不仅仅在于推进食糜，更重要的是研磨和混合食糜。

（3）紧张性收缩　紧张性收缩是以平滑肌长时间收缩为特征的运动。紧张性收缩有维持胃内压和保持胃的正常形态和位置的作用。

（4）胃排空　胃排空指胃内容物分批进入十二指肠的过程。动力来源于胃收缩运动。

2. 反刍与嗳气

（1）反刍　反刍是指反刍动物在采食时，饲料不经咀嚼而吞进瘤胃，在瘤胃经浸泡软化和一定时间发酵后，饲料返回到口腔仔细咀嚼的特殊消化活动。反刍包括逆呕、再咀嚼、再混唾液、再吞咽四个阶段。瘤胃微生物在发酵过程中不断产生大量气体。牛一昼夜产生气体600~1300 L，主要是二氧化碳和甲烷。

（2）嗳气　① 瘤胃中的气体约 1/4 通过瘤胃墙吸收入血后经肺排出；② 一部分为瘤胃内微生物所利用；③ 一小部分随饲料残渣经胃肠道排出；④ 大部分是靠嗳气排出。嗳气是一种条件反射。

3. 胃液的主要成分和功能

（1）胃液的分泌　单胃动物的胃黏液贲门腺区的腺细胞分泌碱性的黏液，保护近食管的黏膜免受胃酸的损伤；胃底腺区由主细胞、壁细胞和黏液细胞组成。主细胞分泌胃蛋白酶原，壁细胞分泌盐酸，黏液细胞分泌黏液。

（2）胃液的主要成分和作用　纯净胃液为无色、透明、强酸性的液体。除水外，主要成分为盐酸，胃蛋白酶，黏蛋白和电解质等。

盐酸通常所说的胃酸即指盐酸。盐酸的主要生理作用：① 有利于蛋白质消化；② 具有一定的杀菌作用；③ 盐酸进入小肠后，能促进胰液、肠液和胆汁分泌，并刺激小肠运动；④ 可使食物中的三价铁离子还原为二价铁离子，与铁和钙结合形成可溶性盐，有利于吸收。

胃蛋白酶是胃液中的主要消化酶。黏液是胃黏膜表面上皮细胞、胃腺的主细胞及颈黏液细胞、贲门腺、幽门腺共同分泌的，主要成分为糖蛋白。分为不溶性黏液和可溶性黏液。可溶性黏液较稀薄，由胃腺的主细胞及颈黏液细胞分泌。胃运动时，与胃内容物混合，起润滑食物及保护黏膜免受食物机械损伤的作用。不溶性黏液具有较高的黏滞性和形成凝胶的特性，阻止了胃酸和胃蛋白酶对黏膜的侵蚀。

4. 反刍动物前胃的消化

反刍动物的复胃由瘤胃、网胃、瓣胃和皱胃 4 个室构成，前 3 个胃合称前胃，其黏膜无腺体，不分泌胃液；只有皱胃衬以腺上皮，是真正有胃腺的胃。反刍动物与单胃动物的主要区别在于前胃，它具有独特的微生物发酵、反刍、嗳气、食管沟作用等特点。瘤胃和网胃在反刍动物的消化过程中占重要地位，饲料内可消化的干物质有 70%~85% 在此被微生物消化。

（1）瘤胃内环境　瘤胃内具有微生物所需的营养物质，温度通常为 38~41 ℃，pH 维持在 6~7。瘤胃背囊的气体多为二氧化碳、甲烷及少量氮、氢等气体，随饲料进入的少量氧很快会被微生物利用，从而形成厌氧环境。瘤胃中的微生物主要是厌氧细菌、纤毛虫和厌氧真菌。

（2）瘤胃内消化的特点　瘤胃消化的主要方式是微生物发酵，发酵产物是乙酸、丙酸和丁酸，还有一些数量较少而有重要代谢作用的戊酸、异戊酸、异丁酸和 2-甲基丁酸等，通称为挥发性脂肪酸。瓣胃运动：瓣胃运动迫使新进来的食糜先进入瓣胃叶片之间，再迫使瓣胃体的食糜进入瓣胃沟，继而通过开放的瓣皱口进入皱胃。瓣胃和叶片的收缩对食糜起研磨作用，进一步改变食糜颗粒的大小。

四、小肠的消化与吸收

1. 小肠运动的基本方式

小肠的运动可分为两个时期：一是发生在进食后的消化期，有两种主要运动形式，即分节运动和蠕动，它们都发生在紧张性收缩基础上的；二是发生在消化期间的周期性和移动性复合运动，包括紧张性收缩、分节运动、蠕动和周期性移动性复合运动。

2. 胰液和胆汁的组成及其主要消化功能

（1）胰液的成分和作用　胰液是由胰腺外分泌部的腺泡细胞和小导管细胞所分泌的无色、无臭的弱碱性液体，pH 为 7.2～8.4。胰液中的成分含有机物和无机物。无机物中以碳酸氢盐含量最高，由胰腺内小导管细胞所分泌。其主要作用是中和十二指肠内的胃酸，使肠黏膜免受胃酸侵蚀，同时也为小肠内各种消化酶提供适宜的弱碱性环境，胰液中有机物为多种消化酶，主要有：①胰淀粉酶：将淀粉、糖原及其他碳水化合物分解为麦芽糖及少量三糖，最适 pH 为 6.7～7.0。②胰脂肪酶：分解脂肪为甘油、甘油一酯和脂肪酸、其最适 pH 为 7.5～8.5。③胰蛋白分解酶：胰液中的蛋白酶主要是胰蛋白酶、糜蛋白酶、弹性蛋白酶。最初分泌出来时均以无活性的酶原形式存在。

（2）胆汁的性质、成分和作用　胆汁是一种具有苦味的黏滞性有色的碱性液体。肝胆汁中水含量为 96%～99%，胆囊胆汁含水量为 80%～86%。胆汁成分除水外，主要是胆汁酸、胆盐和胆色素，此外还有少量的胆固醇、脂肪酸、卵磷脂、电解质和蛋白质等。胆汁的生理作用主要是胆盐或胆汁酸的作用。胆盐的作用：①降低脂肪的表面张力，加速其水解；②增强脂肪酸的活性，起激活剂作用；③胆盐与脂肪分解产物脂肪酸和甘油酯结合形成水溶性复合物促进吸收；④有促进脂溶性维生素吸收的作用；⑤胆盐可刺激小肠运动，利于消化。

3. 主要营养在小肠的吸收部位

小肠是吸收的主要部位。一般认为糖类、蛋白质和脂肪的消化产物大部分在十二指肠和空肠吸收，离子也都在小肠前段吸收。因此大部分营养成分到达回肠时，已经吸收完毕。回肠有独特的功能，即主动吸收胆盐和维生素 B_{12}。

第七节　能量代谢和体温

一、能量代谢

动物从周围环境摄取营养用于合成体内新的的物质，同时将摄入的能量经过转化贮存在体内;另一方面动物不断分解自身原有物质,释放能量以供给各种生命活动的需要。动物体内伴随物质代谢而发生的能量的释放、转移、贮存和利用的过程,称为能量代谢。动物在维持基本生命活动条件下的能量代谢水平,称为基础代谢。所谓的基本生命活动是:① 清醒;② 肌肉处于安静状态;③ 最适宜的该动物的外界环境温度;④ 消化道内空虚。

二、体 温

新陈代谢过程中不断地产生热量,同时体内热量又由血液带到体表,通过辐射、传导和对流以及水分蒸发方式不断地向外界放散。当产热量和散热量达到平衡,体温就可维持在一定水平。可见,正常体温的维持,有赖于机体的产热过程和散热过程的动态平衡。

动物散热的主要方式:机体的主要散热器官是皮肤,另外,通过呼吸、排粪和排尿散失一部分热量。当外界环境温度低于体表时,通过皮肤以辐射、传导、对流等方式进行散热;当外界环境温度接近或高于皮肤温度时,则只能以蒸发方式散热。皮肤是机体热量散失的重要途径,可占全散失热量的 75%~85%。散热的方式主要有:① 辐射散热;② 对流散热;③ 传导散热;④ 蒸发散热;⑤ 热喘呼吸;⑥ 其他散热方式。

第八节 尿的生成和排出

动物机体将代谢终产物、多余物质和进入体内的异物排出体外的生理过程称为排泄。体内具有排泄器官主要有肺、皮肤、消化道和肾脏等。其中,肾脏是最主要的排泄器官。肾脏通过生成尿,不仅能排除体内大部分代谢终产物,还具有调节机体水平、电解质平衡和酸碱平衡等主要功能,对维持机体内环境的相对稳定具有十分重要的作用。因此,尿液的检验和分析在临诊诊断中较为常用。

尿生成是由肾单位和集合协同完成的。每个肾单位包括肾小体和肾小管两部分。肾小体包括肾小球和肾小囊。肾小管始于肾囊腔,止于集合管,是一弯曲细管,由近球小管、髓袢和远球小管三部分组成。尿生成包括三个环节:① 肾小球的滤过作用,形成原尿;② 肾小管和集合管的重的吸收;③ 肾小管和集合管的分泌与排泄作用,形成终尿。

一、肾小球的滤过功能

尿来源于血液。当血液流过肾小球时,血浆中的一部分水和小分子溶质依靠滤过作用滤入肾囊腔内,形成原尿。原尿中除了不含血细胞和大分子蛋白质外,其他成分与血浆基本相同。每分钟两侧肾脏生成原尿的量,叫作肾小球滤过率。每分钟两侧肾脏的血浆流量,称为肾血浆流量。

1. 有效滤过压的概念

肾小球的滤过作用主要取决于两个因素:一是滤过膜的通透性;二是有效滤过压。
(1)滤过膜的通透性 滤过膜由肾小球毛细血管的内皮细胞层、基膜层和肾小囊的脏层上皮细胞层组成。

（2）有效滤过压　肾小球滤过作用的动力是有效滤过压。由于滤过膜对血浆蛋白质几乎不通透，故滤过液的胶体渗透压可忽略不计。这样原尿生成的有效滤过压实际上只包括三种力量的作用，一种为促进血浆从肾小球滤过的力量，即肾小球毛细血管压；其余两种是阻止两种是阻止血浆从肾小球滤过的力量，即血浆胶体渗透压和肾囊腔内液压（常称囊内压）。因此，有效滤过压=肾小球毛细管压-（血浆胶体渗透压+囊内压）。

2. 影响原尿形成的主要因素

① 滤过膜通透性的变化；② 有效滤过压的变化（肾小球毛细血管压、血浆胶体渗透压和囊内压）；③ 肾脏血流量。

二、尿生成的调节

尿的生成受到多种因素的影响，影响肾小球滤过作用的因素的影响肾小管与集合管转运功能的因素，都能够影响尿的生成，正常状态下，动物机体能够根据体内的水、盐代谢状况调节尿的生成量，以维持水、盐代谢平衡和内环境的稳态，其中，抗利尿激素和肾素-血管紧张素-醛固酮系统是调节尿生成的主要因素。

1. 抗利尿激素对尿液生成的调节功能

抗利尿激素也称血管升压素，是由 9 个氨基酸残基组成的肽。它的主要生理作用是提高远曲小管和集合管上皮细胞对水的通透性，促进水的重吸收，而减少尿量，产生利尿作用。调节抗利尿激素释放的主要是血浆晶体渗透压的变化。因大量饮用清水而引起的尿量增加，叫做水利尿。

2. 肾素-血管紧张素醛固酮系统对尿液生成的调节功能

醛固酮是由肾上腺皮质球状带细胞所分泌的一种激素，其主要作用是促进远曲小组管和集合管对 Na^+ 的主动重吸收，同时促进 K^+ 的分泌，醛固酮在促进远曲小管和集合管上皮细胞对 Na^+ 重吸收的同时，Cl^- 和水在该管段的重吸收也相应增加。这些作用反映出肾脏在醛固酮的作用下，对机体内水和电解质平衡，具有重要的调节作用。

三、尿的排出

1. 尿的浓缩与稀释

经过肾小球滤过，肾小管和集合管重吸收、分泌与排泄后生成的尿，还必须根据体内水代谢的状况调节其渗透压，以维持体内水分的稳定。在体内水量过多时，可通过肾脏的调节使排出的水量增加，导致尿的渗透压降低；当体内水量减少时，则排出的水量减少，尿的渗透压升高。尿的渗透压高于血浆渗透压时，称为高渗尿；尿的渗透压低于血浆渗透压时，称为低渗尿。因此，尿渗透压的调节也称为尿的浓缩与稀释。尿的浓缩与稀释对于机体水平衡和渗透压的稳定，具有十分重要的意义。

尿的稀释：如果小管液中的溶质被重吸收，而水不被重吸收，则尿的渗透压下降，形成低渗尿。

尿的浓缩：尿液的浓缩是小管液中水分被重吸收进而引起溶质浓度增加的结果。尿液的浓缩发生在肾脏的髓质部。

2. 排尿反射

肾脏中尿的生成是连续不断的，生成的尿液经输尿入膀胱内暂时贮存。当膀胱内贮存的尿液逐渐增多，使其内压升高到一定程度时，即可产生反射性排尿，把贮存的尿液经尿道排出体外，因此，生理性排尿是间歇性的。

第九节　神经系统

高等动物的神经系统是由神经元和神经胶质细胞组成的。神经系统按部位不同可分为中枢神经系统和外周神经系统。中枢神经系统包括脑和脊髓。外周神经系统其支配部位可分为躯体神经和内脏神经，根据其功能又分为感觉神经和运动神经。其中，支配内脏的传出神经又叫植物性神经，包括交感神经和副交感神经两类。

一、神经元活动的规律

神经元是神经系统的结构和功能单位，其形态和功能多种多样。根据其功能，神经元分为感觉神经元、中间神经元、运动神经元。神经元在结构上大致可分为细胞体和突起两部分，突起又分为轴突和树突。

1. 神经纤维的基本生理特征

神经纤维的基本生理特征是具有高度的兴奋性和传导性，其功能是传导动作电位，即传导神经冲动或兴奋。当神经纤维受到适宜刺激而兴奋时，立即表现出传播的动作电位。神经纤维传导兴奋具有5个特征：完整性、绝缘性、双向性、不衰减性与相对不疲劳性。

2. 受　体

受体指细胞膜或细胞内能够与特定的化学物质（如激素、递质等）结合并产生生物学效应的特殊分子，一般为大分子蛋白质。神经递质须先与突触后膜或效应器细胞上的受体相结合，才能发挥作用。能与受体结合并产生生物学效应的化学物质称为受体激动剂；如果受体事先被某种药物结合，则递质很难再与受体结合，于是递质就不能发挥作用。这种与受体结合使递质不能发挥作用的药物，叫作受体阻断剂或拮抗剂。

（1）肾上腺素能受体　凡是能与儿茶酚胺（包括去甲肾上腺素与肾上腺素等）结合的受体称为肾上腺素能受体。肾上腺素能受体对效应器的作用，既有兴奋效应，也有抑制效应。肾上腺素能受体又可分为α和β两种。α受体与儿茶酚胺结合后，主要兴奋平滑肌，如使血管平滑肌收缩、子宫平滑肌收缩和瞳孔开张肌收缩等；但也有抑制作用，如使小肠平滑肌舒张。β受体又可分为β1和β2两个亚型。β1受体主要分布在心肌，它与儿茶酚胺结合后，对心肌产生兴奋效应。β2受体分布比较广泛，它与茶酚胺结合后，抑制平滑肌的活动，如使血管平滑肌舒张、子宫平滑肌收缩减弱、小肠及支气管平滑肌舒张等。一般说来，递质与α受体结合后引起效应器细胞膜的去极化，而与β受体结合后则引起超极化，因而出现不同的效应。有些组织器官只有α受体或β受体，有些既有α又有β受体。α和β受体不仅对交感神经末梢释放的递质起反应，而且对血液中存在的茶酚胺也起反应。去甲肾上腺素对α受体的作用强，而对β受体的作用弱；肾上腺素对α和β受体都有作用；异丙肾上腺素主要对β受体起作用。注射肾上腺素，则血压先升高、后降低，这是α和β受体均被作用，致使血管先收缩、后舒张的结果。

（2）胆碱能受体 凡是能与乙酰胆碱结合的受体叫做胆碱能受体。胆碱能受体又分为两种：一种是毒蕈碱型受体（M受体），一种是烟碱型受体（N受体）。

二、神经反射

神经反射是动物系统的基本活动形式。可分为非条件反射和条件反射。

1. 非条件反射

非条件反射是动物在种族进化过程中通过遗传而获得的先天性反射。它是动物生下来就有的，而且有固定的反射途径。非条件反射比较恒定，不受外界环境的影响而改变，只要有一定的强度刺激，就会出现规律的特定反射，其反射中枢大多数在皮质下部位。

2. 条件反射

条件反射是动物在出生后的生活过程中，为适应个体所处的生活环境而建立起来的反射，它没有固定的反射途径，容易受环境影响而发生改变或消失。因此，在一定的条件下，条件反射可以建立，也可以消失。条件反射的建立，需要有大脑皮质的参与，是比较复杂的神经活动。条件反射对提高动物适应环境的能力特别重要。

三、神经系统的感觉功能

脊髓和脑干是接受感应器传入冲动的基本部位，丘脑是感觉机能的较高级部位，大脑皮质是感觉机能的最高部位。神经系统对躯体运动的调节脊髓反射：身体运动是最基本的反射中枢位于脊髓。最基本的脊髓反射包括牵张反射和屈肌反射。

第十节 内分泌

一、激素的概念及分类

由内分泌腺体或内分泌细胞分泌、具有特定生理功能的生物活性物质称为激素。激素按化学性质可分为含氮激素、类固醇激素、和脂肪酸衍生物。含氮激素包括两类肽类和蛋白质激素。类固醇激素主要包括肾上腺皮质分泌的皮质激素和性腺分泌的性激素等。脂肪酸衍生物类激素包括前列腺素。

二、垂体的内分泌功能

垂体分为腺垂体和神经垂体两部分。

1. 腺垂体激素及其生理功能

腺垂体分泌的激素参与调节动物的生殖、生长、代谢、泌乳等生理功能。由腺垂体分泌促甲状腺激素、促肾上腺皮质激素、卵泡刺激素和促黄体生成素，促进各自靶腺的激素分泌活动，因而统称为"促激素"。由腺垂体分泌的生长激素、催乳素和促黑素细胞激素，直接作用于靶组织细胞调节机能活动。

（1）生长激素　生长激素属于蛋白激素，不同种属动物的生长激素的化学结构、生物活性有很大的差异，但生理功能相同。生长激素的生理功能主要有：① 促进生长发育。生长激素对机体各组织器官的生长发育均有影响，特别是对骨骼、肌肉及内脏器官的作用尤为显著，因此也称为躯体刺激素。生长激素的促处理系统作用主要是通过促进骨、软骨、肌肉及其他组织细胞分裂增殖和蛋白质合成来实现。② 调节物质代谢。生长激素可通过胰岛素生长因子促进氨基酸进入细胞来加速蛋白质合成，使机体呈正氮平衡。另外，生长激素可促进脂肪分解，抑制外周组织摄取和利用葡萄糖，减少葡萄糖消耗，提高血糖水平。

（2）催乳素　催乳素是一种蛋白质激素。催乳素在多种激素的参与下，促进乳腺的发育，发动并维持泌乳。在禽类，催乳素通过抑制卵巢对促性激素的敏感性而引起抱窝。

（3）促性腺激素　促性腺激素是糖蛋白激素，包括促卵泡激素和促黄体生成素两种。它们在调节动物生殖活动方面，具有协同作用。

（4）促甲状腺激素　促甲状腺激素是糖蛋白激素。促甲状腺激素主要生理作用是促进甲状腺的发育、甲状腺激素的合成与释放。

（5）促肾上腺皮质激素　促肾上腺皮质激素为39个氨基酸的直链多肽。促肾上腺皮质激素的生理作用主要是促进肾上腺皮质增生和肾上腺皮质激素的合成与释放。促肾上腺皮质激素的分泌除受下丘脑-垂体-肾上腺皮质轴的调节之外，也受生理性昼夜节律和应激刺激的调控。

（6）促黑色素　促黑色素是低等脊椎动物的垂体中间部产生的一种肽类激素，人类垂体中间部退化后只留有痕迹。

2. 神经垂体激素及其生理功能

神经垂体激素包括血管升压素（抗利尿素）和催产素。由下丘脑视上核和室旁核神经元产生的血管升压素和催产素，与同时合成的神经垂体激素运载蛋白形成复合物，以轴浆运输的方式运送至神经垂体储存，在适宜刺激下，释放进入血液。

三、甲状腺激素

甲状腺激素是酪氨酸碘化物。甲状腺激素的主要生理功能：

（1）对物质代谢的影响　蛋白质代谢：甲状腺激素促进蛋白质的合成和多种酶的生成；糖代谢：甲状腺激素能够促进小肠黏膜对糖的吸收和肝原分解，抑制糖原合成，升高血糖浓度；脂肪代谢：甲状腺激素促进脂肪酸氧化，对胆固醇的分解作用强于合成作用。

（2）对产热和组织氧化的作用　甲状腺激素可使体内绝大多数组织的耗氧率和产热量增加。

（3）对生长发育的影响　甲状腺激素促进机体生长、发育和成熟，特别是对脑和骨骼的发育尤为重要。胚胎对缺碘导致甲状腺激素合成不足或出生后甲状腺功能低下，可使动物脑神经发育受阻、智力低下；同时长骨生长停滞，身材矮小，表现为呆小症。

（4）对神经系统的影响　甲状腺功能亢进时，中枢神经系统兴奋性增高，动物表现不安、过敏、易激动、失眠多梦及肌肉颤动等；功能低下时，中枢神经系统兴奋性降低，动物表现记忆力减退、行动迟缓、嗜睡等症状。

（5）对心血管系统活动的影响　甲状腺激素可使心率加快、心肌收缩力增强、心输出量增加；使血管平滑肌舒张，外周阻力降低。

四、肾上腺激素

肾上腺皮质激素主要包括糖皮质激素和盐皮质激素两类。盐皮质激素的主要功能是对肾有保钠、保水和排钾作用。

五、胰岛激素

胰岛素的主要功能是促进合成代谢、抑制分解代谢，对维持血糖相对稳定发挥重要的调节作用。当胰岛素缺乏时，引起明显的代谢障碍，大量的糖从尿液排出，称为糖尿病。

六、生　殖

生殖是生物繁殖自身和延续种系的重要生命活动，是生物的基本特征之一。哺乳动物的生殖由雌雄两个个体共同来完成。生殖过程包括生殖细胞的生成、交配、着床、妊娠、分娩和哺乳等过程。

1. 雄性生殖生理

睾丸是雄性动物的主要性器官，包括精子的生成和激素分泌两方面的主要功能。睾丸的生精作用：在睾丸内，精原细胞发育成为精子的过程称为生精作用。精子发生是一个连续的过程，其基本过程为：精原细胞→初级精母细胞→次级精母细胞→精细胞→精子。在精子发生过程中，睾丸支持细胞对生精细胞有营养支持作用，对退化的生精细胞和精子分子脱落的残余体有吞噬作用。

睾丸的内分泌功能：睾丸分泌的主要激素为雄激素，由睾丸间质细胞合成，包括睾酮、双氧睾酮和雄烯二酮。雄激素的主要功能包括：① 促进精子的生成与成熟，并能延长其寿命；② 促进生殖器官发育，刺激副性征的出现、维持和性行为；③ 促进蛋白质合成、骨骼生长、钙磷沉积以及红细胞的生成；④ 对下丘脑 GnRH 和腺垂体 FSH、LH 进行负反馈调节。

2. 雌性生殖生理

（1）卵巢的功能　卵巢具有产生卵子和分泌激素两方面的功能。生卵的作用：卵巢内卵泡的发育和卵子的生成是同时发生的，原始卵泡经过初级卵泡、生长卵泡和成熟卵泡到排泡是连续的过程。卵巢内卵子从成熟卵泡中排出的过程称为排卵。哺乳动物园的排卵分为自发排卵和诱发排卵两种。

（2）卵巢的内分泌功能　卵巢是重要的内分泌器官。卵巢分泌雌激素、孕激素、少雄激素及抑制素。妊娠期间还可分泌松弛素。雌激素主要是雌二醇。雌激素的主要生理功能包括① 促进生殖器官的发育和成熟。② 促进雌性副性征的出现、维持及性行为。③ 协同促进卵泡发育，促进排卵。④ 提高子宫肌对催产素的敏感性，使子宫收缩，参与分娩发动。⑤ 刺激乳腺导管和结缔组织增生，促进乳腺发育。⑥ 增强代谢。孕激素也属于类固醇激素，其中活性最高的是孕酮。孕酮在肝中降解，代谢产物随粪尿排出体外。孕激素的生理作用包括：① 使子宫内膜增厚、腺体分泌，为受精卵附植和发育做准备。② 降低子宫平滑肌的兴奋性，使子宫维持正常妊娠。③ 促使宫颈黏液分泌减少、变稠，使子宫难于通过。④ 在雌激素作用基础上，促进乳腺腺泡系统发育。⑤ 反馈调节腺垂体的分泌。血中高浓度的孕酮可抑制动物发情和排卵。

七、泌　乳

1. 乳的生成过程及其调节

（1）乳的生成　乳腺腺泡细胞从血液摄取营养物质生成乳，并分泌进入腺泡腔内的生理过程，称为乳的分泌。乳的分泌过程包括乳前体的获得、乳的合成和乳腺分泌物的转运三个基本过程。乳的成分主要包括：

① 糖类：乳中的糖主要乳糖，乳糖是维持乳中渗透压的主要因素，因此泌乳量与乳糖浓度密切相关。

② 乳脂：乳脂中 97%～98% 是甘油脂肪酸、乙酸和 β-羟丁酸三种物质。

③ 蛋白质：乳中的蛋白质主要是酪蛋白和乳清蛋白，它们约占乳中总氮的 95%，乳中大部分蛋白是利用血液游离氨基酸合成的。乳腺分泌物的转运：是指从合成部位到达腺泡细胞膜顶端，再跨膜进入腺泡腔的过程。

（2）乳分泌的调节

① 泌乳的启动：家畜分娩时或分娩前后，乳腺的生长几乎停止而大量乳汁开始分泌，乳腺的泌乳发动称为泌乳的启动。启动泌乳受神经和体液的调节，其中激素起着主导作用。

② 激素调节：妊娠期间，血中类固醇激素含量较高，催乳素维持较平衡的水平。分娩时，孕酮几乎停止分泌，催乳素含量增加。可能是孕酮解除了对催乳素分泌的抑制作用，成为生

理上发动泌乳的重要触发因素。此外，分娩后胎盘催乳素解除了对其受体的封闭作用，以及分娩应激和前列腺素分泌增加导致催乳素、肾上腺素皮质激素的增加，也对泌乳的发动起到一定的作用。神经调节：泌乳发动的神经调节通常是与激素协同作用的。临产前挤乳，乳头可将受到的刺激信息传至下丘脑，抑制催乳素释放抑制激素的分泌，促进促肾上腺皮质激素释放激素的分泌，从而使催乳素、促肾上腺皮质激素和肾上腺皮质激素释放，进一步诱导乳的分泌。泌乳的维持：乳腺的泌乳活动开始后，有一个较长的维持泌乳的过程。多种激素因子和神经系统调节的乳合成能力，维持泌乳。乳汁的排空也很重要。

2. 排乳及其调节

哺乳或挤乳会引起动物乳房容纳系统紧张度的改变，储积在腺泡和乳导管系统内的乳汁迅速流向乳池，在神经、体液的共同调节下，乳汁被告排出体外的过程，称为排乳。乳汁的排出有一定的顺序。最先排出的是贮存在乳池内的乳池乳，当乳头括约肌开放时，依靠重力就可排出。排乳反射引起排出的乳即反射乳，反射乳排完后，乳房中还会存留一部分未排出的乳即残留乳，它将与新生成的乳汁混合，再排出体外。排乳是复杂的反射活动，由神经和内分泌的共同调节完成。

排乳反射：感受器主要分布在乳头和乳房皮肤。吮吸和挤奶是最重要的兴奋性刺激。此外，温热刺激、刺激生殖道、仔畜对乳房的冲撞都可引起排乳反射。除了上述非条件性刺激以外，外界的其他刺激通过听觉、视觉、嗅觉等都可建立促进或抑制排乳的条件反射。

神经-体液调节：由精索外神经传递的兴奋性信号先到达脊髓，再上传至下丘脑室旁核和视上核，促使神经垂体释放催产素，通过血液作用于乳腺腺泡和终末导管周围的肌上皮细胞收缩，引起乳的排出。

排乳抑制：在生产实践中，环境吵闹、不规范操作等异常刺激常常会抑制动物的排乳，导致产奶量下降。

第三章 动物病理学

第一节 动物疾病概论

　　动物病理学是以解剖学、组织学、生理学、生物化学、微生物学及免疫学等为基础，运用各种方法和技术研究疾病的发生原因（病因学），疾病的发生发展过程（发病学、发病机制）以及机体在疾病过程中的功能、代谢和形态结构的改变（病变），从而揭示患病机体的生命活动规律的一门科学。

　　疾病是相对于健康而言。健康是指动物机体对其环境有良好的适应性，两者保持的动态平衡。反之，疾病则指机体与环境之间的正常平衡被打破。

　　动物疾病从发生、发展到结局的过程称为病程。在这个过程中，具有一定的阶段性，通常可分为潜伏期、前驱期、明显期间和转归期四个基本阶段。动物疾病的转归是指疾病过程的发展趋向和结局。疾病的转归一般可分为完全康复（痊愈）、不完全康复和死亡三个形式。

　　病因是引起某一疾病必不可少的并决定疾病特异性的特定因素。没有原因的疾病是不存在的。没有病因，相应的疾病就不可能发生。疾病发生的内因一般是指机体防御机能的降低，遗传免疫特性的改变以及对致病因素的易感性。

第二节 变　性

　　变性是指细胞或间质内出现异常物质或正常物质的数量显著增多，并伴有不同程度的功能障碍。变性可分为两类：一类为细胞含水量异常，另一类为细胞及间质内物质的异常沉淀。常见的细胞变性有细胞肿胀、脂肪变性及玻璃样变性；细胞间质的变性有黏液样变性、玻璃样变性、淀粉样变性及纤维素样变性。

一、细胞肿胀

　　细胞肿胀是指细胞内水分增多，胞体增大，胞浆内出现微细颗粒或大小不等的水泡。多由于细菌和病毒感染、中毒、缺氧、缺血、脂质过氧化、免疫反应、机械性损伤、电辐射等致病因素。细胞肿胀又可分为颗粒变性和空泡变性。

二、脂肪变性

　　脂肪变性是细胞内脂肪代谢障碍时的形态表现，其特点是，细胞质内出现了正常情况下看不见的脂肪滴，或胞浆内脂肪滴增多。脂滴的主要成分是中性脂肪（甘油三酯）及类脂质（胆固醇之类）。

1. 原　因

引起脂肪变性的原因很多，常见的有缺氧（如贫血和慢性淤血）、中毒（如磷、砷、酒精、四氯化碳、氯仿和真菌毒素等）、感染、饥饿和缺乏必需的营养物质（如胆碱、蛋氨酸、抗脂肝因子等）等因素。

2. 发病机理

由于肝细胞内甘油三酯转化脂蛋白的过程受阻以至甘油三酯在肝细胞浆内积聚，引起脂肪变性。

3. 病理变化

（1）肝脂肪变性　脂肪变性比较显著和弥漫，则可见肝脏肿大，质地脆软，色泽淡黄至土黄，切面结构模糊，有油腻感，有的甚至质脆如泥。鸡脂肪肝综合征时，肝切面由暗红色的瘀血部分，和黄褐色的脂肪变性部分相互交织，形成红黄相间的类似槟榔或肉豆蔻切面的花纹色彩，故称之为槟榔肝。严重中毒或感染时，各肝小叶的肝细胞可普遍发生重度脂肪变性，同一般的脂肪组织相似，因而被称为脂肪肝。

（2）心肌脂肪变性　心肌发生脂肪变性。透过心内膜可见到乳头肌及肌肉柱的静脉血管周围有灰黄色的条纹或斑点分布在色彩正常的几肌之间，呈红黄相间的虎皮状斑纹，故有"虎斑心"之称。

三、脂肪浸润

脂肪浸润是指在实质细胞之间脂肪组织增生超过正常程度，又称间质脂肪浸润。严重的脂肪浸润可继发实质细胞萎缩、功能障碍。明显的脂肪浸润见于心肌、胰腺和骨骼肌，多发于肥胖动物。

四、玻璃样变性

玻璃样变性又称透明变性或透明化或玻璃样变，泛指细胞质、血管壁和结缔组织内出现一种均质无结构的、红染的毛玻璃样半透明蛋白样物质，即透明蛋白或透明素，玻璃样变性可分为细胞内玻璃样变性、血管壁玻璃样变性和纤维结缔组织玻璃样变三种类型。

五、淀粉样变性

淀粉变性是指在某些组织的网状纤维、血管壁或间质内出现淀粉样物质沉着的病变。淀粉样物质化学性质上属糖蛋白，是具有 β-片结构的多肽链组成的一种纤维性蛋白，新鲜变性组织往往具有淀粉遇碘时的显色反应，即遇碘时被染成棕褐色，再滴加 1%硫酸溶液后则呈紫蓝色，故传统称之为淀粉样物质，其实和淀粉并无关系，之所以出现淀粉样变色反应，是由于其中含有多糖物质。淀粉变性的原因：多发生于长期伴有组织破坏的慢性消耗性疾病和慢性抗原刺激的病理过程，如慢性化脓性炎症、骨髓瘤、结核、鼻疽以及供制造高免血清的马等。

第三节 坏死与细胞凋亡

一、坏死与细胞凋亡的概念

坏死是指活体内局部组织、细胞的病理性死亡。坏死组织、细胞的物质代谢停止，功能丧失，出现一系列形态学改变，是一种不可逆的病理变化。细胞凋亡是指为维持内环境稳定，由基因控制的细胞自主有序性的死亡，是一种由基因决定的细胞自我破坏的过程，又称为程序性细胞死亡。与有丝分裂的细胞增殖活动相对，细胞发生凋亡时，就像树叶或花的自然凋落一样。

二、细胞凋亡与细胞坏死的区别

细胞凋亡与坏死是两种截然不同的细胞学现象。主要区别是：坏死是指活动动物机体内局部组织细胞的病理性死亡，它是极端的物理、化学因素或严重的病理性刺激引起的细胞损伤和死亡。细胞凋亡不是被动的过程，而是一种主动的细胞自我破坏的过程，它涉及一系列基因的激活、表达及调控等作用，它并不是病理条件下自体损伤的一种现象，而是为更好地适应生存环境而主动采取的一种死亡过程。

三、细胞的基本病理变化

细胞核的改变是细胞坏死的主要形态学标志，镜下胞核变化的特征表现为如下三个方面：核浓缩：因为核蛋白分解，DAN 游离，核脱水，使细胞核染色质凝聚，嗜碱性增加，故表现为核体积缩小，染色加深，呈深蓝染，DAN 停转录。核碎裂：核染色质崩解为小块，先堆积于核膜下，以后核膜破裂，核染色质呈许多大小不等、深蓝染的碎片散在于胞浆中。核溶解：染色质中的 DAN 和核蛋白被 DAN 酶和蛋白酶分解，染色变淡，或只见核的轮廓或残存的核影。当染色质中的蛋白质全部被溶解时，核便完全消失。

四、坏死的类型及特点

根据坏死组织的病变特点和机制，坏死组织的形态可分为以下几种类型：

1. 凝固性坏死

坏死组织由于水分减少和蛋白质凝固而变成灰白或黄白、干燥无光泽的凝固状，故称凝固性坏死。凝固性坏死常见有以下几种类型：

（1）贫血性梗死　常见于肾、心、脾等器官，坏死区呈灰白色、干燥，早期肿胀，稍突出于脏器的表面，切面坏死区呈楔形，周界清楚。

（2）干酪样坏死　属于凝固性坏死的一种，见于结核杆菌和鼻疽杆菌等引起的感染性炎症。干酪样坏死灶局部除了凝固的蛋白质外，还含有多量的由结核杆菌产生的脂类物质。使坏死灶外观呈灰白色或黄白色，松软无结构，似干酪（奶酪）样或豆腐渣样，故称为干酪样坏死。

（3）蜡样坏死　多见于动物的白肌病。可见肌肉肿胀，无光泽浑浊、干燥坚实，呈灰红色或灰白色，如蜡样，故名蜡样坏死。

2. 液化性坏死

坏死组织因蛋白水解酶的作用而分解变为液态，称液化性坏死（湿性坏死）。常见于富含水分和脂质的组织如脑组织，或蛋白分解酶丰富的组织如胰腺。如霉玉米中毒引起的马大脑软化、硒-维生素E缺乏引起的鸡小脑软化均属于液化性坏死。

3. 坏疽

坏疽是指继发有腐败菌感染和其他因素影响的大块坏死而呈现灰褐色或黑色等特殊形态改变，称为坏疽。可分为三种类型：

（1）干性坏疽　常见于缺血性坏死、冻伤等，多继发于肢体、耳壳、尾尖等水分不容易蒸发的体表部位。坏疽组织干燥、皱缩、质硬、呈灰黑色，腐败菌感染一般较轻。坏疽区与周围健康组织间有一条较为明显的炎性反应带分隔，所以边界清楚。

（2）湿性坏疽　多发生于外界相通的内脏（肠、子宫、肺等），也可见于动脉受阻同时伴有淤血水肿的体表组织坏死，由于坏死组织含水分较多，故腐败菌感染严重，使局部肿胀，呈黑色或暗绿色。

（3）气性坏疽　常发生于深在的开放性创伤合并产气荚膜杆菌等厌氧菌感染时。细菌分解坏死组织时产生大量气体，使坏死组织内含气泡，呈蜂窝样和污秽的棕黑色，用手按之有"捻发"音。

五、坏死的结局及其对机体的影响

1. 坏死的结局

坏死组织作为机体的异物，和其他异物一样可刺激机体发生防御反应，机体对坏死组织可通过下述方式加以处理和消除。

（1）反应性炎症　因坏死组织分解产物的刺激作用，在坏死区与周围活组织之间发生反应性炎症，表现为血管充血、浆液渗出和白细胞游出。眼观表现为坏死局部的周围呈现红色带，称为分界性炎。

（2）溶解吸收　较小的坏死灶可通过本身崩解或中性粒细胞释出的溶蛋白酶分解为小的碎片或完全液化，经淋巴管或血管吸收，不能吸收的碎片则由巨噬消化。小坏死灶可被完全吸收、清除。大坏死灶溶解后不易完全吸收，可形成含有淡黄色液体的囊腔，如脑软化灶。

（3）腐离脱落　位于体表和与外界相通的脏器的较大坏死灶不易完全吸收，其周围由于分界性炎，其中的白细胞释放溶蛋白酶，可加速坏死灶边缘组织的溶解吸收，使坏死灶与健康组织分离，脱落，形成缺损。皮肤、黏膜处的浅表性缺损称为糜烂，较深的坏死性缺损称为溃疡。当深在性坏死形成的开口于器官表面时，深在性盲管称为窦道；具两端开口的通道坏死性缺损称为瘘道。在有天然管道与外界相通的器官（如肺、肾等）内，坏死组织液代谢后可经自然管道（支气管、口腔、输尿管、尿道）排出，残留的空腔称为空洞。

（4）机化和包囊形成　当坏死灶范围较大，不能完全溶解吸收或腐离脱落，而由新生肉芽组织吸收、取代坏死物的过程称为机化。机化的组织最终形成瘢痕组织。如坏死组织不能被完全机化，则可以由周围新生的肉芽组织将坏死组织包裹起来，称为包囊形成。包囊形成后，中央的坏死组织逐渐干燥，可以进一步发生钙化。

（5）钙化　坏死灶出现钙盐沉着，即发生钙化。

2. 坏死对机体的影响

坏死组织的机能完全丧失。坏死对机体的影响取决于其发生部位和范围大小。坏死面积越大对机体的影响也越大。一般器官的小范围坏死通常可通过相应健康组织的机能代偿而不致对机体发生严重的影响。坏死组织中有毒分解产物大量吸收后可导致机体自身中毒。

第四节　病理性物质沉着

一、病理性钙化

1. 概　念

在骨和牙齿以外的组织内出现固态钙盐沉积称为病理性合理化。沉积的钙盐主要磷酸钙，其次为碳酸钙。病理性钙化可分为营养不良性钙化和转移性钙化两种类型。营养不良性钙化是由于局部组织发生变性或坏死，造成局部组织环境发生改变，而促使钙在局部组织析出和沉积。转移性钙化是发生在高血钙的基础上。

2. 钙化的类型、原因及发病机理

（1）营养不良性钙化　可简称为钙化，是继发于局部变性、坏死组织和病理产物中的异常钙盐沉积。包括：①各种类型的坏死组织；②玻璃样变或黏液样变的组织；③血栓；④死亡寄生虫；⑤其他异物。

（2）转移性钙化　血钙和血磷升高，使钙盐在多处健康组织上沉积所致。钙盐沉着的部位多见于肺脏、肾脏、胃黏膜动脉管壁，血钙升高可见于下列情况：①甲状旁腺机能亢进，②骨质大量破坏，骨内大量钙质进入血液，使血钙浓度升高，常见于骨肉瘤和骨髓病。③维

生素 D 摄入量过多，可促进钙从肠道吸收，使血钙增加。转移性钙化常发生于肺脏、肾脏、胃黏膜和动脉管壁等处。

3. 结局及对机体的影响

营养不良性钙化是机体和一种防御适应性反应。通过钙化后引起的纤维结缔组织增生和包囊形成，可以减少或消除钙化灶中的病原和坏死组织对机体的继续损害，它可使坏死组织或病理产物在不能完全吸收时变成稳定的固体物质，一旦机体抵抗能力下降，则可能引起复。但合理化严重时，易造成组织器官钙化，机能降低。

二、黄 疸

黄疸是由高胆红素血症引起的全身皮肤、巩膜和黏膜等组织黄染的现象。黄疸是临诊上常见的一个重要体征，它是机体胆色素代谢障碍的反应。

1. 黄疸的类型、原因及发病机理

黄疸可分为三种类型：

（1）溶血性黄疸　血液中红细胞大量破坏（如溶血），生成过多的间接胆红素，如果超过了肝脏的间接胆红素处理成直接胆红素的能力限度，则造成血液中间接胆红素含量增高，引起黄疸。多见于中毒、血液寄生虫病、溶血性传染病、新生仔畜溶血病和腹腔大量出血后腹膜吸收胆红素等。

（2）肝性黄疸　又称实质性黄疸。主要是毒性物质和病毒作用于肝脏，造成肝细胞物质代谢障碍和退行性变化，一方面肝处理血液中间接胆红素能力下降，间接胆红素蓄积；另一方面，由于肝细胞坏死，毛细血管破裂，胆汁排出障碍，导致肝脏中直接胆红素蓄积并进入血液。

（3）阻塞性黄疸　阻塞性黄疸是由于胆管系统的闭塞，胆汁排出障碍，毛细血管破裂后直接胆红素进入血液所致。

2. 结局及对机体的影响

黄疸时在血中聚集的异常成分，除胆红素外，还可有胆汁的其他成分，所以黄疸对机体的影响包括多种因素的作用。①胆红素对机体的影响最严重的是对神经系统的毒性作用，尤其是游离的胆红素，具有脂溶性的特性，对组织中的脂类亲和国比较大，而神经中脂类含量丰富。由于胆红素多侵犯脑神经核，可引起严重的抽搐、痉挛和锥体外系统运动障碍等神经症状，可致迅速死亡。在很多内脏器官，均可见有渐进性坏死，游离胆红素神经症状，的机理在于抑制细胞的氧化磷酸化作用，从而阻断脑的能量供应。②胆汁中主要成分为结合胆汁酸盐，它在血中增多可刺激皮肤感觉神经末梢，引起瘙痒，且对神经系统也有刺激作用，还可引起血压下降。心动过缓。③胆盐不能进入肠道时，可影响脂肪的消化、吸收。

三、尿酸盐沉着

1. 概　念

尿酸盐沉着即痛风，是指体内嘌呤代谢障碍，血液中尿酸增高，并伴有尿酸盐（钠）结晶沉着在体内一些器官组织而引起的疾病。痛风可发生于人类及多种动物，但以家禽尤其是鸡最为多见。尿酸盐结晶易于沉着在关节间隙、腱鞘、软骨、肾脏、输尿管及内脏器官的浆膜上。临诊表现为高尿酸血症。反复发作的关节炎，该病分为原发性和继发性两种。

2. 病理变化

根据尿酸盐在体内沉着的部位，痛风可分为内脏型和关节型。

（1）内脏型　肾脏肿大，色泽变淡，表面呈白褐色花纹，切面可见尿酸盐沉积而形成的散在的白色小点。内脏型痛风多见于鸡。

（2）关节型　特征是脚趾和腿部关节肿胀，关节软骨周围结缔组织、骨、腱鞘、韧带及骨骼等部位，均可见白色尿酸盐沉着。尿酸盐大量沉着可使关节变形，并可形成痛风石。

第五节　血液循环障碍

一、充　血

局部器官或组织内血液含量增多现象，称为充血。可分为动脉性充血和静脉性充血。由于小动脉扩张而流入组织或器官血量增多的现象，称为动脉性充血，也称主动性充血。由于静脉回流受阻，而引起局部组织或器官中血量增多的现象，称为静脉性充血，又称被动性瘀血（瘀血）。

动脉性充血的病理学变化：充血的组织器官体积轻度肿大，色泽鲜红，温度升高；镜下变化为小动脉和毛细血管扩张，管腔内充满大量红细胞。

静脉性充血的病理学变化：主要表现为淤血的组织或器官体积增大，颜色呈暗红或紫色，局部温度降低。肝瘀血多见于右心衰竭。肝脏切面呈现暗红色（瘀血区）和灰黄色（脂变区）相间的条纹，类似槟榔切面的纹理，故称为槟榔肝。肺淤血多见于左心衰竭和二尖瓣狭窄或关闭不全时，因此左心腔内压力升高，肺静脉回流受阻，大量血液淤肺组织内而造成肺淤血。肾淤血多见于右心衰竭时。

二、出　血

血液流出心脏或血管外的现象，称为出血。血液流入组织间隙或体腔内，称为内出血；血液流出体外，称为外出血。根据发生原因可将出血分为破裂性出血和渗出性出血。

（1）破裂性出血　由于血管壁或心脏明显受损而引起的出血。可发生在心脏、动脉、静脉或毛细管，见于外伤、炎症、恶性肿瘤的侵蚀，或发生血管瘤，动脉硬化时伴发血压突然升高，导致破裂性出血。

（2）渗出性出血　也称为漏出性出血，由于血管通透性增高，红细胞通过内皮细胞间隙和损伤的血管基底膜漏出到血管外。

较多量血液流入组织间隙，形成局限性血液团块，形如球状，称为血肿。血液流入腔内，称为积血。腔内蓄积有血液或凝块；脑组织的出血又称为脑溢血；肾脏和尿道出血随尿液排出称为尿血；消化道出血经口排出体外称为吐血或呕血，经肛门排出称为便血；肺和呼吸道出血排出体外称为咳血；鼻出血称衄血。

三、血　栓

在活体的心脏或血管内血液发生凝固，或某些有形成分析而形成固体物质的过程，称为血栓形成。所形成的固体物质称为血栓。根据血栓的形成过程和形态特点，可将血栓分为四种类型：白色血栓、混合血栓、红色血栓、透明血栓。

诱发血栓的形成的条件大致可归纳为三个方面：心血管内膜损伤、血流状态的改变以及血流性质的改变。心血管内膜的损伤是血栓形成最重要和最常见的原因。血流状态的改变主要是指血流缓慢、停滞或形成涡流等，这是临诊上静脉血栓形成的最主要的原因。血液凝固性增高是指血液中凝固系统活性高于抗凝系统活性，导致血液易于发生凝固的状态。由血小板、纤维蛋白、少量白细胞组成的血栓称为析出性血栓，因眼观呈灰白色，故称为白色血栓。由血小板、纤维蛋白和大量红细胞组成，眼观可见红白相间，表面干燥，呈波纹状，称为混合血栓。由红细胞和纤维蛋白组成，呈红色凝血块样，表面光滑，湿缊有弹性，称为红色血栓。透明血栓是指在微循环内形成的血栓，主要由纤维蛋白凝集而成。

四、栓　塞

血液循环中出现不溶性的异常物质随血液运行并阻塞血管腔的过程，称为栓塞。阻塞血管的异常物质称为栓子。根据栓塞的原因和栓子的性质，将栓塞分为血栓性栓塞、空气性栓塞、脂肪性栓塞、组织性栓塞、细菌性栓塞以及寄生虫性栓塞。

（1）血栓性栓塞　是指由脱落的血栓引起的栓塞，是栓塞中最常见的一种。

（2）空气性栓塞　是指空气和其他气体由外界进入血液，形成气泡，随着血流运行，阻塞血管是一种栓塞。

（3）脂肪性栓塞　指脂肪滴进入血液并阻塞血管的过程。脂肪性栓塞主要影响肺和神经系统。

（4）组织性栓塞　是指组织、细胞碎片或细胞团块进入血液而引起的栓塞。多见于组织外伤、坏死和恶性肿瘤，其影响可致器官组织梗死。

（5）细菌性栓塞　是指感染组织中的细菌集落或含细菌的血栓、赘生物脱落进入血液而引起的栓塞，多见于细菌感染性病变。

（6）寄生虫性栓塞　指某些寄生虫或虫卵进入血液所引起的栓塞。

五、梗　死

因动脉血流断绝而引起局部组织或器官发生坏死，称为梗死。形成梗死的过程称为梗死形成。凡能引起动脉血流阻断，同时又不能及时建立有效侧支循环的因素，均是梗死的原因。根据梗死的眼观的颜色及有无细菌感染，可分为贫血性梗死和出血性梗死。贫血性梗死因梗死灶的颜色呈灰白色，故有称为白色梗死。出血性梗死因梗死灶的颜色呈暗红色故又称为红色梗死。

六、休 克

休克是机体在致病因素作用下发生的微循环血液灌流量急剧减少而导致各重要脏器血液灌流量减少及脏器功能障碍的一种全身性危害病理过程。休克的临诊表现主要是血压下降、脉躁频弱、皮肤湿冷、可视黏膜苍白或发绀、反应迟钝、甚至昏迷。根据休克时微循环的变化规律，可将休克分为微循环缺血期、微循环淤血期和微循环凝血期。

1. 微循环缺血期

微循环缺血期是休克发生的早期阶段，也称为休克早期或代偿期或缺血氧期。主要特点是微血管痉挛收缩，导致微循环缺血，其机制是由于交感-肾上腺髓质系统兴奋，儿茶酚胺释放，作用于除脑和心脏外的其他器官组织内微血管所致。患畜表现为烦躁不安、皮肤湿冷、可视黏膜苍白、心率加快、尿量减少、血压稍升或无变化。

2. 微循环淤血期

微循环淤血期是休克进一步发展的结果，也称为休克期或失代偿期或淤血缺氧期。患病动物表现为皮温下降、可视黏膜发绀、心跳快而弱、血压下降、少尿或无尿、精神沉郁甚至昏迷。

3. 微循环凝血期

微循环凝血期是休克的后期阶段，也称为休克晚期或微循环衰竭期或弥漫性血管内凝血期。患病动物表现为昏迷、呼吸不规则、脉搏快而弱或不易触及、血压极度下降、全身皮肤有瘀血点或出血斑、无尿等。

休克对动物机体的影响：休克是动物的影响主要表现为细胞损伤、物质代谢障碍、器官功能障碍等。肾脏是休克过程中最易受损害的器官之一。

第六节 细胞、组织和适应与修复

一、适 应

适应是动物对体内、外环境变化时所产生的各种极有效的反应。组织机构的适应从形态结构上来看，主要表现为增生、萎缩、肥大及化生等。

1. 增 生

增生是指实质细胞数量增多并常伴发组织器官体积增大的病理过程。细胞增生是由各种原因引起的有丝分裂增强所致，但所增生细胞的功能物质如细胞器、核蛋白体等并不增多或轻微增多。根据增生的性质可分为生理性增生和病理性增生。

（1）生理性增生　生理条件下，组织器官由于生理机能增强而发生的增生。如妊娠后期及泌乳期乳腺的增生。

（2）病理性增生　由于某些致病因子作用所引起的组织器官的增生。增生是已知刺激所引起、受到控制的过程，除去刺激，增生即停止，这是增生与肿瘤细胞无限制性生长的主要区别。

2. 萎　缩

发育正常的组织、器官，因其组成细胞的体积减小而引起的体积缩小、功能减退的过程称为萎缩。根据发生的原因，将萎缩分为生理性萎缩和病理性萎缩两种。如动物成年后胸腺、禽类法氏囊及老龄动物性腺的退化属生理性萎缩。在致病因子的作用下，发育正常的器官、组织发生的萎缩，称为病理性萎缩。根据发生的原因和萎缩的范围，将其分为全身性萎缩和局部性萎缩。全身性动物发生全身性萎缩时，各组织、器官的萎缩过程有一定规律，其中脂肪组织的萎缩发生得最早且最明显，其次是肌肉，再次是肝、肾、脾、淋巴结、胃、肠等，而脑、心、内分泌器官的萎缩则较少或不发生萎缩。

3. 肥　大

组织器官因实质细胞体积增大而致整个组织器官体积增大的现象，称为肥大。根据肥大发生的原因，将其分为生理性肥大和病理性肥大。

（1）生理性肥大　是指为适应生理机能需要或激素刺激所引起的组织器官的肥大。其特点是肥大的组织器官体积增大，机能增强。如妊娠期的子宫、泌乳期的乳腺以及竞赛马的心脏肥大等。

（2）病理性肥大　是指在疾病过程中，为了实现某种功能代偿而引起的组织或器官的肥大。病理性肥大又可分为真性肥大和假性肥大。

4. 化　生

已经分化成熟的组织在环境条件改变的情况下，在形态和功能上转变成另一种组织的过程，称为化生。化生多发生在结缔组织和上皮组织。根据化生发生的过程不同，分为直接化生和间接化生。

（1）直接化生　是指一种组织不经过细胞增生殖而直接变成另一种类型组织的化生。

（2）间接化生　是指一种组织通过新生的幼稚组织而变成另一种类型组织的化生。

化生是组织适应环境的一种反应，能增强局部组织对刺激的抵抗力，这是化生积极的一面。但是，化生后的组织类型发生改变，失去原有组织的某些机能，可造成不利的影响。

二、再　生

再生是指体内细胞或组织损伤后，由邻近健康的组织细胞分裂增殖以完成修复的过程，称为再生。通常再生主要是为了替代丧失的细胞,这一点可与增生加以区别。再生是动物进化过程中获得的一种代偿性、适应性。再生可分为生理性再生和病理性再生。

1. 生理性再生

正常情况下某些细胞、组织不断死亡,由新生的细胞、组织不断补充,新老交替,始终保持原有细胞、组织结构和功能,称为生理性再生。如红细胞、皮肤表皮、被毛等不断衰亡和新生等。

2. 病理性再生

局部细胞、组织受到致病因子作用引起死亡和破坏后,所发生的旨在修复损伤的再生称为病理性再生。根据再生的组织特性,将其分为完全再生和不完全再生。上皮组织和结缔组织的再生能力甚强。肌肉组织和再生能力较弱。血细胞和骨组织的再生能力很强。神经细胞一般无再生能力。

三、创伤愈合

由毛细血管内皮细胞和成纤维细胞分裂增殖所形成的富含毛细血管的优雅的结缔组织,称为肉芽组织。因其眼观呈颗粒状、色泽鲜红、表面湿润、揉弄似肉芽,故而得名。它是创伤愈合的基础。肉芽组织是由优雅纤维细胞、新生毛细血管、少量的胶原纤维和大量炎性细胞等有形成分所组成。因其富含血管,触之易出血;但因尚无神经长入,故触之不痛。肉芽组织在组织修复和创伤愈合中有如下功能:① 抗御感染,保护创面,清除坏死物;② 机化或包裹血凝块、坏死组织、炎性渗出物及其异物;③ 填补伤口或修复其他缺损。

第七节 水盐代谢及酸碱平衡紊乱

一、水 肿

等渗性体液在组织间隙(细胞间隙)或体腔中积聚过多称为水肿。水肿时一般不伴有细胞内液增多,细胞内液增多称为细胞水肿。过多的体液在体腔中积聚也称为积水,它是水肿的一种特殊形式,依然属于水肿的范围,如胸腔积水、腹腔积水、心包积水等。水肿不是一种独立的疾病,而是多种疾病中可能出现的一种病理过程,但有些疾病以水肿为主要症状或病理表现,如仔猪水肿病、肉鸡腹水综合征等。常见的有肺水肿,黏膜水肿、皮下水肿、全身性水肿等

二、脱 水

各种原因引起动物细胞外液容量减少称为脱水。根据脱水后动物血浆渗透压的变化,分

为高渗透性脱水、低渗透性脱水和等渗性脱水。

1. 高渗性脱水

失水多于失钠，细胞外液容量减少、渗透压升高，称高渗性脱水。其原因：① 进水不足：动物得不到饮水或吞咽困难。② 失水过多：如高热病畜经皮肤、呼吸蒸发水分过多；下丘脑病变时导致抗利尿激素分泌减少，远曲小管和集合管不能重吸收水而使之随尿排出；服用过多渗性利尿剂时，肾排水过多。

2. 低渗性脱水

失钠多于失水，细胞外液容量和渗透压均降低，称低渗性脱水。其原因：① 经肾丢失；② 经肾外丢失，如动物大汗后仅饮水，或严重腹泻只输 5%葡萄糖，未注意补充盐时，均可导致低渗性脱水。

3. 等渗性脱水

动物体液中的钠与水按血浆中的丢失，其特点是细胞外液容量减少，渗透压不变，称为等渗性脱水。等渗性脱水在动物临诊上极常见。其原因：呕吐、腹泻以及软组织损伤、大面积烧伤时，均可引起大量等渗性体液丢失。

三、酸碱平衡紊乱

1. 酸中毒

酸中毒可简单地概括为：由于碳酸离子降低或碳酸浓度升高所引起的酸碱平衡障碍，伴有或不伴有血液 pH 的降低。酸中毒可分为两类，即代谢性酸中毒和呼吸性酸中毒。

（1）代谢性酸中毒　以碳酸离子浓度原发性减少为特征的病理过程，在兽医临诊上最为常见，主要见于体内固体酸产生过多或酸性物质慑入太多、碱性物质丧失过多或酸性物质排出减少。

（2）呼吸性酸中毒　以血浆碳酸浓度原发性升高为特征的病理过程，在临诊上也比较多见，主要见于二氧化碳排出障碍和吸入过多。

2. 碱中毒

碱中毒可简单地概括为：由于碳酸离子浓度升高或碳酸浓度降低所引起的酸碱平衡障碍，伴有或不伴有血液 pH 的升高。碱中毒可分为两类，即代谢性碱中毒和呼吸性碱中毒。

（1）代谢性碱中毒　以血浆碳酸离子浓度原发性升高为特征的病理过程，在兽医临诊上主要见于严重呕吐、高位肠梗阻、低钾血症等情况。

（2）呼吸性碱中毒　以血浆碳酸浓度原发性降低为特征的病理过程，在临诊上主要见于呼吸中枢刺激、环境缺氧等情况，可因通气过度而发生。

第八节 缺 氧

当组织细胞供氧不足或利用氧的过程发生障碍时，机体的代谢、功能以及形态结构发生异常变化的病理过程，称为缺氧。缺氧是许多疾病中引起动物死亡的直接原因。根据缺氧的原因和血气变化的特点将缺氧分为4种类型。

一、低张性缺氧

氧分压（氧张力）降低引起的组织供氧不足称为低张性缺氧。主要表现为动脉血氧分压降低，血氧含量减少，组织供氧不足，也称为低张性低氧血症。

原因：① 大气压氧分压过低；② 外呼吸功能障碍；③ 通气/血流比不一致；④ 静脉血分流入动脉。

特点：① 动脉血氧分压降低；② 血氧含量降低；③ 氧容量正常；④ 血氧饱和度降低；⑤ 动-静脉氧含量差降低或正常；⑥ 发绀：黏膜和浅色家畜的皮肤呈青紫色，临诊上称为发绀。

二、血液性缺氧

由于血红蛋白含量减少或其性质发生改变，使血液携氧能力降低或血红蛋白结合的氧不易释出，导致组织细胞供氧不足而引起的缺氧，称为血液性缺氧。因此时动脉血氧分压正常，而氧含量降低，故又称为等张性缺氧。

原因：① 血红蛋白含量降低；② 一氧化碳中毒；③ 血红蛋白性质改变。

特点：动脉血氧分压正常；氧容量降低；氧含量降低；血氧饱和度正常；动-静脉氧差变小。

三、循环性缺氧

因组织器官的血流时减少，使组织细胞供氧不足所引起的缺氧，称为循环性缺氧。循环性缺氧有缺血性缺氧和淤血性缺氧两类。

原因：① 缺血性缺氧；② 淤血性缺血。

特点：① 血液学变化；② 皮肤、黏膜颜色的改变。

四、组织性缺氧

由于组织细胞利用氧的过程发生障碍引起的缺氧，称为组织性缺氧。

原因：① 组织中毒；② 呼吸酶合成障碍；

特点：① 血液学变化；② 皮肤、黏膜颜色的改变。

第九节 发 热

一、概 述

1. 概 念

恒温动物在内生性致热原的作用下，使体温调节中枢的调定点上移，引起调节性体温升高（高于正常体温 0.5 ℃），称为发热。

2. 原 因

发热激活物的存在是引起发热的原因。发热激活物指刺激机体产生和释放内生性致热原的物质。根据激活物的来源分为传染性发热激活物、非传染性发热激活物两类。

（1）传染性发热激活物 各种病原物生物侵入机体后，在引起相应病变的同时所伴随的发热称为传染性发热。

（2）非传染性发热激活物 凡由病原物生物以外的各种致热物质所引起的发热，均属于非传染性发热。

3. 致热原

引起发热的物质称为致热原。致热原有外源性和内源性两类。外源性致热原有细菌的内毒素，以及病毒、立克次氏体和疟原虫等产生的致热原。内源性致热原是由中性粒细胞、单核巨噬细胞和嗜酸性粒细胞所释放的致热原。

二、发热的经过及对机体的影响

1. 发热的分期及其特点

发热过程分为 3 个阶段，即体温上升期、高温持续期和体温下降期。

（1）体温上升期 是发热的初期。特点是产热大于散热，热量在体内蓄积，体温上升。如高致病性禽流感、猪瘟、猪丹毒等疾病时动物体温升高较快，而马鼻疽、结核病、布鲁氏菌病时体温上升较慢。临诊表现为患病动物呈现兴奋不安，食欲减退，脉搏加快，皮温降低，畏寒战栗，被毛坚立等。

（2）高温持续期 特点是产热与散热在新的高水平上保持相对平衡。如流行性感冒、牛传染性胸膜肺炎时，高热期可持续数天；而猫白细胞减少综合征的高热期仅为数小时。临诊表现为患病动物呼吸、脉搏加快，可视黏膜充血、潮红、皮肤温度增高，尿量减少，有时开始排汗（犬、猫和禽类不出汗）。

（3）体温下降期 此时发热激活物、正调节介质被机体消除，加之负调节介质的作用，使体温调节中枢的调节点逐渐恢复。本期的热代谢特点是散热大于产热，体温下降。

2. 热 型

根据体温升高的程度，发热可分为低热（超过正常体温 0.5~1 ℃）、中热（超过正常体温 1~2 ℃）、高热（超过正常体温 2~3 ℃）、超高热（超过正常体温 3 ℃）。也可根据热型曲线，发热可分为稽留热、弛张热、间歇热、回归热、波状热、不规则热。

（1）稽留热　特点是体温升高到一定程度后，高热较稳定地持续数天，而且每天温差在 1 ℃ 以内。常见于急性马传染性贫血、犬瘟热、猪瘟、猪丹毒、流行性感冒、大叶性肺炎等。

（2）弛张热　特点是体温升高后一昼夜内变动范围较大，常超过 1 ℃ 以上，但又不降至常温。弛张热常见于化脓性疾病、小叶性肺炎、败血症、犬瘟热第二次发热等。

（3）间歇热　特点是发热期和无热期较有规律地相互交替，间歇时间较短而且重复出现。常见于慢性马传染性贫血、马锥虫病及马媾疫等。

（4）回归热　特点是发热期的无热期间隔的时间较长，并且发热期与无热期的出现时间大致相同。多见于亚急性或慢性马传染性贫血、梨形虫病等。

（5）波状热　特点是动物体温上升到一定高度，数天后又逐渐下降到正常水平，持续数天后又逐渐升高，如此反复发作。可见于布鲁氏菌病等。

（6）不规则热　特点是发热曲线无一定规律。可见于牛结核、支气管肺炎、仔猪副伤寒、渗出性胸膜炎等。

第十节　应　激

应激是指机体在受到各种因子强烈刺激时出现的一种非特异性全身性反应。应激在本质上是一种生理反应，目的在于维持正常的生命活动，可提高机体的防御能力，有利于在变动的环境中维持自稳状态，增强机体的适应能力。

1. 应激原

能使机体出现应激反应的刺激因子，称为应激原。应激原可分为非损伤性和损伤性两大类。

2. 应激的分期

应激反应可分为警觉期、抵抗期、衰竭期。应激时交感-肾上腺髓质反应对机体具有防御适应意义，主要表现为：使心跳加快，心收缩力加强；促进糖原分解、血糖升高；儿茶酚胺对许多激素的分泌有促进作用，而对胰岛素有抑制作用。

3. 应激时心血管功能的变化

应激时由于交感神经兴奋，儿茶酚胺分泌增多，从而引起心跳加快，心收缩力加强。外周小血管收缩，醛固酮和抗利尿激素分泌增多。因此具有维持血压和循环血量，保证心、脑的血液供应等代偿适应的意义。

第十一节 炎 症

一、概 念

炎症是指活机体对各种致炎因子及局部操作所产生的以血管渗出为中心的以防御为主的应答性反应。临诊上炎症局部可有红、肿、热、痛及功能障碍，并伴有不同程度的全身反应。炎症是一种最常见的病理过程，是构成各种疾病的病理基础。

二、炎症局部的病理变化

炎症局部的基本病理变化或炎症反应的基本过程均表现为不同程度的组织变质、血管反应即渗出和局部组织的增生性反应。一般炎症早期以变质和渗出变化为主，后期以增生为主。

1. 变 质

变质是指炎症局部组织、细胞发生变性至坏死的全过程。

2. 渗 出

炎症局部血管内的液体和细胞成分，通过血管壁进入组织间隙、体腔、黏膜表面和体表的过程称为渗出。渗出的液体和细胞成分，称为炎性渗出物或渗出液。渗出病变是炎症最具特征性的变化。渗出的全过程包括血管反应和血液流变学改变、血管壁通透性升高以至血液的液体渗出和细胞渗出三部分。

（1）血管反应和血液流变学改变　在炎症过程中，组织发生损伤后微循环很快发生血液流变学变化，即血流和血管口径的变化，病变发展速度取决于损伤的严重程度。血液流变学变化过程如下：细动脉短暂收缩，血管扩张、血流加速，血流速度减慢，白细胞附壁。

（2）血液液体渗出　由于血管壁通透性升高，微循环血管内的流体静压增加和局部组织渗透压升高使血液成分透过血管壁进入炎症局部组织，分为液体渗出和细胞成分渗出。炎症过程中液体的渗出造成的局部水肿即为炎性水肿，这种水肿液称为渗出液或炎性渗出液。渗出液中蛋白含量较高，细胞成分较多。渗出液潴留于浆膜腔或关节腔，称为炎性积液。渗出液的成分可因致炎因子、炎症部位和血管壁受损程度的不同而有所差异。液体成分的渗出首先渗出的是水分子、无机盐，随着血管壁的通透性升高，血浆中各种成分的相继渗出，依次为白蛋白—血红蛋白—球蛋白—纤维蛋白原。

（3）细胞渗出　炎症过程中，除了血浆液体成分渗出外，还有各种白细胞的渗出。白细胞穿过血管壁游出到血管壁外的过程即为白细胞渗出。炎症时游出的白细胞称为炎性细胞。炎性细胞进入组织间隙并发挥吞噬作用，称为炎性细胞浸润。炎性细胞浸润是炎症反应的重要形态学特征。渗出的中性粒细胞和单核细胞可吞噬和降解细菌、免疫复合物和坏死组织碎片，构成炎症反应的主要防御屏障。

3. 增 生

在致炎因子、组织崩解产物或某些理化因素的刺激下，炎症局部的实质细胞、间质细胞、炎性细胞等发生增殖，细胞数量增多，称为炎性增生。一般来说，细胞和组织的增生是慢性炎症的主要表现。任何炎症的局部都有变质、渗出和增生三种基本病变，这三者既有区别，又互相联系、互相影响，组成一个复杂的炎症过程，这是各种炎症的共性所在。一般来说，炎症早期以变质和渗出改变较明显，炎症后期或慢性炎症则以增生改变较为明显。

4. 炎症细胞的种类及其主要功能

（1）炎症细胞的种类　炎症细胞的种类分为中性粒细胞、嗜酸性粒细胞、嗜碱性粒细胞和肥大细胞、淋巴细胞、浆细胞、单核巨噬细胞、上皮样细胞和多核巨细胞或异物巨细胞、红细胞。

（2）炎症细胞的主要功能

① 中性粒细胞：又称小吞噬细胞，是炎症反应中最活跃的一种细胞。中性粒细胞常在炎症早期出现，且数量多，是机体清除和杀灭病原微生物的主要成分，是急性炎症、化脓性炎症及炎症早期最常见的炎细胞，所以又称急性炎细胞。

② 嗜酸性粒细胞：具有一定的吞噬能力，运动和吞噬能力较弱，能吞噬变态反应时抗原抗体复合物，调整限制速发型变态反应，同时对寄生虫有直接杀伤作用。嗜酸性粒细胞常见于寄生虫感染和过敏反应性炎症，如支气管哮喘、过敏性鼻炎等。

③ 嗜碱性粒细胞和肥大细胞：多见于变态反应性炎。

④ 淋巴细胞：是免疫系统的最基本功能单位。根据来源、功能和淋巴细胞膜表面标志的不同，可分为 T、B、K、NK 等几大类。

T 淋巴细胞（T 细胞）：是骨髓中先驱细胞迁移至胸腺后发育生成的淋巴细胞，又有胸腺依赖淋巴细胞之称。T 细胞的功能大致可归纳为：细胞免疫；调节功能；淋巴因子中的趋化因子。

B 淋巴细胞（B 细胞）：在禽类中，B 在法氏囊发育生成，故又称为囊依赖性淋巴细胞；B 细胞存在于血液、淋巴样组织和骨髓中。B 细胞的主要功能是参与体液免疫。在体液免疫中起着重要的作用。B 细胞在成熟过程中先产生 lgG 和 lgA。

K 细胞与 NK 细胞：K 细胞即杀伤细胞。NK 细胞即自然杀伤细胞。在抗肿瘤和抗病毒感染方面甚为重要，NK 细胞是抗病毒感染的第一道防线。临诊上在慢性炎症、急性炎症的恢复期及病毒性炎症和迟发性变态反应过程中，淋巴细胞为主要的炎性细胞。肿瘤组织的边缘也常见有淋巴细胞。

⑤ 浆细胞：浆细胞一般无吞噬能力，参与免疫反应，产生抗体，可与相应的抗原结合。临诊主要见于慢性炎症（正常血中无浆细胞）。

⑥ 单核巨噬细胞：单核巨噬细胞又称大吞噬细胞。常见于急性炎症后期、慢性炎症、某些非化脓性炎症（结核、伤寒）、病毒及寄生虫感染时。

⑦ 上皮样细胞和多核巨细胞或异物巨细胞：它们是肉芽肿性灶内的特异性成分所在，此细胞具有很强的吞噬能力，见于慢性炎症或肉芽性炎如结核、鼻疽结节的边缘。

⑧ 红细胞：红细胞直径为 6 μm。在出血炎症时，渗出至炎灶内，说明血管损伤严重。

5. 炎症介质

是指在致炎因子作用下，由局部细胞释放或由体液中产生的参与或引起炎症反应的化学活性物质，故亦称化学介质。炎症介质有外源性（细菌及其内毒素）和内源性两方面。内源性炎症介质又可分为体液源性和细胞源性两大类。

三、炎症的类型

炎症的分类有多种分类方法。第一种是按炎症发生经过的快慢、持续时间的长短，可将炎症分为：超急性炎症、急性炎症、亚急性炎症、慢性炎症。第二种是按炎症发生的部位来划分，即脏器名加"炎"，如肝炎、肺炎、肠炎、肾炎、脑膜炎等。这种分类法是临诊最常用的方法。第三种是以炎症过程的三种基本变化为依据，把炎症分为：变质性炎、渗出性炎及增生性炎三大类。

1. 变质性炎

变质性炎主要特征是炎灶内以组织变质、营养不良或渐进性坏死的变化为主，同时伴以炎性渗出和增生，但渗出和增生性反应较弱。主要病变为组织器官的实质细胞的各种变性和坏死。常是某些重症感染、中毒的结果。

2. 渗出性炎

渗出性炎主要特征是以渗出性变化为主，变质、增生反应较轻，在炎症灶内形成大量渗出物。根据炎症发生的部位、渗出物的性质或主要成分及病变特点的不同，渗出性炎症可分为浆液性炎症、卡他性炎症、纤纤维素性炎症、化脓性炎症和出血性炎症等5种类型。

（1）浆液性炎症　浆液性炎症是以渗出较多的浆液（血清）为特征的炎症。是以渗出较大量的浆液为特征的炎症。渗出的主要成分为浆液，呈淡黄色半透明的液体，其中混少量炎症性细胞和纤维蛋白。常发生于黏膜、浆膜、皮肤、肺、淋巴结等组织疏松部位。

（2）卡他性炎症　卡他性炎症是指发生于黏膜的急性渗出性，以黏膜表面有大量渗出物流出为特征，常伴有黏膜腺分泌亢进。

（3）纤纤维素性炎症　纤纤维素性炎症（浮膜性炎、固膜性炎）是以渗出物中含有大量纤维蛋白为特征的炎症。

（4）化脓性炎症　化脓性炎症是以中性粒细胞大量渗出，并伴有不同程度的组织坏死和脓液形成为特征的炎症。脓性渗出物称为脓液。脓液是一种混浊的凝乳状液体，呈灰黄色或黄绿色，由脓球和脓汁组成。脓球是指变性坏死的中性白细胞。脓汁是呈液化状态的坏死崩解的组织碎屑和少量浆液。脓液中的中性粒细胞除少数保持其吞噬能力外，大多数白细胞已发生变性和坏死。组织内局部性化脓性炎，主要特征为组织发生坏死溶解，形成充满脓液的腔，称为脓肿。疏松结缔组织内发生的弥漫性化脓性炎，称为蜂窝织炎。

（5）出血性炎症　渗出物中含有大量红细胞，称为出血性炎症，只要炎症灶内的血管壁损伤较重，渗出物中含有大量红细胞，均可称为出血性炎症。

3. 增生性炎

增生性炎是指炎症过程中，组织细胞的增生比较明显，而变质和渗出较轻微的一类炎症。可分为普通增生性炎（非特异性增生性炎）和肉芽肿性炎（特异性增生性炎）两大类。

（1）普通增生性炎　普通增生性炎又称非特异性增生性炎，包括急性增生性炎症和慢性增生性炎症两种类型。急性增生性炎症，病程呈急性经过，病变特征是以组织细胞的增生为主，变质、渗出轻微的增生性炎症。慢性增生性炎症是以结缔组织细胞增生，并伴有少量组织细胞、淋巴细胞、浆细胞和肥大细胞浸润的炎症。

（2）特异性增生性炎　特异性增生性炎又称为肉芽肿性炎症，是由某些病原物生物引起的以特异性肉芽组织增生为特征的炎症过程。

第十二节　败血症

1. 概　念

败血症是指病原微生物引起的全身性过程。临诊上出现严重的全身反应，这种全身性病理过程，称为败血症。败血症是病原微生物突破机体屏障，由局部感染灶不断经过血液向全身扩散的结果。败血症有两个主要标志：一是血液中有病原微生物出现，常见：①菌血症，病灶局部的细菌经血管或淋巴管侵入血液，一些炎症性疾病的早期都有菌血症，如伤寒等。在菌血症阶段，肝、脾、骨髓有吞噬细胞可组成一道防线，清除病原微生物。②病毒血症，指病毒在血液中持续存在的现象。③虫血症，指寄生原虫大量进入血液的现象。上述这些病原微生物在血中出现只是暂时的，若机体能很快清除之，则对机体无影响。二是上述病原微生物的毒素或其毒性产物被吸收入血，为毒血症。临诊上出现高热、寒战等中毒症状，如果是化脓菌引起的败血症，并继发引起全身性，多发性小脓肿灶，则称为脓毒败血症。

2. 原因和发病机理

引起败血症的病原主要是细菌和病毒等病原微生物。包括传染性和非传染性及某些原虫等。病原体侵入机体的部位称为传入门户或感染门户。

3. 病理变化

败血症的病理变化包括侵入门户的局部病变和全身病变。剖检的特点：尸僵不全、全身出血、免疫器官发生急性炎症变化、内脏器官肿胀变质、神经内分泌系统水肿变性。

第十三节　呼吸系统

呼吸系统的疾病较多，这里只介绍几种常见的动物疾病：气管炎、小叶性肺炎、大叶性肺炎以及间质性肺炎的病理特征。

一、气管炎的病理特征

气管黏膜以及黏膜下层组织的炎症，称为气管炎。是各种动物常见的呼吸系统疾病。气管炎常与喉炎并发，依据并发症临诊上称为喉气管炎或气管支气管炎。临诊常以较为剧烈的咳嗽、呼吸困难为特征。根据病程可分为急性气管炎和慢性气管炎。

1. 急性气管炎（急性气管支气管炎）的病理变化

眼观可见气管或支气管黏膜肿胀，充血，颜色加深，黏膜表面附着大量渗出物，病初为浆液性或黏液性物，随后渗出物为黏液性或脓性物。黏膜下组织水肿。

2. 慢性气管炎（慢性气管支气管炎）的病理变化

眼观气管、支气管黏膜充血增厚，粗糙，有时有溃疡出现。黏膜表面黏附少量的黏性或黏液脓性物。镜下可见黏膜上皮细胞变性、坏死脱落，支气管纤毛上皮消失或有不规则上皮细胞增生。气管、支气管固有层有明显的结缔组织增生、浆细胞和淋巴细胞浸润，严重时可见支气管腔狭窄或变形。若为寄生虫感染引起时，可见大量嗜酸性粒细胞浸润。

二、小叶性肺炎（支气管肺炎）发病机制和病变特征

病变始发于支气管或细支气管，然后蔓延到邻近肺泡引起的肺炎，每个病灶大致在一个肺小叶范围内，所以称为小叶性肺炎；因病变起始于支气管，后波及肺组织，故又称为支气管肺炎。小叶性肺炎是动物肺炎的一种最基本的形式，常发生于幼畜和老龄动物。患病动物表现为咳嗽、体温升高、呈弛张热型，肺部听诊有啰音，叩诊呈灶状或片状浊音。

三、大叶性肺炎（纤维素性肺炎）的发病机制和病变特征

肺泡内有大量的纤维素性渗出为特征的一种急性肺炎，称为纤维素性肺炎。因病灶波及一个大叶或更大范围，甚至一侧肺或全肺，故又称为大叶性肺炎。本病常伴发于某些传染病经过中。大叶性肺炎的病理变化分四个期：充血期、红色肝变期、灰色肝变期、消散期。

四、间质性肺炎（非典型性肺炎）的发病机制和病变特征

间质性肺炎是指发生于肺间质的炎症过程，主要累及肺泡壁、支气管周围、气管周围以及小叶间质。猪支原体肺炎的眼观病变表现为肺脏肿胀、暗红色，切面充血、水肿和不同程度的出血，挤压可见有少量血样泡沫状液体流出支气管和小支气管腔内有黏液性或黏液脓性渗出物，病程较长时，可出现肺胰样变。

第十四节　消化系统

一、胃肠溃疡

胃肠溃疡是指胃肠黏膜至黏膜下层甚至肌层组织坏死脱落后留下明显的组织缺损病灶。

这种缺损将由病灶周围肉芽组织增生来填充，常留下不同程度的瘢痕。断乳幼畜常由于断乳而发生胃溃疡，称为胃蛋白酶性溃疡。是指胃黏膜局部被胃蛋白酶消化而发生的组织缺损，因此也称为消化性溃疡。

二、肠　炎

肠炎临床上分为卡他性肠炎、出血性肠炎、坏死性肠炎、增生性肠炎。

1. 卡他性肠炎

卡他性肠炎分为急性卡他性肠炎和慢性卡他性肠炎。急性卡他性肠炎是肠黏膜的一种急性炎症，其主要特征为黏膜充血伴有浆液渗出以及杯状细胞分泌大量黏液；慢性卡他性肠炎是一种病程较长的慢性肠炎，肠管积气，内容物稀少，黏膜面覆盖大量灰白色黏稠的黏液，黏膜面平滑呈灰白色。

2. 出血性肠炎

出血性肠炎是一种急性肠炎，肠黏膜肿胀，呈暗红色或褐红色，其间有出血点或出血斑，肠腔内有暗红色稀薄内容物。

3. 坏死性肠炎

坏死性肠炎是指肠黏膜及黏膜下层发生坏死的一种炎症。坏死部位常伴有大量纤维蛋白渗出，而且渗出的纤维蛋白与坏死组织凝固在一起，在肠黏膜上形成一种不易剥离的凝固物，也称为纤维素性坏死性肠炎又称为固膜性肠炎。

4. 增生性肠炎

增生性肠炎是指肠壁明显增厚的一种炎症。

三、肝　炎

肝炎是指肝脏在某些致病因素的作用下发生的以肝细胞变性、坏死或间质增生为主要特征的一种炎症过程。根据发生的原因和病变特点，将其分为以下几种传染性肝炎（病毒性肝炎、细菌性肝炎和寄生虫性肝炎）、中毒性肝炎和肝周炎。

四、肝硬化

肝硬化是指大部分肝细胞由间质结缔组织取代，使肝脏变形、变硬的一种病变，也称为肝纤维化。

五、胰腺炎

胰腺炎是指胰脏外分泌腺细胞受损，使胰消化酶（胰蛋白酶、胰脂酶、胰淀粉酶、磷脂酶）在胰脏内消化分解胰腺组织，导致胰腺溶解坏死、出血及炎症的病理过程。临床上分为急性胰腺炎和慢性胰腺炎。

1. 急性胰腺炎

急性胰腺炎是指以胰腺水肿、出血、坏死为特征的胰腺炎，又称急性出血性胰腺坏死。通常认为本病的发生大多数与十二指肠的炎症、结石、肿瘤或寄生虫感染的背景，以致十二指肠四室部阻塞或胰导管阻塞，胰液过多地在胰脏内蓄积而发生的组织自溶有关。

2. 慢性胰腺炎

慢性胰腺炎又称慢性复发性胰腺炎，是指以胰腺呈弥漫性纤维化、体积显著缩小为特征的胰腺炎。

第十五节　心血管系统

一、心包炎

心包炎是指心包的脏层和壁层的炎症。常见的有浆液-纤维素性心包炎和创伤性心包炎、浆液-纤维素性心包炎以及慢性缩窄性心包炎等几种类型。

二、心肌炎

心肌炎是指各种原因引起心肌的局部性或弥漫性炎症。根据心肌炎发生的部位和性质，可分为实质性心肌炎、间质性心肌炎和化脓性心肌炎。

1. 实质性心肌炎

实质性心肌炎是指心肌纤维出现变质性变化为主的炎症，其间质内可见不同程度的渗出和增生性变化。眼观心肌松弛、柔软，暗红色，如煮肉。切面可见灰黄色条纹围绕心脏，排列呈环层状，形似虎皮的斑纹，称为虎斑心。

2. 间质性心肌炎

间质性心肌炎是以心肌间质的渗出性与增生性变化为主，而心肌纤维变质性变化相对比较轻微的炎症，引起间质性心肌炎的主要原因有某些寄生虫感染及变态反应。

3. 化脓性心肌炎

化脓性心肌炎是以大量中性粒细胞渗出和脓液形成为特征的心肌炎。

三、心内膜炎

心内膜炎是指心内膜的炎症。其中以瓣膜性心内膜炎最为常见。根据心内膜炎的病理变化特点不同，可分为疣性心内膜炎和溃疡性心内膜炎两种类型。

1. 疣性心内膜炎

疣性心内膜炎是以心瓣膜损伤轻微和形成疣状赘生物为特征的心内膜炎症，又称单纯性心内膜炎。常见于二尖瓣的心房面以及主动脉半月状瓣的心室面。

2. 溃疡性心内膜炎

溃疡性心内膜炎是以心瓣膜严重损伤并散发多数溃疡为特征的心内膜炎症，也称败血性心内膜炎。

第十六节　泌尿生殖系统

一、肾　炎

肾炎是指肾小球、肾小管和肾间质的炎症性变化为特征的疾病。肾炎分为肾小球肾炎、肾间质肾炎、化脓性肾炎和肾盂肾炎。

1. 肾小球肾炎

肾小球肾炎是一种以小球损害为主的变态反应性疾病。肾小球肾炎分为原发性和继发性。原发性肾小球炎在临诊上被称为肾炎，它是指原发病变在肾小球；继发性肾小球肾炎是指在全身性或系统性疾病中出现的肾小球的病变。肾小球性肾炎的发生都与免疫反应有关，主要机制是由于抗原抗体免疫复合物在肾小球毛细血管上沉积所引起的变态反应。临诊上主要表现为蛋白尿、血尿、管型尿、水肿和高血压。肾小球肾炎是变态反应性炎症，所以其基本病理变化既有免疫复合物产生，又具有炎症反应具有的基本病变，即变质、渗出、增生。增生性病变是肾小球肾炎的主要病变。

2. 化脓性肾炎

化脓性肾炎是指肾实质因感染化脓性细菌而发生的化脓性炎症。常见于猪、牛和马。化脓性细菌可通过两种感染途径引起化脓性肾炎：① 血源（下行）性感染：当机体发生败血症或化脓性肺炎、创伤性心包炎、蜂窝织炎、化脓性关节炎时，化脓菌经血液进入肾脏。② 尿源（上行）性感染：尿路发生感染（尿道炎、膀胱炎）。

3. 间质性肾炎

间质性肾炎是指间质并波及肾实质内呈现以单核细胞浸润和结缔组织增生为特征的原发性非化脓性炎症。通常是全身性感染和全身性疾病的一部分。

二、肾功能不全和尿毒症

由于各种病因引起肾脏泌尿和重吸收功能发生严重障碍，肾脏不能排除代谢产物和其他有毒物质，不能重吸收水分及电解质以维持机体环境的稳定时称为肾功能不全。肾功能不全可分为急性肾功能不全和慢性肾功能不全两种。

1. 急性肾功能不全

急性肾功能不全是指由各种病因引起肾脏泌尿功能在短时间内急剧降低，以致不能维持体液内环境的稳定，从而引起水、电解质和酸碱平衡紊乱及代谢产物聚积体内的一种综合征。急性肾功能不全突出的表现是少尿或无尿。

2. 慢性肾功能不全

慢性肾功能不全是指在肾脏疾患的晚期，由于肾实质为慢性病变所破坏，肾单位数目逐渐减少，肾功能恶化，引起泌尿功能下降，导致代谢产物和毒性物质在体内潴留，水、电解质、酸碱平衡以及肾脏内分泌机能紊乱的综合征。

3. 尿毒症

尿毒症是指急性或慢性肾功能不全发展到严重阶段时，由于代谢产物蓄积和水、电解质和酸碱平衡紊乱以致内分泌功能失调，引起机体出现的一系列自体中毒症状。对机体的影响：尿毒症不是个独立的疾病，而是一种综合征候群，是临床危重病征之一。它除表现为肾功能不全所引起的水、电解质代谢和酸碱平衡障碍和氮质血症外，还表现为机体自体中毒引起的其他器官系统的机能障碍。肺：病畜可发生尿毒症性肺炎。临床上可见病畜呼吸加深加快，严重时可出现周期性呼吸。肠道：小肠后段和结肠前段可发生浮膜性炎，引起病畜食欲降低、呕吐和腹泻。皮肤：尿素随汗排出，刺激皮肤感受器，可出现皮肤瘙痒。心脏：常发生纤维素性心包炎，这是严重尿毒症的表现之一。脑：大脑组织明显水肿、充血和小点状出血，神经细胞变性。临床上病畜出现神经症状，如精神沉郁、昏迷或抽搐等。

三、子宫内膜炎

子宫内膜炎是指子宫黏膜或内膜的炎症。它是雌性动物常发的疾病之一。尤其在乳牛多见。也是子宫炎中最常见的一种。根据病程经过，子宫内膜炎可分为急性子宫内膜炎和慢性子宫内膜炎两种形式。慢性子宫内膜炎又可表现为慢性卡他性子宫内膜炎或慢性化脓性子宫内膜炎。

四、乳腺炎

乳腺炎是指母畜乳腺或乳房的炎症，故又称为乳房炎。各种动物均可发生，其中以乳牛和奶山羊最常发生。病原体可通过三个途径进入乳腺而引起乳腺炎：① 通过乳头孔、输入管进入乳腺，这是这样的感染途径；② 通过损伤的乳房皮肤由淋巴管侵入乳腺；③ 经血液循环运行指乳腺。根据病因和发病机制，可把乳腺炎分为急性弥漫性乳腺炎、慢性弥漫性乳腺炎、化脓性乳腺炎和特殊性乳腺炎等四种。但主要以急性弥漫性乳腺炎、慢性弥漫性乳腺炎多见。

1. 急性弥漫性乳腺炎

急性弥漫性乳腺炎多由葡萄球菌、大肠杆菌感染或由链球菌、葡萄球菌和大肠杆菌混合感染所引起。由于此类乳腺炎的发生无固定的单一特异病菌，发病后易于波及乳房的大部分乳腺，所以也称为非特异味性弥漫性乳腺炎。

2. 慢性乳腺炎

慢性乳腺炎是由无乳链球菌和乳腺炎链球菌引起的一种链球菌性乳腺炎，也可由急性乳腺炎转化而来。常呈慢性经过，乳用母牛较多见。病变特征是乳腺实质萎缩，间质结缔组织增生。

第十七节　免疫系统

一、脾　炎

脾脏的炎症称为脾炎。多伴有各种传染病，也可见于血液原虫病，是脾脏最常见的一种疾病。根据病变特征可分为急性脾炎、坏死性脾炎、化脓性脾炎和慢性脾炎等类型。

1. 急性脾炎

急性脾炎指伴有明显肿大的急性炎症。多见于炭疽、急性猪丹毒、急性副伤寒等急性败血性传染病，故称为败血脾。也可见于急性经过的血液原虫病，如牛泰勒虫病。

2. 坏死性脾炎

坏死性脾炎是指脾脏实质坏死明显而体积不肿大或轻度肿大的急性脾炎。多见于巴氏杆菌病、弓形虫病、猪瘟、鸡新城疫和鸡传染性法氏囊病等急性传染病。

3. 化脓性脾炎

化脓性脾炎是指伴有组织脓性溶解的脾炎。主要由机体其他部位化脓灶内的化脓菌经血源性播散所致，在脾脏形成大小不等的化脓灶。

4. 慢性脾炎

慢性脾炎是指伴有脾脏肿大的慢性增生性脾炎。多见于亚急性或慢性马传染性贫血、结核、牛传染性胸膜肺炎和布鲁氏菌病等病程较长的传染病。

二、淋巴结炎

淋巴结的炎症称为淋巴结炎。单个或某一组淋巴结发炎，表明输入该淋巴结的淋巴流区域有局部感染、创伤或炎灶；若多处或全身淋巴结发炎，则表明发生了全身性感染。按炎症发展过程，淋巴结炎可分为急性和慢性两种类型。

　　1. 急性淋巴结炎

　　急性淋巴结炎是指以变质和渗出为主要表现的淋巴结炎。又可区分为浆液性淋巴结炎、出血性淋巴结炎、坏死性淋巴结炎、化脓性淋巴结炎等。

　　（1）浆液性淋巴结炎　浆液性淋巴结炎是以充血和浆液渗出为主要表现的急性淋巴结炎，也称为单纯性淋巴结炎，是其他各种渗出性淋巴结炎的基础。剖检可见发炎淋巴结肿大，色鲜红或紫红，切面隆起、潮红、湿润多汁。

　　（2）出血性淋巴结炎　出血性淋巴结炎是指伴有严重出血的单纯性淋巴结炎。剖检可见淋巴结肿大，呈暗红或黑红色，切面隆突、湿润。出血轻的，淋巴结被膜潮红、散在少许出血点；中等程度出血时，于被膜下沿小梁出血而呈黑红色条斑，使淋巴结切面呈大理石样外观；严重出血的淋巴结，因被血液充斥，酷似血肿。

　　（3）坏死性淋巴结炎　坏死性淋巴结炎是指伴有明显实质坏死的淋巴结炎。剖检可见淋巴结肿大，呈灰红色或暗红色，切面湿润、隆突，有大小不等的灰黄色坏死灶散在分布，后期惯切面干燥，因出血、坏死而呈砖红色。

　　（4）化脓性淋巴结炎　化脓性淋巴结炎是指伴有组织脓性溶液的淋巴结炎。剖检可见淋巴结肿大，呈灰黄色，表面或切面有大小、形状不一的化脓灶，脓液多为灰黄色或灰绿色。

　　2. 慢性淋巴结炎

　　慢性淋巴结炎是由病原因素反复或持续作用所引起的以细胞或结缔组织显著增生为主要与表现的淋巴结炎，故又称为增生性淋巴结炎。可分为增生性淋巴结炎和纤维性淋巴结炎。

　　（1）增生性淋巴结炎　增生性淋巴结炎是以细胞增生为主要表现的慢性淋巴结炎。剖检可见淋巴结肿大，呈灰白色，质地稍硬实。切面皮质、髓质结构不清，呈一致的灰白色，很像脊髓或脑组织的切面，故有髓样肿胀之称。

　　（2）纤维性淋巴结炎　纤维性淋巴结炎指以结缔组织增生和网状纤维胶原化为主要表现的慢性淋巴结炎。剖检可见淋巴结不肿大，甚至可能缩小，质地硬实。切面可见灰白色的纤维成分不规则的交错分布，淋巴结的固有结构消失。

三、法氏囊炎

　　法氏囊炎是由病原微生物引起的法氏囊的炎症。主要见于鸡传染性法氏囊病、鸡新城疫、禽流感及禽隐孢子虫感染等传染性疾病。按病变性质可分为卡他性炎、出血性炎及坏死性炎等。剖检可见法氏囊肿大，质地变硬实，潮红或呈紫红色似血肿。切开法氏囊，腔内常见灰白色黏液、血液或干酪样坏死物，黏膜肿胀、充血、出血、或见灰白色坏死点。后期法氏囊萎缩，壁变薄，黏膜皱褶消失，色变暗无光泽，腔内可含有灰白色或紫黑色干酪样坏死物。

第四章　兽医药理学

兽医药理学是研究药物与动物机体之间相互作用规律的一门学科，是一门为兽医临诊合理用药、防治疾病提供基本理论的基础学科。一方面，研究机体对药物处置的动态变化，包括药物在体内的吸收、分布、生物转化，以及排泄过程中的浓度随时间变化的规律，称为药物动力学，简称药动学；另一方面，研究药物对机体的作用及作用机理，称为药效动力学，简称药效学。

第一节　基本概念

1. 药物与毒物

药物是指用于预防、治疗、诊断疾病，或者有目的地调节生理机能的物质。应用于动物的药物统称为兽药。主要包括血清制品、疫苗、诊断制品、微生态制剂、中药材、中成药、化学药品、抗生素、生化药品、放射性药品及外用杀虫剂、消毒剂等。毒物是指能对动物机体产生损害作用的物质。药物超过一定剂量或用法不当，对动物也能产生毒害作用，所以在药物与毒物之间并没有绝对的界限，它们的区别仅在于剂量的差别。药物长期使用或剂量过大，有可能成为毒物。

2. 剂　型

药物原料来自植物、动物、矿物、化学合成和物质合成等，这些药物原料一般均不能直接用于动物疾病的治疗或预防，必须进行加工制成安全、稳定和便于应用的形式，称为药物剂型。临诊常用的剂型一般分为三类：① 液体剂型；② 半固体剂型；③ 固体剂型。

3. 处方药与非处方药

为保障用药安全和动物性食品安全，国家实行兽用处方药和非处方药分类管理制度。处方药是凭兽医处方才能购买和使用的兽药，因此，未经兽医开具处方，任何人不得销售、购买和使用处方兽药；非处方药是指由国务院兽医行政管理部门公布的、不需要凭兽医处方就可以自行购买并按照说明书使用的兽药。

第二节　药物动力学

药物动力学是研究药物的体内过程中浓度随时间变化的动态规律的科学。药物进入动物机体后，在对机体产生效应的同时，本身也受机体的作用而发生变化，变化的过程分为吸收、分布、生物转化和排泄。事实上这个过程在药物进入机体后是相继发生、同时进行的，在药动学上被称为机体对药物的处置，把生物转化和排泄称为消除。

一、药物转运的方式

① 简单扩散（又称被动扩散）；② 主动转运；③ 易化扩散；④ 胞饮作用；⑤ 离子对转运。

二、药物的吸收

吸收是指药物从用药部位进入血液循环的过程。不同给药途径，吸收率由低到高的顺序为皮肤给药、内服、皮下注射、肌内注射、呼吸道吸入、静脉注射。

1. 内服给药

多数药物可经内服给药吸收，主要吸收部位小肠。内服药物的吸收受其他影响的因素：① 排空率；② pH；③ 胃肠内容物的充盈度；④ 药物的相互作用；⑤ 首过效应。

2. 注射给药

常用的注射给药主要静脉、肌内和皮下注射。其他还包括组织浸润、关节内、结膜下腔和硬膜外注射等。

3. 呼吸道吸入

气体或挥发性液体麻醉药和其他气雾剂型药物，可通过呼吸道吸收。

4. 皮肤给药

浇淋剂是经皮肤吸收的一种剂型，它必须具备两个条件：① 药物必须从制剂基质中溶解出来，然后穿过角质层和上皮细胞；② 由于通过被动扩散吸收，故药物必须是脂溶性。在此基础上，药物浓度是影响吸收的主要因素，其次是基质。但由于角质层是穿透皮肤的屏障，一般药物在完整皮肤均很难吸收，所以用抗菌药或抗真菌药治疗皮肤较深层的感染，全身治疗常比局部用药效果更好。

三、药物的分布

药物的分布是指药物从血液循环转动到各组织器官的过程。药物在动物体内的分布多呈不均匀性，而且经常处于动态平衡，各器官、组织的药物浓度一般与血浆浓度呈平行关系。影响药物分布的因素有：

1. 药物的理化性质

脂溶性高，非解离型，小分子药物的分布范围较广。

2. 血浆蛋白结合率

药物在血浆中能与血红蛋白结合，常以两种形式存在，游离型与结合型经常处于动态平衡。

3. 器官血流量

药物由血液向组织器官分布的速度，主要与组织器官的血流量和膜的通透性有关。单位时间、重量的器官血液流量越大，一般药物在该器官的浓度也越大。

4. 药物对组织细胞的亲和力

药物与组织细胞的结合，是由于药物与某些组织细胞成分具有特殊亲和力，使药物的分布具有一定的选择性。

5. 体液的 pH

pH 会影响药物的解离度。

6. 体内屏障

体内屏障又称细胞膜屏障。

（1）血脑屏障　血脑屏障是指由毛细血管壁与神经胶质细胞形成的血浆与脑细胞之间的屏障，和由脉络丛形成的血浆与脑脊液之间的屏障。这些膜的细胞间连接比较紧密，并比一般的毛细血管壁多一层神经胶质细胞，因此，通透性较差。许多分子较大、极性较高的药物不能穿过此膜进入脑内，与血浆蛋白结合的药物也不能进入。

（2）胎盘屏障　胎盘屏障是指胎盘绒毛血流与子宫血窦间的屏障，其通透性与一般毛细血管没有明显差别。大多数母体所用药物均可进入胎儿，故胎盘屏障的提法对药物来说是不准确的。

四、药物的生物转化

药物在体内发生的结构变化称为生物转化，又称为药物代谢。药物代谢的结果是使药理活性改变，由具活性药物转化为无活性的代谢物，称为灭活；而由无活性药物变为活性药物，或活性较低变为活性较强药物称为活化。药物代谢是药物在体内消除的重要途径。药物经代谢后作用一般降低或完全消失，但也有经代谢后药理作用或毒性反而增高者。因此，药物在体内的生物转化对保护机体避免蓄积中毒有重要意义。药物在体内代谢的器官主要肝脏，但血浆、肾脏、肺、脑、胎盘、肠黏膜、肠道微生物、皮肤亦能进行部分药物的代谢。

五、药物的排泄

排泄是指药物的原形或代谢产物，通过排泄器官或分泌器官排出体外的过程。药物的消除包括生物转化和排泄，大多数药物都通过生物转化和排泄两个过程从体内消除，但极性药物和低脂溶性的化合物主要是从排泄消除。有少数药物则主要以原形排泄，如青霉素、氧氟沙星等。药物及其代谢物主要经肾脏排泄,其次是通过胆汁随粪便排出,此外,乳腺、肺、唾液、汗腺也有少部分药物排泄。肾排泄:肾排泄是极性高的代谢产物或原形药的主要排泄途径、排泄方式包括三种机制:肾小球滤过、肾小管分泌和肾小管重吸收。胆汁排泄:虽然肾是原形药物和大多数代谢产物最重要的排泄器官。乳腺排泄:大部分药物均可从乳汁排泄,一般为被动扩散机制。静注碱性药物易从乳汁排泄,药物从乳汁排泄与消费者的健康密切相关,尤其对抗菌药物、抗寄生虫药物和毒性作用强的药物要规定奶废弃期。

六、血药浓度-时间曲线

药物在体内的吸收、分布、代谢和排泄,是一种连续变化的动态过程。在药动学研究中,静注或血管外途径给药后不同时间采集血样,测定其药物浓度,常以时间为横坐标,以血药浓度为纵坐标,绘出曲线,称为血药浓度-时间曲线,简称药时曲线。

七、主要药动学参数

1. 消除半衰期

消除半衰期指体内血浆药物量或浓度消除一半所需的时间。表示药物在体内的消除速度,是决定药物有效维持时间的主要参数。

2. 表观分布容积

表观分布容积是指药物在体内的分布达到动态平衡时,药物总量按血浆药物浓度在体内分布时所需的总容积。

3. 生物利用度

生物利用度指药物以一定的剂量从给药部位吸收进入全身循环的程度。这个参数是决定药物量效关系的首要因素。

4. 生物等效性

如果两种药品含有同一有效成分,而且剂量、剂型和给药途经相同,则它们在药学方面是等同的。两个药学等同的药品,若它们所含的有效成分的 AUC、达峰时间、峰浓度无显著性差别,则称为生物等效。

第三节　药效动力学

一、药物作用的基本表现

药物作用是指机体在药物的作用下,机体的生理、生化机能会发生各种变化,总的表现为兴奋与抑制。凡能使机体生理和生化反应加强的换为兴奋，主要引起兴奋的药物称为兴奋药；而使机能活动减弱的称为抑制，主要引起抑制的药物称为抑制药。

二、药物作用方式

药物对机体的作用有多种方式，有的在用药局部发挥作用，称为局部作用，有的吸收进入血液循环，分布全身而发挥作用，称为吸收作用或原发或全身作用，如强心苷洋地黄被吸收后，对心脏产生直接作用，加强心肌收缩力；而强心作用的结果，间接增加肾的血流量，增加滤过率和尿量，表现利尿作用，这种作用称为间接作用，又称为继发作用。

三、药物作用的选择性

药物作用的选择性是指机体各种组织和器官对药物的敏感性不同，而表现强弱有明显不同的药物效应。选择性的基础有如下几方面：药物在体内分布不均匀，机体组织细胞的结构不同，生化功能存在差异等。药物作用的选择性是治疗作用的基础，选择性高，针对性强，能产生很好的治疗效果，很少或没有不良反应；反之，选择性低，针对性不强，副作用较多。

四、药物的治疗作用与不良反应

药物在防治动物疾病时，产生好的治疗效果，有利于改变患病动物的生理、生化功能，称病理过程；使患病动物恢复正常，称为治疗作用。治疗作用又可分为对因治疗和对症治疗。前者针对病因，用药目的在于消除原发致病因子，彻底治愈疾病，或称治本；对症治疗不能根除病因，但对病因未明暂时无法根治的疾病却是必不可少的。

不良反应是指与用药目的无关，甚至对机体不利的作用。临诊用药时，应想法最大限度发挥药物的治疗作用，而尽量减少药物的不良反应。少数较严重的不良反应较难恢复，称为药源性疾病。不良反应可分为：副作用、毒性作用、变态反应、继发性反应、后遗效应、特异质反应。

五、药物的相互作用

1. 配伍禁忌

两种以上药物配伍或混合使用时，可能出现药物中和、水解、破坏失效等理化反应，结果可能是产生浑浊、沉淀、气体或变色等外观异常的现象，称为配伍禁忌。

2. 药动学的相互作用

同时使用两种以上药物治疗动物疾病，在药物的吸收、分布、生物转化和排泄过程中可能相互影响，使药动学参数发生变化，称为药动学的相互作用。

3. 药效学的相互作用

对动物同时使用两种以上药物，由于药物效应或作用机理的不同，可使总效应发生改变，称为药效学的相互作用。两药合用的总效应大于单药效应的代数和，称协同作用；两药合用的总效应等于它们分别单用的代数和，称相加作用；两药合用的总效应小于它们单用效应的代数和，称拮抗作用。

六、药物的量效关系

1. 量效关系

量效关系是指一定范围内，药物的效应随着剂量或浓度的增加而增强，它可定量地分析和阐明药物剂量与效应之间的规律。药物剂量的大小一般与进入体内作用靶部位的浓度高低有关，直接影响药物的效应。药品往返剂量过小，不产生任何效应，称无效量。能引起药物效应的最小剂量，称最小有效量或阈剂量。随着剂量增加，效应也逐渐增强，其中，对50%个体有效的剂量称半数有效量，用 ED_{50} 表示。出现最大效应的剂量，称为极量。反而出现毒性反应，药物效应产生了质变。出现中毒的最低剂量称为最小中毒量，引起死亡的量称致死量，引起半数动物死亡的量称半数致死量。药物的临诊常用或治疗量应比最小有效量大，比极量小。

2. 量效曲线

以效应为纵坐标，药物剂量或浓度为横坐标作图，称为量效曲线。

七、药物的作用机理

药物作用机理是药效学的主要内容，目的是阐明药物在动物体内或病原体内作用的部位及产生药物效应的生理生化原理，使用药更为科学、合理。药物根据作用机理不同，分为非特异性药物及特异性药物。非特异性药物的作用机理是与药物的理化性质。特异性药物的作用机理则与其化学结构有密切关系。因此，具有相同的有效基团的药物，一般具有类似的药理作用。对受体具有识别能力与结合的物质称为配体，故把与受体结合后能产生药理效应的药物称为激动剂，把能与受体结合但不产生药理效应的药物则称为颉颃剂。

第四节 影响药物作用的因素和合理用药

一、影响药物作用的因素

1. 药物方面

（1）剂量 药物的剂量，是决定动物体内的血药浓度及药物作用强度的主要因素。如巴比妥类药小剂量产生催眠作用，随着剂量增加可表现出镇静、抗惊厥和麻醉作用；如人工盐小剂量是健胃作用，大剂量则表现为下泻作用。

（2）药物的剂型　对药物的吸收影响很大，常用的剂型中，注射剂吸收快，内服剂型吸收慢，水溶液吸收快。

（3）给药途径　主要有内服、肌肉注射、皮下注射、静脉注射和乳房灌注等。如单胃动物内服容易吸收，反刍动物则吸收很少，许多药物可在瘤胃分解破坏。家禽由于集约化饲养，群体给药时，为方便给药多采用混饮或混饲的给药方式。除根据疾病治疗需要选择给药途径外，还应根据药物的性质，如肾上腺素内服无效，必须注射给药；氨基苷类抗生素内服很难吸收，作全身治疗时也必须注射给药。

（4）疗程　抗生素一般要求 2~3 d 为一个疗程，磺胺药则要求 3~5 d 为一个疗程。

（5）联合用药　为了增强药效或减少药物的不良反应，临床上常采用联合用药。联合用药时，两种以上的药物常产生相互作用。

2. 动物方面

（1）种属差异　畜禽和种属不同，对同一药物的反应有很大差异。如对赛拉嗪，牛敏感，而猪最不敏感。药物在不同种属动物的作用除表现量的差异外，少数药物还可表现质的差异，如吗啡对人、犬、大鼠、小鼠表现为抑制，但对猫、马和虎则表现兴奋。

（2）生理差异　不同年龄、性别或怀孕动物，对同一药物的反应也有差别。一般药物对不同性别动物的作用并无差异，只是怀孕动物对拟胆碱药、泻药或能引起子宫收缩加强的药物比较敏感。

（3）病理因素　各种病理因素都能改变药物在健康机体的正常运转与转化，影响血药浓度，从而影响药物效应。

（4）个体差异　同种动物在基本条件相同的情况下，有少数个体对药物特别敏感，称为高敏性；另有少数个体则特别不敏感，称为耐受性。

3. 饲养管理和环境因素

（1）饲养管理　饲养管理条件的好坏，日粮配合是否合理，均可影响药物的作用。

（2）环境因素　环境条件、饲养密度、通风情况、饲舍温度、光照等，均可影响药物的效应或不良反应的强弱。

二、合理用药

使用药物治疗动物疾病的目的是使机体的病理学过程恢复到正常状态，或把病原体清除，保护机体的正常功能。为了达到这个目的，做到合理用药，必须对动物、疾病、药物三者有个全面系统的知识。合理用药的含义是指以现代的、系统的医药知识，在了解疾病和药物的基础上，安全、有效、实时、简便、经济地使用药物，以达到最大疗效和最小的不良反应。

（1）正确的诊断和明确的用药指征。

（2）熟悉药物在靶动物的药动学特征。

(3) 预期药物的治疗作用与不良反应。
(4) 制订合理的给药方案。
(5) 合理的联合用药。
(6) 正确处理对因治疗与对症治疗的关系。
(7) 避免动物源性食品中的兽药残留：① 做好使用兽药的登记工作；② 严格遵守休药期规定；③ 避免标签外用药；④ 严禁非法使用违禁药物。

第五节 化学合成抗菌药

一、概 述

抗微生物药是指对细菌、真菌、支原体和病毒等病原微生物具有抑制或杀灭作用的化学物质，包括化学合成抗菌药和抗生素。这类药物对病原微生物具有明显的选择性作用，而对动物机体没有或仅有轻度的毒性作用，称为化学治疗药，包括抗微生物药、抗寄生虫和抗癌药等。我国兽医常见病和多发病，往往由细菌、病毒和寄生虫引起。使用化疗药物防治畜禽疾病的过程中，药物、机体、病原微生物三者之间存在复杂的相互作用关系，被称为"化疗三角"，用药时要注意处理好三者的关系。

化疗指数：化疗指数为动物的半数致死量（LD_{50}）与治疗感染动物的半数有效量（ED_{50}）之比值，或以动物的5%致死量（LD_5）与治疗感染动物的95%有效量（ED_{95}）之比值来衡量。化疗指数是评价化疗药的安全度及治疗价值的标准。化疗指数愈大，表明药物的毒性愈小，疗效愈好，临诊应用价值高。

抗菌谱：抗菌药物的抗菌范围，即对一定范围的病原微生物具有抑制或杀灭作用，称为抗菌谱。抗菌药物可分为窄谱抗菌药和广谱抗菌药。抗菌谱是兽医临诊选药的基础。

抗菌活性：抗菌活性是指抗菌药抑制或杀灭病原微生物的能力。可用体外抑菌试验、体内实验治疗方法测定。体外抑菌试验对临诊用药具有重要参考意义。

抗菌药后效应：是指细菌与抗菌药短暂接触后，当抗菌药物完全除去，细菌的生长仍然受到持续抑制的效应。

耐药性：耐药性又称抗药性，分为天然耐药性和获得耐药性两种。前者属细菌的遗传特征，不可改变，如绿脓杆菌对大多数抗生素敏感。获得耐药性即一般所指的耐药性，是指病原菌在多次接触抗菌药后，产生了结构、生理及生化功能的改变，而形成具有抗药性的菌株，尤其在药物浓度低于MIC时更易形成耐药菌株，对抗菌药的敏感性下降甚至消失。某种病原菌对一种药物产生耐药性后，往往对同一类的药物也具有耐药性，这种现象称为交叉耐药性。

二、磺胺类药物

磺胺类药物具有独特的优点：抗菌谱较广，性质稳定，使用方便，价格低廉，国内能大量生产。缺点：较易产生耐药性，尤其对大肠杆菌、金黄色葡萄球菌。

1. 分 类

磺胺类的基本化学结构是对氨基苯磺酰胺。根据内服后的吸收情况，可分为肠道易吸收、肠道难吸收及外用三类。

（1）肠道易吸收的磺胺药　主要有磺胺噻唑（ST）、磺胺嘧啶（SD）、磺胺二甲嘧啶（SM2）、磺胺甲噁唑（新诺明，SMZ）、磺胺对甲氧嘧啶（磺胺-5-甲氧嘧啶，SMD）、磺胺间甲氧嘧啶（磺胺-6-甲氧嘧啶，SMM）、磺胺喹噁啉（SQ）、磺胺氯吡嗪。

（2）肠道难吸收的磺胺药　主要有磺胺脒（SM、SG）、酞磺胺噻唑（酞酰醋酸噻唑，PST）、琥珀酰磺胺噻唑（琥磺胺噻唑、琥磺噻唑，SST）。

（3）外用磺胺药　主要有醋酸磺胺米隆（甲磺灭脓，SML）、磺胺嘧啶银（烧伤宁，SD-Ag）。

2. 药动学

（1）吸收　多数磺胺药内服易吸收，但其生物利用度因药物和动物种类而有差异。

（2）分布　磺胺药吸收后分布于全身各组织和体液中，大部分与血浆蛋白结合率较高。磺胺类中以 SD 与血浆蛋白的结合率较低，因而进入脑脊液的浓度较高，故可作为脑部细菌感染的首选药。

（3）代谢　磺胺药主要在肝脏代谢，最常见的方式是对氨基经乙酰化灭活。

（4）排泄　内服肠道难吸收的磺胺类主要随粪便排出；肠道易吸收的磺胺类主要通过肾脏排出。少量由乳汁、消化液及其他分泌液排出。

3. 抗菌作用

磺胺类属广谱慢作用型抑菌药。对大多数革兰氏阳性菌和部分革兰氏阴性菌有效，对衣原体和某些原虫也有效。磺胺类与抗菌增效剂 TMP、DVD 合用，磺胺类药一般均应与抗菌增效剂合用。

4. 临床应用

（1）全身感染　常用药有 SD、SM2、SMZ、SMD 和 SMM 等。主要用于乳腺炎、子宫内膜炎、腹膜炎、巴氏杆菌病、败血症及其他敏感菌感染等。一般与 TMP 合用，可提高疗效，缩短疗程。对于病情严重或首次用药，则可以考虑静脉注射或肌注给药。

（2）肠道感染　选用肠道难吸收的磺胺类，如 SG、PST、SST 等为宜。可用于仔猪黄痢及畜禽白痢、大肠杆菌病等的治疗，常与 DVD 合用以提高疗效。

（3）泌尿道感染　选用抗菌作用强，尿中排泄快，尿中药物浓度高的磺胺药，如 SMM、SMD、SMZ 和 SM2 等，亦常与 TMP 合用。

（4）局部软组织和创面感染　选外用磺胺药较合适，如 SN、SD-Ag 等。

（5）原虫感染　选用 SQ 磺胺氯吡嗪、SM2 和 SMM 等，用于禽、兔球虫病、鸡卡氏白细胞原虫病、猪弓形虫病等。

（6）其他　治疗脑部细菌性感染，宜采用在乳汁中含量较高的 SM2。

5. 注意事项

（1）首次剂量加倍，疗程 3～5 d。急性或严重感染时，宜选用本类药物的钠盐注射。但忌与酸性药物，如维生素 C、氯化钙、青霉素等配伍。

（2）用药期间应充足提供饮水，幼畜、杂食或肉食动物宜与等量的碳酸氢钠同服，以碱化尿液，加速排出，避免结晶尿损害肾脏。

（3）磺胺药可引起肠道菌群失调，维生素 B、维生素 K 的合成和吸收减少，此时，宜补充相应的维生素。

（4）蛋鸡产蛋期禁用。

三、抗菌增效剂

能增强磺胺药和多种抗生素抗菌活性的一类药物，称为抗菌增效剂。它们是人工合成的二氨基嘧啶类。常见的有甲氧苄啶和二甲氧苄啶两种。后者为动物专用品种。

1. 甲氧苄啶（TMP）

甲氧苄啶又名三甲氧苄啶，常以 1∶5 比例与 SMM、SMD、SMZ 和 SM2 等磺胺药合用。含 TMP 的复方制剂，主要用于链球菌、葡萄球菌和革兰氏阴性杆菌引起的呼吸道、泌尿道感染及蜂窝织炎、腹膜炎、乳腺炎和创伤感染等。

注意事项：① 本品易产生耐药性，不宜单独应用。② 大剂量长期应用，可抑制骨髓的造血功能。③ 动物实验有致畸作用，怀孕动物禁用。

2. 二甲氧苄啶（DVD）

二甲氧苄啶又名二甲氧苄氨嘧啶，常以 1∶5 比例与 SQ 等合用。DVD 的复方制剂，主要用于防治禽、兔球虫病及畜禽肠道感染等。

四、喹诺酮类

喹诺酮类是人工合成的具有 4-喹诺酮环结构的药物，6 位氟取代称为氟喹诺酮类药物。这类药物具有以下特点：① 抗菌谱广，对革兰氏阳性菌和革兰氏阴性菌，支原体等均有作用；② 杀菌力强，在体外很低的药物浓度即可显示高度的抗菌活性；③ 吸收快，体内分布广泛，组织药物浓度高；④ 抗菌作用机理独特，与其他抗菌药无交叉耐药性；⑤ 使用方便，不良反应小。有四种为动物专用的氟喹诺酮类药物，即恩诺沙星、达氟沙星（单诺沙星）、二氟沙星（双氟哌酸）和沙拉沙星。此外，还有诺氟沙星（氟哌酸）、培氟沙星（甲氟哌酸）、氧氟沙星（氟嗪酸）、环丙沙星（环丙氟哌酸）和洛美沙星。

（1）抗菌作用机理　抑制细菌脱氧核糖核酸（DNA）回旋酶，干扰 DNA 复制产生杀菌作用。

（2）耐药性　随着氟喹诺酮类的广泛应用，耐药问题已十分突出，尤其是对大肠杆菌和金黄色葡萄球菌。细菌产生耐药性的机理，主要是由于 DNA 回旋酶 A 亚单位多肽编码基因的突变，使药物失去作用靶点；其次是细菌膜孔道蛋白改变，阻碍药物进入菌体内；细菌的外输泵系统将药物排出，对耐药性产生也起着重要作用。

（3）注意事项　①不适用于8周龄前的犬。禁用于蛋鸡产蛋期。②对中枢神经系统有潜在兴奋作用，诱导癫痫以作，癫痫患犬慎用。③肾功能不良患畜慎用。④本类药物内服适口性差，大多数动物减食，混饲给猪大多拒食。

1. 恩诺沙星

大多数单胃动物内服给药后吸收迅速和较完全，成年反刍兽内服给药的生物利用度很低，需采用注射给药。肌注吸收完全，除了中枢神经系统外，几乎所有组织的药物浓度都高于血浆，这种分布有利于全身感染和深部组织感染的治疗。抗菌作用：恩诺沙星为广谱杀菌药，对支原体有特效，其抗支原体的效力比泰乐菌素或泰妙菌素强，对耐泰乐菌素或泰妙菌素的支原体亦有效，对革兰氏阴性杆菌的作用也较强。主要用于支原体病、巴氏杆菌病、大肠杆菌病、沙门氏菌病、链球菌病、犬的外耳炎和化脓性皮炎等。

2. 环丙沙星

内服、肌注吸收迅速，生物利用度种属间差异大。内服的生物利用度不完全，比恩诺沙星低。对革兰氏阴性菌的体外抗菌活性略强于恩诺沙星。适用于敏感细菌及支原体所致畜禽及小动物的各种感染疾病。

3. 达氟沙星

抗菌作用与恩诺沙星相似，尤其对畜禽的呼吸道感染致病菌有良好的抗菌活性。

4. 二氟沙星

内服、肌内注射吸收迅速，生物利用度高，猪内服、肌内注射几乎完全吸收。消除半衰期较长。用于治疗猪、禽的敏感细菌及支原体所致各种感染性疾病。如猪传染性胸膜肺炎、气喘病、巴氏杆菌病、禽霍乱、鸡败血支原体病等。

5. 沙拉沙星

内服吸收较缓慢，生物利用度较低，猪内服吸收52%。肌注吸收迅速，生物利用度较高。用于猪、鸡的敏感细菌及支原体所致各种感染性疾病。

6. 诺氟沙星

内服及肌注吸收均较迅速，但吸收不完全。大多数厌氧菌对其不敏感。其抗菌活性比恩诺沙星、环丙沙星弱。适用于治疗敏感细菌及支原体所致猪、禽的各种感染性疾病，因生物利用度较低，较适用于胃肠道疾病的治疗。

五、喹噁啉类

喹噁啉类衍生物，主要有卡巴多司（卡巴氧）、乙酰甲喹（痢菌净）、喹乙醇和喹烯酮。已发现卡巴多司、喹乙醇具有潜在的致癌作用，目前，欧美等许多国家已禁用卡巴多司和喹乙醇。

1. 乙酰甲喹（痢菌净）

抗菌作用：具有广谱抗菌作用，对革兰氏阴性菌的作用强于革兰氏阳性菌，对猪痢疾密螺旋体的作用尤为突出。其抗菌机理为抑制细菌脱氧核糖核酸（DNA）的合成。

应用：主要用于治疗猪密螺旋体痢疾，常用作首选药。

不良反应：当使用高剂量或长时间应用可引起不良反应，甚至死亡，家禽较为敏感。

注意事项：本品只能做治疗用药，有能用作促生长剂。

六、硝基咪唑类

硝基咪唑类是指一类具有抗原虫和抗菌活性的药物，同时，也具有很强的抗厌氧菌作用。在兽医临诊常用的有甲硝唑、地美硝唑。由于本类药物有致癌作用，许多国家禁止本类药物用于食品动物，我国规定不能用作食品动物的促生长剂。

1. 甲硝唑（灭滴灵）

本品具有抗滴虫和阿米巴原虫的作用，对革兰氏阳性和阴性厌氧菌作用强。

2. 地美硝唑（二甲硝唑）

本品具有抗原虫和广谱抗菌作用，主要用于禽组织滴虫病、猪密螺旋体性痢疾和厌氧菌感染。

第六节　抗生素与抗真菌药物

一、内酰胺类

1. 青霉素类

（1）青霉素（青霉素G）

本品内服易被消化酶和胃酸破坏，生物利用度极低。但禽类及新生仔猪内服大剂量吸收较多，可达到有效血药浓度。抗菌作用：青霉素属窄谱的杀菌性抗生素。抗菌作用很强，属杀菌剂。青霉素对革兰氏阳性和阴性球菌、革兰氏阳性杆菌、放线菌和螺旋体等高度敏感，常作为首选药。葡萄球菌、肺炎球菌、脑膜炎球菌、链球菌、丹毒杆菌、化脓棒状杆菌、炭疽杆菌、破伤风梭菌、李氏杆菌、产气荚膜梭菌、牛放线杆菌和钩端螺旋体等，对青霉素敏感，大多数革兰氏阴性杆菌对青霉素不敏感。青霉素对处于繁殖期大合成细胞壁的细菌作用强，而对已合成细胞壁、处于静止期细菌作用弱，故称繁殖期杀菌剂。

应用：用于革兰氏阳性球菌所致的链球菌病、马腺疫、猪淋巴结脓肿和葡萄球菌病，以及乳腺炎、子宫炎、化脓性腹膜炎和创伤感染等；革兰氏阳性杆菌所致的炭疽、恶性水肿、气肿疽、猪丹毒、放线菌病和气性坏疽，以及肾盂肾炎、膀胱炎等尿路感染；钩端螺旋体病。此外，对鸡球虫病并发的肠道梭菌感染，可内服大剂量的青霉素；青霉素与抗破伤风血清合用于破伤风的治疗。青霉素与氨基糖苷类合用，表现为抗菌协同作用；与红霉素、四环素类和酰胺醇类合用，表现为颉颃作用。

注意事项：本品遇酸、碱或氧化剂等迅速失效。本品的水溶液对温度敏感，30 ℃放置24 h，效价降低50%以上。注射液应临用前配制。

（2）普鲁卡因青霉素

动物肌内注射本品后，在局部水解释放出青霉素后被缓慢吸收，具缓解长效作用。血药浓度较低，作用较青霉素持久，限用于对青霉素高度敏感的病原菌，对严重感染需同时注射青霉素钠。主要用于对青霉素敏感引起的慢性感染，如牛子宫蓄脓、骨折和乳腺炎等，亦用于放线菌及钩端螺旋体等感染。大剂量注射，可引起普鲁卡因中毒。

（3）氨苄西林（氨苄青霉素）

本品耐酸，但不耐 β-内酰胺酶。抗菌作用：本品属半合成广谱抗生素，对大多数革兰氏阳性菌的效力不及青霉素。对革兰氏阴性菌，如大肠杆菌、沙门氏菌、变形杆菌、嗜血杆菌、布鲁氏菌和巴氏杆菌等均有较强的作用，本品作用与氯霉素、四环素相似或略强，但不如卡那霉素、庆大霉素和多黏菌素。本品对耐药金黄色葡萄球菌、绿脓杆菌无效。对产生 β-内酰胺酶耐药菌所致感染，可与克拉维酸、舒巴坦联合用药。

应用：适用于敏感菌所致的呼吸系统感染、泌尿道感染和革兰氏阴性杆菌引起的某些感染等。

不良反应：干扰胃肠道正常菌丛，成年反刍动物不可内服；马属动物不宜长期服用。

（4）阿莫西林（羟氨苄青霉素）

本品耐酸可内服，但不耐 β-内酰胺酶。本品属半合成广谱抗生素。本品的作用、应用、抗菌谱与氨苄西林基本相似。对肠球菌属和沙门氏菌的作用较氨苄西林强两倍。细菌对本品和氨苄西林有完全的交叉耐药性。严重感染时，可与氨基酸苷类抗生素如链霉素、庆大霉素、卡那霉素等合用，以增强疗效。对产生 β-内酰胺酶耐药菌所致感染，可与克拉维酸、舒巴坦联合用药。

2. 头孢菌素类

（1）头孢氨苄（先锋霉素Ⅳ）

本品属于第一代头孢菌素类抗生素。抗菌作用：本品具有广谱杀菌作用。对革兰氏阳性菌抗菌活性较强，肠球菌除外。对大肠杆菌、变形杆菌、克雷伯氏菌、沙门氏菌、志贺氏菌有抗菌作用。

应用：用于敏感菌所致的呼吸道、泌尿道、皮肤和软组织感染。

不良反应：① 可引起犬流涎、呼吸急促和兴奋不安，猫呕吐、体温升高。② 肾毒性虽小，但病畜肾功能受损或合用其他对肾有害的药物时则易于发生。

（2）头孢噻呋

本品属于第三代头孢菌素。抗菌作用：本品具有广谱杀菌作用，对革兰氏阳性菌、革兰氏阴性菌均有效。

应用：用于革兰氏阳性菌和革兰氏阴性菌感染。

不良反应：① 可引起胃肠道菌群紊乱或二重感染。② 有一定的肾毒性。③ 在牛可引起特征性的脱毛和瘙痒。

注意事项：① 马在应激条件下应用本品，可伴发急性腹泻，可致死。② 肾功能障碍的动物，注意调整剂量。

（3）头孢喹肟

本品属于第四代头孢菌素。抗菌作用：本品具有广谱杀菌作用。对革兰氏阳性菌、革兰氏阴性菌的抗菌活性较强。应用：主要用于治疗敏感菌引起的牛、猪呼吸系统感染及奶牛乳腺炎。

二、大环内酯类、截短侧耳素类及林克胺类

1. 大环内酯类

大环内酯类是由链霉菌产生的一类弱碱性抗生素。临诊上，本类药物主要用于控制革兰氏阳性菌和衣原体引起的畜禽感染。在兽药特别是药物饲料添加剂中，占有比较重要的地位。

（1）红霉素

本品对革兰氏阳性菌的作用与青霉素相似，但其抗菌谱较青霉素广。敏感的革兰氏阳性菌有金黄色葡萄球菌、肺炎球菌、链球菌、炭疽杆菌、猪丹毒杆菌、李斯特菌、腐败梭菌和气肿疽梭菌等；敏感的革兰氏阴性菌有流感嗜血杆菌、脑膜炎双球菌、布鲁氏菌和巴氏杆菌等。此外，红霉素对弯曲杆菌、支原体、衣原体、立克次氏及钩端螺旋体也有良好作用。

应用：主要用于耐青霉素金黄色葡萄球菌所至的严重感染和对青霉素过敏的病例。对禽的慢性呼吸道病也有较好的疗效。红霉素虽有强大的抗革兰氏阳性菌的作用，但其疗效不如青霉素。因此，若病原体对青霉素敏感者，宜首选青霉素。

不良反应：① 本品与其他大环内酯类一样，具有刺激性，肌内注射可引起剧烈的疼痛，静注可引起血栓性静脉周围炎，乳房给药可引起炎症反应。② 动物内服红霉素后，可出现剂量依赖性的胃肠道紊乱，如恶心、呕吐、腹泻和胃肠疼痛等。马属动物的腹泻症状尤其严重。③ 2~4月龄的驹使用本品后，可出现体温升高、呼吸困难，在高温环境中易出现。

（2）泰乐菌素

本品为畜禽专用抗生素，常将泰乐菌素制成酒石酸盐或磷酸盐。

抗菌作用：本品抗菌谱与红霉素相似。对细菌的作用较弱，对支原体作用强，是大环内酯类中对支原体作用最强的药物之一。敏感菌对本品产生耐药性，金黄色葡萄球菌对本品和红霉素有部分交叉耐药现象。

应用：主要用于防治鸡、火鸡和猪的支原体感染，牛的摩拉氏菌感染，猪的弧菌性痢疾，传染性胸膜肺炎，以及犬的结肠炎等。此外，亦可用于浸泡种蛋，以预防鸡毒支原体传播，以及猪的促生长剂。

不良反应：① 牛静脉注射可引起震颤、呼吸作精神沉郁等；马属动物注射本品可致死。② 本品可引起兽医接触性皮炎。

（3）替米考星

本品为畜禽专用抗生素。本品的抗菌作用与泰乐菌素相似，主要对革兰氏阳性菌、少数革兰氏阴性菌和支原体等有抑制作用；对胸膜肺炎放线杆菌、巴氏杆菌及畜禽支原体，具有

比泰乐菌素更强的抗菌活性。

应用：主要用于防治家畜肺炎（由胸膜肺炎放线杆菌、巴氏杆菌、支原体等感染引起），禽支原体及泌乳动物的乳腺炎。

不良反应：本品对动物的毒性作用主要是心血管系统，可引起心动过速和收缩力减弱。

注意事项：本品禁止静脉注射；与肾上腺素合用，可增加猪的死亡。

（4）泰拉霉素

本品为畜禽专用抗生素。本品对一些革兰氏阳性和革兰氏阴性菌均有抗菌活性，对引起猪、牛呼吸系统疾病的病原菌尤其敏感。

应用：主要用于治疗和预防溶血性巴氏杆菌、多杀性巴氏杆菌、睡眠嗜血杆菌和支原体引起的牛呼吸道疾病；胸膜肺炎放线杆菌、多杀性巴氏杆菌、肺炎支原体引起的猪呼吸道疾病。

2. 截短侧耳素类

（1）泰妙菌素（泰妙灵）

主要用于防治鸡慢性呼吸道病、猪气喘病、传染性胸膜肺炎、猪密螺旋体性痢疾等。本品与金霉素以1：4配伍混饲，可增强疗效。

不良反应：本品能影响抗球虫药莫能菌素、盐霉素等的代谢，合用时易导致中毒，引起鸡生长迟缓，运动失调，麻痹瘫痪，严重者甚至死亡。用于马，可引起大肠菌群紊乱和导致结肠炎发生。

注意事项：本品禁止与聚醚类抗球虫药合用；禁用于马。

3. 林可胺类

（1）林可霉素（洁霉素）

本品抗菌谱与大环内酯类相似。对革兰氏阳性菌如溶血性链球菌、葡萄球菌和肺炎球菌等有较强的抗菌作用，对破伤风梭菌、产气荚膜芽孢杆菌、支原体也有抑制作用；对革兰氏阴性菌无效。

三、氨基糖苷类

本类抗生素的化学结构中含有氨基糖分子和非糖部分的糖原结合而成的苷，故称为氨基糖苷类抗生素。常用的有链霉素、庆大霉素、卡那霉素、新霉素、大观霉素及安普霉素等，它们具有下列的共同特征：①均为有机碱，能与酸形成盐。②作用机理均为抑制细菌蛋白质的生物合成。对静止期细菌的杀灭作用较强，为静止杀菌剂。③内服吸收很少，几乎完全从粪便排出，可作为肠道感染治疗药。注射给药后吸收迅速，大部分以原形从尿中排出，故适用于全身性感染和泌尿道感染。④属窄谱抗生素，对需氧革兰氏阴性杆菌的作用强，对厌氧菌无效。⑤本类药物与β-酰胺类抗生素如青霉素、头孢菌素类作用于细菌细胞壁的药物配伍应用，具有协同杀菌作用。⑥不良反应主要是损害第八对脑神经、肾脏毒性及对神经肌肉的阻断作用。⑦细菌易产生耐药性，本类药物之间可产生完全的或部分的交叉耐药性。

1. 链霉素

抗菌作用对大多数革兰氏阴性菌有较强的抗菌作用，但对绿脓杆菌的抗菌作用弱；对金黄色葡萄球菌、钩端螺旋体、放线菌也有效。抗结核杆菌的作用在氨基糖苷类中最强。

应用：主要用于敏感所致的急性感染。本品与青霉素类或头孢菌素类合用有协同作用；与头孢菌素、红霉素合用，可增强本品的耳毒性。

不良反应：耳毒性。链霉素最常引起前庭损害，这种损害呈剂量依赖性。猫对链霉素较敏感，常用量即可造成恶心、呕吐、流涎及共济失调等。

神经肌肉阻断作用，常由链霉素剂量过大导致。全身麻醉剂和肌肉松弛剂，对神经肌肉阻断有增强作用。

长期应用可引起肾脏损害。

2. 庆大霉素

抗菌作用：在本类药物中抗菌谱较广，抗菌活性最强。对革兰氏阴性菌和阳性菌均有作用。

应用：主要用于敏感引起的呼吸道、肠道、泌尿生殖道感染和败血症等。内服还可用于肠炎和细菌性腹泻。本品对肾脏有较严重的损害作用，临诊应用不要随意加大剂量及延长疗程。

3. 卡那霉素

抗菌作用：其抗菌谱与链霉素相似，但抗菌活性稍强。对数革兰氏阴性杆菌如大肠杆菌、变形杆菌、沙门氏菌和巴氏杆菌等有效，但对绿脓杆菌无效；对结核杆菌和耐青霉素的金葡菌所引起的感染、如呼吸道、肠道和泌尿道感染，以及败血症、乳腺炎和鸡霍乱等。此外，亦可用于治疗猪萎缩性鼻炎。

4. 新霉素

抗菌谱与链霉素相似。在本类药物中，本品毒性最大，一般禁用于注射给药。内服给药，用于治疗畜禽的肠道细菌感染；子宫或乳管内注入，治疗奶牛、母猪的子宫内膜炎和乳腺炎；局部外用（0.5%溶液或软膏），治疗皮肤、黏膜化脓性感染。

5. 大观霉素

四、四环素类及酰胺醇类

1. 四环素类

本类抗生素的抗菌谱很广，对革兰氏阳性菌和阴性菌、螺旋体、立克次氏体、支原体、衣原体、原虫（球虫、阿米巴原虫）等均可产生抑制作用，故称为广谱抗生素。本类药物的盐酸盐、性质较稳定，易溶于水。水溶液不稳定，宜现用现配。兽医临诊常用的有四环素、土霉素、金霉素和多西环素。按其抗菌活性大小顺序，为多西环素＞金霉素＞四环素＞土霉素。四环素类抗菌作用机理，主要是抑制细菌蛋白质的合成。

（1）土霉素

内服吸收不规则，不完全，主要在小肠上段被吸收。胃肠道内的镁、钙、铝、铁、锌、锰等多价金属离子，能与本品形成难溶的螯合物，而使药物吸收减少，因此，不宜与含多价金属离子的药品或饲料、乳制品共服。

抗菌作用：为广谱抗生素，起抑菌作用。对革兰氏阴性和阳性菌如大肠杆菌、巴氏杆菌、沙门氏菌、布鲁氏菌、嗜血杆菌等具有抗菌活性作用。本品对衣原体、支原体、各种立克次氏体、螺旋体、放线菌和某些原虫（如边虫），都有一定程度的抑制作用。

耐药性：细菌对本品能产生耐药性，但产生较慢。四环素类之间存在交叉耐药性，对一种药物耐药的细菌通常也对其他同类药物耐药。

应用：①大肠杆菌或沙门氏菌耐药性，但产生较慢。四环素类之间存在交叉耐药性，对一种药物耐药的细菌通常也对其他同类药物耐药。②多杀性巴氏杆菌引起的牛出血性败血症、猪肺疫和鸡霍乱。③支原体引起的牛肺炎、猪气喘病和鸡慢性呼吸道病。④局部用于坏死杆菌所致各种动物组织的坏死、子宫脓肿和子宫内膜炎。⑤放线菌病、钩端螺旋体病等。⑥近年有不少用于治疗猪附红细胞体病的报道。

（2）四环素

抗菌谱与土霉素相似。但对革兰氏阴性杆菌的作用较好，对革兰氏阳性球菌的作用则不如金霉素。内服后血药浓度较土霉素或金霉素高。对组织的渗透力较强，易透入胸腹腔、胎畜循环及乳汁中。用于治疗某些革兰氏阳性和阴性细菌、支原体、立克次氏体、螺旋体、衣原体等所致的感染。

（3）多四环素（强力霉素）

抗菌谱与其他四环素类相似，体内、外抗菌活性较土霉素、四环素强。本品种对土霉素、四环素等存在交叉耐药性。本品在四环素类中毒性最小。

2. 酰胺醇类

包括氟苯尼考及甲砜霉素。

（1）氟苯尼考

属动物专用的抗生素。为广谱抑菌性抗生素，对革兰氏阳性菌和阴性菌都有作用，但对阴性菌的作用较阳性菌强。主要用于牛、猪、鸡、鱼类的细菌性疾病。

五、多肽类

本类抗生素包括多黏菌素类、杆菌肽等

1. 黏菌素

本品为窄谱杀菌剂，对革兰氏阴性杆菌的抗菌活性强。内服不吸收，用于治疗畜禽的大肠杆菌性腹泻和对其他药物耐药的细菌性腹泻。外用于烧伤和外伤引起的绿脓杆菌局部感染，以及眼、鼻、耳等部位敏感菌的感染。

2. 杆菌肽

本品对革兰氏阳性杆菌有杀菌作用，但对革兰氏阴性杆菌无效。临诊上局部应用于革兰氏阳性菌所致的皮肤、伤口感染、眼部感染和乳腺炎等。本品的锌盐专门用作饲料添加剂，内服几乎不吸收。常用于牛、猪、禽的促生长，提高饲料转化率。

六、抗真菌药

真菌种类很多可引起动物的不同感染。根据感染部位可分为两类：一类为浅表真菌感染；另一类为深部菌感染。兽医临诊应用的抗真菌药有两性霉素 B、制霉菌素、灰黄霉素、酮康唑和克霉唑等。

第七节　消毒防腐药

消毒防腐药是杀灭病原物生物或抑制其生长繁殖的一类药物。消毒药是指能杀灭病原物生物的药物，主要用于环境、厩舍、动物排泄物、用具和器械等非生物表面的消毒。防腐药是指能抑制病原物生物生长繁殖的药物，主要用于抑制局部皮肤、黏膜和创伤等生物体表的微生物感染，也用于食品及生物制品等的防腐。但两者并无绝对的界限，低浓度消毒药只有抑制作用；反之，有的防腐药高浓度时也有杀菌作用。消毒防腐药的作用机制各不相同，可归纳为：① 使菌体蛋白变性、沉淀，故称为"一般原浆毒"。② 改变菌体细胞膜的通透性。③ 干扰或损伤细菌生命必需的酶系统。影响消毒防腐药作用的因素：① 病原物生物种类。② 浓度和作用时间。杀菌效力随浓度和作用时间的增加而增强。③ 温度。抗菌效果随环境温度的升高而增强。④ pH 值。⑤ 有机物的存在。⑥ 水质。

一、常见的消毒防腐药

1. 酚　类

苯酚，复合酚，甲酚。

2. 醛　类

甲醛溶液（福尔马林），戊二醛。

3. 醇　类

乙醇。

4. 卤素类

（1）氯制剂：含氯石炭，三氯异氰脲酸，溴氯海因。

（2）碘制剂：碘甘油，碘酊等。

5. 季铵盐类

苯扎溴铵，癸甲溴铵等。

6. 氧化剂

过氧化氢，高锰酸钾。

7. 酸　类

过氧化酸。

8. 碱　类

氢氧化钠。

9. 其　他

松馏油，鱼石脂软膏。

二、常用消毒药的使用浓度及用量

1. 含氯消毒剂

（1）漂白粉。犬舍：2.5%～5%有效氯（即 10%～20%漂白粉溶液），800～1000 mL/m³。清水：干粉，6 g/m³。污水：干粉，10～15 g/m³。

（2）次氯酸钠。犬舍、空气、地面、墙壁，2～2.5×10^{-4}，50 mL/m³。

（3）优氯净。一般染毒器材：1∶4000 溶液，浸泡 3～5 min。空气、地面：1∶200 溶液，喷洒熏蒸 2～4 h。污水、粪便：干粉，5～10 g/m³，2～4 h。

（4）消毒剂。犬舍及用具：1∶800 溶液，50 mL/m³，喷雾，作用 30 min。

饲槽、水盆：1∶2000 溶液，喷洒、洗刷，作用 5 min。工作服等：1∶2000 溶液，浸洗 15 min。工作人员手：1∶1000 溶液，浸洗 2 min。

2. 过氧化物消毒剂

（1）过氧乙酸（市售浓度为 20%左右）。犬舍、饲槽：0.5%溶液，30～50 mL/m³。室内熏蒸：20%溶液，1～3 g/m³。室温 15 ℃以上，相对湿度 70%～80%，熏蒸 60～90 min；室温 0～5 ℃时将湿度提高到 90%～100%，用量增加到 5 g/m³，作用 120 min。

（2）高锰酸钾。室内熏蒸：干粉，与福尔马林混合后作空气熏蒸消毒。

3. 季胺类消毒药

（1）百毒杀（50%、10%两种包装）。犬舍、环境、器具：1∶3000 溶液（50%），30～33 mg/m³；

1∶600溶液（10%），间隔1~3 d消毒一次。黏膜、浸泡金属器械：0.05%溶液，浸泡。手指、皮肤：0.1%溶液，浸泡。

（2）1210消毒剂。犬舍、环境、器械：1∶1000~2000倍，平时的预防性消毒，作喷雾、冲淋。产房、仔犬舍：1∶800倍，发病时的消毒。饮水：1∶1000~2000倍，喷洒。1∶2000~4000倍，饮用。

4. 含碘消毒药

（1）爱迪伏。犬舍：0.3%型1∶60~100，按1.5~3 mL/m³喷雾。0.7%型1∶160~320，按1~1.5 mL/m³喷雾。器械、用具：0.3%型1∶40~80，浸洗擦拭。0.7%型1∶100~200，浸洗擦拭。饮水消毒：0.3%型1∶120~200，饮用。0.7%型1∶320~400，饮用。

5. 表面活性剂

（1）新洁尔灭。手、皮肤、器械和玻璃用具黏膜、深部感染：0.1%溶液，洗涤或浸泡5 min。伤口：0.01%~0.05%溶液，冲洗。

（2）洗必泰。同新洁尔灭，0.02%~0.1%溶液，冲洗、浸泡、洗涤。

6. 酚类消毒剂

（1）农乐（复合酚、菌毒敌）。犬舍、笼具、排泄物：0.3%~1%，对严重污染的场所可适当增加浓度与喷洒次数。

（2）农福。犬舍：1∶60~100溶液，喷洒。器具、车辆：1∶60溶液，浸洗。

（3）苯酚（石炭酸）。污染环境、用具、外科器械：2%~5%水溶液，喷洒，器械浸泡需30~40 min，不宜用于屠宰场消毒。

（4）来苏尔（煤酚皂溶液）。非芽孢菌污染的犬舍、场所、物品等：5%水溶液，喷洒。手、器械：1%~2%水溶液，刷洗。

7. 醛类消毒剂

（1）福尔马林（甲醛溶液）。犬舍、空气、护理用具：36%~38%甲醛溶液，20 mL/m³，加等量水，高锰酸钾20 g，熏蒸消毒12 h。

（2）戊二醛。用于不能加热灭菌的医疗器械，如温度计、橡胶和塑料制品，2%碱性溶液（加0.3%碳酸氢钠），浸泡15~20 min。

8. 碱类消毒剂

（1）氢氧化钠。犬舍场地、车辆、用具、排泄物：2%水溶液（热），喷洒。本品有腐蚀性，消毒半天后用清水冲洗干净。

（2）火碱（氢氧化钠的粗制品）。2%~5%水溶液，同氢氧化钠。

（3）生石灰（氧化钙）。犬舍的墙壁、地面、畜栏：10%~20%石灰乳（1份加1份水成熟石灰，然后再加水9份即成10%乳剂，加4份水即成20%乳剂），涂刷。

第八节 抗寄生虫药

抗寄生虫药是指对动物寄生蠕虫具有驱除、杀灭或抑制活性的药物分为抗蠕虫药、抗原虫药和杀虫药。根据寄生于动物体内的蠕虫类别，抗蠕虫药相应地分为抗线虫药、抗吸虫药、抗绦虫药和抗血吸虫药。但这种分类也是相对的。有些药物兼有多种作用，如吡喹酮具有抗绦虫药和抗吸虫作用。

1. 抗蠕虫药

阿苯达唑（丙硫咪唑）、芬苯达唑（硫苯咪唑）、左旋咪唑（左咪唑）、伊维菌素、阿维菌素、多拉菌素、氯硝柳胺（灭绦灵）、硝氯酚、碘醚柳胺、三氯苯达唑、吡喹酮。

2. 抗原虫药

抗球虫药：地克珠利、托曲珠利、莫能菌素、盐霉素、甲基盐霉素（那拉菌素）、马度米星（马杜霉素）、尼卡巴嗪、氨丙啉、氯羟吡啶、常山酮。

抗锥虫药和抗梨形虫药：三氮脒（贝尼尔）、硫酸喹啉脲（阿卡普林）。

3. 杀虫药

二嗪农、蝇毒磷、马拉硫磷、氰戊菊酯、溴氰菊酯、双甲脒、环丙氨嗪、非泼罗尼。

第九节 外周神经系统药物

1. 胆碱受体激动药

氨甲酰胆碱、毛果芸香碱。

2. 抗胆碱酯酶药

新斯的明。

3. 胆碱受体阻断药

阿托品、东莨菪碱。

4. 肾上腺素受体激动药

去甲肾上腺素、肾上腺素、异丙肾上腺素。

5. 肾上腺素受体阻断药

酚妥拉明、普萘洛尔（心得安）。

6. 局部麻醉药

普鲁卡因、利多卡因、丁卡因。

第十节　中枢神经系统药物

1. 中枢兴奋药

中枢兴奋药是能选择性地兴奋中枢神经系统，提高其机能活动的一类药物。包括咖啡因、尼可刹米、戊四氮、士的宁。

2. 镇静催眠药

镇静催眠药是指对中枢神经系统具有轻度抑制作用，从而减轻或消除动物狂躁不安，恢复安静的一类药物，主要用于兴奋不安或具有攻击行为的动物或患畜，以使其安静。这类药物在大剂量时还能缓解中枢病理过度兴奋症状，具有抗惊厥作用。包括地西泮（安定）、氯丙嗪。

3. 抗惊厥药

抗惊厥药是指能对抗或缓解中枢神经因病变而造成的过度兴奋状态，从而消除或缓解全身骨骼肌不自主的强烈收缩的一类药物。包括硫酸镁注射液、苯巴比妥。

4. 麻醉性镇痛药

麻醉性镇痛药是临诊上缓解疼痛的药物，按其作用机制、缓解疼痛的强度和临诊用途可分为两类：一类是能选择性地作用于中枢神经系统，缓解疼痛作用较强，用于剧痛的一类药物，称镇痛药；另一类作用不在中枢神经系统，缓解疼痛作用较弱，多用于钝痛，同时还具有解热消炎作用，即解热镇痛抗炎药，临诊多用于肌肉痛、关节痛、神经痛等慢性痛。镇痛药可在选择性地消除或缓解痛觉，减轻由疼痛引起的紧张、烦躁不安等，使疼痛易于耐受，但对其他感觉无影响度保持意识清醒。由于反复应用在人易成瘾，故称麻醉性镇痛药或成瘾性镇痛药。此类药物多浸透属于阿片类生物碱，也有一些是人工合成代用品。属于需依法管制的药物之一。包括吗啡、哌替啶（度冷丁）。

5. 全身麻醉药

全身麻醉药是指对中枢神经系统有广泛作用，导致意识、感觉及反射活动逐渐消失，特别痛觉消失，以便于进行外科手术的一类药物。诱导麻醉药：硫喷妥钠、丙泊酚（异丙酚）；吸入麻醉药：氟烷、异氟醚（异氟烷）；非吸入麻醉药：戊巴比妥钠、异戊巴比妥钠、氯胺酮。

6. 化学保定药

化学保定药亦称制动药，这类药物在不影响意识和感觉的情况下，可使动物情绪转为平静和温顺，嗜睡或肌肉松弛，从而停止抗拒和各种挣扎活动，以达到类似保定的目的。化学保定药：静拉唑（静松灵）、赛拉嗪（隆朋）；骨骼肌松弛药：琥珀胆碱、

第十一节　解热镇痛抗炎药

1. 解热镇痛药

解热镇痛药是一类具有退热、减轻局部钝痛的药物。包括阿司匹林（乙酰水杨酸）、对乙酰氨基酚（扑热息痛）、安乃近、氨基比林、保泰松。

2. 糖皮质激素类药物

糖皮质激素类药物是一种肾上腺皮质激素，肾上腺皮质激素是肾上腺皮质所分泌的激素的总称。根据其生理功能可分为三类：① 盐皮质激素。② 糖皮质激素。③ 氮皮质激素。临床上常用的皮质激素是指糖皮质激素。糖皮质激素在药理剂量下，表现出良好的抗炎、抗过敏、抗毒素和抗休克等作用。根据它们的半衰期，本类药物可分为短效、中效和长效糖皮质素。短效糖皮质素有氢化可的松、可的松、泼尼松、泼尼松龙、甲基氢化泼尼松；中效糖皮质素有去炎松；长效糖皮质素有地塞米松、氟地塞米松和倍他米松。

药理作用：① 抗炎作用；② 抗免疫作用；③ 抗毒素；④ 抗休克；⑤ 对代谢的影响。

不良反应：糖皮质激素停药和长期使用均可产生不良反应。① 发热，软弱无力，精神沉郁，食欲不振，血糖和血压下降等；② 常致动物出现水肿和低血钾症；③ 多尿和饮食亢进。

第十二节　消化系统药物

由于饲养管理不善、饲料不良、某些疾病所致，可以引起胃肠消化机能异常。在解除病因，改善饲养管理的前提下，针对其消化系统机能障碍，合理使用调节消化功能的药物，才能取得良好的效果。作用于消化系统的药物很多，这些药物主要通过调节胃肠道的运动和消化腺的分泌功能，维持胃肠道内环境和微生态平衡，从而改善和恢复消化系统机能。

1. 健胃药与助消化药

健胃药是指提高食欲，促进唾液和胃肠消化液分泌，提高食物消化机能的一类药物，分苦味健胃药、芳香性健胃药和盐类健胃药。在养殖场中，多用健胃药以提高猪等动物消化机能，通过食欲。助消化药系指能促进胃肠消化过程的药物，多为消化液中成分或促进消化液分泌的药物。在消化道分泌不足时，具有代替疗法的作用。在兽医临诊上健胃与助消化密切相关，多同时使用。包括人工盐、胃蛋白酶、稀盐酸、干酵母、乳酶生。

2. 瘤胃兴奋药

瘤胃兴奋药是指能加强瘤胃收缩、促进震动、兴奋反刍的药物，又称反刍兴奋药。临诊上常用的瘤胃兴奋药，有拟胆碱药和抗胆碱酯酶药。包括浓氯化钠注射液、酒石酸锑钾。

3. 制酵药与消沫药

凡能制止胃肠内容物异常发酵的药物称为制酵药。另外，抗生素、磺胺药、消毒防腐药等，都有一定程度的制酵作用。消沫药则是指能降低泡沫液膜的局部表面张力，使泡沫破裂的药物。包括芳香氨醑、乳酸鱼石酸、鱼石脂、二甲硅油。

4. 泻药与止泻药

泻药是一类能促进肠道蠕动，增加肠内容积，软化粪便，加速粪便排泄的药物。主要用于治疗便秘、排除胃肠道内的毒物及腐败分解物，还可与驱虫药合用，以驱除肠道寄生虫。根据作用方式和特点，可分为容积性泻药、刺激性泻药和润滑性泻药三类。包括硫酸钠、硫酸镁。止泻药一般包括鞣酸蛋白、铋制剂。

第十三节 呼吸系统药物

1. 平喘药

平喘药是指能解除支气管平滑肌痉挛，扩张支气管的一类药物。包括氨茶碱。

2. 祛痰镇咳药

祛痰药是能增加呼吸道分泌、使痰液变稀并易于排出的药物。祛痰药还有间接的镇咳作用，因为炎性的刺激使支气管分泌增多，或黏膜上皮纤毛运动减弱，痰液不能及时排出，黏附气管内并刺激黏膜下感受器引起咳嗽，痰液排出后，减少了刺激，便可缓解咳嗽。包括氯化铵、碘化钾。

第十四节 血液循环系统药物

1. 治疗充血性心力衰竭的药物

凡能提高心肌兴奋性，加强心肌收缩力，改善心脏功能称为强心药。具有强心作用的药物种类很多，其中，有些是直接兴奋心肌，而有些则是通过调节神经系统来影响心脏的机能活动。包括强心苷药物、洋地黄毒苷、地高辛、毒毛花苷K。

2. 抗凝血药与促凝血药

血液系统中存在着凝血和抗凝血两种对立统一的机制，并由此保证血液的正常流动性。常用抗凝血药：肝素、枸橼酸钠；促凝血药：维生素K、酚磺乙胺（止血敏）、安络血。

3. 抗贫血药

抗贫血药是指能增进机体造血机能、补充造血必需物质、改善贫血状态的药物。包括硫酸亚铁、右旋糖酐铁、叶酸、维生素B_{12}。

第十五节　泌尿生殖系统药物

1. 利尿药与脱水药

利尿药是一类作用于肾脏，增加电解质和水的排泄，使尿量增多的药物。利尿药通过影响肾小球的滤过，肾小管的重吸收和分泌等功能，特别是影响肾小管的重吸收而实现利尿作用。脱水药又称渗透性利尿药，是一种非电解质类物质。脱水药在体内不被代谢或代谢较慢，但能迅速提高血浆渗透压，且很容易从肾小球滤过，在肾小管内不被重吸收或吸收很少，从而提高肾小管内渗透压。因此，临床上可以使用足够大剂量，以显著增加血浆渗透压、肾小球滤过率和肾小管内液量，产生利尿脱水作用。包括呋塞米（速尿）、氢氯噻嗪、甘露醇。

2. 生殖系统药物

哺乳动物的生殖系统受神经和体液的双重调节，但通常以体液调节为主。子宫收缩药：缩宫素（催产素）、垂体后叶素；性激素：丙酸睾酮、苯丙酸诺龙、雌二醇、黄体酮（孕酮）；促性腺激素与促性腺素释放激素：血促性素、促黄体素释放激素、前列腺素。

第十六节　调节组织代谢药物

1. 维生素类

维生素是维持动物体正常代谢和机能所必需的一类低分子化合物，大多数必须从食物中获得，仅少数可在体内合成或由肠道内的微生物合成。脂溶性维生素：维生素 A、维生素 D、维生素 E；水溶性维生素：维生素 B_1、维生素 B_2、维生素 B_6、维生素 B、维生素 C。

2. 钙、磷与微量元素

钙和磷广泛分布于土壤和植物中，为动植物的生长所必需。动物机体所必需的微量元素有铁、硒、钴、铜、锰、锌等，它们对动物的生长代谢过程起着重要的调节作用，缺乏时可引起各种疾病，并影响动物生长和繁殖性能，但过多也会引起中毒，甚至死亡。包括钙、磷、亚硒酸钠。

第十七节　组胺受体阻断药

1. H1 受体阻断药

H1 受体阻断药能选择性对抗组胺兴奋 H1 受体所致的血管扩张及平滑肌痉挛等作用。包括苯海拉明、异丙嗪、马来酸氯苯那敏（扑尔敏）。

2. H2受体阻断药

组胺作用于H2受体，使细胞内CAMP的生成增加。包括西咪替丁（甲氰咪胍）、雷尼替丁。

第十八节　解毒药

1. 金属络合剂

二巯丙醇、二巯丙磺钠。

2. 胆碱酯酶复活剂

解磷定（碘解磷定）、氯磷定（氯解磷定）。

3. 高铁血红蛋白还原剂

亚甲蓝（美蓝）。

4. 氰化物解毒剂

亚硝酸钠、硫代硫酸钠。

5. 其他解毒剂

乙酰胺（解氟灵）。

第十九节　犬临床上使用药物剂量及用法

一、犬常用兽药剂量及用法

1. 抗生素

青霉素G（钾或钠）：4万~8万单位/kg体重；肌注、静注，4次/天。
氨苄青霉素：5~10 mg/kg体重；肌注，2次/天。
苄星青霉素（长效青霉素）：5万单位/kg体重；肌注，1次/天。
甲氧苯青霉素钠（新青霉素Ⅰ）：4~5 mg/kg体重；肌注，4次/天。
苯唑青霉素钠（新青霉素Ⅱ）：10~15 mg/kg体重；肌注、内服，2~4次/天。
乙氧萘青霉素钠（新青霉素Ⅲ）：7~11 mg/kg体重；肌注、内服，4~6次/天。
普鲁卡因青霉素：1万~2万单位/kg体重；肌注，1次/天。
先锋霉素Ⅰ（头孢噻吩钠）：20~35 mg/kg体重；肌注、静注，3~4次/天。
先锋霉素Ⅱ（头孢菌素Ⅱ）：10~20 mg/kg体重；肌注，1~2次/天。
先锋霉素Ⅲ：20~30 mg/kg体重；肌注、口服，2次/天。

先锋霉素Ⅳ：35 mg/kg 体重；肌注、口服，2 次/天。
硫酸链霉素：10 mg/kg 体重；肌注，2 次/天。
双氢链霉素：10 mg/kg 体重；肌注、皮下注射，2 次/天。
氯霉素：25 mg/kg 体重；肌注、静注，2 次/天。
氯霉素：10~20 mg/kg 体重；口服，2 次/天。
卡那霉素：5~15 mg/kg 体重；肌注、皮下注射，2 次/天。
庆大霉素：2.2~4.4 mg/kg 体重；肌注、皮下注射，2 次/天。
土霉素：30~50 mg/kg 体重；口服，3 次/天。
土霉素：10~20 mg/kg 体重；肌注，1~2 次/天。
盐酸四环素：20 mg/kg 体重；口服，3 次/天。
盐酸四环素：5~10 mg/kg 体重；肌注、静注，1~2 次/天。
红霉素：2~10 mg/kg 体重；肌注、静注，使用前用注射用水配成 5%的溶液，再用 5%葡萄糖注射液稀释成 10 mg/mL 溶液，缓慢静注或分点肌注。
新霉素：20 mg/kg 体重；口服，4 次/天。
强力霉素（多西环素）：3.5 mg/kg 体重；表注、肌注、皮下注射，3 次/天。
强力霉素（多西环素）：3~10 mg/kg 体重；口服，1 次/天。
泰乐菌素：2~10 mg/kg 体重；肌注。
林可霉素（洁霉素）：2~10 mg/kg 体重；静注、肌注，2 次/天。
林可霉素（洁霉素）：15 mg/kg 体重；口服，3 次/天。
乙酰螺旋霉素：50~100 mg/kg 体重；静注、肌注，2 次/天。
乙酰螺旋霉素：25~50 mg/kg 体重；肌注，1 次/天。
白霉素（北里霉素）：2~6 mg/kg 体重；肌注、皮下注射，2 次/天。
白霉素（北里霉素）：3 mg/kg 体重；口服，4 次/天。
灰黄霉素：30 mg/kg 体重；口服，1 次/天，连用 14 d。
制霉菌素：5 万~15 万单位/次；口服，3 次/天。
两性霉素 B：4 mg/kg 体重（总量）；静注，使用前用 5%葡萄糖液稀释成 0.1%注射液，将总量分成 10 次量，每隔 2 d 注射 1 次。
克霉唑：10~20 mg/kg 体重；口服，3 次/天。

2. 磺胺类

磺胺嘧啶（SD）：首次量 220 mg/kg 体重，维持量 110 mg/kg 体重；口服，2 次/天。
磺胺嘧啶（SD）：首次量 50 mg/kg 体重，维持量 50 mg/kg 体重；静注，2 次/天。
磺胺甲基异噁唑（SMZ）（新诺明）：50 mg/kg 体重，首次量加倍，口服，1 次/天。
三甲氧苄氨嘧啶（TMP）：一般以 1∶5 比例与磺胺药并用，剂量按其他磺胺药使用；肌注、静注。
二甲氧苄氨嘧啶（DVD）（敌菌净）：同三甲氧苄氨嘧啶。
磺胺脒（SG）：0.1~0.5 g/kg 体重；口服，2 次/天。

3. 喹诺酮类

诺氟沙星（氟哌酸）：10～20 mg/kg 体重；口服，2 次/天。
环丙沙星：5～15 mg/kg 体重；口服，2 次/天。
恩氟沙星：2.5 mg/kg 体重；口服、皮下注射，2 次/天。

4. 呋喃灶及其他类

呋喃西林：5～10 mg/kg 体重；口服，2 次/天。
呋喃唑酮（痢特灵）5～10 mg/kg 体重；口服，1 次/天。
穿心莲注射液：5～10 mL；肌注，1 次量。
硫酸黄连素注射液：0.05～0.1 g；肌注，1 次量。

5. 消化健胃药

稀盐酸：0.1～0.5 mL/次；口服，3 次/天。
胃蛋白酶：0.1～0.5 g/次；口服，3 次/天。
胰酶：0.2～0.5 g/次；口服，3 次/天。
干酵母：8～12 克/次；口服，3 次/天。
稀醋酸：1～2 mL/次；口服。
乳酸：0.2～1 mL；口服，3 次/天。
龙胆酊：1～5 mL/次；口服，3 次/天。
复方大黄酊：1～5 mL/次；口服，3 次/天。
橙皮酊：1～5 mL/次；口服，3 次/天。
姜酊：2～5 mL/次；口服，3 次/天。
人工盐：1～2 g/次；口服。
乳酶生：1～2 g/次；口服，3 次/天。
镁乳（含氢氧化镁）：5～30 mL/次；口服。
碳酸氢钠：0.2～1 g/次；口服。

6. 泻药

硫酸钠（芒硝）：15～20 g/次；口服。
硫酸镁（泻盐）：10～20 g/次；口服。
大黄：2～7 g/次；口服。
芦荟：1～3 g/次；口服。
液体石蜡：10～30 mL/次；口服、灌肠。
甘油：2～10 mL/次；口服、灌肠。
植物油或动物油：10～30 mL/次；口服。

7. 止泻药

鞣酸蛋白：0.3～2 g/次；口服，4 次/天。

次硝酸铋：0.3~3 g/次；口服，3~4 次/天。
药用炭（活性炭）：0.3~5 g/次，口服，3~4 次/天。
止泻宁（苯乙哌啶）：2.5 mg/次，口服，3 次/天。
颠茄酊：0.2~1 mL/次，口服。

8. 强心药

洋地黄毒苷注射液：全效量 0.006~0.012 mg/kg 体重，维持量为全效量的 1/10；静注。
洋地黄酊：全效量 0.3~0.4 mL/kg 体重，维持量为全效量的 1/10；口服。
西地兰：0.3~0.6 mg/kg 体重；混于 10~20 倍 5%葡萄糖液中缓慢注射，静注或肌注。必要时 4~6 h 后再注 1 次，剂量为 0.15~0.3 mg。
安钠咖：100~300 mg/kg 体重；肌注、皮下注射或静注。
毒毛旋花子苷 K：0.25~0.5 mg/次；静注。使用时以葡萄糖液或生理盐水稀释 10~20 倍后缓慢注射。必要时 2~4 h 后以小剂量重注 1 次。
毒毛旋花子苷 G：用量为毒毛旋花子苷 K 的 1/2~2/3；静注。
奎尼丁：10~20 mg/kg 体重；口服、肌注 3~4 次/天。
葡萄糖酸奎尼宁：10~20 mg/kg 体重；口服、肌注 3~4 次/天。

9. 止血药

安络血（注射液）（片剂）：2~4 mL/次；口服，2~3 次/天。
安络血（注射液）：5~10 mg/次；肌注，2~3 次/天。
止血敏：5~15 mg/kg 体重；肌注、静注，2~3 次/天。
维生素 K：10~30 mg/kg 体重；肌注、静注，2 次/天。
葡萄糖酸钙：10~30 mL/次；静注。

10. 抗贫血药

硫酸亚铁：50~500 mg/次；口服，3 次/天。
维生素 B_{12}：0.1~0.2 mg/天；肌注，每日或隔日 1 次。
叶酸：5~10 mg/天；口服、肌注。

11. 促进代谢药

三磷酸腺苷（ATP）：10~40 mg/次；肌注、静注。
辅酶 A：30~50 单位/次；肌注、静注。
细胞色素 C：15~30 mg/次；肌注、静注。
肌苷：25~50 mg/次；口服、肌注、静注。

12. 止吐药

普鲁苯辛：0.25 mg/kg 体重；口服，3 次/天。
甲基东莨菪碱：0.3~1.5 mg/kg 体重；口服，3 次/天。

灭吐灵（胃复安）：0.1~0.3 g/kg 体重，静注，缓注速度为 0.02 mg/(kg 体重·小时)，或静注、口服。

派双咪酮：0.1~0.5 mg/kg 体重；肌注。

派双咪酮：0.5~1.0 mg/kg 体重；口服。

晕海宁（茶苯海拉明）：8 mg/kg 体重；口服，3 次/天。

13. 祛痰镇咳平喘药

氯化铵：0.2~1 g/次；口服，2 次/天。

碘化钾：0.2~1 g/次；口服，3 次/天。

咳必清：25 mg/次；口服，3 次/天。

复方甘草片：1~2 片/次；口服，3 次/天。

氨茶碱：10 mg/次；口服，3 次/天。

氨茶碱：5~10 mg/kg 体重；皮下注射、静注，3 次/天。

川贝止咳糖浆：5~10 mg/次；口服，3 次/天。

盐酸麻黄碱：10~30 mg/次；皮下注射。

14. 解热镇痛及抗风湿药

扑热息痛：100~1000 mg/次；口服。

阿司匹林：1~2 片/次；口服。

复方氨基比林：2.5 mg/kg 体重；肌注，3 次/天。

安乃近：0.5~1 g；肌注，3 次/天。

安乃近：0.3~0.6 g/次；皮下注射，肌注。

水杨酸钠：0.2~2 g/次；口服。

水杨酸钠：0.1~0.5 g/次；静注。

消炎痛：2~3 mg/kg 体重；口服，2 次/天。

风湿宁：2~4 mL/次；肌注，一疗程为 15~30 d。

柴胡注射液：2 mL/次；肌注，2~3 次/天。

15. 皮质类甾醇及抗炎剂

醋酸可的松：每天 2~4 mg/kg 体重；口服，分 3~4 次服。

醋酸可的松：0.05~0.2 g/d；肌注，分 2 次注射。

氢化可的松：5~20 mg/次；静注，1 次/天。

地塞米松：0.25~1.25 mg；口服，1 次/天。

地塞米松：0.25~1 mg；肌注、静注，1 次/天。

16. 解毒药

解磷定：40 mg/kg 体重；缓慢静脉滴注。

氯磷定：15~30 mg/kg 体重；肌注或静滴。

硫代硫酸钠：20～30 mg/kg 体重；静注。
亚硝酸钠：15～20 mg/kg 体重；静注。
二巯基丙醇：4 mg/kg 体重；肌注，6 次/天。
二巯基丙磺酸钠：5～10 mg/kg 体重；皮下注射。
乙酰胺（解氟灵）：0.1 g/kg 体重；肌注。
美蓝：5～10 mg/kg 体重；静注。

17. 激素类药

己烯雌酚（长效型）：0.2～0.5 mg/次；口服，肌注。
绒毛膜促性腺激（HCG）：25～300 单位/次；肌注。
催产素：5～10 单位/次；肌注、静注。
黄体酮：2～5 mg/次；肌注。

二、犬常用驱虫药物剂量及用法

1. 驱线虫病

左旋咪唑（左咪唑）：10 mg/kg 体重；口服，混饲或混饮水中投给，1 次/天。
甲苯咪唑：每次 10 mg/kg 体重；口服，2 次/天，连用 2 d。
丙硫咪唑：每次 10～20 mg/kg 体重；口服，1 次/天，连用 3 d。
枸橼酸哌嗪（驱蛔灵）：每次 100 mg/kg 体重；口服。
硫苯咪唑：每次 20～50 mg/kg 体重；口服，1 次/天，连用 3 d。

2. 驱吸虫药

流双二氧酚（别丁）：100 mg/kg 体重；口服，1 次/2 天，10～20 次为一疗程。
六氯对二甲苯：50 mg/kg 体重；口服，1 次/天，连用 10 d。

3. 驱绦虫病

吡奎酮：每次 5～10 mg/kg 体重；口服。
氯硝柳胺哌嗪（驱绦灵）：每次 125 mg/kg 体重；口服，用药前空腹。
氢溴酸槟榔碱：每次 2～4 mg/kg 体重；口服，用药前须禁食 12～20 h，为防止呕吐，服药前 5～20 min 给稀碘酊液（水 10 mL，碘酊 2 滴）。
槟榔：每次 20～50 g/只；连用 2～3 次，每次间隔 7～10 d。

4. 抗丝虫病

硫胂酰胺钠：2.2 mg/kg 体重；静注，2 次/天，连用 2 d，缓慢注入，防止药液漏出血管外。
盐酸二氯苯胂：2.5 mg/kg 体重；静注，4～5 d 用 1 次。

5. 杀螨药

溴氰菊酯-倍特（5%乳油）：$5.0×10^{-5} \sim 8.0×10^{-5}$；药浴或喷淋必要时 7~10 d 重复 1 次。
巴胺磷（赛福丁）：$1.25×10^{-4} \sim 2.5×10^{-4}$；涂擦。
二嗪农（地亚农、螨净）：$2×10^{-3} \sim 4×10^{-3}$；涂擦。
双甲脒：$2.5×10^{-4}$；涂擦。
伊维菌素（害获灭）：200 μg/kg 体重；皮下注射。

6. 抗原虫药

三氮脒（贝尼尔、血虫净）：3.5 mg/kg 体重；皮下注射，肌注，1 次/天，连用 2 d。
咪唑苯脲：5 mg/kg 体重；皮下注射，可间隔 24 h 后再用 1 次。
咪唑苯脲：5~7 mg/kg 体重；肌注，可间隔 14 d 再用 1 次。
硫酸喹啉脲（阿卡普林）：每次 0.25 mg/kg 体重；皮下注射。
磺胺嘧啶（SD）：70 mg/kg 体重；口服，2 次/天，连用 4~5 d。
甲氧苄氨嘧啶（TMP）：14 mg/kg 体重；口服，2 次/天，连用 4~5 d。
磺胺-6-甲氧嘧啶：初次量每次 0.2 g/kg 体重；口服，连用 4~5 d。
磺胺-6-甲氧嘧啶：维持量每次 0.1 g/kg 体重；口服，连用 4~5 d。

7. 杀虫药

敌百虫：75 mg/kg 体重；口服，每 3~4 d 口服 1 次，共用 3 次。
敌敌畏：1%；喷洒。

第二十节　兽药配伍禁忌知识

盐酸林可霉素和甲硝唑配伍，疗效增强。和罗红霉素，替米考星配伍，疗效降低。和磺胺类配伍，混浊，失效。

氨苄西林，阿莫西林和链霉素，新霉素，多黏菌素，喹诺酮类等配伍，疗效增强。和替米考星，罗红霉素，盐酸多西环素，氟苯尼考配伍，疗效降低。和 V_C、罗红霉素配伍，会沉淀，分解失效。和磺胺类配伍，会沉淀，分解失效。

硫酸新霉素，庆大霉素，氨苄西林，头孢拉定，头孢氨苄，盐酸多西环素，TMP 等配伍，疗效增强。和 V_C，抗菌减弱。和氟苯尼考配伍，疗效降低。和同类药物，毒性增加。

罗红霉素，硫酸红霉素，替米考星和新霉素，庆大霉素，氟苯尼考等配伍，疗效增强。和链霉素，盐酸林可霉素配伍，疗效降低。和卡那霉素，磺胺类配伍，毒性增加。遇氯化钠，氯化钙，会沉淀，析出游离碱。

金霉素，强力霉素和同类药物，TMP 配伍，疗效增强。遇三价阳离子，会形成不溶性络合物。

氟苯尼考和新霉素，盐酸多西环素，硫酸黏杆菌素等配伍，疗效增强。和氨苄西林，头孢拉定，头孢氨苄等配伍，疗效降低。和卡那霉素，链霉素，磺胺类，喹诺酮类配伍，毒性增加。和维生素 B_{12} 配伍，会抑制红细胞生成。

诺氟沙星，恩诺沙星，环丙沙星和氨苄西林，头孢拉定，头孢氨苄，链霉素，新霉素，庆大霉素，磺胺类等配伍，疗效增强。和四环素，盐酸多西环素，罗红霉素，氟苯尼考等配伍，疗效降低。

磺胺类和 TMP，新霉素，庆大霉素，卡那霉素配伍，疗效增强。和氨苄西林，头孢氨苄，头孢拉定配伍，疗效降低。和罗红霉素，氟苯尼考配伍，毒性增加临床常见注射用抗生素有青霉素、硫酸链霉素、硫酸卡那霉素、硫酸庆大霉素等。其中青霉素 G 钾和青霉素 G 钠不宜与四环素、土霉素、卡那霉素、庆大霉素、磺胺嘧啶钠、碳酸氢钠、维生素 C、维生素 B_1、去甲肾上腺、阿托品、氯丙嗪等混合使用，青霉素 G 钾比青霉素 G 钠的刺激性强，钾盐静脉注射时浓度过高或过快，可致高血钾症而使心跳骤停等。

氨苄青霉素不可与卡那霉素、庆大霉素、氯霉素、盐酸氯丙嗪、碳酸氢钠、维生素 C、维生素 B_1、50 g/L 葡萄糖、葡萄糖生理盐水配伍使用。

头孢菌素忌与氨基苷类抗生素如硫酸链霉素、硫酸卡那霉素，硫酸庆大霉素联合使用，不可与生理盐水或复方氧化钠注射液配伍。

磺胺嘧啶钠注射液遇 pH 值较低的酸性溶液易析出沉淀，除可与生理盐水、复方氯化钠注射液、200 mL/L 甘醇、硫酸镁注射液配伍外，与多种药物均为配伍禁忌。

氯化钙注射液静脉滴注时必须缓慢，以免血钙骤升，导致心律失常；本品对组织有强烈的刺激性，注射时严防漏到血管外，以免引起局部肿胀或坏死，若不慎漏出应立即用注射器吸漏出液，再在漏出局部注入 250 g/L 硫酸钠溶液 10~25 mL 以便形成无刺激的硫酸钙，严重时应进行局部切开处理；本品忌与强心苷、肾上腺素、硫酸链霉素、硫酸卡那霉素、磺胺嘧啶钠、地塞米松磷酸钠、硫酸镁注射液合用；另外，氯化钙葡萄糖注射液与葡萄糖酸钙注射液不是同一种药，不可混淆。葡萄糖酸钙注射液静脉注射速度也应缓慢，忌与强心苷、肾上腺素、碳酸氢钠、CoA、硫酸镁注射液并用。

碳酸氢钠注射液为碱性药物，忌与酸性药物配合使用；碳酸氢根离子与钙离子、镁离子等形成不溶性盐而沉淀，故本品不与含钙、镁离子的注射液混合使用；对患有心脏衰弱、急慢性肾功能不全、缺钾并伴有二氧化碳潴留的病畜应慎用；临床不宜与碳酸氢钠注射液配伍的药物有氢化可的松、维生素 K_3、杜冷丁、硫酸阿托品、硫酸镁、盐酸氯丙嗪、青霉素 G 钾、青霉素 G 钠、复方氯化钠、维生素 C、肾上腺素、ATP、CoA、细胞色素 C 注射液等；一般情况下，50 g/L 碳酸氢钠只与地塞米松磷酸钠注射液配伍。

氯化钾注射液在动物尿量很少或尿闭未得到改善时严禁使用；晚期慢性肾功能不全、急性肾功能不全病畜应慎用；用本品在静脉滴注的浓度不宜过高、速度不宜过快，否则会抑制心肌收缩，甚至导致心跳骤停；本品在临床上除不与肾上腺素、磺胺嘧啶钠注射液配伍外，可与多种药物混合使用。

维生素 B_1 不宜与氨苄青霉素、头孢菌素、邻氯霉素、氯霉素等抗生素配伍；维生素 B1 在临床上未见与任何药物配伍禁忌的报道。

维生素 K，不宜与巴比妥类药物、碳酸氢钠、青霉素 G 钠、盐酸普鲁卡因、盐酸氯丙嗪注射液配伍使用。

维生素 C 注射液在碱性溶液中易被氧化失效，故不宜与碱性较强的注射液混合使用，另外不宜与钙剂、氨茶碱、氨苄青霉素、头孢菌素、四环素、卡那霉素等混合注射。

磺胺类药与维生素C合用，会产生沉淀不宜与安钠加注射液配伍的药物有硫酸卡那霉素、盐酸土霉素、盐酸四环素、盐酸氯丙嗪注射液等。

许多人认为阿托品能解百毒，实际上阿托品是用于有机磷中毒的，并且必须和氯磷定合用才可彻底解毒。

第五章　兽医微生物学与免疫学

第一节　细菌的结构与生理

一、细菌的结构与生理

细菌是原核生物界中的一大类单细胞微生物。按其个体形态可分球菌、杆菌和螺形菌三类。细菌的基本结构有细胞壁、细胞膜、细胞质和核体等。某些细菌还具有一些特殊结构，如鞭毛、菌毛、荚膜和芽孢等。细菌多以二分裂方式进行无性繁殖。

细菌的群体形态：细菌在人工培养基中以菌落形式出现。在适宜的固体培养基中，适宜条件下经过一定时间培养（一般 18~24 h），细菌在培养基表面或内部分裂增殖形成大量菌体细胞，形成肉眼可见的、有一定形态独立群体，称为菌落。若菌落连成一片，称菌苔。

二、细菌的基本结构

基本结构是所有细菌具有的细胞结构，包括细胞壁、细胞膜、细胞质和核质等。

1. 细胞壁

细胞壁是细菌最外层结构，紧贴于细胞膜之外，坚韧而有弹性，平均厚度 15~30 nm，占菌体干重的 10%~25%。经高渗溶液处理使其与细胞膜分离后，再经特殊染色才可在光学显微镜下观察，或用电子显微镜直接观察。细菌细胞壁的化学组成比较复杂，以革兰氏染色法可将细菌分为革兰氏阳性菌和革兰氏阴性菌两大类，它们的细胞壁构成有较大差异。

（1）革兰氏阳性菌细胞壁　细胞壁较厚（20~80 nm），由肽聚糖和穿插于其内的磷壁酸组成。肽聚糖为原核生物细胞所特有，又称黏肽，是构成细菌细胞的成分。革兰氏阳性菌细胞壁可聚合多层（15~50 层）肽聚糖，其含量占细胞壁干重的 50%~80%。

（2）革兰氏阴性菌细胞壁　细胞壁较薄（10~15 nm），除肽聚糖外，还有外膜和周质间隙，是构成细胞壁的主要成分，约占细胞壁干重的 80%。外膜由蛋白、脂质双层和脂多糖三部分组成。

细胞壁的主要功能：①维持菌体的固有形态，保护细菌抵抗低渗环境；②与细胞膜共同完成细胞内、外物质交换；③携带多种决定细菌抗原性的抗原决定簇；④与细菌的致病性有关，细胞壁上的脂多糖具有内毒素作用。

2. 细胞膜

细胞膜位于细胞壁内侧，紧密包绕着细胞质，是一层富有弹性及半渗透性的生物膜。其结构与真核生物细胞膜基本相同，为脂质双层并镶嵌有特殊功能的载体蛋白和酶类，但不含胆固醇。细胞膜的主要功能：① 具有选择性，与细胞壁共同完成菌体内、外的物质交换；② 分泌胞外酶，解除环境中不利因素的毒性；③ 有多重呼吸酶，参与细胞呼吸过程；与细菌的能量产生、利用和储存有关；④ 有多种合成酶类，是细菌细胞生物合成的场所。

3. 细胞质

细胞质指细胞膜所包围的、除核体以外的所有物质。细胞质内含有多种酶系统，是细菌新陈代谢的主要场所。

4. 核 体

核体是细菌的染色体，由裸露的双链 DNA 堆积而成，因无核膜和核仁，也无组蛋白包绕，故又称拟核。

三、细菌的特殊结构

1. 荚 膜

荚膜是某些细菌在细胞壁外包绕的一层边界清楚且较厚的黏液样物质。荚膜的化学成分随种而异，大多数细菌的荚膜为多糖，荚膜的形成与细菌所处的环境有关，一般是在机体内或营养丰富的培养基中容易形成，而在环境不良或普通培养基上则易消失。荚膜的主要功能：① 保护细菌抵御吞噬细胞的吞噬，增加细菌的侵袭力，是构成细菌致病性的重要因素；② 荚膜成分具有特异的抗原性，可作为细菌鉴别及细菌分型的依据。

2. 鞭 毛

鞭毛是某些细菌表面附着的细长呈波浪状弯曲的丝状物，其数目从一到数十根不等，直径 5～20 nm，长度可达 5～20 μm。鞭毛的成分是蛋白质，由鞭毛蛋白亚单位组成，与动物的肌动蛋白相似，具有收缩性。根据鞭毛的数目、位置等可将有鞭毛的细菌分为单毛菌、双毛菌、丛毛菌和周毛菌四种，经特殊染色后在普通显微镜下可见。鞭毛的主要功能：① 菌体运动，作为细菌鉴别的依据之一；② 鞭毛具有特异的抗原性，通常称为 H 抗原，对细菌的鉴别、分型有一定意义；③ 有些细菌的鞭毛与细菌的黏附性有关，能增强细菌对宿主的致病性。

3. 菌 毛

菌毛是多数革兰氏阴性菌和少数革兰氏阳性菌的菌体表面遍布、比鞭毛细而短的丝状物，直径 5～10 nm，长 0.5～1.5 μm，只有在显微镜下，才能观察到。其化学成分为蛋白质，称为菌毛。菌毛与细菌的运动无关，但具有良好的抗原性。按其形态、分布和功能可分为普通菌毛和性菌毛。

4. 芽 孢

芽孢是某些细菌在一定条件下胞质脱水浓缩形成的具有多层膜包囊、通透性低的圆形或椭圆形小体。芽孢带有完整的核质与酶系统，保持着细菌的全部代谢活动，但其代谢相对静止，不能分裂繁殖，当条件适宜时又可发芽而形成新的菌体。因此，芽孢的形成不是细菌繁殖方式，而是细菌的休眠状态，是细菌抵抗不良环境的特殊存活形式。芽孢壁厚不易着色，普通染色法镜下可见菌体内有无色透明有芽孢体，经特殊的芽孢染色可被染成与菌体不同的颜色而易于观察。

芽孢形成的意义：① 芽孢对热、干燥、化学消毒剂和辐射等有较强的抵抗力，杀灭芽孢的可靠方法是 160 ℃ 干热灭菌或高压蒸汽灭菌。② 环境中的芽孢一旦进入机体后又可发芽而形成新的繁殖体，故应防止芽孢污染周围环境，威胁动物和人的健康。③ 芽孢的大小、形态和在菌体中的位置随菌种而异，有助于细菌的鉴别。

四、细菌的染色方法

细菌个体微小。肉眼不可见，需借助普通光学显微镜或电子显微镜放大后才能观察到其形态和结构。也可用暗视野显微镜、相差显微镜和荧光显微镜等进行观察。在细菌学检验中最常用的是明视野显微镜，但由于细菌为无色半透明的生物，且具有一些特殊的结构，因此需要经过染色后才能在明视野显微镜下清楚地观察细菌的形态的结构。

细菌的染色方法有多种，可分为单染法和复染法两大类。单染法是仅用一种染料进行染色，如美蓝染色法。复染法是用两种或两种以上的染料进行染色，可将细菌染成不同颜色，除可观察细菌的大小、形态外，还能鉴别细菌的不同染色性，故以又称鉴别染色法，常用的有革兰氏染色、瑞氏染色、抗酸染色和特殊染色等。

1. 革兰氏染色法

不同的革兰氏染色特性说明细菌属性不同，可用于细菌的初步鉴别，即细菌可按这种染色方法分为革兰氏阴性菌和革兰氏阳性菌两大类。其方法是：将标本固定后先用草酸铵结晶紫染色 1 min，水洗后加碘液染 1 min，然后用 95%乙醇脱色 30 s，最后用稀释的石炭酸复红或沙黄复染 1 min 后水洗。干后镜检，被染成紫色的革兰氏阳性菌，被乙醇脱色后复染成红色的为革兰氏阴性菌。

2. 瑞氏染色法

抹片自然干燥后，滴加瑞氏染色液，经 1～3 min，再加约与染液等量的中性蒸馏水或缓冲液，轻轻晃动玻片，使之与染液混合，经 3～5 min 后直接用水冲洗，吸干后镜检。细菌染成蓝色，组织细胞的胞浆呈红色，细胞核呈蓝色。

3. 特殊染色法

主要是针对细菌的特殊结构（如鞭毛、荚膜、芽孢等）和某些特殊细菌的染色技术。

（1）抗酸染色法　方法是在已干燥、固定好的抹片上滴加较多的石炭酸复红染色液，在玻片下以酒精灯火焰微微加热至产生蒸汽为度（不要煮沸），经 3～5 min 后水洗，然后用 3%盐酸酒精脱色，至标本无色脱出为止，充分水洗后再用碱性美蓝染色液复染约 1 min，水洗。

吸干后镜检。抗酸性细菌呈红色，非抗酸性细菌呈蓝色。

（2）芽孢、荚膜和鞭毛的染色法

① 芽孢染色法　根据细菌的菌体和芽孢对染料亲和力不同的原理，用不同染料进行染色，使芽孢和菌体呈不同颜色而便于区别。当用弱碱性染料孔雀绿在加热的情况下进行染色时，染料可以进入菌体及芽孢使其着色，而进入芽孢的染料则难以透出。若再用番红液复染，则菌体呈红色而芽孢呈绿色。

② 荚膜染色法　通常采用负染色法，即将菌体染色后，再使背景着色，从而把荚膜衬托出来。有荚膜的菌，菌体蓝色，荚膜不着色（菌体周围呈现一透明圈），背景蓝紫色；无荚膜的菌，菌体蓝色，背景蓝紫色。

③ 鞭毛染色法　在染色的同时将染料堆积在鞭毛上使其加粗的方法：在风干的载玻片上滴加以丹宁酸和氯化高铁为主要成分的甲液，4~6 min 后用蒸馏水轻轻冲净，再加以硝酸银为主要成分的乙液，缓缓加热至冒气，维持约半分钟，在菌体多的部位可呈深褐色到黑色，用水冲净，干后镜检。菌体及鞭毛为深褐色到黑色。

五、细菌的生长繁殖

细菌是一类能独立进行生命活动的单细胞微生物，涉及复杂的新陈代谢过程进行生长繁殖。细菌的生长繁殖与环境条件密切相关，条件适宜时，生长繁殖及代谢旺盛；反之，则易受到抑制或死亡。了解细菌生长繁殖的条件和规律，对实验室检测和临诊实践有重要指导意义。细菌生长繁殖的基本条件是：

1. 营养物质

营养物质是构成菌体成分的原料，也是菌体生命活动所需要能量的来源。细菌生长繁殖所需要的营养物质主要有：水分、碳源、氮源、无机盐和生长因子。

2. 酸碱度（pH）

大多数细菌最适 pH 为 7.2~7.6。

3. 温　度

各类细菌对温度的要求不同，根据其对温度的适应范围，可将细菌分为三类：嗜冷菌（10~20 ℃）；嗜温菌（10~45 ℃）；嗜热菌（50~60 ℃）。大多数病原菌的最适生长温度为 37 ℃。

4. 气　体

细菌生长繁殖需要的气体主要是氧和二氧化碳。根据细菌代谢时对分子氧的需要与否，分为四种类型：① 专性需氧菌；② 微需氧菌；③ 专性厌氧菌；④ 兼性厌氧菌。

5. 渗透压

一般培养基的渗透压和盐浓度对大多数细菌是安全的，少数细菌需要在较高浓度的氯化钠环境生长良好。

六、细菌的代谢

细菌的代谢是细菌生命活动的中心环节，包括合成代谢和分解代谢，这些代谢反应都是在一系列酶的催化下完成。

1. 细菌的基本代谢过程

细菌的代谢有两个突出的特点：① 代谢活跃：细菌菌体微小，相对表面积很大，因此物质交换频繁、迅速，呈现十分活跃的代谢过程；② 代谢类型多样化：各种细菌其营养要求、能量来源、酶系统、代谢产物各不相同，形成多种多样的代谢类型，以适应复杂的外界环境。分解代谢可伴有 ATP 及其他形式能量的产生。

2. 细菌的合成代谢产物及其作用

细菌在合成代谢中除合成菌体自身成分外，还合成一些在兽医学上具有重要意义的代谢产物。

（1）热原质（又称致热源） 热原质是大多数革兰氏阴性菌和少数革兰氏阳性菌合成的多糖，微量注入动物体内即可引起发热反应的物质。

（2）毒素 毒素是病原菌在代谢过程中合成的、对机体有毒害作用的物质，包括外毒素和内毒素。内毒素是革兰氏阴性菌细胞壁中的脂多糖，菌体死亡或裂解后才能释放出来。外毒素是由革兰氏阳性菌和少数革兰氏阴性菌产生的一类蛋白质，在代谢过程中分泌到菌体外，毒性极强。

（3）侵袭性酶类 有些细菌能合成一些胞外酶，促使细菌扩散，增强病原菌的侵袭力。

（4）色素 某些细菌在代谢过程中能产生不同颜色的色素，对细菌的鉴别有一定意义。

（5）细菌素 是由某些细菌产生的仅对近缘菌株有抗菌作用的蛋白质或蛋白质与脂多糖的复合物。

（6）抗生素 是某些微生物在代谢过程中产生的一种抑制和杀灭其他微生物或肿瘤细胞的物质。

（7）维生素 某些细菌能合成自身所需的维生素，并能分泌至菌体外，供动物体吸收利用。

七、细菌的人工培养

用人工方法为细菌提供必需的营养及适宜的生长环境，使其在体外生长繁殖，以研究各种细菌的生物学性状、制备生物制品、诊断细菌疾病、分析对抗菌药物的敏感性等。

1. 培养基的概念及种类

培养基是人工配制、适合细菌生长繁殖的营养基质，根据不同细菌生长繁殖的要求，将氮源、碳源、无机盐、生长因子、水等物质按一定比例配制，pH 为 7.2~7.6，并经灭菌后使用。培养基按其理化性状可分为液体、半固体和固体三大类。液体培养基可供细菌增菌及鉴定使用；在液体培养基中加入 0.5%的琼脂即成为半固体培养基，可用于观察细菌的动力及菌种的短期保存；液体培养基中加入 1.5%~2%琼脂，即为固体培养基，可供细菌的分离培养、计数、药敏试验等使用。根据营养组成和用途，培养基有下几类：

（1）基础培养基　含有细菌生长繁殖所需要的基本营养成分，可供大多数细菌培养用。最常用的是普通肉汤培养基，含蛋白胨、牛肉浸膏、氯化钠、水等，常用于糖发酵试验。

（2）营养培养基　在基础培养基中加入葡萄糖、血液、血清、酵母浸膏等，最常用的是血琼脂平板。

（3）选择培养基　根据特定目的，在培养基中加入某种化学物质以抑制某些细菌生长、促进另一类细菌的生长繁殖，以便从混杂多种细菌的样本中分离出所需细菌。

（4）鉴别培养基　在培养基中加入特定作用底物及产生显色反应指示剂，用肉眼可以初步鉴别细菌。

（5）厌氧培养基　专供厌氧菌的培养而设计，常用的有疱肉培养基。

2. 细菌在培养基中的生长现象

将细菌接种到培养基中，经 37 ℃ 培养 18~24 h 后可观察生长现象，个别生长缓慢的细菌需培养数天甚至数周后才能观察。

（1）液体培养基中的生长现象　不同细菌在液体培养基中可出现：①混浊生长：多数细菌呈此现象，多属兼性厌氧菌，如葡萄球菌；②沉淀生长：少数呈链状生长的细菌或较粗的杆菌在液体培养基底部形成沉淀，培养液较清，如链球菌、乳杆菌；③菌膜生长：专性需氧菌可浮液体表面生长，形成菌膜，如枯草杆菌。

（2）半固体培养基中的生长现象　用接种针将细菌穿刺接种于半固体中，如细菌无动力（无鞭毛），则沿此穿刺线生长，而周围培养基清澈透明；如细菌有鞭毛能运动，可由穿刺线向四周扩散呈放射状或云雾状生长。

（3）固体培养基中的生长现象　固体培养基分平板与斜面，细菌在平板上经划线分离培养后，平板表面出现由单个细胞生长繁殖形成的肉眼可见菌落，菌落的大小、形状、颜色、边缘、表面光滑度、湿润度、透明度及在血平板上的溶血情况等，可随细菌的种类和所用的培养基不同而有所差异，是鉴别细菌的重要依据之一。挑取单个菌落划线接种于斜面上，由于划线密集重叠，可见长出的菌落融合成片形成菌苔。

3. 人工培养细菌的意义

（1）细菌的鉴定　研究细菌的形态、生理、抗原性、致病性、遗传性与变异等生物学性状，均需人工培养细菌才能实现，而且分离培养细菌也是人们发现未知新病原的先决条件。

（2）传染性疾病的诊断　从患畜（禽）标本中分离培养出病原菌是诊断传染性疾病最可靠的依据，并可对分离出的病原菌进行药物敏感试验，帮助临诊上选择有效药物进行治疗。

（3）分子流行病学调查　对细菌特异基因的分子检测、序列测定、基因组 DNA 指纹分析等分子流行病学研究也需要细菌的纯培养。

（4）生物制品的制备　经人工培养获得的细菌可用于制备菌苗、类毒素、诊断用菌液等生物制品。

（5）饲料或畜产品卫生学指标的检测　可通过定性或定量方法对饲料、畜产品等中的微生物污染状况进行检测。

第二节　细菌的感染

一、正常菌群

1. 正常菌群的概念

幼畜出生前是无菌的，出生后因与环境接触、吮乳、采食等，体表和整个消化道就有细菌栖居。寄生在正常动物的体表、消化道和其他与外界相通的开放部位的微生物群以细菌数量最多。通常把这些在动物体各部位正常寄居而对动物无害的细菌称为正常菌群，这些细菌之间、细菌与动物体间及环境之间形成了一种生态关系，这种微生态环境处于一个相对平衡状态。

2. 正常菌群的生理作用

正常菌群对动物体内局部的微生态平衡起着重要作用。

（1）生物拮抗作用　正常菌群与黏膜上皮细胞紧密结合，在定植处起着占位性生物屏障作用。

（2）营养作用　正常菌群在其生命活动中能影响和参与动物体物质代谢、营养转化与合成。肠道正常菌群能参与营养物质的消化，肠道细菌能利用非蛋白氮化合物合成蛋白质，能合成 B 族维生素和维生素 K 并被宿主吸收。

（3）免疫作用　正常菌群的免疫作用表现在两个方面：① 作为与宿主终生相伴的抗原库，刺激宿主产生免疫应答，产生的免疫物质对具有交叉抗原组分的致病菌有一定的抑制作用。② 促进宿主免疫器官发育，研究发现，无菌动物免疫器官发育不良，使之建立两周后，免疫系统发育与普通动物一样。

某些细菌或真菌有利于宿主胃肠道微生物区系的平衡，抑制有害微生物的生长，将这些微生物制剂称为益生菌或益生素。

二、细菌的致病性

细菌的致病性是指细菌侵入动物体后突破宿主的防御功能，并引起机体出现不同程度病理变化的能力。通常把细菌这种不同程度的致病能力称为细菌的毒力。

1. 细菌致病性的确定

著名的柯赫法则是确定某种细菌是具有致病性的主要依据，其要点是：① 特定的病原菌应在同一疾病中可见，在健康动物中不存在；② 此病原菌能被分离培养而得到纯种；③ 此纯培养物接种易感动物能导致同样病症；④自实验感染的动物体内能重新获得该病原菌的纯培养物。

2. 细菌的毒力因子

构成细菌毒力的菌体成分或分泌产物称为毒力因子，主要包括与细菌侵袭力相关的毒力因子和毒素。

（1）与侵袭力相关的毒力因子

① 黏附或定植因子　具有黏附作用的细菌结构称为黏附因子，通常是细菌表面的一些大分子结构成分。

② 侵袭性酶　多为胞外酶类，在感染过程中能协助病原菌扩散。

③ Ⅲ型分泌系统　细菌分泌系统的发现是近年来细菌致病机制研究的重要进展之一，其中的Ⅲ型分泌系统与动物的许多革兰氏阴性病原菌毒力因子的分泌有关。除Ⅲ型分泌系统之外，革兰氏阴性菌尚有Ⅰ型、Ⅱ型与Ⅳ型分泌系统。Ⅰ型可将细菌分泌物蛋白质直接从胞浆送达细胞表面；Ⅱ型则是细菌将蛋白质分泌到周质间隙，经切割加工，然后通过微孔蛋白穿越外膜分泌到胞外。Ⅳ型是一种自主运输系统，其分泌的蛋白质需剪切加工，而后形成一个孔道穿过外膜。

④ 干扰宿主的防御机制　病原菌黏附于细胞表面后，必须克服机体局部的防御机制，特别是要干扰或逃避局部的吞噬作用及抗体介导的免疫作用。

（2）毒素　细菌毒素按其来源、性质和作用而分为外毒素和内毒素两类。

① 外毒素　外毒素是某些细菌在生长繁殖过程中产生并分泌到菌体外的毒性物质。产生菌主要是革兰氏阳性菌及少数革兰氏阴性菌。大多数外毒素是在菌体细胞内合成并分泌至胞外。外毒素的化学成分是蛋白质，性质不稳定，不耐热，易被热、酸、蛋白酶分解破坏。不同细菌产生的外毒素对宿主的组织器官具有高度选择性，根据外毒素对宿主细胞的亲和性及作用方式不同而分为神经毒素、细胞毒素和肠毒素三类。

② 内毒素　内毒素是革兰氏阴性菌细胞壁中的脂多糖成分，只有当细菌死亡裂解后才能游离出来。不同革兰氏阴性菌感染时，由内毒素引起的毒性作用、病理变化和临床症状大致相似，主要包括发热反应、内毒素血症与内毒素休克、弥漫性血管内凝血等，内毒素还能直接活化并促进纤维蛋白溶解，使血管内的凝血又被溶解，因而有出血现象发生，表现为皮肤黏膜出血点和广泛内脏出血，渗血，严重者可致死亡。

（3）细菌的侵入、途径与感染　病原菌侵入机体引起感染，除具有一定毒力外，还需有足够的数量。一般来说，细菌毒力愈强，致病所需菌数愈少；反之，则需菌数大。感染所需菌数量的多少，一方面与致病菌的毒力强弱有关，另一方面还与宿主免疫力有。有了一定毒力和足够数量的病原菌，若侵入易感动物的部位不适宜，仍不能引起感染。各种病原菌都有其特定的侵入途径和部位，这与病原菌生长繁育需要特定的微环境有关。

（4）感染的类型　感染的发生、发展和转归涉及机体与病原菌在一定条件下相互作用的复杂过程。根据两者之间的力量对比，感染类型可分为隐性感染、显性感染和带菌状态，三种类型可以随着两者力量的变化而处于相互转化或交替出现的动态变化之中。

① 隐性感染　当机体抗感染的免疫力较强，或侵入的病原菌数量较少、毒力较弱，感染后病原菌对机体损害较轻，不出现或仅出现轻微的临床症状者称为隐性感染。隐性感染后，

机体一般可获得足够的特异性免疫力，能抵御同种病原菌的再次感染。隐性感染的动物为带菌者，能向体外排出病原菌，是重要的传染源。

②显性感染　当机体抗感染的免疫力较弱，或侵入的病原菌数量较多、毒力较弱，以致机体组织细胞受到损害，生理功能发生改变，出现一系列的临床症状和体征者称为显性感染。临诊上常见的全身感染有以下几种情况：菌血症、毒血症、败血症及脓毒血症。

③带菌状态　机体在显性感染或隐性感染后，病原菌在体内继续留存一定时间，与机体免疫力处于相对平衡状态，称为带菌状态。处于带菌状态的动物称为带菌者。

三、细菌的耐药性

耐药性是指微生物多次与药物接触发生敏感性降低的现象，其程度以该药物对某种微生物最小抑菌浓度来衡量。在抗菌药应用的早期，几乎所有细菌感染性疾病都很容易治愈。随着抗菌药的大量和长期使用，耐药细菌越来越多，耐药范围越来越广。养殖业为了防止感染性疾病、促进动物生长，抗菌药物被作为饲料添加剂长期使用，对耐药菌株的出现及耐药性的传播也起到了重要作用，并且耐药性可通过食物链转移到人群，从而危害人类自身的安全。因此，监测细菌耐药性的变化趋势，了解细菌的耐药机理，对有效控制细菌耐药性的产生及传播具有重要意义。

第三节　消毒与灭菌

化学或生物学方法来抑制或杀灭物体上或环境中的病原微生物或所有微生物，以切断病原菌的传播途径，从而控制和消灭传染病。

一、基本概念

1. 消　毒

消毒是指杀灭物体上病原微生物的方法，消毒只要求达到消除传染性的目的，而对非病原微生物及其芽孢和孢子并不严格要求全部杀死。用于消毒的化学药物称为消毒剂，一般消毒剂在常用浓度下只对细菌的繁殖体有效，对其芽孢则要提高消毒剂的浓度和作用时间。

2. 灭　菌

灭菌是指杀灭物体上所有病原微生物和非病原微生物及其芽孢的方法。

3. 无　菌

无菌是指物体上、容器内或特定的操作空间内没有活微生物的状态。防止任何微生物进入动物机体、特定操作空间或相关物品的操作技术称无菌操作。外科手术、微生物学实验过程等均需进行严格的无菌操作。以无菌技术剖腹产取出即将分娩的胎畜，并在无菌条件下饲喂的动物称无菌动物。

4. 防　腐

防腐是指阻止或抑制物品上微生物生长繁殖的方法，微生物不一定死亡。常用于食品、畜产品和生物制品等物品中微生物生长繁殖的抑制，防止其腐败。用于防腐的化学药物称防腐剂。

二、物理消毒灭菌法

1. 热力灭菌法

热力灭菌法主要是利用高温使菌体蛋白变性或凝固，酶失去活性，而使细菌死亡。热力灭菌是最可靠、普遍应用的灭菌法，分干热和湿热灭菌两类。在同一温度下，湿热的灭菌效果比干热好，因为湿热的穿透力比干热强，可迅速提高灭菌物体的温度，加速菌体蛋白的变性或凝固。

（1）湿热灭菌法

① 高压蒸汽灭菌法：是应用最广、灭菌效果最好的方法。使用密闭的高压蒸汽灭菌器，当加热产生蒸汽时，随着蒸汽压力不断增加，温度也会随之上升。当压力在 103.4 kPa 时，容器内温度可达 121.3 ℃，在此温度下维持 15~30 min 可杀死包括芽孢在内的所有微生物。此法适用于耐高温和不怕潮湿物品的灭菌，如培养基、生理盐水、玻璃器皿、塑料移液枪头、手术器械、敷料、注射器、使用过的微生物培养物、小型实验动物尸体等。

② 煮沸法：100 ℃ 煮沸 5 min 可杀死细菌的繁殖体，杀死芽孢则需 1~3 h。若水中加入 2%碳酸钠可提高沸点至 105 ℃，既可加速芽孢的死亡，又能防止金属器械生锈。常用于消毒食具、刀剪、注射器等。

③ 流通蒸汽法：是利用蒸笼或蒸汽灭菌器产生 100 ℃ 的蒸汽，30 min 可杀死菌繁殖体，但不能杀死其芽孢。常用于不耐高温的营养物品。

④ 巴氏消毒法：是以较低温度杀灭液态食品中的病原菌或特定微生物，而又不致严重损害其营养成分和风味的消毒方法。由巴斯德首创，用以消毒乳品与酒类，目前主要用于葡萄酒、啤酒、果酒及牛乳等食品的消毒。具体方法可分为三类：第一类为低温维持巴氏消毒法，在 63~65 ℃ 保持 30 min；第二类为高温瞬时巴氏消毒法，在 71~72 ℃ 保持 15 s；第三类为超高温巴氏消毒法，在 132 ℃ 保持 1~2 s，加热消毒后应迅速冷却至 10 ℃ 以下，称为冷击法，这样可进一步促使细菌死亡，也有利于鲜乳等食品马上转入冷藏保存。

（2）干热灭菌法　火焰灭菌法：指以火焰直接烧灼杀死物体中全部微生物的方法，分为烧灼和焚烧两种。热空气灭菌法：是利用干烤箱灭菌，以干热空气进行灭菌的方法。

2. 辐射灭菌法

（1）紫外线灭菌法　紫外线是一种低能量的电磁辐射。

（2）电离辐射灭菌法　X 射线等可将被照射物质原子核周围的电子击出，引起电离，故称电离辐射。

3. 滤过除菌法

滤过除菌法是利用物理阻留的方法，通过含有微细小孔的滤器将液体或空气中的细菌除去，以达到无菌的目的。

三、化学消毒灭菌法

用于杀灭病原物生物的化学药物称为消毒剂；用于抑制微生物生长繁育的化学药物称为防腐剂或抑菌剂；消毒剂在低浓度时只能抑菌，而防腐剂在高浓度时也能杀菌。

1. 化学消毒剂的类型及特性

消毒剂的分类方法不同，种类不同，按用途分为环境消毒剂（包括饮水、器械等）、带畜（禽）体表消毒剂；按杀菌能力分为灭菌剂、高效（水平）消毒剂、中效（水平）消毒剂、低效（水平）消毒剂。常用的是按照化学性质划分。常见的化学消毒剂有如下主要类型：① 含氯消毒剂；② 过氧化物；③ 酚类；④ 碱类；⑤ 醛类；⑥ 醇类；⑦ 含碘消毒剂；⑧ 季铵盐类。

（1）含氯消毒剂　含氯消毒剂是指在水中能产生杀菌作用的活性次氯酸的消毒剂，包括有机含氯消毒剂和无机含氯消毒剂，目前生产中使为广泛。作用机制：氧化作用（氧化微生物细胞使其丧失生物学活性）；氯化作用（与微生物蛋白质形成氮-氯复合物而干扰细胞代谢）；新生态氧的杀菌作用（次氯酸分解出具及强氧化性的新生态氧杀灭微生物）。一般来说，有效氯浓度越高，作用时间越长，消毒效果越好。此类消毒剂的优点可杀灭所有类型的微生物，含氯消毒剂对肠杆菌、肠球菌、牛结核分枝杆菌、金色葡萄球菌和口蹄疫病毒、猪轮状病毒、猪传染性水疱病毒和胃肠炎病毒及新城疫、法氏囊有较强的杀灭作用；使用方便；价格适宜。缺点是：氯制剂对金属有腐蚀性；药效持续时间较短，久贮失效等。

（2）碘类消毒剂　是碘与表面活性剂（载体）及增溶剂等形成稳定的络合物，包括传统的碘制剂如碘水溶液、碘酊（俗称碘酒）、碘甘油和碘伏类制剂（Iodophor）。碘伏类制剂又分为非离子型、阳离子型及阴离子型三大类。其中非离子型碘伏是使用最广泛、最安全的碘伏，主要有聚维酮碘（PVP-I）和聚醇醚碘（NR-I）；尤其聚维酮碘（PVP-I），我国及世界各国药典都已收入在内。作用机制：碘的正离子与酶系统中蛋白质所含的氨基酸起亲电取代反应，使蛋白质失活；碘的正离子具氧化性，能对膜联酶中的硫氢基进行氧化，成为二硫键，破坏酶活性。本类消毒剂杀死细菌、真菌、芽孢、病毒、结核杆菌、阴道毛滴虫、梅毒螺旋体、沙眼衣原体、艾可病病毒和藻类。对金属设施及用具的腐蚀性较低，低浓度时可以进行饮水消毒和带畜（禽）消毒。

（3）醛类消毒剂　能产生自由醛基在适当条件下与微生物的蛋白质及某些其他成分发生反应。包括甲醛、戊二醛、聚甲醛等，目前最新的器械醛消毒剂是邻苯二甲醛（OPA）。

作用机制：作用机理可与菌体蛋白质中的氨基结合使其变性或使蛋白质分子烷基化。可以和细胞壁脂蛋白发生交联，和细胞磷壁酸中的酯联产基形成侧链，封闭细胞壁，阻碍微生物对营养物质的吸收和废物的排出。

本消毒剂优点：杀菌谱广，可杀灭细菌、芽孢、真菌和病毒；性质稳定，耐储存；受有机物影响小。缺点是：有一定毒性和刺激性，如对人体皮肤和黏膜有刺激和固化作用，并可使人致敏；有特殊臭味；受湿度影响大。醛类熏蒸消毒的应用与方法：甲醛熏蒸消毒可用于密闭的舍、室，或容器内的污染物品消毒，也可用于畜禽舍、仓库及饲养用具、种蛋、孵化机（室）污染表面的消毒。其穿透性差，不能消毒用布、纸或塑料薄膜包装的物品。

①气体的产生消毒时，最好能使气体在短时间内充满整个空间。产生甲醛气体有如下四种方法：第一种方法是福尔马林加热法。每立方米空间用福尔马林25~50 mL，加等量水，然后直接加热，使福尔马林变为气体，舍（室）温度不低于15 ℃，相对湿度为60%~80%，消毒时间为12~24 h。第二种方法福尔马林化学反应法。福尔马林为强有力的还原剂，当与氧化剂反应时，能产生大量的热将甲醛蒸发。常用的氧化剂有高锰酸钾及漂白粉等。第三种方法是多聚甲醛加热法。将多聚甲醛干粉放在平底金属容器（或铁板）上，均匀铺开，置于火上加热（150 ℃），即可产生甲醛蒸气。第四种方法是多聚甲醛化学反应法。醛氯合剂，将多聚甲醛与二氯异氰尿酸钠干粉按24:76的比例混合，点燃后可产生大量有消毒作用的气体。由于两种药物相混可逐渐自然产生反应，因此本合剂的两种成分平时要用塑料袋分开包装，临用前混合；微胶囊醛氯合剂，将多聚甲醛用聚氯乙烯微胶囊包裹后，与二氯异氰尿酸钠干粉按10:90的比例混合压制成块，使用时用火点燃，杀菌作用与没包装胶囊的合剂相同。此合剂由微胶囊将两种成分隔开，因此虽混在一起也可保存1年左右。

②熏蒸消毒的方法 甲醛熏蒸消毒，在养殖场可用于畜禽舍、种蛋、孵化机（室）、用具及工作服等的消毒。消毒时，要充分暴露舍、室及物品的表面，并去除各角落的灰尘和蛋壳上的污物。消毒前须将舍、室密闭，避免漏气。室温保持在20 ℃以上，相对湿度在70%~90%，必要时加入一定量的水（30 mL/m³），随甲醛蒸发。达到规定消毒时间后，敞开门、窗通风换气，必要时用25%氨水中和残留的甲醛（用量为甲醛的1/2）。操作时，先将氧化剂放入容器中，然后注入福尔马林，而不要把高锰酸钾加入福尔马林中。反应开始后药液沸腾，在短时间内即可将甲醛蒸发完毕。由于产生的热较高，容器不要放在地板上，避免把地板烧坏，也不要使用易燃、易腐蚀的容器。使用的容器容积要大些（药液的10倍左右），徐徐加入药液，防止反应过猛药液溢出。为调节空气中的湿度，需要蒸发定量水分时，可直接将水加入福尔马林中，这样还可减弱反应强度。必要时用小棒搅拌药液，可使反应充分进行。

（4）氧化剂类 氧化剂是一些含不稳定结合态氧的化合物。这类化合物遇到有机物和某些酶可释放出初生态氧，破坏菌体蛋白或细菌的酶系统。分解后产生的各种自由基，如硫基、活性氧衍生物等破坏微生物的通透性屏障，蛋白质、氨基酸、酶等最终导致微生物死亡。

（5）酚类消毒剂 酚类消毒剂是消毒剂中种类较多的一类化合物。含酚41%~49%，醋酸22%~26%的复合酚制剂，是我国生产的一种新型、广谱、高效的消毒剂。作用机制：①高浓度下可裂解并穿透细胞壁，与菌体蛋白结合，使微生物原浆蛋白质变性；②低浓度下或较高分子的酚类衍生物，可使氧化酶、去氢酶、催化酶等细胞的主要酶系统失去活性；③减低溶液表面张力，增加细胞壁的通透性，使菌体内含物泄出；④易溶于细胞类脂体中，因而能积存在细胞中，其羟基与蛋白的氨基起反应，破坏细胞的机能；⑤衍生物中的某些羟基与卤素，有助于降低表面张力，卤素还可促进衍生物电解以增加溶液的酸性，增强杀菌能力。对细菌、真菌、和带囊膜病毒具有灭活作用，对多种寄生虫卵也有一定杀灭作用。酚类消毒剂的优点：性质稳定，通常一次用药，药效可以维持5~7 d；生产简易；腐蚀性轻微。缺点是：杀菌力有限，不能作为灭菌剂；本品公认对人畜有害（有明显的致癌、致敏作用，频繁使用可以引起蓄积中毒，损害肝、胃功能以及神经系统），且气味滞留，不能带畜消毒和饮水消毒

（宰前可影响肉质风味），常用于空舍消毒；长时间浸泡可破坏纺织颜色，并能损害橡胶制品；与碱性药物或其他消毒剂混合使用效果差。

（6）表面活性剂（双链季铵酸盐类消毒剂）　表面活性剂又称清洁剂或除污剂，生产中常用阳离子表面活性剂，其抗菌广谱，对细菌、霉菌、真菌、藻类和病毒均具有杀灭作用。作用机理：①可以吸附到菌体表面。改变细胞渗透性，溶解损伤细胞使菌体破裂，细胞内容物外流；②表面活性物在菌体表面浓集，阻碍细菌代谢，使细胞结构紊乱；③渗透到菌体内使蛋白质发生变性和沉淀；④破坏细菌酶系统。优点：这一类消毒剂具有性质稳定、安全性好、无刺激性和腐蚀性等特点。对常见病毒如马立克氏病毒、新城疫病毒、猪瘟病毒法氏囊病毒口蹄疫病毒均有良好的效果。但对无囊膜病毒消毒效果不好。要避免与阴离子活性剂，如肥皂等共用，也不能与碘、碘化钾、过氧化物等合用，否则能降低消毒的效果。不适用粪便、污水消毒及芽孢菌消毒。

（7）醇类消毒剂　常用的是乙醇、异丙醇等。作用机理是：使蛋白质变性沉淀；快速渗透过细菌胞壁进入菌体内，溶解破坏细菌细胞；抑制细菌酶系统，阻碍细菌正常代谢；可快速杀灭多种微生物，如细菌繁殖体、真菌和多种病毒（单纯疱疹病毒、乙肝病毒、人类免疫缺陷病毒等），但不能杀灭细菌芽孢。受有机物影响，而且由于易挥发，应采用浸泡消毒或反复擦拭以保证消毒时间。近年来研究发现，醇类消毒剂与戊二醛、碘伏等配伍，可以增强其作用。

（8）强碱类　包括氢氧化钠、氢氧化钾、生石灰等碱类物质。其作用机理是：由于氢氧根离子可以水解蛋白质和核酸，使微生物的结构和酶系统受到损害，同时可分解菌体中的糖类而杀灭细菌和病毒。尤其是对病毒和革兰氏阴性杆菌的杀灭作用最强，但其腐蚀性也强。生产中比较常用。

（9）重金属　指汞、银、锌等，因其盐类化合物能与细菌蛋白结合，使蛋白质沉淀而发挥杀菌作用。硫柳汞高浓度可杀菌，低浓度时仅有抑菌作用。

（10）酸类　酸类的杀菌作用在于高浓度的能使菌体蛋白质变性和水解，低浓度的可以改变菌体蛋白两性物质的离解度，抑制细胞膜的通透性，影响细菌地吸收、排泄、代谢和生长。还可以与其他阳离子在菌体表现为竞争地吸附，妨碍细菌的正常活动。有机酸的抗菌作用比无机酸强。

（11）高效复方消毒剂　在化学消毒剂长期应用的实践中，单方消毒剂使用时存在的不足，已不能满足各行业消毒的需要。近年来，国内外相继有数百种新型复方消毒剂问世，提高了消毒剂的质量、应用范围和使用效果。复方化学消毒剂配伍类型主要有两大类（配伍原则）：一是消毒剂与消毒剂两种或两种以上消毒剂复配，例如季铵盐类与碘的复配、戊二醛与过氧化氢的复配其杀菌效果达到协同和增效，即 $1+1>2$；二是消毒剂与辅助剂一种消毒剂加入适当的稳定剂和缓冲剂、增效剂，以改善消毒剂的综合性能，如稳定性、腐蚀性、杀菌效果等，即 $1+0>1$。常用的复方消毒剂类型如下：

① 复方含氯消毒剂　复方含氯消毒剂中，常选的含氯成分主要为次氯酸钠、次氯酸钙、二氯异氰尿酸钠、氯化磷酸三钠、二氯二甲基海因等，配伍成分主要为表面活性剂、助洗剂、防腐剂、稳定剂等。在复方含氯消毒剂中，二氯异氰尿酸钠有效氯含量较高、易溶于水、杀菌作用受有机物影响较小，溶液的 pH 值不受浓度的影响，故作为主要成分应用最多。如用二氯异氰尿酸钠和多聚甲醛配成醛氯合剂，用于室内消毒的烟熏剂，使用时点燃合剂，在 $3\ g/m^3$ 剂量时，能杀灭 99.99% 的白色念珠菌；用量提高到 $13\ g/m^3$，作用 3 h 对蜡样芽孢杆菌的杀灭

率可达 99.94%。该合剂可长期保存，在室温下 32 个月杀菌效果不变。

②复方季铵盐类消毒剂　表面活性剂一般有和蛋白质作用的性质，特别是阳离子表面活性剂的这种作用比较强，具有良好的杀菌作用，特别是季铵盐型阳离子表面活性剂使用较多。作为复配的季铵盐类消毒剂主要以十二烷基、二甲基乙基苄基氯化铵、二甲基苄基溴化铵为多，其他的季铵盐为二甲乙基苄基氯化铵以及双癸季铵盐如双癸甲溴化铵、溴化双（十二烷基二甲基）乙甲二铵等。常用的配伍剂主要有醛类（戊二醛、甲醛）、醇类（乙醇、异丙醇）、过氧化物类（二氧化氯、过氧乙酸）以及氯己啶等。另外，尚有两种或两种以上阳离子表面活性剂配伍，如用二甲基苄基氯化铵与二甲基乙基苄基氯化铵配合能增加其杀菌力。

③含碘复方消毒剂　碘液和碘酊是含碘消毒剂中最常用的两种剂型，但并非复配时首选。碘与表面活性剂的不定型络合物碘伏，是碘类复方消毒剂中最常用的剂型。阴离子表面活性剂、阳离子表面活性剂和非离子表面活性剂均可作为碘的载体制成碘伏，但其中以非离子型表面活性剂最稳定，故选用的较多。

④醛类复方消毒剂　在醛类消毒复方中应用较多的是戊二醛，这是因为甲醛对人体的毒副作用较大和有致癌作用，限制了甲醛复配的应用。常见的醛类复配形式有戊二醛与洗涤剂的复配，降低了毒性，增强了杀菌作用；戊二醛与过氧化氢的复配，远高于戊二醛和过氧化氢的杀菌效果。

⑤醇类复方消毒剂　醇类消毒剂具有无毒、无色、无特殊气味及较快速杀死细菌繁殖体及分枝杆菌、真菌孢子、亲脂病毒的特性。由于醇的渗透作用，某些杀菌剂溶于醇中有增强杀菌的作用，并可杀死任何高浓度醇类都不能杀死的细菌芽孢。因此，醇与物理因子和化学因子的协同应用逐渐增多。醇类常用的复配形式中以次氯酸钠与醇的复配为最多，用 50%甲醇溶液和浓度 2 000 mg/L 有效氯的次氯酸钠溶液复配，其杀菌作用高于甲醇和次氯酸钠水溶液。乙醇与氯己定复配的产品很多，也可与醛类复配，亦可与碘类复配等。

消毒剂的种类很多，其杀菌作用也不同，总体上可概括为三种作用机制：①使菌体蛋白质、酶蛋白变性或凝固；②干扰或破坏细菌的酶系统和代谢；③改变细菌细胞壁或细胞膜的通透性。

2. 影响化学消毒效果的因素

（1）药物方面

①药物的特异性　同其他药物一样，消毒剂对微生物具有一定的选择性，某些药物只对某一部分微生物有抑制或杀灭作用，而对另一些微生物效力较差或不发生作用。也有一些消毒剂对各种微生物均具有抑制或杀灭作用（称为广谱消毒剂）；不同种类的化学消毒剂，由于其本身的化学特性和化学结构不同，故而其对微生物的作用方式也不相同，有的化学消毒剂作用于细胞膜或细胞壁，使之通透性发生改变，不能摄取营养；有的消毒剂通过进入菌体内使细胞浆发生改变；有的以氧化作用或还原作用毒害菌体；碱类消毒剂是以其氢氧离子，而酸类是以其氢离子的解离作用阻碍菌体正常代谢；有些则是使菌体蛋白质、酶等生物活性物质变性或沉淀而达到灭菌消毒的目的。所以在选择消毒剂时，一定要考虑到消毒剂的特异性，科学地选择消毒剂。

②消毒剂的浓度　消毒剂的消毒效果，一般与其浓度成正比，也就是说，化学消毒剂的浓度愈大，其对微生物的毒性作用也愈强。但这并不意味着浓度加倍，杀菌力也随之增加一倍。有些消毒剂，稀浓度时对细菌无作用，当浓度增加到一定程度时，可刺激细菌生长，再

把消毒剂浓度提高时，可抑制细菌生长，只有将消毒液浓度增高到有杀菌作用时，才能将细菌杀死。如 0.5%的石炭酸只有抑制细菌生长的作用而作为防腐剂，当浓度增加到 2%～5%时，则呈现杀菌作用。但是消毒剂浓度的增加是有限的，超越此限度时，并不一定能提高消毒效力，有时一些消毒剂的杀菌效力反而随浓度的增高而下降，如 70%或 77%的酒精杀菌效力最强，使用 95%以上浓度，杀菌效力反而不好，并造成药物浪费。

（2）微生物方面

① 微生物的种类　由于不同种类微生物的形态结构及代谢方式等生物学特性的不同，其对化学消毒剂所表现的反应也不同。不同种类的微生物，如细菌、真菌、病毒、衣原体、霉形体等，即使同一种类中不同类群如细菌中的革兰氏阳性细菌与革兰氏阴性细菌对各种消毒剂的敏感性并不完全相同。如革兰氏阳性细菌的等电点比革兰氏阴性细菌低，所以在一定的值下所带的负电荷多，容易与带正电荷的离子结合，易于碱性染料的阳离子、重金属盐类的阳离子及去污剂结合而被灭活；而病毒对碱性消毒药比较敏感。因此在生产中要根据消毒和杀灭的对象选用消毒剂，效果才能比较理想。

② 微生物的状态　同一种微生物处于不同状态时对消毒剂的敏感性也不相同。如同一种细菌，其芽孢因有较厚的芽孢壁和多层芽孢膜，结构坚实，消毒剂不易渗透进去，所以比繁殖体对化学药品的抵抗力要强得多；静止期的细菌要比生长期的细菌对消毒剂的抵抗力强。

③ 微生物的数量　同样条件下，微生物的数量不同对同一种消毒剂的作用也不同。一般来说，细菌的数量越多，要求消毒剂浓度越大或消毒时间也越长。

（3）外界因素方面

① 有机物质的存在　当微生物所处的环境中有如粪便、痰液、脓液、血液及其他排泄物等有机物质存在时，严重影响到消毒剂的效果。其原因有：① 有机物能在菌体外形成一层保护膜，而使消毒剂无法直接作用于菌体；② 消毒剂可能与有机物形成一不溶性化合物，而使消毒剂无法发挥其消毒作用为多；③ 消毒剂可能与有机物进行化学反应，而其反应产物并不具杀菌作用；④ 有机悬浮液中的胶质颗粒状物可能吸附消毒剂粒子，而将大部分抗菌成分从消毒液中移除；⑤ 脂肪可能会将消毒剂去活化；⑥ 有机物可能引起消毒剂的 pH 值的变动，而使消毒剂不活化或效力低下。所以应先用清水将地面、器具、墙壁、皮肤或创口等清洗干净，再使用消毒药。对于有痰液、粪便及有畜禽的圈舍的消毒要选用受有机物影响比较小的消毒剂。同时适当提高消毒剂的用量，延长消毒时间，方可达到良好的效果。

② 消毒时的温湿度与时间　许多消毒剂在较高温度下消毒效果较低温度下好，温度升高可以增强消毒剂的杀菌能力，并能缩短消毒时间。温度每升高 10 ℃，金属盐类消毒剂的杀菌作用增加 2～5 倍，石炭酸则增加 5～8 倍，酚类消毒剂增加 8 倍以上。湿度作为一个环境因素也能影响消毒效果，如用过氧乙酸及甲醛熏蒸消毒时，保持温度 24 ℃以上，相对湿度 60%～80%时，效果最好。如果湿度过低，则效果不良。在其他条件都一定的情况下，作用时间愈长，消毒效果愈好，消毒剂杀灭细菌所需时间的长短取决于消毒剂的种类、浓度及其杀菌速度，同时也与细菌的种类、数量和所处的环境有关。

③ 消毒剂的酸碱度及物理状态　许多消毒剂的消毒效果均受消毒环境 pH 值的影响。如碘制剂、酸类、来苏儿等阴离子消毒剂，在酸性环境中杀菌作用增强。而阳离子消毒剂如新洁尔灭等，在碱性环境中杀菌力增强。又如 2%戊二醛溶液，在 pH 值 4～5 的酸性环境下，杀菌作用很弱，对芽孢无效，若在溶液内加入 0.3%碳酸氢钠碱性激活剂，将 pH 值调到 7.5～8.5，

即成为 2%的碱性戊二醛溶液，杀菌作用显著增强，能杀死芽孢。另外，pH 值也影响消毒剂的电离度，一般来说，未电离的分子，较易通过细菌的细胞膜，杀菌效果较好；物理状态影响消毒剂的渗透，只有溶液才能进入微生物体内，发挥应有的消毒作用，而固体和气体则不能进入微生物细胞中，因此，固体消毒剂必须溶于水中，气体消毒机必须溶于微生物周围的液层中，才能发挥作用。所以，使用熏蒸消毒时，增加湿度有利于消毒效果的提高。

四、兽医诊疗中的消毒技术

1. 诊疗器械用品的消毒

诊疗工作中使用的各种器械及用品，在用前和用后都必须按要求进行严格的消毒。根据器械及用品的种类和使用范围不同，其消毒方法和要求也不一样，一般对进入畜禽体内或与黏膜接触的诊疗器械，如手术器械、注射器及针头、胃导管、尿导管等，必须经过严格的消毒灭菌；对不进入动物组织内，也不与黏膜接触的器具，一般要求去除细菌的繁殖体及囊膜病毒。各种诊断器材及用品的消毒方法如下：

（1）玻璃类

体温表：先用 1%过氧乙酸溶液浸泡 5 min 做第一道处理，然后再放入另一 1%过氧乙酸溶液中浸泡 30 min 做第二道处理。

注射器：针筒用 0.2%过氧乙酸溶液浸泡 30 min 后再清洗，经煮沸或高压消毒后备用。（注意：一是针头用皂水煮沸消毒 15 min 后，洗净，消毒后备用；二是煮沸时间从水沸腾时算起，消毒物应全部浸入水内）。

各种玻璃接管 ① 将接管分类浸入 0.2%过氧乙酸溶液中，浸泡 30 min 后用清水冲净。② 再将接管用皂水刷洗，清水冲净，烘干后，分类装入盛器，经高压消毒后备用（注意：有积污的玻璃管，须用清洁液浸泡，2 h 后洗净，再消毒处理）。

（2）搪瓷类

药杯、换药碗：① 先将药杯用清水冲去残留药液后浸泡在 1∶1000 新洁尔灭溶液中 1 h；② 再将药碗用肥皂水煮沸消毒 15 min；③ 最后将药杯与换药碗分别用清水刷洗冲净后，煮沸消毒 15 min 或高压消毒后备用（注意：药杯与换药碗不能放在同一容器内煮沸或浸泡；若用后的药碗染有各种药液颜色的，应煮沸消毒后用去污粉擦净，洗净，揩干后再浸泡；冲洗药杯内残留药液下来的水须经处理后再弃去、擦净，清洗，揩干后再浸泡）。

托盘、方盘、弯盘：① 将其分别浸泡在 1%漂白粉澄清液中 0.5 小时；② 再用皂水刷洗，清水洗干净后备用；再用皂水刷洗，清水洗净后备用（漂白粉澄清液每 2 周更换 1 次，夏季每周更换 1 次）。

污物敷料桶：① 将桶内污物倒去后，用 0.2%过氧乙酸溶液喷雾消毒，放置 30min；② 用碱或皂水刷洗干净，清水洗净后备用。

（3）器械类

污染的镊子、钳子等：① 放入 1%皂水煮沸消毒 15 min；② 再用清水将其冲洗干净后，煮沸 15 min 或高压消毒备用。

锐利器械：① 将器械浸泡在 2%中性戊二醛溶液中 1 h；② 再用皂水将器械用超声波清洗，清水冲洗，拭干后，浸泡于第二道 2%中性戊二醛溶液中 2 h；③ 将经过第一道消毒后的器械取出后用清水冲洗后的器械浸泡于 1:1000 新洁尔灭溶液的消毒盒内备用。

注意：①被污染的镊子、钳子或锐利器械应先用超声波清洗干净，再行消毒；②刷洗下的脓、血水按每 1000 mL 加过氧乙酸原液 10 mL 计算（即 1%浓度），消毒 30 min 后，才能倒弃；③器械盒每周消毒一次；④器械使用前应用生理盐水淋洗。

开口器：将开口器浸入 1%过氧乙酸溶液中，30 min 后用清水冲洗；再用皂水刷洗，清水冲洗，揩干后，煮沸或高压蒸汽消毒备用（注意：浸泡时开口器应全部浸入消毒液中）。

（4）橡胶类

硅胶管：将硅胶管拆去针头，浸泡在 0.2%过氧乙酸溶液中，30 min 后用清水冲洗；再用皂水冲洗硅胶管管腔后，用清水冲净、揩干（注意：拆下的针头按注射器针头消毒处理）。

手套：将手套浸泡在 0.2%过氧乙酸溶液中，30 min 后用清水冲洗；再将手套用皂水清洗清水漂净后晾干；将晾干后的手套，用高压蒸汽消毒或环氧乙烷熏蒸消毒后备用（注意：手套应浸没于过氧乙酸溶液中，不能浮于液面上）。

橡皮管、投药瓶：用浸有 0.2%过氧乙酸的揩布擦洗物件表面；再用皂水将其刷洗、清水洗净后备用。

导尿管、肛管、胃导管等：将物件分类浸入 1%过氧乙酸溶液中，浸泡 30 min 后用清水冲洗；再将物件用皂水刷洗、清水洗净后，分类煮沸 15 min 或高压消毒后备用。

输液输血皮条：将皮条针上头拆去后，用清水冲净皮条中残留液体，再浸泡在清水中；再将皮条用皂水反复揉搓，清水冲净，揩干后，高压消毒备用（注意：拆下的针头按注射器针头消毒处理）。

（5）其他

手术衣、帽、口罩等：将其分别浸泡在 0.2%过氧乙酸溶液中，30 min 后用清水冲洗；再用皂水搓洗，用清水洗净、晒干高压灭菌备用（注意：口罩应与其他物件分开洗涤）。

创巾、敷料等：污染血液的，先放在冷水或 5%氨水内浸泡数小时，然后在皂水中搓洗，最后在清水中漂净；污染碘酊的，用 2%硫代硫酸钠溶液浸泡 1 h，清水漂洗，拧干，浸于 0.5%氨水中，再用清水漂净；经清洗后的创巾、敷料高压蒸汽灭菌备用（注意：传染性物质污染时，应先消毒后洗涤，再灭菌）。

推车：每月定期用去污粉或皂粉将推车擦洗 1 次；污染的推车应及时用 0.2%过氧乙酸溶液中擦拭，30 min 后再用清水揩净。

2. 诊断场所的消毒

在进行畜禽疾病诊疗时，除了对诊疗器械及其用品进行消毒外，平时还应经常对兽医院、手术室、化验室等诊疗场所进行消毒，特别是诊治结束之后，更应注意进行严格消毒。诊疗场所每次诊疗前后应用 3%~5%来苏儿溶液等进行消毒。治疗过程中的废弃物如棉球、污物等应集中进行焚烧或生物热发酵处理。

第四节　主要的动物病原菌

（1）球菌　链球菌、峰房球菌。

（2）肠杆菌科　埃希氏菌属、沙门氏菌属。

（3）巴氏杆菌科　巴氏杆菌属、里氏杆菌属、嗜血杆菌属、放线杆菌属。

（4）革兰氏阴性需氧杆菌　布氏杆菌属、伯氏菌属、波氏菌属。

（5）革兰氏阳性无芽孢杆菌　李氏杆菌属。

（6）革兰氏阳性产芽孢杆菌　芽孢杆菌属、梭菌属。

（7）分枝杆菌　牛分枝杆菌、副结核分枝杆菌。

（8）螺旋体　猪痢短螺旋体。

（9）支原体　鸡毒支原体、猪肺炎支原体、牛支原体。

（10）真菌　白僵菌、蜜蜂球囊菌变种。

第五节　病毒基本特性

病毒是最小的微生物，必须用电子显微镜放大几万至几十万倍后方可观察到。其结构简单，表现为无完整的细胞结构，仅有一种核酸（DNA 或 RNA）作为遗传物质，必须在活细胞内方可显示其生命活性。病毒在活细胞内，不是进行类似细菌等的二分裂繁殖，而是根据病毒核酸的指令，大量复制出病毒的子代，并导致细胞发生多种改变。

1. 病毒的结构

病毒一般以病毒颗粒或病毒子的形式存在，具有一定的形态、结构以及传染性。病毒的结构：由核衣壳和囊膜组成。病毒的化学组成包括核酸、蛋白质及脂类与糖，前两种是最主要的成分。病毒的核酸分两类，DNA 或 RNA，两者不同时存在。病毒核酸携带病毒全部的遗传信息，是病毒的基因组。

2. 病毒的增殖

病毒是专性寄生物，自身无完整的酶系统，不能进行独立的物质代谢，必须在活的宿主细胞内才能复制和增殖。病毒在复制过程中，直接利用宿主细胞的成分合成自身的核酸和蛋白质，因此宿主细胞的营养就成为病毒合成所需能量和组成成分的来源。病毒的培养方法包括实验动物培养法、鸡胚培养法和细胞培养法。

3. 病毒的感染

根据病毒在体内的感染过程与滞留时间，病毒感染分为急性感染和持续性感染。持续性感染又分为潜伏感染、慢性感染、慢发病毒感染和迟发性临诊症状的急性感染。

第六节　主要的动物病毒

（1）痘病毒科　绵羊痘病毒与山羊痘病毒、黏液瘤病毒。

（2）非洲猪瘟病毒科　非洲猪瘟病毒。

（3）疱疹病毒科　伪狂犬病病毒、牛传染性鼻气管炎病毒、马立克病病毒、禽传染性喉气管炎病毒、鸭瘟病毒。

（4）腺病毒科　犬传染性肝炎病毒、产蛋下降综合征病毒。

（5）细小病毒科　猪细小病毒、犬细小病毒、鹅细小病毒、猫泛白细胞减少症病毒、貂肠炎病毒、貂阿留申病病毒。

（6）圆环病毒科　猪圆环病毒。

（7）反转录病毒科　禽白血病病毒、山羊关节炎/脑脊髓炎病毒、马传染性贫血病毒。

（8）呼肠孤病毒科　禽正呼肠孤病毒、蓝舌病毒、质型多角体病毒。

（9）双RNA病毒科　传染性法氏囊病病毒。

（10）副黏病毒科　新城疫病毒、小反刍兽疫病毒、犬瘟热病毒。

（11）弹状病毒科　狂犬病病毒、牛暂时热病毒。

（12）正黏病毒科　禽流感病毒。

（13）冠状病毒科　禽传染性支气管炎病毒、猪传染性胃肠炎病毒。

（14）动脉炎病毒科　猪繁殖与呼吸综合征病毒。

（15）微RNA病毒科　口蹄疫病毒、猪水泡病病毒、鸭肝炎病毒。

（16）嵌杯病毒科　兔出血症病毒。

（17）黄病毒科　猪瘟病毒、牛病毒性腹泻病毒、日本脑炎病毒。

（18）朊病毒。

（19）核型多角体病毒。

第七节　免疫应答

免疫应答是动物机体对进入体内的病原微生物和一切抗原物质所产生的复杂的生物学过程，最终清除病原微生物和外来抗原物质，并建立对病原微生物的特异性抵抗力。免疫应答包括先天性免疫应答和获得性免疫应答。参与先天性免疫应答的因素有机体的解剖屏障、可溶性分子与膜结合受体、炎症反应、NK细胞、GD吞噬细胞等。而获得性免疫应答分致敏、反应及效应三个阶段，涉及对抗原的加工和递呈、淋巴细胞识别和增殖与分化，最终产生特异性的细胞免疫和体液免疫。

一、概　述

1. 免疫应答的概念

免疫应答是动物机体免疫系统在受到病原微生物感染和外来抗原物质的刺激后，调动体内的先天性免疫和获得性免疫因素，启动一系列复杂的免疫连锁反应和特定的生物学效应，并最终清除病原微生物和外来抗原物质的过程。免疫应答分为先天性免疫应答和获得性免疫应答两个方面，参与先天性免疫应答的因素有多种，包括机体的解剖屏障、可溶性分子与膜结合受体、炎症反应、NK 细胞、吞噬细胞等。获得性免疫主要依靠特异性的细胞免疫和体液免疫。

2. 免疫应答产生的部位

动物机体的外周免疫器官及淋巴组织是免疫应答产生的部位,其中淋巴结和脾脏是免疫应答的主要场所。

二、免疫应答的基本过程

免疫应答是一个十分复杂的生物学过程,也是当今免疫学研究的前沿性课题。免疫应答除了由单核/巨噬细胞系统和淋巴细胞系统协同完成外,在这个过程中还有很多细胞因子发挥辅助效应。虽然免疫应答是一个连续的不可分割的过程,但可人为地划分为三个阶段。

1. 致敏阶段

致敏阶段又称感应阶段,是抗原物质进入体内,抗原递呈细胞对其加以识别、捕获、加工处理和递呈以及抗原特异性淋巴细胞(T 细胞和 B 细胞)对抗原的识别阶段。

2. 反应阶段

反应阶段又称增殖与分化阶段,此阶段是抗原特异性淋巴细胞识别抗原后活化,进行增殖分化,以及产生效应淋巴细胞和效应分子的过程。T 淋巴细胞增殖分化为淋巴母细胞,最终成为效应性淋巴细胞,并产生多种细胞因子;B 细胞增殖分化为浆细胞,合成并分泌抗体。

3. 效应阶段

此阶段是由活化的效应性细胞——细胞毒性 T 细胞(CTL)与迟发型变态 T 细胞(TDTH)产生细胞因子,从而发挥免疫效应。机体的细胞免疫效应主要表现为抗感染作用、抗肿瘤效应,此外,细胞免疫也可引起机体的免疫损伤。

三、细胞免疫

特异性的免疫是指机体通过致敏阶段和反应阶段,T 细胞分化成效应性 T 淋巴细胞(CTL、TDTH)并产生细胞因子,从而挥发免疫效应。机体的细胞免疫效应主要是表现为抗感染作用、抗肿瘤效应,此外,细胞免疫也可引起机体的免疫损伤。

四、体液免疫

体液免疫效应是由 B 细胞通过对抗原的识别、活化、增殖,最后分化成浆细胞并分泌抗体来实现的,因此抗体是介导体液免疫效应的免疫分子。体液免疫应答在清除细胞外病原体方面是十分有效的免疫机制,其特征是机体大量产生针对外源性病原体和抗原物质的特异性抗体，最终通过由抗体介导的各种途径和相应机制从动物体内清除外来病原体的抗原物质。

1. 抗体产生的一般规律及特点

（1）初次应答　动物机体接触抗原，也就是某种抗原首次进入体内引起的抗体产生过程称为初次应答。初次应答的特点：具有潜伏期；初次应答最早产生的抗体为 lgM；初次应答产生的抗体问题较低维持时间也较短。

（2）再次应答　动物机体第二次接触相同的抗原时体内产生的抗体过程称为再次应答。再次应答的特点：潜伏期显著缩短；抗体含量高，而且维持时间长。再次应答产生的抗体大部分为 lgG。

（3）回忆应答　抗原刺激机体产生的抗体经一定时间后，在体内逐渐消失，此时若机体再次接触相同的抗原物质，可使已消失的抗体快速回升，这称为抗体的回忆应答。

抗原物质经消化道和呼吸道等黏膜途径进入机体，可诱导产生分泌型 lgA，在局部黏膜组织发挥免疫效应。

2. 抗体的免疫学功能

抗体作为体液免疫的重要分子，在体内可发挥多种免疫功能，主要有如下几方面：① 中和作用；② 免疫溶解作用；③ 免疫调理作用；④ 局部黏膜免疫作用；⑤ 抗体依赖性细胞介导的细胞毒作用；⑥ 对病原微生物生长的抵制作用。

第八节　变态反应

变态反应是指免疫系统对再次进入机体的抗原做出过于强烈或不适当而导致组织器官损伤的一类反应。变态反应可分为Ⅰ～Ⅳ型，即过敏反应型（Ⅰ型）变态反应、细胞毒型（Ⅱ型）、免疫复合物型（Ⅲ型）和迟发型（Ⅳ型）。其中，前三型是由抗体介质的，共同特点是反应发生快，故又称为速发型变态反应；Ⅳ型则是细胞介质的，称为迟发型变态反应。

1. 过敏反应型（Ⅰ型）变态反应

过敏反应是指机体再次接触抗原时引起的数分钟至数小时内以出现急性炎症为特点的反应。引起过敏反应的抗原称为过敏原。参与过敏反应的成分主要有：过敏原、lgE、肥大细胞和嗜碱性粒细胞、与 lgE 结合的 FC 受体。

临诊上常见的过敏反应有两类：一是因大量过敏原（如静脉注射）进入体内而引起的急性全身性反应，如青霉素过敏反应；二是局部的过敏反应，这类反应尽管广泛但往往因为表现较温和被兽医忽视。局部的过敏反应主要是由饲料引起的消化道和皮肤症状，由花粉、霉菌引起的呼吸系统和皮肤症状以及由药物、疫苗和蠕虫感染引起的反应。

2. 细胞毒型（Ⅱ型）变态反应

Ⅱ型变态反应又称为抗体依赖性细胞毒型变态反应，在Ⅱ型变态反应中，与器官组织表面抗原结合的抗体与补体及吞噬细胞等互相作用,导致了这些细胞或器官的损伤。补体系统在免疫反应中具有双重作用。一是通过经典和旁路溶解被抗体结合的靶细胞;二是补体系统的一些成分能调理抗体抗原复合物,促进巨噬细胞吞噬病原菌。

临诊上常见的细胞毒型变态反应:① 输血反应;② 新生畜溶血性贫血;③ 自身免疫溶血性贫血;④ 其他。

3. 免疫复合物型(Ⅲ型)变态反应

在抗原抗体反应中不可避免地产生免疫复合物。通常它们可及时地被单核吞噬细胞系统清除而不影响机体的正常机能;但在某些状态下却可由变态反应造成细胞组织的损伤。

临诊上常见的免疫复合物疾病:① 血清病;② 自身免疫复合物病;③ 由感染病原物生物引起的免疫复合物。

4. 迟发型(Ⅳ型)变态反应

经典的Ⅳ型变态反应是指所有在 12 h 或更长时间产生的变态反应,有又称为迟发型变态反应。可分为 JONES-MOTE 变态反应;接触性变态反应;结核菌素变态反应;肉芽肿变态反应。

第九节 抗感染免疫

抗感染免疫是动物机体抵抗病原体感染的能力。根据不同的病原体可将其分为抗细菌免疫、抗病毒免疫、抗寄生虫免疫等。抗感染免疫包括先天性免疫和获得性免疫两大类。

一、先天性非特异性免疫

先天性免疫应答又称非特异性免疫应答,是指动物体内的非特异性免疫因素介导的对所有病原微生物和外来抗原物质的免疫反应。参与先天性免疫应答的因素多种多样,主要有机体的解剖屏障(皮肤和黏膜、血脑屏障、血胎屏障)、可溶性分子与膜结合受体(补体、溶菌酶、干扰素、抗菌肽)、炎症反应、NK 细胞、吞噬细胞等。

先天性免疫是机体在种系发育过程中逐渐建立起来的一系列天然防御功能,是个体生下来就有的,具有遗传性,它只能识别自身和非自身,对异物无特异性区别作用,对病原微生物和一切外来抗原物质起着第一道防线的防御作用。

二、获得性特异性免疫

1. 概 念

获得性免疫应答又称为特异性免疫应答或适应性免疫应答,是指动物机体免疫系统抗原物质刺激后,免疫细胞通过对抗原分子的处理、加工与递呈、识别,最终产生免疫效应分子——抗体与细胞因子,以及免疫效应细胞——细胞毒性 T 细胞和迟发型变态反应性 T 细胞,并将抗原物质和再次进入机体的抗原物质消除的过程。

2. 组成

获得性免疫在抗微生物感染中起关键作用，其效应比先天性免疫强，分为体液免疫和细胞免疫。在具体的感染中，以何者为主，因不同的病原体而异，由于抗体进入细胞之内对细胞内寄生的微生物发挥作用，故体液免疫主要对细胞外生长的细菌起作用，而对细胞内寄生的病原微生物则靠细胞免疫发挥作用。

3. 特点

一是特异性，即只针对某种特异性抗原物质；二是具有一定的免疫期；三是具有免疫记忆。

第十节 免疫防治

疫苗免疫接种是控制动物传染病最重要的手段之一，尤其是病毒性疫病。免疫预防是通过应用疫苗免疫方法使动物获得针对某种传染病的特异性抵抗力，以达到控制疫病的目的。机体获得特异性免疫力有多种途径，主要分两大类型，即天然获得性免疫和人工获得性免疫。其中天然获得性免疫是个体动物本身未经疫苗免疫接种而具有的对某些疫病的特异性抵抗力，包括天然被动免疫和天然主动免疫两种类型。人工获得性免疫是指人为地对动物进行疫苗免疫接种，包括人工被动免疫和人工主动免疫两种类型。

一、主动免疫

主动免疫是动物机体免疫系统对自然感染的病原微生物或疫苗接种产生免疫应答，获得对某种病原微生物的特异性抵抗力，包括天然主动免疫和人工主动免疫。

1. 天然主动免疫

耐过的动物对该病原体的两次入侵具有坚强的特异性抵抗力。机体这种特异性免疫力是自身免疫系统对病原微生物刺激产生免疫应答（包括体液免疫与细胞免疫）的结果。

2. 人工主动免疫

人工主动免疫是给动物接种疫苗，刺激机体免疫系统发生应答反应，产生特异性免疫力。与人工被动免疫比较而言，所接种的物质不是现成的免疫血清或卵黄抗体，而是刺激产生免疫应答的各种疫苗制品，包括疫苗、类毒素等，因而有一定的诱导期或潜伏期，出现免疫力的时间与疫苗抗原的种类有关。人工产主动免疫产生的免疫力持续时间长，免疫期可达数月甚至数年，由于人工主动免疫不能立即产生免疫力，需要一定的诱导期，因机时在免疫防制中应充分考虑到这一特点，动物机体对重复免疫接种可不断产生再次应答反应。

二、被动免疫

被动免疫是指动物机体从母体获得特异性抗体，或经人工给予免疫血清，从而获得对某种病原微生物的抵抗力，包括天然被动免疫和人工被动免疫。

1. 天然被动免疫

天然被动免疫是新生动物通过母体胎盘、初乳和卵黄从母体获得某种特异性抗体，从而获得对某种病原体的免疫力。天然被动免疫是动物免疫防制中重要的措施之一。

2. 人工被动免疫

将免疫血清或自然发病后康复动物的血清人工输入未免疫的动物，使其获得对某种病原微生物的抵抗力，称为人工被动免疫。免疫血清可用同种动物或异种动物制备，用同种动物制备的血清称为同种血清，而用异种动物制备的血清称为异种血清。抗细菌血清和抗毒素通常用大动物（马、牛等）制备，譬如用马制备破伤风抗毒素，用牛制备猪丹毒血清，均为异种血清。抗病毒血清常用同种动物制备，譬如用猪制备猪瘟血清、用鸡制备新城疫血清等。

三、疫苗与免疫预防

1. 疫苗的种类、特点及应用

疫苗总体可分为传统的疫苗与生物技术疫苗两大类。传统的疫苗目前应用最广泛，包括活疫苗、灭活疫苗、代谢产物和亚单位疫苗。生物技术疫苗包括基因工程疫苗、核酸疫苗、合成肽疫苗等。

（1）活疫苗　活疫苗有弱毒疫苗和异源疫苗两种。

弱毒疫苗又称为减毒活疫苗。弱毒疫苗是目前生产中使用最广泛的疫苗，虽然弱毒疫苗毒力已经致弱，但仍保持着原有的抗原性，并能在体内繁殖，使用剂量少，产生免疫力强，免疫期长，不需要佐剂，不影响动物重量。但也存在贮存与运输不便，而且保存期较短的缺点。弱毒疫苗制成冻干制品可延长保存期。

异源疫苗：是用具有共同保护性抗原的不同病毒制备成的疫苗。

（2）灭活疫苗　病原微生物经理化方法灭活，仍然保持免疫原性，接种后使动物产生特异性抵抗力，这种疫苗称为灭活疫苗或死疫苗。由于灭活疫苗接种后不能在动物体内繁殖，因此，使用接种剂量较大，免疫期较短，需加入适当的佐剂以增强免疫效果。灭活疫苗的优点是研制周期短、使用安全和易于保存；缺点是免疫效果次于活疫苗，注射次数多，接种量大，有的灭活疫苗接种后副反应较大。目前，所使用的灭活疫苗主要是油佐剂灭活疫苗和氢氧化铝胶灭活疫苗等。油佐剂灭活疫苗是以矿物油为佐剂与经灭活的抗原液混合乳化制成的，油佐剂灭活疫苗有单相苗和双相苗之分。铝胶苗制备比较方便，价格较低，免疫效果良好，但其缺点是难以吸收，在体内形成结节，影响肉产品的质量。铝胶苗在生产中应用较为广泛。

2. 疫苗的免疫接种

（1）免疫途径　疫苗免疫接种途径有：滴鼻、点眼、刺种、注射、饮水和气雾等。死苗、类毒素和亚单位苗不能经消化道接种，一般用于肌肉或皮下注射。注射时应选择活动少的易于注射的部位，如颈部皮下、禽胸部肌肉等。在禽类，滴鼻与点眼免疫效果较好，仅用于接种弱毒疫苗；饮水免疫是最方便的疫苗接种方法，适用于大型鸡群，其免疫效果较差，不适合用于初次免疫。刺种与注射也是常用的免疫方法，前者适用于某些弱毒苗如鸡痘。

（2）免疫程序　在实际生产中，没有固定的免疫程序，应根据当地的实际情况进行制订。

3. 影响疫苗免疫效果的因素

遗传因素、营养状况、环境因素、疫苗质量、病原的血清型与变异、疾病对免疫的影响、母源抗体、病原物生物之间的干扰作用。

四、常用的动物生物制品

1. 禽流感灭活油乳苗

适用对象：H5 和 H9 亚型禽流感。

用法用量：皮下或肌肉注射，2～4 周龄雏鸡 0.2 mL，大鸡 0.5 mL。

说明：注射后 15 d 产生免疫力，免疫期 6～9 个月。

2. 鸡新疫Ⅱ系弱毒疫苗

适用对象：鸡及其他畜禽类新城疫。

用法用量：雏鸡用生理盐水 10 倍稀释滴鼻或点眼 0.05 mL，或用冷开水稀释饮水免疫，每羽平均饮 0.01 mL 疫苗；成鸡 200 倍稀释胸肌注射 1 mL。

说明：适用于初生雏鸡及各月龄鸡；免疫后 7～9 d 产生免疫力。免疫后期间受多种因素影响，雏鸡 1～2 个月。

3. 鸡新城疫 F 系弱毒疫苗

适用对象：鸡及其他禽类新城疫。

用法用量：雏鸡滴鼻、点眼或饮水免疫同系苗，1 月龄以上鸡气雾免疫。

说明：各日薄西山龄鸡均可应用，主要用于 7 日龄以上雏鸡。后期以鸡体状况而定。

4. 鸡新城疫Ⅳ系弱毒疫苗

适用对象：鸡及其他禽类新城疫。

用法用量：雏鸡滴鼻、点眼或饮水免疫同系苗，1 月龄以上鸡气雾免疫。

说明：一般用于 7 日龄以上，免疫期以鸡体状况而定。

5. 鸡新城疫、传支二联弱毒疫苗

适用对象：鸡新城疫、鸡传支、鸡痘。

用法用量：滴鼻或饮水。免疫期 2~3 个月。

6. 鸡新城疫、传支、鸡痘三联弱毒疫苗

适用对象：鸡新城疫、传支、鸡痘。
用法用量：滴鼻、刺种或饮水。
说明：免疫期 2 个月。

7. 新城疫油乳苗

适用对象：鸡及其他禽类新城疫。
用法用量：肌肉或皮下注射。雏鸡 0.3~0.5 mL，成鸡 0.5~1 mL。
说明：注射后 2 周后产生免疫力。免疫期 3~6 个月。

8. 鸡新城疫、传支二联油乳苗

适用对象：鸡新城疫、鸡传染性支气管炎。
用法用量：肌肉或皮下注射。雏鸡 0.3~0.5 mL，成鸡 0.5~1 mL。
说明：免疫期 6 个月。

9. 鸡新城疫卵黄抗体

适用对象：鸡新城疫。
用法用量：肌肉或皮下注射。预防量：小鸡 0.5 mL，大鸡 1 mL；治疗量加倍。
说明：用于紧急预防和治疗，免疫期 2~3 周。

10. 鸡传染性法氏囊病弱毒疫苗

适用对象：鸡传染性法氏囊病。
用法用量：1~7 日龄雏鸡滴鼻、点眼 0.03 mL，或饮水 0.01 mL。2 周后二免。
说明：用于无母源抗体雏鸡。免疫期 3~5 个月。

11. 鸡传染性法氏囊病抗血清

适用对象：鸡传染性法氏囊病。
用法用量：肌肉或皮下注射。预防量：小鸡 0.5 mL，大鸡 1 mL；治疗量加倍。
说明：用于紧急预防和治疗。免疫期 2~3 周。

12. 鸡传染性支气管炎弱毒疫苗（H120）

适用对象：鸡传染性支气管炎。
用法用量：滴鼻或饮水同鸡新城疫Ⅱ系苗，1 月后用 H52 加强免疫。
说明：用于 3 周龄以内雏鸡。免疫期 3~4 周。

13. 鸡传染性支气管炎弱毒疫苗

适用对象：鸡传染性支气管炎（H52）。

用法用量：滴鼻或饮水 1 次，用量同 H120。

说明：用于 4 周龄以上雏鸡。免疫期 6 个月。

14. 鸡传染性支气管炎油乳苗

适用对象：鸡传染性支气管炎。

用法用量：3 周龄以上鸡颈下皮下注射 0.5 mL。

说明：免疫期 6 个月。

15. 鸡滑液霉形体弱毒苗

适用对象：鸡慢性呼吸道疾病。

用法用量：6 周龄以上鸡喷雾或饮水。

说明：免疫期 3～6 个月。

16. 汕系鸡痘弱毒疫苗

适用对象：鸡痘。

用法用量：用生理盐水 50 倍稀释，翅内刺种。20 日龄以下鸡刺 1 下，20 日龄以上鸡刺 2 下。

说明：用于 20 日龄以下或以上鸡，刺种后 4～6 d 应发痘。免疫期：雏鸡 2 个月，大鸡 3 个月。

17. 猪水泡病细胞弱毒疫苗

适用对象：猪水泡病。

用法用量：大、小猪均股深部肌肉注射 2 mL。

说明：注射后 3～5 d 产生免疫力。免疫期 9 个月。

18. 猪水泡病功胞毒结晶紫疫苗

适用对象：猪水泡病

用法用量：断奶大、小猪均肌肉注射 2 mL。

说明：注射后 14 d 产生免疫力。免疫期：哺乳仔猪 1～2 个月，断奶仔猪 1 年以上。

19. 猪瘟兔化弱毒疫苗

适用对象：猪瘟。

用法用量：按瓶签标示的头份稀释成每头份 1 mL，大、小猪均 1 次肌肉或皮下注射，哺乳仔猪断奶后再免疫 1 次。

说明：注射后 14 d 产生免疫力。免疫期：哺乳仔猪 1～2 个月，断奶仔猪 1 年以上。

20. 猪丹毒弱毒菌苗

适用对象：猪丹毒。

用法用量：按瓶签标示的头份稀释，大、小猪均肌肉或皮下注射 1 mL（7 亿活菌），或口服 9 d 产生免疫力。免疫期 6 个月。

21. 猪肺疫氢氧化铝菌苗

用法用量：猪链球菌病。

用法用量：按标签说明，用 20%氢氧化铝生理盐水稀释，断奶后猪肌肉或皮下注射 1 mL。

说明：注射后 7~14 d 产生免疫力。免疫期 6 个月。

22. 猪多链球菌氢氧化铝菌苗

适用对象：猪链球菌病。

用法用量：按标签说明，用 20%氢氧化铝生理盐水稀释，断奶后猪肌肉或皮下注射 1 mL。

说明：注射后 7~14 d 产生免疫力。免疫期 6 个月。

23. 仔猪红痢氢氧化铝菌苗

适用对象：仔猪红痢。

用法用量：怀孕母猪分娩前一个月、半个月各肌肉注射 5~10 mL。

说明：母猪注射后 10 d 产生抗体。新生仔猪吃奶后获得被动免疫。

24. 猪传染性萎缩性鼻炎油乳苗

适用对象：仔猪传染性萎缩性鼻炎。

用法用量：怀孕母猪分娩前一个月颈部皮下注射 2 mL，所产生仔猪在 1 周龄时分别皮下注射 0.5 mL（含 50 亿~100 亿菌）。

25. 猪伪狂犬病毒灭活苗

适用对象：猪伪狂病。

用法用量：2~3 个月龄注射 2 mL，间隔 4 周再次免疫。

说明：免疫期 6 个月。

26. 猪伪狂犬病毒缺失弱毒苗

适用对象：猪伪狂犬病。

用法用量：肌肉注射 2 mL。无母源抗体猪 1 周龄首免、有母源抗体猪 10~14 周龄首免，间隔 4 周后再次免疫。

说明：免疫期 6 个月。

27. 猪细小病毒灭活苗

适用对象：猪细小病毒病。

用法用量：肌肉注射 2 mL。后备母猪配种前 2 个月首免，间隔 4 周后再次免疫。经产母猪配种前 1 个月免疫。公猪 6 龄首免，间隔 6~9 个月再免疫 1 次。

说明：免疫期 6~9 个月。

28. 猪繁殖及呼吸障碍综合征毒疫苗

适用对象：猪繁殖及呼吸障碍综合征。

用法用量：肌肉注射 2 mL，无母源抗体猪 3 周龄首免、有母原抗体猪 5~6 周龄首免，间隔 2 周后再次免疫。

说明：免疫期 6 个月。

29. 钩端螺旋体菌苗

适用对象：猪钩端螺旋体病。

用法用量：肌肉或皮下注射。首免 3 mL，二免 5 mL。

说明：免疫期 1 年。

30. 牛口蹄疫 O 型灭活疫苗

适用对象：牛 O 型口蹄疫。

用法用量：肌肉注射。1 岁以下犊牛 2 mL，成年牛 3 mL。

说明：免疫期 6 个月。

31. 牛、羊伪狂犬病疫苗

适用对象：牛、羊伪狂犬病。

用法用量：皮下注射。成年 10 mL，犊牛 8 mL，山羊 5 mL。

说明：免疫期：牛 1 年，山羊 6 个月。

32. 无毒炭疽芽孢菌苗

适用对象：家畜炭疽。

用法用量：皮下注射。大动物 1 岁以上 1 mL、1 岁以下 0.5 mL，猪、绵羊 0.5 mL。

说明：注射后 14 d 产生免疫力、免疫期 1 年。不能用于山羊。

33. 抗炭疽血清

适用对象：家畜炭疽。

用法用量：皮下或颈脉注射。预防：大家畜 30~40 mL，猪、羊 15~20 mL；治疗：大家畜 100~250 mL；猪、羊 50~120 mL。可重复注射。

说明：用于紧急预防或发病后治疗。注射后 24 h 产生免疫力。免疫期 2~3 周。

34. 气肿疽灭活疫苗

适用对象：牛、羊气肿疽。

用法用量：皮下注射，不论年龄大小，牛 5 mL，羊 1 mL，犊牛达 6 月龄时复免 1 次。

35. 抗气肿疽血清

适用对象：牛气肿疽。

用法用量：皮下注射 15~20 mL，14~20 d 后再注射气肿疽灭活疫苗 5 mL；治疗：肌肉、静脉或腹腔注射 150~200 mL，重症可注射 2 次。

36. 布氏杆菌猪型 2 号弱毒菌苗

适用对象：牛、猪、羊布氏杆菌病。

用法用量：饮水：牛 500 亿活苗，羊 100 亿活菌；猪分 2 次，每次 200 亿活菌，间隔 30~45 d；皮下注射：牛、猪同上，羊 20 亿~50 亿活菌。

说明：免疫期：牛、羊 2 年，猪 1 年。

37. 布氏杆菌羊型 5 号弱毒菌苗

适用对象：牛、鹿、羊布氏杆菌病。

用法用量：室内气雾免疫：牛、鹿 250 亿活菌；羊室外气雾免疫剂量加倍；皮下注射：牛、鹿同上，羊 10 亿活菌。

说明：免疫期 1 年。

38. 牛出败氢氧化铝菌苗

适用对象：牛巴氏杆菌病。

用法用量：皮下注射：100 kg 以下牛 4 mL，100 kg 以上牛 6 mL。

说明：注射后 21 d 产生免疫力，免疫期 9 个月。

39. 山羊传染性胸膜肺炎氢氧化铝疫苗

适用对象：山羊传染性胸膜肺炎。

用法用量：肌肉或皮下注射，6 个月以下羔羊 3 mL，成年羊 5 mL。

说明：免疫期 1 年。

40. 羊痘鸡胚化弱毒冻干疫苗

适用对象：羊痘。

用法用量：大、小羊均尾内或腋下皮内注射 0.5 mL；大、小羊用生理盐水稀释成 2% 浓度，大、小山羊均皮下注射 2 mL。

说明：注射后 6 d 产生免疫力。免疫期：绵羊 1 年，山羊 6 个月。山羊不得皮内注射。

41. 羊肠毒血症菌苗

适用对象：羊肠毒血症。

用法用量：大、小羊均皮下注射 8 mL。

说明：注射后 14 d 产生免疫力。免疫期半年。

42. 羔羊痢疾血清

适用对象：羔羊痢疾。

用法用量：皮下或肌肉注射。怀孕母羊分娩前 1 个月、半个月分别注射 2 mL、3 mL。

说明：注射后 14 d 产生免疫力。母羊免疫期 5 个月，羔羊经乳汁获得被动免疫。

43. 抗羔羊痢疾血清

适用对象：羔羊痢疾。

用法用量：预防：1～5 日龄皮下或肌肉注射 1 mL；治疗：肌肉或静脉注射 3～5 mL；必要时 4～5 h 后复用 1 次。

44. 羊厌气菌五联菌苗

适用对象：羊快疫、黑疫、猝疽、肠毒血症、羔羊痢疾。

用法用量：皮下或肌肉注射。大、小羊均 5 mL。

说明：注射后 14 d 产生免疫力。免疫期 1 年。

45. 羊链球菌氢氧化铝菌苗

适用对象：羊链球菌病。

用法用量：大、小均皮下注射 5 mL。3 月龄以内羔羊隔 2～3 周复免 1 次。

说明：免疫期半年以上。

46. 羊衣原体流产油乳苗

适用对象：羊衣原体流产病。

用法用量：山羊、绵羊均皮下注射 3 mL。

说明：免疫期约 7 个月。

47. 狂犬病灭活疫苗

适用对象：家畜狂犬病。

用法用量：皮下注射。马、牛 25～50 mL，猪、羊 10～25 mL，犬 3～5 mL。

说明：免疫期 6 个月。

48. 犬瘟热弱毒疫苗

适用对象：犬、貂、貉、狐、熊等犬瘟热。

用法用量：股内侧或腋下无毛处皮下。下仔犬 1 mL，成犬 2 mL。

说明：注射后 7 d 产生免疫力。免疫期 6 个月。

49. 犬细小病毒灭活疫苗

适用对象：犬、猫细小病毒性肠炎。

用法用量：股内侧或腋下无毛处皮下注射。犬 2 mL，猫 0.5 mL。幼龄减半。

说明：免疫后 12 d 产生免疫力。免疫期 6 个月。

50. 犬传染性肝炎（狐狸脑炎）灭活苗

适用对象：犬传染性肝炎、狐狸脑炎。

用法用量：股内侧或腋下无毛处皮下注射。仔犬、仔狐 1 mL，成犬、成狐 2 mL。

说明：注射后 12 d 产生免疫力。免疫期 6 个月。

51. 犬五联弱毒疫苗

适用对象：犬狂犬病、犬瘟热、传染性肝炎、细小病毒性肠炎、副流感。

用法用量：按瓶签规定的头份，用注射用水稀释成每头份 2 mL，皮下注射。30～90 日龄犬注 3 次，90 日龄以上犬注 2 次，均间隔 2～4 周。以后每半年加强免疫 1 次。

说明：免疫期 6 个月。

52. 犬六联弱毒冻干疫苗

适用对象：犬瘟热、腺病毒乙型、传染性肝炎、细小病毒性肠炎、副流感、钩端螺旋体病。

用法用量：每支冻干苗配 1 支作为稀释液的钩端螺旋体菌苗，稀释后 1 次皮下或肌肉注射。8～9 周龄犬注 3 次，9 周龄以上犬注 2 次，均间隔 3～4 周。以后每隔 1 年免疫 1 次。

说明：免疫期 2 年。

53. 马传染性贫血弱毒疫苗

适用对象：马、驴、骡传染性贫血病。

用法用量：10 倍稀释，马、驴、骡均皮下注射 2 mL，或皮内注射原菌 0.5 mL。

说明：注射后 2 个月产生免疫力，免疫期 2 年。

54. 兔病毒性出血症灭活疫苗

适用对象：兔病毒性出血症。

用法用量：皮下注射 1 mL，未断奶兔断奶后复免 1 次。

说明：免疫期 6 个月。

55. 兔病毒性出血症、多杀性巴氏杆菌病二联干粉灭活苗

适用对象：兔病毒性出血症、多杀性巴氏杆菌病。

用法用量：用 20%铝胶生理盐水稀释，肌肉或皮下注射。成年兔 1 mL，45 日龄左右兔 0.5 mL。

说明：免疫期 6 个月。

56. 兔、禽多杀性巴氏杆菌病灭活苗

适用对象：兔、禽多杀性巴氏杆菌。

用法用量：皮下注射。90 日龄以上兔 1 mL，60 日龄以上鸡 1 mL。

说明：免疫期兔 6 个月，鸡 4 个月。

57. 家兔产气荚膜杆菌病 A 型灭活苗

适用对象：家兔产气荚膜杆菌病。

用法用量：皮下注射。不论年龄、大小均为 2 mL。

说明：免疫期 6 个月。

58. 家兔多杀性巴氏杆菌病、支气管败血博代氏菌感染二联灭活苗

适用对象：家兔多杀性巴氏杆菌病、支气管败血博代氏菌感染。

用法用量：颈部肌肉注射。成年兔 1 mL，初次使用的兔场，首免后 14 d 再注射 1 次。

说明：免疫期 6 个月。

59. 草鱼出血病灭活疫苗

适用对象：草鱼出血病。

用法用量：3 cm 左右草鱼；用浸泡法，疫苗浸泡浓度 0.5%，每升浸泡液加莨菪 10 mg，充氧浸泡 3 h；10 cm 左右草鱼；用注射法，疫苗用无菌生理盐水 10 倍稀释，肌肉或腹腔注射 0.3～0.5 mL。

60. 水貂病毒性肠炎灭活疫苗

适用对象：水貂病毒性肠炎。

用法用量：皮下注射。49～56 日龄 1 mL，种貂在配种前复免 1 次。

说明：免疫期 6 个月。

第十一节　免疫学技术

免疫学技术是指利用免疫反应的特异性原理，建立各种检测与分析技术及建立这些技术的各种制备方法。

一、凝集反应

细菌、红细胞等颗粒性抗原，或吸附在红细胞、乳胶颗粒性载体表面的可溶性抗原，与相应抗体结合，在有适当电解质存在下，经过一定时间，形成肉眼可见的凝集团块，称为凝集反应。参加凝集试验的抗体主要为 lgG 和 lgM。凝集反应可分为直接凝集试验和间接凝集试验。直接凝集试验可分为玻片法和试管法两种。

二、沉淀反应

可溶性抗原（如细菌的外毒素、内毒素、菌体裂解液，病毒的可溶性抗原、血清、组织浸出液等）与相应抗体结合，在电解质存在下，形成肉眼可见的白色沉淀，称为沉淀反应。沉淀反应有多种类型，包括环状沉淀试验、琼脂凝胶扩散试验（双向双扩散、双向单扩散、

免疫电泳技术（免疫电泳、对流免疫电泳），可用于检测抗体或抗原。

三、标记抗体技术

抗原与抗体特异性结合，但抗体、抗原分子小，在含量低时形成的抗原体复合物是不可见的。有一些物质即使在超微量时也能通过特殊的方法将其检测出来，如果将这些物质标记在抗体分子上，则可通过检测标记分子来显示抗原抗体复合物的存在，此种根据抗原抗体结合的特异性和标记分子的敏感性建立的技术，称为标记抗体技术。

1. 免疫荧光抗体技术

免疫荧光抗体技术是指用荧光素对抗体或抗原进行标记，然后用荧光显微镜观察荧光以分析示踪相应的抗原或抗体的方法，是将抗原抗体反应的特异性、荧光检测的高敏感性，以及显微镜技术的精确性三者相结合的一种免疫检测技术。最常用的是以荧光素标记抗体或抗抗体，用于检测相应的抗原或抗体。

2. 免疫酶标记技术

免疫酶标记技术是根据抗原抗体反应的特异性和酶催化反应的高敏感性而建立起来的免疫检测技术。酶是一种有机催化剂，催化反应过程中酶不被消耗，能反复作用，微量的酶即可导致大量的催化过程，如果产物为有色可见产物，则极为敏感。

四、中和试验

根据抗体能否中和病毒的感染性而建立的免疫学试验称为中和试验。中和试验的特异性强，敏感性高，是病毒学研究中十分重要的技术手段。

五、补体参与的检测技术

补体是存在于正常动物血清中，具有类似酶活性的一组蛋白质。利用补体能与抗原-抗体复合物结合的性质，建立检测抗原或抗体的免疫学试验，即所谓补体参与的检测技术，可用于人和动物一些传染病的诊断与流行病学调查。

第六章　兽医传染病学

第一节　动物传染与感染

一、动物传染病的特征

凡是由病原微生物感染动物引起，具有一定的潜伏期和发病表现，并具有传染性的疾病，统称为动物传染病。

1. 传染病的特征

① 传染病是在一定环境条件下由病原微生物与机体相互作用所引起的；② 传染病具有传染性和流行性；③ 被感染的动物机体发生特异性反应；④ 耐过动物能获得特异性免疫；⑤ 大多数传染病具有特征性的发病表现；⑥ 具有一定的流行规律。

2. 传染病的病程

动物传染病的发展在大多数情况下还具有明显的规律，大致可分为潜伏期、前驱期、明显期、转归期 4 个期。

二、动物传染病分类

根据动物传染病对人和动物危害的严重程度、造成损失的大小和国家扑灭疫病的要求等，我国政府将其分为三大类。

一类疫病：指对人和动物危害严重、需采取紧急、严厉的强制性预防、控制和扑灭措施的疾病，大多为发病急、死亡快、流行广、危害大的急性、烈性传染病或人兽共患传染病。如口蹄疫、猪瘟、蓝舌病、小反刍兽疫、绵羊痘和山羊痘、高致病性禽流感和鸡新疫等。

二类疫病：是可造成重大经济损失、需采取严格控制、扑灭措施的疾病。该类疫病的危害性、暴发强度、传播能力以及控制和扑灭的难度比一类疫病小。如伪狂犬病、狂犬病、布鲁氏菌病、牛传染性鼻气管炎、猪乙型脑炎、猪细小病毒病、猪繁殖与呼吸综合征、猪链球菌病、猪传染性萎缩性鼻炎、猪支原体肺炎、马传染性贫血、鸡传染性支气管炎、鸡传染性法氏囊病、鸡马立克氏病、禽痘、鸭瘟、鸭病毒性肝炎、小鹅瘟、禽霍乱、兔病毒性出血症等。

三类疫病：指常见多发、可造成重大经济损失、需要控制和净化的动物疾病。如：牛流行热、牛病毒性腹泻/黏膜病、猪传染性胃肠炎、猪副伤寒、猪密螺旋体痢疾、鸡病毒性关节炎、传染性鼻炎、水貂阿留申病、水貂病毒性肠炎和犬瘟热等。

第二节　动物传染病流行过程的基本环节

一、概　念

1. 传染源

传染源是指有某种病原体在其中寄居、生长、繁殖，并能排出体外的动物机体。传染源就是受感染的动物，包括患病动物和病原携带者。

2. 水平传播

水平传播是指传染病在群体之间或个体之间以横向方式传播，包括直接接触和间接接触传播两种方式。

3. 垂直传播

垂直传播是指从亲代到其子代之间的纵向传播形式，传播途径包括：胎盘传播、经卵传播和产道传播。

二、传染病流行过程的三要素

传染源、传播途径、易感动物。

1. 传染源

传染源就是受感染的动物，包括患病动物和病原携带者，病原体能在其中寄居、生长、繁殖，并能排出体外，因而具有传染性。

2. 传播途径

病原体由传染源排出后，经一定的方式再侵入其他易感动物所经历的路径称为传播途径。

3. 畜群的易感性

易感性是指动物对于某种传染病病原体感受性的大小。畜群的易感性是指一个动物群体作为整体对某种病原体的易感染程度。

4. 疫源地和自然疫源地

有传染源及其排出的病原体存在的地区称为疫源地。疫点、疫区：根据疫源地范围大小，可分别将其称为疫点或疫区。

自然疫源地：存在自然疫源性人兽共患传染病的地方，称为自然疫源地。

三、传染病流行和发展的影响因素

1. 传染病流行过程的表现形式

散发性、地方流行性、流行性、大流行。

2. 流行过程的季节性和周期性

某些动物传染病经常发生于一定的季节，或在一定的季节出现发病率显著上升的现象，称为流行过程的季节性。出现季节性的主要原因有：① 季节对病原体在外界环境中存在和散播的影响；② 季节对活的传播媒介的影响；③ 季节对动物活动和抵抗力的影响。

3. 影响流行过程的因素

① 自然因素；② 社会因素；③ 饲养管理因素。

第三节　动物流行病学调查

一、概　念

发病率：是指发病动物群体中，在一定时间内，具有发病症状的动物数占该群体总动物数的比例。

死亡率：是指发病动物群体中，在一定时间内，发病死亡的动物数占该群体总动物数的比例。

病死率：是指发病动物群体中，在一定时间内，发病死亡的动物数占该群体中发病动物总数的比例。

二、动物流行病学调查的步骤和内容

1. 调查步骤

根据检测材料的不同，动物流行病学调查分为临诊流行病学调查、血清流行病学调查和病原学流行病学调查。一旦发生动物传染病，流行病学调查是确保疾病诊断正确的重要方面。

2. 调查内容

疾病流行情况、疫情来源情况、传播途径和方式情况及其他。

第四节　动物传染病的诊断方法

1. 临诊综合诊断

① 流行病学诊断；② 临床诊断；③ 病理解剖学诊断。

2. 实验室诊断

① 病理组织学诊断；② 微生物学诊断；③ 免疫学诊断（血清学试验和变态反应）；④ 分子生物学诊断。

第五节　动物传染病的免疫防控措施

一、概　念

1. 疫　苗

用于人工主动免疫的生物制剂通常为疫苗。

2. 免疫接种

免疫接种是指用人工方法将疫苗引入动物机体内刺激机体产生特异性免疫力，使该动物对某种病原体由易感转变为不易感的一种疫病预防措施。

根据免疫接种进行的时机不同，可将其分为：预防接种和紧急接种两大类。

3. 免疫程序

免疫程序是指根据一定地区、养殖场或特定动物群体内传染病的流行情况、动物健康状况和不同疫苗特性，为特定动物群体制订的接种计划，包括接种疫苗的类型、顺序、时间、次数、方法、时间间隔等规程和次序。

4. 被动免疫

被动免疫是指将免疫血清或自然发病后康复动物的血清人工输入未免疫的动物，使其获得对某种病原的抵抗力。

二、免疫接种的方法与注意事项

1. 免疫接种的方法

根据所用生物制剂的品种不同，可采用皮下、皮内、肌肉注射或皮肤刺种、点眼、滴鼻、喷雾、口服等不同的接种方法。接种后一定时间（数天至3周），可获得数月至一年以上的免疫力。

2. 免疫接种注意事项

为了搞好动物防疫工作，应注意如下事项：

（1）预防接种应有周密的计划；动物健康、饲养条件、怀孕情况、泌乳情况和用药情况等。

（2）应注意预防接种的反应；常见的反应可分为正常反应、严重反应和并发症3种类型

（3）几种疫苗的联合使用：两种以上疫苗同时给动物接种可能彼此无关，也可能彼此发生影响。

（4）合理的免疫程序：制订免疫程序应考虑以下因素：① 当地疾病的流行情况及严重程度；② 母源抗体的水平；③ 上一次免疫接种引起的残余抗体水平；④ 家畜的免疫应答能力；⑤ 疫苗的种类和性质；⑥ 免疫接种方法和途径；⑦ 各种疫苗的配合；⑧ 对动物健康及生成能力的影响。

（5）影响疫苗免疫效果的因素：① 疫苗因素；② 疫苗保存与运输；③ 免疫程序；④ 免疫接种方法；⑤ 动物因素。

第六节　常见的动物传染病

一、多种动物共患传染病

1. 口蹄疫

口蹄疫是由口蹄疫病毒引起的急性、热性高度接触性传染病。主要侵害偶蹄兽，偶见于人和其他动物。其特征是口、蹄黏膜、蹄部及乳房皮肤发生水疱和溃烂。

口蹄疫病毒分 A、O、C 型，南非 1、2、3 型和亚型 I 型 7 个血清型。

临床症状：① 猪潜伏期 1～2 日，以蹄部水疱为特征，病初体温升高 40～41 ℃，精神不振，食欲减少或废绝。口腔黏膜（舌、唇、齿、龈、咽、腭）形成小水疱，水疱破裂后形成糜烂，甚至蹄叶、蹄壳脱落，出现跛行，个别病猪鼻镜、乳房上也可出现水疱、烂斑。

② 牛　潜伏期 2～4 日，病牛体温升高 40～41 ℃，精神萎顿，闭口、流涎，开口有吸吮声，1～2 日后在唇内面、齿龈、舌面和部黏膜，有蚕豆至核桃大白水疱、口温高、口角流涎增多，呈白色泡沫状，常挂在嘴边。趾间及蹄冠的柔软皮肤上表现红肿，疼痛，迅速发生水疱、糜烂、跛行，乳头上也可发现水疱、烂斑。

③ 羊潜伏期一周左右，症状和牛基本相同。

病理变化：具有重要诊断意义的是心脏病变，心包膜有弥漫性及点状出血，心肌松软，心肌切面有灰白色或淡黄色斑点或条纹好似老虎皮上的斑纹，故称为"虎斑心"。

防治措施：当发生口蹄疫时，必须立即上报疫情，确切诊断，划定疫点、疫区和受威胁区，并分别进行封锁和监督，禁止人、动物和物品的流动。在严格封锁的基础上，捕杀患病动物及其同群动物，并对其进行无害化处理；对剩余的饲料、饮水、场地、患病动物污染的道路、圈舍、动物产品及其他物品进行全面严格的消毒。当疫点内最后一头患病动物被扑杀后，3 个月内不出现新病例时，报上级机关批准，经终末彻底消毒后，可以解除封锁。

预防：口蹄疫双价疫苗 1～2 mL 用法：皮下或肌肉注射。牛：1～2 岁用 1 mL，2 岁以上用 2 mL　羊：4～12 月龄用 0.5 mL，1 岁以上用 1 mL。免疫期 4～6 个月。治宜抗病毒，局部消炎。

【处方 1】0.1% 高锰酸钾溶液 500 mL，碘甘油 100 mL。用法：高锰酸钾冲洗患部后，涂碘甘油。

【处方2】3%来苏儿溶液500 mL，松馏油或鱼石脂软膏100 mL。用法：来苏儿脚浴后，擦干，涂布松馏油或鱼石脂软膏。

【处方3】

（1）抗口蹄疫高免血清400 mL。用法：一次皮下注射。

（2）10%葡萄糖注射液2000 mL，10%安钠咖注射液30 mL。用法：一次静脉注射。说明：酸中毒时加用5%碳酸氢钠注射液。也可口服结晶樟脑，每次5~8，每天2次。

【处方4】贯众20 g、山豆根20 g、甘草15 g、桔梗20 g、赤芍10 g、生地10 g、花粉10 g、大黄15 g、荆芥10 g、连翘15 g。用法：研为末，加蜂蜜150 g，绿豆粉30 g，开水冲服。

【处方5】青黛3 g、雄黄6 g，冰片、枯矾、硼砂各15 g。用法：共研细末，吹入口内，每日2次。

2. 破伤风

破伤风又名强直症，俗称"锁口风"，是由破伤风梭菌经伤口感染引起的一种急性中毒性人畜共患病。经骨骼肌持续性痉挛和神经反射兴奋性增高为特征。

临床症状：潜伏期一般1~2周，最长可达数月，最短一天。病初表现对刺激后反射兴奋性增高，接着出现步状僵硬等症状，随着病情的发展，出现全身性强直痉挛症状，牙关紧闭，口吐白沫，叫声尖细，神志清醒，后期病畜常因呼吸功能障碍，或循环系统衰竭而死亡。体温一般正常，死前体温稍高，死亡率很高。病理无明显变化。

防治措施：加强护理，处理创伤，抗菌消炎，中和毒素，镇静解痉。平时注意饲养管理和使役卫生，防止动物受伤。一旦发生外伤，尤其严重创伤时，应及时进行伤口消毒和外科处理，或注射破伤风抗毒素血清。断脐、断尾、阉割及外科手术时应严格消毒，并在手术前后注射青霉素或破伤风抗毒素，以预防发生该病。发现患病动物时应对其加强护理，将患病动物置于光线较暗的安静处并给予易消化的饲料和充足的饮水；彻底消除伤口内的坏死组织，然后用3%双氧水、1%高锰酸钾或多或5%~10%碘酊进行消毒处理，同时在创伤周围注射青、链霉素；尽早注射破伤风抗毒素，并且首次注射的剂量应加倍，同时使用镇静解痉药物进行对症治疗。

【处方1】

（1）0.1%高锰酸钾或3%过氧化氢溶液适量。用法：创伤冲洗，涂擦碘酊。

（2）破伤风抗毒素100万~120万IU，25%硫酸镁注射液100~120 mL，0.9%氯化钠注射液2000 mL。用法：分别一次静脉注射。

（3）注射用青霉素钠400万IU，注射用链霉素500万IU，注射用水40 mL。用法：分别一次肌肉注射，每日2次，连用3~5 d。说明：抗菌也可用磺胺药，镇静也可用氯丙嗪。

【处方2】（单位：g）乌蛇45、金银花45、防风18、生黄芪45、全蝎20、蝉蜕30、白菊花30、酒当归30、酒大黄30、麻根30、天南星25、羌活25、荆芥15、栀25、桂枝15、地龙15、甘草15。用法：水煎，加黄酒或白酒250 mL，一次灌服。说明：用于早期，祛风止痛。

注：本病中西医结合治疗效果较好。必要时配合强心补液及其他对症疗法。发生深部或较大创伤时，宜立即注射破伤风类毒素预防。

3. 布氏杆菌病

布氏杆菌病是由布氏杆菌引起的一种人畜共患传染病，其特征是指生殖器官和胎膜发炎，不育和各种组织的局部病灶。

临床症状：牛显著症状是流产，常发生在怀孕的 6~8 个月，多见胎衣不下，失去生育能力，公牛常见的是睾丸炎和附睾炎。绵羊和山羊常见的症状是母羊流产和乳腺炎，流产常发生于怀孕后的 3~4 个月。公羊则发生睾丸炎。猪常见流产，多发生于怀孕后的 4~12 周。阴唇和乳房肿胀，公猪常见睾丸炎和附睾炎。人感染布氏杆菌病，其传染源是患病动物，一般人不传染人。人患病后的主要表现体温呈波浪热，寒战，盗汗，全身不适，关节炎，神经痛，肝脾肿大以及睾丸炎，附睾丸炎等。孕妇可致流产。慢性布氏杆菌通常无菌血型，但感染可持续多年。

防治措施：应当着重体现"预防为主"的原则，坚持自繁自养，必须引种时严格执行检疫。疫苗接种是预防本病的主要措施。目前，我国主要使用猪布鲁氏菌 S2 株疫苗和羊型 5 号（M5）弱毒活菌苗。

4. 巴氏杆菌病

巴氏杆菌病又名出血性败血症，是有多杀性巴氏杆菌引起的多种动物的一种传染病，该病的特征是急性者表现为败血症和炎性出血等变化。慢性者则表现为皮下，关节以及各脏器的局灶性化脓炎症。

（1）猪巴氏杆菌病　猪巴氏杆菌病又称猪肺疫或猪出血性败血症，以败血症，咽喉及其周围组织急性炎性肿胀或肺、胸膜的纤维蛋白渗出性炎症为特征，分为最急性型、急性型和慢性型。

临床症状：① 最急性型。常无明显症状而突然死亡，病程稍长者则表现体温升高（41~42 ℃），呼吸高度困难，咽喉部发热水肿，严重者延及耳根和胸前。临死前，呼吸高度困难，呈伏坐姿势，伸长头颈呼吸，有时发生蹄鸣声，口鼻流出泡沫，可视黏膜发绀，腹侧，耳根和四肢内侧皮肤出现红斑，最后窒息死亡。病死率 100%。② 急性型。多呈纤维素性胸膜肺症状。体温升高（40~41 ℃），咳嗽，初为痉挛性咳嗽，后卫湿咳，咳时有痛感，呼吸困难，张口吐舌，呈伏坐姿势，可视黏膜发绀；鼻流黏稠液体，有时混有血液；常有黏脓性结膜炎，皮肤有紫斑或小出血点，病猪消瘦无力，卧地不起，多因窒息而死。③ 慢性型。主要表现慢性肺炎和慢性胃肠炎症状。

治疗方法：抗菌消炎。

【处方 1】

① 抗血清 25 mL。用法：一次皮下注射，按 1 kg 体重 0.5 mL 用药；次日再注射 1 次。

② 丁胺卡那霉素注射液 60 万~120 万 IU。用法：一次肌肉注射，每日 2~3 次至愈。说明：也可用链霉素或青霉素、杆菌肽、磺胺嘧啶钠注射液等治疗。

【处方 2】

① 1% 盐酸强力霉素注射液 15~25 mL。用法：一次肌肉注射，按 1 kg 体重 0.3~0.5 mL 用药，每日一次，连用 2~3 d。

② 氟哌酸粉 4 g。用法：一次喂服，按 1 kg 体重 80 mg 用药，每日 2 次，连用 3 d 以上。

【处方3】白芍9g、黄芩9g、大青叶9g、知母6g、连翘6g、桔梗6g、炒牵牛子9g、炒牛蒡子9g、炙枇杷叶9g。用法：水煎，加鸡蛋清2个为引，一次喂服，每日2剂，连用3 d。

【处方4】金银花30 g、连翘24 g、丹皮15 g、紫草30 g、射干12 g、山豆根20 g、黄芩9 g、麦冬15 g、大黄20 g、元明粉15 g。用法：水煎分2次喂服，每日1剂，连用2 d。

（2）兔巴氏杆菌病（兔出血性败血症）　由多杀性巴氏杆菌引起的疾病。主要危害2~6月龄家兔，兔对多杀性巴氏杆菌的传染易感，并存在若干临诊类型。其中有传染性鼻炎，地方流行性肺炎、中耳炎、结膜炎、子宫积脓、睾丸炎、脓肿以及全身败血症。

临床症状：① 鼻炎。指以浆液性、黏液性或黏液脓性为特征的鼻炎或副鼻窦炎。这是家兔最常见发生的疾病之一。发病率可达 20%~70%，秋春两季发病率最高。而夏季则最低。本病潜伏期急性型为数小时，慢性型为 2~5 d，以浆液性、黏液性或黏液脓性为特征。由于鼻腔渗出物的刺激，病兔常用前爪内测摩擦外鼻孔，并经常打喷嚏、咳嗽，患有鼻塞性杂音，呼吸困难。逐渐消瘦而死亡。② 地方流行性肺炎。本病往往呈现急性纤维素性化脓性肺炎和胸膜炎的形式，最后导致败血症而死亡。4~8 周龄的家兔最易发病。通常病初的症状是厌食和沉郁，前一天还是体况良好的兔，发现时已经死亡。这是常见的症状表现。③ 中耳炎：一般看不到临诊的体征，斜颈虽是原发性的临诊表现，但应考虑斜颈是感染蔓延到内耳或脑的结果，而不是单纯的中耳炎。当脑膜和脑受害时，可见共济失调及其他神经症状。

预防措施：兔多杀性巴氏杆菌病灭活疫苗1mL；用法：一次皮下或肌肉注射。每年2~3次。

治疗方法：抗菌消炎。

【处方1】抗血清 3~6 mL，注射用青霉素 20 万~40 万 IU，注射用链霉素 25 万~50 万 IU，注射用水 2 mL。用法：分别一次肌肉注射。每日2次，连用3~5 d。

【处方2】磺胺甲基嘧啶 0.1~0.3 g，三甲氧苄胺嘧啶 0.1~0.3 g。用法：一次内服。首次量加倍，每日2次，连用3~5 d。

【处方3】黄芩 5 g、黄柏 10 g、菊花 10 g、赤芍 10 g。用法：每日1剂，连用3~5 d。

（3）禽巴氏杆菌病（禽霍乱）　是由多杀性巴氏杆菌所引起的传染病。以发热、腹泻、呼吸困难为特征。可分为最急性型、急性型、慢性型。

临床症状：病鸡体温升高43~44 °C，全身症状明显；常有腹泻，排出黄色稀粪；不食、沉欲增加；呼吸困难，口鼻分泌物增加；鸡冠和内髯青紫或肿胀，发病率和死亡率都较高，死鸡多为壮鸡和高产鸡。腹膜、皮下组织和腹部脂肪常见出血；脂肪和心外膜有大量出血点；肝脏病变具有特征性、肝稍肿、质变脆，呈棕色或黄棕色，肝表面有许多针尖大的灰白色坏死点；脾变化不大，肿大；肌胃、十二指肠呈卡他性和出血性炎症。

防治措施：加强饲养管理，注意通风换气和防暑防寒，避免过度拥挤，减少或消除降低机体抗病能力的因素，并定期进行饲舍及运动场消毒。坚持全进全出的饲养制度。定期进行相应的免疫接种预防禽霍乱灭活疫苗 2 mL。用法：一次皮下或胸肌注射，免疫期 3 个月。

治疗方法：常用的治疗药物有青霉素、链霉素、磺胺类等多种抗菌药物。

【处方1】禽霍乱高免血清 1~2 mL。用法：一次皮下注射或肌肉注射。每天1次，连用2~3 d。

【处方2】青霉素 2 万~5 万 IU，链霉素 2 万~5 万 IU，注射用水 2~3 mL。用法：分别肌肉注射，每日2次，连用3~5 d。说明：也可用阿莫西林（氨苄青霉素），按 1 kg 体重 10~15 mg 内服或肌肉注射，每日2次，连用5 d。

【处方3】磺胺嘧啶 0.2~0.4 g。用法：一次口服，按 1 kg 体重 0.1~0.2 g 用药，每日 2 次，连用 3~5 d。

【处方4】复方壮观霉素 50 g。用法：混入饲料中一次喂服，按 150 kg 饲料 50 g 用药，连用 3~5 d。重症剂量加倍。

【处方5】黄连、黄芩、黄柏、金银花、山楂子、柴胡、大青叶、防风、雄黄、明矾、甘草各等份。用法：混合磨碎，内服，按 1 kg 体重 2 g 用药，每日 2 次，连用 3 d。

（4）牛羊巴氏杆菌病　牛羊巴氏杆菌病以广泛出血为特征。治宜抗菌消炎。

【处方1】

① 巴氏杆菌抗血清 80 mL。用法：一次皮下注射。

② 复方磺胺嘧啶注射液 80 mL。用法：一次肌肉注射，每日 2 次，连用 5 d。说明：也可用青霉素、链霉素、头孢类抗生素、长效抗生素及其他复方磺胺类药物，重症配合强心补液。

【处方2】金银花 50 g、连翘 60 g、射干 60 g、山豆根 60 g、天花粉 60 g、桔梗 60 g、黄连 50 g、黄芩 50 g、栀子 50 g、茵陈 50 g、牛蒡子 30 g。用法：水煎取汁，一次灌服。

5. 沙门氏杆菌病

沙门氏杆菌病是由沙门氏菌不同菌株引起不同动物沙门氏菌感染的总称。该病主要侵害幼龄动物和青年动物。临床上表现为败血症，胃肠炎以及其他组织的局部炎症。呈散发性或偶尔呈地方性流行，怀孕的动物可能发生流产。除能引起人和动物感染发病外，还能造成食品污染造成人食物中毒。患病动物和带菌者是本病的主要传染源，沙门氏菌也可通过子宫内感染或带菌禽蛋垂直传递给子代而引起发病。

（1）禽沙门氏菌病　禽沙门氏菌病是由沙门氏菌属中的一种或多种沙门氏菌引起伤寒的禽类的急性或慢性传染病。临床上将鸡白痢沙门氏菌所引起的沙门氏菌病称为鸡白痢；鸡沙门氏菌引起的称为禽伤寒；而具有鞭毛能运动的沙门氏菌引起的称为禽副伤寒。引起禽副伤寒的沙门氏菌也能广泛地感染动物和人，人类的沙门氏菌感染和食物中毒常来源于感染副伤寒的禽类、蛋品或其他产品，因此禽副伤寒在公共卫生方面有着十分重要的意义。

① 鸡白痢　鸡白痢是由鸡白痢沙门氏菌所引起的传染病。各种品种鸡均有易感性，以 1~2 周龄以内的雏鸡的发病率于病死率为最高，呈流行性，成年鸡感染呈慢性或隐性经过。

临床症状：潜伏期 4~5 d，出壳后感染的雏鸡，躲在孵出后几天才出现明显症状。发病雏鸡呈最急性者，无症状迅速死亡。稍缓者表现精神萎顿、绒毛松乱、两翼下垂、不愿走动、拥挤在一起。病初食欲减退，而后停食，多数出现软嗉症状。同时腹泻排稀薄如糨糊状粪便，肛门周围绒毛被粪便污染，有的因粪便干结封住肛门周围，影响排粪，最后因呼吸困难及心力衰竭而死。个别病雏出现眼盲或肢体关节肿胀，呈瘸性症状。耐过鸡生长发育不良，成为慢性患者或带菌者。

治疗方法：治宜抗菌止痢。

【处方1】头孢噻呋 0.1 mg。用法：1 日龄雏鸡一次皮下注射。说明：也可用土霉素、氟哌酸、复方敌菌净，分别按每 100 kg 饲料 100~500 g、20 g、20~40 g 混饲，分别用 7 d、3~4 d、4~5 d。

【处方2】大蒜头 5 g。用法：捣碎后加 50 mL 水混合，每鸡每次滴服 1 mL，每日 3~4 次，连服 3 d。

【处方3】白头翁100 g、炒槐末50 g、鸦胆子50 g、黄柏25 g、罂粟壳25 g、马齿苋25 g、甘草5 g、大蒜100 g。用法：将大蒜捣烂，加白酒300 mL，制成大蒜酊。余药加水900 mL，浸泡24 h，煮沸后用纱布滤汁，混入大蒜酊。饮服，成鸡1~2 mL；雏鸡0.5~1 mL，每日2次。

②禽伤寒　禽伤寒主要发生于中鸡和成年鸡，以肝、脾肿大，肝呈黄绿色或古铜色为特征。治宜杀灭病原。

【处方1】氟苯尼考40~60 mg。用法：混饲，按1 kg体重20~30 mg用药，每日2次，连用3~5 d。说明：也可用土霉素、氟哌酸、复方敌菌净，按每100 kg饲料分别100~500 g、20 g、20~40 g混饲，分别用7 d、3~4 d、4~5 d。

【处方2】庆大霉素注射液1万~2万IU。用法：一次肌肉注射，按1 kg体重0.5万~1万IU用药，每日2次，连用3~5 d。说明：也可用丁胺卡那霉素，按100 kg饲料15~25 g混饲，连用3~5 d。

③禽副伤寒　各种家禽和野禽均易感，其中以鸡和火鸡最常见。

防治措施　杜绝病原菌的传入，清除群内带菌鸡，同时严格执行卫生，消毒和隔离制度。

（2）猪沙门氏杆菌　猪沙门氏杆菌病又称为仔猪副伤寒。是1~4月龄仔猪的常见传染病之一。潜伏期由两天至数周不等。临床分为急性型和慢性型两种。

临床症状：①急性型。多见于断奶前后的仔猪。病初体温升高达41~42 ℃。后期有下痢和呼吸困难表现，耳根、胸前、腹下及后躯部被服呈紫红色，致死率很高，病程2~4 d。②慢性型。该型在临床上最为常见，病猪体温升高、精神不振、食欲减退、眼有黏性或脓性分泌物；初便秘，后下痢，粪便恶臭，呈淡黄色或黄绿色，并混有血液，坏死组织或纤维素絮片。

防治措施：采取良好的兽医生物安全措施。实行全进全出的饲养方式，控制饲料污染，消除发病诱因，是预防本病的重要环节。在本病常发地区，仔猪断奶后接种仔猪副伤寒弱毒冻干菌苗，可有效地控制该病的发生。发病猪应及时隔离消毒，病通过药敏实验选择合适的抗菌药物治疗。

（3）兔沙门氏杆菌病　兔沙门氏杆菌病又称兔副伤寒，由鼠伤寒沙门氏杆菌和肠炎沙门氏杆菌引起。特征是腹泻、阴道和子宫流出黏液性或脓性分泌物，不孕和流产。

治疗方法：治宜抗菌消炎。

【处方1】硫酸庆大霉素注射液4万~8万IU。用法：一次肌肉注射。每日2次，连用3 d。

【处方2】硫酸卡那霉素注射液2万~4万IU。用法：一次肌肉注射。每日1次，连用3~5 d。

【处方3】黄连5 g、黄芩10 g、黄柏10 g、马齿苋12 g。用法：水煎服。每日1剂，连用3~5 d。

【处方4】车前子25 g、鲜竹叶25 g、马齿苋25 g、鱼腥草25 g。用法：水煎服。每日1剂，连用3~5 d。

注：本病还可用链霉素肌肉注射或琥磺噻唑（SST）、酞磺胺噻唑（PST）、磺胺脒、20%大蒜汁等内服治疗。

6. 狂犬病

狂犬病是由狂犬病病毒引起的急性自然麻痹性传染病，所有温血动物均可感染。人主要通过咬伤受感染，临床表现为脑脊髓炎等症状，亦称恐水症。

临床症状：潜伏期 10 日至 2 个月，甚至更长，一般可分为狂暴型和麻痹型两种类型。① 狂暴型可有前驱期，兴奋期和麻痹期。前驱期：1~2 d，病犬精神沉郁，常躲在暗处，不愿与人接近，不听呼唤，反射机能亢奋轻度，刺激即易兴奋，有时望空扑咬。兴奋期：2~4 d，病犬高度兴奋，表现狂暴并常攻击人畜，狂暴发作常与沉郁交替出现。麻痹期：1~2 d，下颌下垂，舌脱出口外，流涎明显，后躯及四肢麻痹，最后因呼吸中枢麻痹衰竭而死。② 麻痹型病犬以麻痹症状为主，兴奋期很短或无。表现吞咽困难，随后四肢麻痹，进而全身麻痹而死。

病理变化：无明显变化，但可见体表有外伤的痕迹。

防治措施：认真贯彻执行防治和控制狂犬病的规章制度，加强犬的免疫接种工作，目前国内常用的疫苗有狂犬病热毒苗和其他多价苗。目前狂犬病患病动物仍然无法治愈，因此发现患病或疑似动物时应尽快扑杀，防止其攻击人及其他动物而造成该病的传播。若人和动物被患病动物咬伤，首先应用消毒剂如肥皂水、碘酊、酒精、石炭酸等处理伤口。并迅速进行疫苗接种，使其在潜伏期内产生自动免疫。

7. 大肠杆菌病

大肠杆菌病是指由致病性大肠杆菌引起多种动物不同疾病或病型的总称，包括动物的局部性或全身性大肠杆菌感染、大肠杆菌腹泻、败血症和毒血症等。各种动物大肠杆菌病的表现形式有所不同，但多发生于幼龄动物。

（1）猪大肠杆菌病　猪大肠杆菌病是由大肠杆菌引起的一组疾病的总称，包括生后数日内可发生的仔猪黄痢，2~4 周龄发生的仔猪白痢，6~15 周发生的仔猪水肿病。

① 仔猪黄痢　仔猪黄痢由致病性大肠杆菌引起，发生于初生的仔猪，病程短，死亡率高，主要发生于 7 日龄内仔猪，3 日内仔猪多发，1 周以上仔猪很少发病。天气突变，环境阴冷潮湿、脏、喝脏水是外因，外因是仔猪黄痢的诱发因素。仔猪突然发病死亡，病程稍长的仔猪严重腹泻，排黄色或黄白色稀粪。带黏液，含凝乳小片。治宜抗菌止泻，补液强心。

【处方 1】
a. 丁胺卡那霉素注射液 20 万 IU。用法：一次肌肉注射或灌服，每日 2~3 次，连用 3 d。
b. 磺胺嘧啶 0.2~0.8 g、三甲氧苄胺嘧啶 0.4~0.16 g、活性炭 0.5 g。用法：混匀分 2 次喂服，每日 2 次至愈。

【处方 2】白头翁 2 g 龙胆末 1 g。用法：研末一次喂服，每日 3 次，连用 3 d。

【处方 3】大蒜 100 g、5%乙醇 100 mL、甘草 1 g。用法：大蒜用乙醇浸泡 7 天以后取汁 1 mL，加甘草末 1 g，调糊一次喂服，每日 2 次至愈。

说明：处方 2~3 配合处方 1 应用效果更佳。

【处方 4】黄连 5 g、黄柏 20 g、黄芩 20 g、金银花 20 g、诃子 20 g、乌梅 20 g、草豆蔻 20 g、泽泻 15 g、茯苓 15 g、神曲 10 g、山楂 10 g、甘草 5 g。用法：研末，分 2 次喂母猪，早晚各 1 次，连用 2 剂。

【处方 5】0.1%亚硒酸钠注射液 5 mL。用法：母猪产前两日一次肌肉注射，每日 1 次，连注 2 d。说明：本方用于缺硒地区有良效。

② 仔猪白痢　仔猪白痢由大肠杆菌引起，主要发生于 2~4 周龄的仔猪，10 日龄左右仔猪发病最多。仔猪拉白色或灰白色的糊状稀粪，有明显腥臭味，体温不高，如不及时治疗，下痢加剧，易脱水死亡，大多数经治疗后逐渐康复。

治宜抗菌止泻。

【处方1】

a. 硫酸庆大小诺霉素注射液8万~16万IU，5%维生素B_1注射液2~4 mL。用法：肌肉或后海穴一次注射，也可喂服。每日2次，连用2~3 d。

b. 黄连素片1~2 g，硅碳银1~2 g。用法：一次喂服，每日2次，连用1~2 d。

【处方2】白头翁50 g、黄连50 g、生地50 g、黄柏50 g、青皮25 g、地榆炭25 g、青木香10 g、山楂25 g、当归25 g、赤芍20 g。用法：水煎喂服10只小猪，每日1剂，连用1~2剂。

③猪水肿病 猪水肿病是由溶血性大肠杆菌分泌的细胞毒素所致。主要发生于断奶仔猪，以体况健壮、生长快的仔猪最为常见。导致该病的诱因与饲料和饲养方法的改变、气候变化等有关。

临床症状：主要以水肿和神经症状为主要特征。病猪突然发病，精神沉郁，眼睛潮红，食欲减退，或口吐白沫，发病前轻度腹泻，后常便秘，病猪静卧一隅，肌肉震颤、抽，四肢划动呈游泳状，触时表现敏感，发呻吟声或嘶哑的叫鸣。行走时四肢无力，共济失调，盲目前进或做圆圈运动。常见脸部、眼睑、结膜、齿龈、头皮、颈部和腹部高度水肿，积留清亮无色胶冻样液体。

防治措施：加强仔猪饲养管理，保证及时获得足够的初乳。控制分娩舍温度，使其为22~27 °C，初生仔猪周围的温度应调整至30~32 °C，同时注意适时通风换气。加强分娩舍的卫生及消毒工作，定期对母猪进行预防性投药，减少环境污染，最大限度地降低仔猪的发病率。免疫接种可以使仔猪获得较强的免疫力。预防仔猪黄痢，可在妊娠母猪于产前6周和2周进行两次疫苗免疫。而预防仔猪白痢和猪水肿病，可在仔猪出生后接种猪大肠杆菌腹泻基因工程多价苗或灭活苗。

临床治疗：比较困难，宜抗菌，强心，利尿，解毒。

【处方1】

a. 50%葡萄糖注射液20 mL，地塞米松注射液1 mg，25%维生素C注射液2 mL。用法：一次静脉推注，连用1~2次。

b. 安钠咖注射液1~2 mL。用法：一次皮下注射，视情况可第二日再注射1次。

c. 呋喃苯胺酸注射液1~2 mL。用法：一次肌肉注射，可于第二日酌情再注射1次。

d. 大蒜泥10 g。用法：分2次喂服，每日2次，连用3 d。

e. 丁胺卡那霉素注射液20万~40万IU。用法：一次后海穴注射，每日2次，连用2~3次。

【处方2】

a. 抗血清5~10 mL、硫酸庆大霉素注射液8万~16万IU。用法：一次肌肉注射，视情况可于第二日再注射1次。

b. 20%磺胺嘧啶钠注射液20~40 mL，50%葡萄糖注射液40~60 mL。用法；一次静脉，每日1次，连用2~3 d。

c. 10%葡萄糖酸钙注射液5~10 mL，40%乌洛托品注射液10 mL。用法：一次静脉注射，每日1次，连用2~3 d。

d. 维生素B_1注射液2~4 mL。用法：一次脾俞穴注射，每日1次，连用2~3 d。

【处方3】白术9 g、木通6 g、茯苓9 g、陈皮6 g、石斛6 g、冬瓜皮9 g、猪苓6 g、泽泻6 g。用法：水煎分2次喂服，每日1剂，连用2剂。

（2）禽大肠杆菌病　大肠杆菌病是由致病大肠杆菌引起的各种禽类的急性或慢性的细菌性传染病。包括急性败血症，气囊炎，肝周炎，心包炎，卵黄性腹膜炎，眼炎，关节炎，脐炎，肉芽肿以及肺炎等，但最常见的是急性败血症和卵黄性腹膜炎。

防治措施：一般认为菌苗预防是经济，有效和安全的方法。大肠杆菌菌苗对相同血清型的菌株感染具有较好的保护作用，但对不同血清型菌株感染的交叉保护很低，甚至不存在交叉保护作用。另外，还可以通过药敏试验选择合适的抗菌药物进行配合治疗，最大限度地减少该病给养禽业造成的损失。治宜消除病原。

【处方1】庆大霉素注射液1万~2万IU。用法：一次肌肉注射，按1 kg体重0.5万~1万IU用药，每日2次，连用3 d。说明：也可用卡那霉素注射液，一次肌肉注射，按1 kg体重30~40 mg用药，每日2次，连用3 d。

【处方2】土霉素100~500 g。用法：混饲。按每100 kg饲料100~500 g用药，连用7 d。说明：也可用氟哌酸（诺氟沙星），按每100 kg饲料5~20 g用药，饲喂5~7 d。

【处方3】禽菌灵750 g用法：混饲。拌入100 kg饲料中自由采食，连喂2~3 d。

【处方4】黄柏100 g、黄连100 g、大黄100 g。用法：水煎取汁，10倍稀释后供1000只鸡自饮，每日一剂，连服3 d。

（3）兔大肠杆菌病　兔大肠杆菌病是由致病性大肠杆菌及其毒素引起的仔兔肠道疾病。特征是腹泻，排出水样或胶冻样粪便，脱水死亡。治宜抗菌消炎、强心补液、收敛止泻。

【处方1】

（1）注射用硫酸链霉素30万~50万IU，5%葡萄糖生理盐水30~50 mL。用法：一次静脉注射。每日2次，连用3~5 d。

（2）硫酸庆大霉素注射液2万~4万IU。用法：一次口服。每日2次，连用3~5 d。

【处方2】氟哌酸10~30 mg。用法：一次口服。每日2次，连用3~5 d。

【处方3】大蒜酊2~4 mL。用法：一次口服。每日2次，连用3 d。

【处方4】预防大肠杆菌病多价灭活疫苗1~2 mL。用法：仔兔一次肌肉注射。母兔怀孕初期一次肌肉注射2 mL。

8. 结核病

结核病是由结核分枝杆菌引起的一种人畜共患病。其病理特征是在多种组织器官形成结节性肉芽肿（结核结节），继而结节中心干络样坏死或钙化。近年来，结核病的发病率不断增高，已成为影响人类健康和养殖业的主要疾病之一。该病原为结核分枝杆菌，呈革兰氏阳性，可分为牛型、人型和禽型等三种主要类型。

（1）牛结核病　牛结核病是由牛结核杆菌（牛型、人型及部分禽型分枝杆菌）所引起的一种人畜共患的慢性消耗性传染病。其病原体可在人与牛之间相互传播。世界上大约有10%的结核病是因为感染了牛型分枝杆菌。人型和牛型分枝杆菌在许多不同种属动物中的感染、传播和储存对世界范围内控制和根除结核病造成了严重的威胁。

临床症状：牛常发生肺结核，病初食欲反刍无变化，但易疲劳，常发短而干的咳嗽，吸入冷空气和起立运动时易发咳，咳嗽加重。病牛日渐消瘦、贫血，有的体表淋巴结肿大。胸腹膜发生结核病，即所谓的"真珠病"，胸部听诊可听到摩擦音，多数病牛乳房常被感染侵害，见乳房上淋巴结肿大无热无痛，泌乳量减少。肠道结核多见于犊牛，表现消化不良、食欲不振，顽固性下痢，迅速消瘦。脑发生结核病变时，常引起神经症状。

治疗方法：治宜抗菌消炎，注意隔离消毒。

【处方1】

① 注射用链霉素600万~800万IU，注射用水30 mL。用法：一次肌肉注射，每天2次，连用5 d。

② 异烟肼0.8 g。用法：一次口服，每日2次，可长期服用。说明：也可用利福平3~5 g口服或与异烟肼配合应用。

【处方2】

① 卡那霉素注射液400万IU。用法：一次肌肉注射，每日2次，连用5 d。

② 对氨基水杨酸钠80~100 mg。用法：每日分2次口服。

注：诊断牛结核病用牛型结核菌素，诊断绵羊、山羊用稀释的牛型和禽型两种结核菌素。消毒药常用5%来苏儿或克辽林、10%漂白粉、20%石灰乳。

（2）禽结核

临床症状：潜伏期很长，2~12个月。病程发展缓慢，早期不见明显症状。病禽呆立，精神萎靡，衰弱，进行性消瘦。胸部肌肉明显萎缩，胸骨凸出。随着病情进展，严重贫血，冠和肉髯苍白。病变的主要特征是在内脏器官，如肺、脾、肝、肠上出现不规则的、浅灰黄色、从针尖到1 cm大小的结核节。结核外面包裹一层纤维组织性的包膜，内有黄色干酪样坏死，通常不发生钙化。胫骨骨髓中可见结核节。

防治措施：① 净化畜禽群，对患病畜禽应及时扑杀，进行无害化处理；② 加强消毒工作，每年进行2~4次预防消毒，每当畜禽群出现阳性后，都要进行一次大消毒。常用消毒药为5%来苏儿或克辽林、10%漂白粉、3%福尔马林、3%苛性钠溶液。

（3）兔结核 兔结核是由结核杆菌引起的慢性传染病。特征是形成结节性肉芽肿，病灶常见于肝、肺、肾、胸膜、心包、支气管和肠系膜淋巴结。治宜抗菌消炎。无特殊价值的病兔淘汰为宜。

【处方】

① 注射用硫酸链霉素30万~50万IU。用法：一次肌肉注射。每日2次，连用5~7 d。

② 异烟肼30~60 mg。用法：一次口服。每日2次，连用5~7 d。

9. 魏氏梭菌病

魏氏梭菌病是由产气荚膜杆菌（魏氏梭菌）所引起的一类多种动物传染病的总称。包括仔猪梭菌性肠炎、羊快疫、羊猝疽、羊肠毒血症、羊黑疫、羔羊痢疾和兔魏氏梭菌病等。

（1）仔猪梭菌性肠炎 仔猪梭菌性肠炎是由C型产气荚膜魏氏梭菌外毒素引起的急性肠道传染性中毒症。特点是便血和迅速死亡，且传染各类猪群。特征为3日龄以内新生仔猪排红色粪便，肠黏膜坏死，病程短，病死率高。

临床症状：仔猪红痢按经过分为最急性型、急性型、亚急性型和慢性型。仔猪红痢发病极快，发生于初生7日龄的乳猪，体温升高到40~40.5 ℃，不吃奶，精神不振，被毛无光、腹泻，排红色黏液状粪便，行走不稳，发抖，摇头抽搐，24 h内即可死亡。

病理变化：病变同见于空肠、呈暗红色，肠腔充满含血的液体，肠系膜淋巴结鲜红色，病程长的坏死性炎症为主，脾边缘有小点出血，肾呈灰白色。

本病抗生素疗效不明显，重在预防。

【处方】

① 预防：C 型魏氏梭菌灭活菌苗 10 mL。用法：母猪产前一月和半月分别肌肉注射 1 次。

② 磺胺嘧啶 0.2～0.5 g，三甲氧苄胺嘧啶 0.4～0.6 g，活性炭 0.5～1 g。用法：混匀一次喂服，每日 2～3 次。

③ 链霉素粉 1 g，胃蛋白酶 3 g。用法：混匀喂服 5 只仔猪，每日 1～2 次，连用 2～3 d。

（2）羊快疫　羊快疫是由腐败梭菌引起的，以真胃（第四胃）出血性炎症为特征。羊快疫和羊猝疽可混合感染，其特征是突然发病，病程极短，几乎看不到临床症状即死亡；胃肠呈出血性、溃疡性炎症变化，肠内容物混有气泡；肝肿大、质脆、色多变淡，常伴有腹膜炎。

病原：腐败梭菌是革兰氏阳性厌氧大杆菌，有鞭毛，能运动，在动物体内外均能产生芽孢，不形成荚膜。

临床症状：绵羊最易感。发病羊的营养多在中等以上，大小多为 6～18 月龄。山羊和鹿也可感染本病。突然发病，病羊往往来不及出现临床症状，就突然死亡。有的病羊离群独处，卧地，不愿走动，强迫行走时表现虚弱和运到失调。腹部膨胀，有痛表现。体温表现不一，有的正常，有的升高至 41.5 ℃ 左右。病羊最后极度衰竭、昏迷，通常在数小时至 1 d 内死亡，极少数病例可达 2～3 d，罕有痊愈者。

病理变化：新鲜尸体主要呈现真胃出血性炎症变化。黏膜，尤其是胃底部即幽门附近的黏膜，常有大小不等的出血斑块，表面发生坏死，出血坏死区低于周围的政策黏膜，黏膜下组织常水肿。胸腔、腹腔、心包有大量积液，暴露于空气中易凝固。

（3）羊猝疽　羊猝疽是由 C 型产气荚膜梭菌的毒素引起的，以溃疡性肠炎和腹膜炎为特征。羊快疫和羊猝疽可混合感染。

临床症状和病理变化：本病发生于成年绵羊，以 1～2 岁绵羊发病较多。发病羊病程短促，常未见到临床症状即突然死亡，有时发现病羊掉群、卧地，表现不安、衰弱、痉挛，眼球突出，在数小时内死亡。死亡是由于毒素侵害于生命活动有关的神经元发生休克所致。

病理变化：主要见于消化道和循环系统，表现为十二指肠和空肠黏膜严重充血、糜烂、有的区段可见大小不等的溃疡。

治疗方法：羊快疫和羊猝狙两病重在防疫，发病时隔离病羊，对病程稍长的病例治宜抗菌消炎，输液，强心。

【处方1】

① 复方磺胺嘧啶钠注射液 15～20 mL。用法：一次肌肉注射，每天 2 次，连用 3～5 d，首次量加倍。

② 10%安钠咖注射液 2～4 mL，25%维生素 C 注射液 2～4 mL，1%地塞米松注射液 0.2～0.5 mL，5%葡萄糖生理盐水 200～400 mL。用法：一次静脉注射，连用 3～5 d。

【处方2】注射用青霉素钠 80 万～240 万 IU，注射用水 5～10 mL。用法：一次肌肉注射，每天 2 次，连用 5 d。

【处方3】预防羊快疫疫苗或羊快疫、猝疽、肠毒血症三联苗或羊快疫、猝疽、肠毒血症、羔羊痢疾、黑疫五联苗 5 mL。用法：一次肌肉注射，每年 1 次。

（4）羊肠毒血症　羊肠毒血症是由 D 型产气荚膜梭菌引起的一种急性毒血症疾病。因该病死亡的羊肾组织易于软化，因此又常称此病为"软肾病"。

临床症状：本病有明显的季节性和条件性。在牧区，多发于春末夏初萌发和秋季牧草结子后的一段时期，在农区，则常常是在收菜季节，羊只吃了多量菜根、菜叶或收了大量谷类的时候发生此病。2~12月龄的羊最易发病，发病的羊多为；膘情较好的，多为突然发病，很少见到临床症状，在出现临床症状后很快死亡。另一类以昏迷和安静死去为特征，前者在倒毙前，四肢出现强烈的滑动，肌肉颤搐，眼球转动，磨牙，口水过多，后者病程不太急，步态不稳，以后卧倒，并有感觉过敏，上下"咯咯"作响，继而昏迷。

病理变化：常限于消化道、呼吸道和心血管系统。真胃含有未消化的思路。心包常扩大，内含50~60 mL灰黄色液体和纤维素絮块。肺脏出血和水肿。

防控措施：在常发地区，应定期注射羊肠毒血症菌苗或羊快疫、猝疽和肠毒血症二联苗。对病程长者除立即进行菌苗紧急接种外，灌服中药能收到一定的防治效果。

【处方1】注射用青霉素钠80万~240万 IU，注射用水5~10 mL。用法：一次肌肉注射，每天2次，连用5 d。说明：可用于病程稍缓的病羊，还可内服磺胺脒8~12 g，每天2次口服，连用3~5 d。同时结合强心、补液、镇静等对症治疗有利于部分病羊的康复。避免在春夏之际给羊饲喂过多的结籽饲草和蔬菜等多汁饲料。

【处方2】苍术10 g、大黄10 g、贯众5 g、龙胆草5 g、玉片3 g、甘草10 g、雄黄1.5 g（另包）。用法：将前六味水煎取汁，混入雄黄，一次灌服，灌药后再加服一些食用植物油。

（5）羊黑疫　羊黑疫又名传染性坏死性肝炎，是由B型诺维梭菌引起的绵羊和山羊的一种急性高度致死性毒血症。以剧烈腹泻和小肠溃疡为特征，病理特征是肝实质的坏死病灶。B型诺维梭菌能使1岁以上的绵羊感染，以2~4岁的绵羊发生最多。发病羊多为营养良好的肥胖羊只，本病主要在春、夏季节发生于肝片吸虫流行的低洼潮湿地区。

临床症状：本病在临床上与羊快疫、肠毒血症极其类似。病程十分急促，绝大多数未见临床症状有病而突然死亡。可拖延1~2 d，但没有超过3 d的。病畜掉群，不食，呼吸困难，体温41.5 ℃左右，呈昏睡俯卧，并保持在这种状态下毫无痛苦地突然死去。

治疗方法：治宜抗菌消炎，收敛止泻，母羊产前免疫，羔羊生后12 h内灌服土霉素可预防。

【处方1】

① 土霉素粉0.2~0.3 g、胃蛋白酶0.2~0.3 g。用法：加常水30 mL，调匀后一次灌服。

② 注射用青霉素钠40万~80万 IU，注射用链霉素50万 IU，注射用水10 mL。用法：分别一次肌肉注射，每日2次，连用数日。说明：也可用庆大霉素、菌特灵肌肉注射。

【处方2】磺胺脒0.5 g、鞣酸蛋白0.2 g、次硝酸铋0.2 g、重碳酸钠0.2 g。用法：水调一次灌服，每天3次。

【处方3】乌梅汤加减　[乌梅（去核）10 g、炒黄连9 g、黄芩10 g、郁金10 g、炙甘草10 g、猪苓10 g、诃子肉12 g、焦山楂12 g、神曲12 g、泽泻8 g、干柿饼（切碎）1个]。用法：研碎煎汤150 mL，红糖50 g为引，病羔一次灌服。

【处方4】加味白头翁汤：白头翁10 g、黄连10 g、秦皮12 g、生山药30 g、山芋肉12 g、诃子肉10 g、茯苓10 g、白术15 g、白芍10 g、干姜5 g、甘草6 g。用法：煎汤300 mL，每羔灌服10 mL，每日2次。

【处方5】预防：羔羊痢疾菌苗或羊快疫、猝疽、肠毒血症、羔羊痢疾，黑疫五联菌苗5 mL。用法：每年秋季给母羊注射。产前2~3周再接种1次。

（6）羔羊痢疾　羔羊痢疾是由B型产气荚膜梭菌所引起的初生羔羊的一种急性毒血症。

该病以羔羊剧烈腹泻，下肠溃疡和大批死亡为特征。

临床症状和病理变化：本病主要危害与 7 日龄以内的羔羊，其中又以 2~3 日龄的发病最多，7 日龄以上的很少髋部。促进羔羊痢疾发生的不良诱因主要是母羊怀孕期营养不良，羔羊体质瘦弱，气候寒冷，特别是大风雪后，羔羊受冻，哺乳不当，羔羊饥饱不匀；没有搞好补饲的年份，羔羊痢疾常易发生；气候最冷和变化较大的月份，发病最为严重，纯种细毛羊的适应性差，发病率和死亡率较高。病初精神萎顿，低头拱背，不想吃奶。不久就发生腹泻，粪便恶臭，有的稠如面糊，有的稀薄如水，到了后期，有的还含有血液，直到成为血便。病羔逐渐虚弱，卧地不起，若不及时治疗，常在 1~2 d 内死亡，只有少量症状较轻的，可能自愈。

治疗方法：治宜抗菌消炎，收敛止泻，母羊产前免疫，羔羊生后 12 h 内灌服土霉素可预防。

【处方 1】

① 土霉素粉 0.2~0.3 g、胃蛋白酶 0.2~0.3 g。用法：加常水 30 mL，调匀后一次灌服。

② 注射用青霉素钠 40 万~80 万 IU，注射用链霉素 50 万 IU，注射用水 10 mL。用法：分别一次肌肉注射，每日 2 次，连用数日。说明：也可用庆大霉素、菌特灵肌肉注射。

【处方 2】磺胺脒 0.5 g、鞣酸蛋白 0.2 g、次硝酸铋 0.2 g、重碳酸钠 0.2 g。用法：水调一次灌服，每天 3 次。

【处方 3】乌梅汤加减[乌梅（去核）10 g、炒黄连 10 g、黄芩 10 g、郁金 10 g、炙甘草 10 g、猪苓 10 g、诃子肉 12 g、焦山楂 12 g、神曲 12 g、泽泻 8 g、干柿饼（切碎）1 个]。用法：研碎煎汤 150 mL，红糖 50 g 为引，病羔一次灌服。

【处方 4】加味白头翁汤（白头翁 10 g、黄连 10 g、秦皮 12 g、生山药 30 g、山萸肉 12 g、诃子肉 10 g、茯苓 10 g、白术 15 g、白芍 10 g、干姜 5 g、甘草 6 g）。用法：煎汤 300 mL，每羔灌服 10 mL，每日 2 次。

【处方 5】预防：羔羊痢疾菌苗或羊快疫、猝疽、肠毒血症、羔羊痢疾、黑疫五联菌苗 5 mL。用法：每年秋季给母羊注射。产前 2~3 周再接种 1 次。

（7）兔魏氏梭菌病　家兔魏氏梭菌病是主要由 A 型魏氏梭菌引起的急性、致死性传染病。特征是剧烈腹泻，粪呈水样或呈胶冻样腥臭、带血，死亡快，是一种严重危害家兔生产的急性传染病，其死亡率高，多呈地方性流行可散发。一年四季均可发生，以春、冬季为发病高峰期。大小兔均可感染，一般 20 日龄后的兔即可感染，但以膘情好、食欲旺盛的兔发病率较高。

临床症状：一般不易发现发病前兆，患兔精神沉郁，不食，喜饮水，下痢呈粪水样，色呈污褐，有特殊腥臭味，腹部膨胀，轻摇病兔可听到"咣"的拍水声。提起病兔，粪水即从肛门流出。后期病兔可视黏膜发绀，双耳发凉，肢体无力并严重脱水。病程最短的在几小时内死亡，多数当日或次日死亡，少数在 1 周后最终死亡。

病理变化：打开腹腔有特殊臭味，胃胀满，浆膜有散在大小不等的溃疡斑，胃黏膜脱落；小肠充气，肠壁薄而透明；大肠特别是盲肠浆膜上有鲜红色的出血斑，内充满褐色或黑绿色的粪水或带血色及气体；肝质脆；膀胱多数积有浓茶色尿液；心脏表面呈树枝状充血。

防治措施：加强饲养管理和卫生消毒工作，控制饲料中的精料。注射 A 型魏氏梭菌病灭活疫苗可预防本病发生，幼兔断奶后即可接种，6 个月免疫一次，抗生素及磺胺类药物虽可杀灭本菌，但不能中和毒素，仅可用以控制并发症。治宜抗菌、抗毒素、补液。

【处方 1】

① 抗血清 6~10 mL。用法：一次肌肉注射。

②注射用青霉素钠20万~40万IU，注射用水2 mL。用法：一次肌肉注射。每天2次，连用3 d。

③5%葡萄糖生理盐水20~50 mL。用法：一次静脉注射或腹腔注射。

【处方2】预防：A型魏氏梭菌灭活苗2 mL。用法：断乳后立即接种疫苗，一次皮下注射。每年2次。注：本病发病急、病程短，轻症者疗效较好，重症者应尽早淘汰。患病兔群可用金霉素、土霉素或红霉素等口服或混于饲料中喂服以紧急防疫。

10. 猪链球菌病

猪链球菌病是由溶血性链球菌引起的人畜共患疾病。

临床症状：可表现为败血型、脑膜炎型和淋巴结肿胀型。败血型：发病急、体温高达40~43 ℃，呈稽留热，呼吸急促，从鼻腔中流出浆液性或脓性分泌物；黏膜潮红、流泪、颈、耳、腹下及四肢下端皮肤呈紫红色，并有出血炎，多在1~3 d死亡，慢性表现为多发性关节炎。关节肿胀、跛行，后侧麻痹致死。脑膜炎型：以脑膜炎为主，多见于仔猪。主要表现为家庭神经症状，致死率极高。

病理变化：败血型：鼻黏膜、喉头、气管充血、出血，常见大量泡沫；肺充血肿胀；全身淋巴结肿大、充血和出血；脾肿大，呈暗红色，边缘有黑红色出血性梗死区；胃肠黏膜出血和出血。脑膜炎型：脑膜充血、出血，甚至淤血。淋巴结脓肿型：关节腔内有黄色胶样或纤维性、脓性渗出物，淋巴结脓肿。

防治措施：加强免疫接种，目前用于预防的疫苗有灭活苗和弱毒苗。要注意卫生环境的改善，同时，严格禁止私自宰杀和自行处理。应用抗生素治疗时可选用特效作用的药物，进行全身治疗，局部治疗可对患处进行外科处理后，涂抹抗生素或磺胺类药物。

治疗方法：治宜抗菌消炎。

【处方1】注射用青霉素钠240万IU，地塞米松注射液4 mg。用法：青霉素按1 kg体重4万IU一次肌肉注射，每日2次至愈。说明：用于急性败血型。

【处方2】

（1）注射用青霉素钠240万IU。用法：同处方1。

（2）0.2%高锰酸钾溶液适量、5%碘酊适量。用法：局部脓肿切开后以高锰酸钾溶液冲洗干净并涂擦碘酊。说明：用于淋巴结脓肿型。

【处方3】10%磺胺嘧啶钠注射液20~40 mL。用法：一次肌注，每日2次，连用3~5 d。说明：用于脑膜脑炎型。

【处方4】蒲公英30 g，紫花地丁30 g。用法：煎水拌料饲喂，每日2次，连服3 d。

11. 炭 疽

炭疽是由炭疽杆菌引起的急性、烈性、败血性传染病。特征为突然倒毙，昏迷，困难，濒死期天然孔流血。本病疫区加强预防接种，发现病畜立即封锁疫点，清和疫苗紧急预防，病畜严格隔离治疗，以抗菌消炎、清热解毒为原则

【处方1】

（1）抗炭疽高免血清200 mL。用法：牛一次静脉注射，羊用30~60 mL。12 h后重复一次。

（2）注射用青霉素钠400万IU，注射用水20 mL。用法：牛一次肌肉注射，羊用80万IU，

每日2次，连用3~5 d。说明：也可用复方磺胺嘧啶钠注射液，按1 kg体重20~25 mg，每日2次，首次量加倍。也可用广谱抗生素。

【处方2】预防无毒炭疽芽孢苗1 mL。用法：牛一次皮下注射，绵羊减半。

二、猪传染病

1. 猪瘟

猪瘟是由猪瘟病毒引起的一种急性、热性和高度接触传染的病毒性传染病。其特征为发病急、高热稽留和细小血管壁变性、引起全身泛发性小点出血、脾梗死，发病率、死亡率高。

临床症状：急性败血型：体温升高40.5 ℃以上，不退，精神萎靡、食欲不振、不饮水、怕冷，可视黏膜充血或有不正常的分泌物，耳尖、腹下、四肢内侧皮肤有出血斑和紫斑，体表淋巴结肿大，便秘和腹泻交替，少数猪可出现神经症状，病程1~3周。温和型猪瘟：症状不典型，体温一般在40~41 ℃，体温时升时降，食欲时好时坏，便秘和腹泻交替发生，病猪的耳尖、尾根和四肢皮肤经常发生坏死，病程较长。

病理变化：呈全身出血性变化，多呈小片或点状，淋巴结水肿出血，呈大理样外观，喉头、膀胱有小点出血，脾脏不肿大，边缘有出血性梗死灶。肾色泽变淡，有尖状出血，外观呈麻雀蛋样，慢性病变为猪回盲口可见"纽扣溃疡"。

防治措施：应采取免疫预防和淘汰感染猪相结合的综合措施。引种检疫，杜绝传染源的传入。免疫预防；免疫接种是防治猪瘟的重要手段。我国常用的猪瘟疫苗有单苗和联苗两类。单苗有组织苗（脾淋苗|乳兔苗）和细胞苗（犊牛睾丸细胞苗|羊肾细胞苗），联苗有（猪瘟-猪丹毒-猪肺疫三联苗）。疫苗毒株为猪瘟兔化弱毒株（C株），安全性高，免疫原性强。免疫程序为种公猪和种母猪每年免疫两次。仔猪根据猪场的实际情况采取超前（零时）免疫，30~35日龄和70日龄进行三次免疫或在20~25日龄和60~65日龄的两次免疫策略。

治疗方法：治宜抗病毒消炎。

【处方1】抗猪瘟血清25 mL，庆大霉素注射液16万~32万IU。用法：一次肌肉或静脉注射，每日1次，连用2~3次。说明：在猪尚未出现腹泻时应用本方可获一定疗效。

【处方2】预防猪瘟兔化弱毒疫苗2头份。用法：非猪瘟流行区，仔猪60~70日龄时接种1次；猪瘟流行区，20日龄第1次接种，60日龄以后再接种1次，种猪群以后每年加强免疫1次。发病猪群中假定健康猪及其他受威胁的猪只，可用此苗作紧急预防接种。

【处方3】白虎汤加减[生石膏40 g（先煎）、知母20 g、生山栀10 g、板蓝根20 g、玄参20 g、金银花10 g、大黄30 g（后下）、炒枳壳20 g、鲜竹叶30 g、生甘草10 g]。用法：水煎去渣，候温灌服，每天1剂，连服2~3剂。说明：配合西药治疗。

2. 猪丹毒

猪丹毒是由猪丹毒杆菌引起的一种急、热性传染病。临床上主要为急性败血型和亚急性疹块型，也可表现为慢性、多发性关节炎或心内膜炎。人也可感染，称为类丹毒。

临床症状：急性败血型：初期个别猪不表现任何症状，突然死亡，其他猪相继发病，病猪体温升高42~43 ℃，稽留、虚弱、喜卧、眼结膜充血；先便秘后腹泻；耳、项、背等部位皮肤发生潮红，继而发紫，后可转为疹块型或慢性型。亚急性疹块型：病猪少食、便秘、体温升高41℃以上胸、腹、背、肩、四肢等部的皮肤发生疹块、充血，指压褪色；后期瘀血，紫蓝色，指压不褪色，部分皮肤坏死，久而变成革样痂皮。慢性型：关节主要表现四肢关节的炎性肿胀，病猪跛行或卧地不起。心内膜表现为消瘦、充血、全身衰弱、喜卧、全身摇晃。心脏有杂音、心跳加速、呼吸急促，常见于心脏麻痹而突然倒地死亡。皮肤坏死、常发生肩、背、蹄和尾等部皮肤肿胀、隆起、坏死、色黑、干硬似皮革。

病理变化：败血型猪丹毒主要以急性败血症的全身变化和体表皮肤出现疹块为特征。鼻、唇、耳及眼内侧等处皮肤和可视黏膜呈不同程度的紫红色；全身淋巴结发红肿大，切面多汁，呈卡他性炎症，肝肺充血；心外膜点状出血；脾樱红色，充血、肿大，胃肠呈卡他性或出血性炎症，肾肿大，呈暗红色，俗称大红肾。疹块型猪丹毒以皮肤疹块为特征变化。慢性型猪丹毒：关节炎是一种多发性增生性关节炎，关节肿胀，有多量浆液性纤维素性渗出液。心内膜炎常见一个或多个瓣膜，多见于二尖瓣膜上有溃疡性或菜样疣状赘生物。

防治措施：加强饲养管理，强化免疫接种，注意环境卫生消毒，搞好隔离治疗。治宜抗菌消炎。

【处方1】

（1）抗血清50 mL。用法：一次静脉或皮下注射。

（2）注射用青霉素钠80万~160万IU。用法：一次肌肉注射，每日2~3次，连注3~4 d。说明：对于亚急性型猪丹毒，在发病后24~36 h内使用效果较好。也可用链霉素、庆大霉素、洁霉素等肌肉注射。

【处方2】 穿心莲注射液10~20 mL。用法：一次肌肉注射，每日2~3次，连用2~3 d。说明：对亚急性型猪丹毒有良效。

【处方3】 连翘10 g、葛根15 g、桔梗10 g、升麻15 g、白芍10 g、花粉10 g、雄黄5 g、二花5 g。用法：研末一次喂服，每日2剂，连用2 d。

【处方4】 地龙30 g、石膏30 g、大黄30 g、玄参16 g、知母16 g、连翘16 g。用法：水煎分2次喂服，每日1剂，连用3~5 d。

3. 高致病性猪蓝耳病

高致病性猪蓝耳病是由猪繁殖与呼吸综合征病毒变异引起的一种急性高致死性疾病。不同年龄，品种和性别的猪均可发病，但以妊娠母猪和仔猪最为常见。仔猪发病率100%，死亡率可达50%以上，母猪流产率可达30%以上，育肥猪也可发病死亡。

临床症状：体温升高41℃以上，眼结膜炎，眼睑水肿；咳嗽、气喘等呼吸道症状；部分猪后躯无力，不能站立或共济失调等神经症状；仔猪发病率可达100%，死亡率可达50%以上，母猪流产率可达30%以上，成年猪也可发病死亡。

病理变化：可见脾脏边缘或表面出现梗死灶，肾脏呈土黄色，表面可见针尖至小米粒大出血点、皮下、扁桃体、心脏、膀胱、肝脏和肠道可见出血点和出血斑，部分病例可见胃肠道出血、溃肠、死亡。

防治措施：加强饲养管理，强化免疫接种，目前无有效的治疗方法。要选用高致病性猪蓝耳病活疫苗。

免疫程序：① 商品猪：仔猪断奶前后初免，4个月再免疫一次；② 种母猪：仔猪断奶前后初免，4个月后再免疫一次，以后每次配种前加强免疫一次；③ 种公猪：仔猪断奶前后初免，4个月后再免疫一次，以后每隔 4~6 个月加强免疫一次。

4. 猪血痢

猪血痢是由猪痢疾密螺旋体引起的一种肠道传染病，表现为血痢黑痢以 7~12 周龄的小猪发生较多，小猪的发病率和死亡率比大猪高，本病传播途径健康猪吃下污染的饲料、饮水而感染。运输、拥挤、寒冷、过热右环境卫生不良等诱因都是本病发生的应激因素。

临床症状：潜伏期多为 1~2 周，病初发体温升高，精神沉郁、厌食，腹泻开始为黄色柔软或水样粪便，症重时病猪拉红色糊状粪便，另有血液、黏液和坏死上皮组织碎片进而粪便变黑。

病理病变：病变局限于大肠、回盲结合处，大肠黏膜肿胀，覆盖着黏液和带血块的纤维素，大肠内产物混有黏液、血液和组织碎片。肠系膜淋巴结肿胀。其他脏器无明显病变。

防治措施：本病目前还没有特异性疫苗，主要靠综合措施来预防。痢菌净为本病的特效药，也可以选用硫酸新霉素，土霉素和杆菌肽等药物进行治疗。对腹泻严重的仔猪应及时补液。

【处方1】丁胺卡那霉素 60 万~120 万 IU。用法：一次喂服，每日 2~3 次，连用 3 d 以上。

【处方2】0.5%痢菌净注射液 25 mL。用法：按 1 kg 体重 0.5 mL 一次肌肉注射，每日 2 次，连用 2~3 d。

【处方3】黄柏 10 g、黄连 10 g、黄芩 10 g、白头翁 20 g。用法：水煎候温一次灌服。

5. 猪支原体肺炎

猪支原体肺炎又称地方性流行性肺炎（气喘病），是由猪肺炎支原体引起猪的一种慢性呼吸道传染病。主要表现为咳嗽和气喘，以乳猪和断奶仔猪易感性高、发病率优高。

临床症状：分急性型、慢性型、隐性型。急性表现为呼吸困难、像拉风箱、呈腹式呼吸，吸气时腹壁呈波浪式抖动、趴地喘气、发出喘鸣声。慢性表现为张嘴干咳、早晚或气候变化时咳嗽更加明显，病猪消瘦毛焦、生长缓慢。

病理变化：主要病变只见于肺、肺门淋巴结和纵隔淋巴结。肺脏水肿和气肿，在心叶、尖叶、中间叶出现融合性支气管肺炎，以心叶最为明显，颜色多为淡红色或灰红色，半透明状、病变界限明显，像鲜嫩白肌肉样，俗称肉变，肺门和膈淋巴结肿大。

防治措施：引种时应加强检疫，杜绝引入带毒猪，采取综合性措施，提高猪群抵抗力，达到抵抗本病的能力。建立健康群猪，逐步根除本病。① 实行"自繁自养"；② 免疫预防，疫苗接种是预防本病的重要措施；③ 对猪肺炎支原体较敏感的药物主要有替米考星、泰妙菌素、克林霉素、壮观霉素以及喹诺酮类药物；④ 做好其他病毒性疾病的预防；⑤ 加强清洁卫生和消毒工作；⑥ 改善饲养条件；⑦ 建立健康猪群。

6. 猪伪狂犬病

猪伪狂犬病是由猪伪狂犬病毒引起的一种急性传染病，主要侵害 5~20 日龄的仔猪。以发热，脑脊髓炎，母猪流产、死胎，呼吸困难等为特征。

临床症状：2 周龄健康仔猪病初发热、呕吐、下痢、厌食、精神沉郁，呼吸困难，眼球上翻，后期出现神经症状、发抖、共济失调间歇性痉挛，后躯麻痹，作前进或后退转动，倒地四肢划动、呈犬坐姿势。怀孕母猪感染发病突然，表现为发热、咳嗽、呕吐、精神不振、流产、产死胎和木乃伊。

病理变化：一般无特征性病变。如有神经症状，脑膜明显充血、了出血和水肿、扁桃体、肝和脾均有散在白色坏死点，肺水肿，胃黏膜有卡他性炎症。流产胎儿的脑和臀部皮肤出血点，肾和心肌出血，肝和脾有灰白色坏死。

防治措施：免疫接种是预防和控制本病的主要措施，鼠类可携带病毒，消灭鼠类对预防本病有重要意义。本病尚无有效药物治疗，紧急时可用高免血清治疗，可降低死亡率。本病无有效治疗方法，以预防为主。

【处方】 猪伪狂犬病疫苗 0.5~2 mL。用法：肌肉注射，乳猪第 1 次注射 0.5 mL，断乳后再注射 1 mL；3 月龄以上架子猪注射 1 mL；成年猪和妊娠母猪注射 2 mL。免疫期 1 年。说明：仅用于疫区和受威胁区。

7. 猪细小病毒病

猪细小病毒病是猪细小病毒引起猪的繁殖障碍性疾病，感染猪，特别是初产母猪产出的死胎、畸形胎、木乃伊胎，流产及病死仔猪。母猪本身无明显病毒。

临床症状：母猪不同孕期感染、可分别造成死胎、木乃伊胎、流产等不同症状。怀孕 30~50 日龄引起感染，主要是产木乃伊胎，怀孕 50~60 后日龄感染，发现死胎，怀孕 70 日龄后感染时，大多死胎心能存活，但带有抗体和病毒。

防治措施：① 控制带毒猪传入猪群；② 对患病母猪、仔猪及时隔离或淘汰；③ 对猪舍周围严格消毒；④ 对猪进行免疫接种：猪细小病毒灭活疫苗 1 头份，用法：母猪配种前 2 个月左右注射 1 次。

8. 猪圆环病毒病

猪圆环病毒是由猪圆环病毒引起的一种新的传染病。主要感染 8~13 周龄猪，其特征为体质下降、消瘦、腹泻、呼吸困难，母猪繁育障碍，内脏器官及皮肤的广泛性病理变化，特别是肾脏，脾脏，及全身淋巴结的高度肿大出血和坏死。本病可导致猪群产生严重的免疫抑制，从而容易导致继发或并发其他传染病，给养猪业造成严重经济损失。

临床症状和病理病变：猪圆环病毒侵入猪体后引起多系统进行性功能衰弱，临床表现为生长发育不良和消瘦、皮肤苍白，肌肉衰弱无力，精神沉郁，食欲不振，呼吸困难。有 20% 的病例出现贫血、黄疸，具有诊断意义，但慢性病例难于察觉。剖检可见淋巴结肿大，肾脏肿大，苍白，表面出现白色斑点，脾脏肿大并梗死。特征性的显微损伤为全身性坏死性脉管炎和纤维蛋白坏死性肾小球肾炎，肺脏可表现为增生性和坏死性肺炎。

防治措施；加强饲养管理，强化免疫接种，控制继发感染。本病尚无有效防治措施。

【处方 1】

（1）注射用长效土霉素 0.5 mL。用法：一次肌肉注射。哺乳仔猪分别在 3、7、21 日龄按 1 kg 体重 0.5 mL 各注射 1 次。

（2）强力霉素或土霉素适量，泰妙菌素适量。用法：拌入饲料中喂服。按 1 kg 体重断奶前后仔猪用强力霉素 150 mg、泰妙菌素 50 mg，母猪产前、产后 1 周内用土霉素 300 mg、泰妙菌素 100 mg。说明：切实做好卫生消毒和预防免疫等综合防制措施，特别是猪瘟、猪伪狂犬病、细小病毒病、猪繁殖与呼吸综合征、猪气喘病等的免疫，减少应激，防止链球菌病、巴氏杆菌病、肺炎支原体病的发生，可减少本病的发生。猪轮状病毒病 猪轮状病毒引起。以厌食，呕吐，下痢为特征。目前尚无特效治疗药物。宜对症施治。

【处方2】硫酸庆大小诺霉素注射液 16万~32万 IU，地塞米松注射液 2~4 mg。用法：一次肌肉或后海穴注射，每日 1 次，连用 2~3 d。

【处方3】葡萄糖 43.2 g、氯化钠 9.2 g、甘氨酸 6.6 g、柠檬酸 0.52 g、枸橼酸钾 0.13 g、无水磷酸钾 4.35 g、水 2000 mL。用法：混匀后供猪自由饮用。

9. 猪副嗜血杆菌病

本病是由猪副嗜血杆菌引起的。5~8 周龄的猪最易感染和发病，临床上以呼吸道症状和关节炎为主要特征的一种传染病。

流行病学：发病日龄：本病可影响 2 周龄到 4 月龄的青年猪，尤其是 5~8 周的仔猪最易感染和发病；母猪及种公猪亦可感染，但多以隐性感染或慢性跛行为主。传播途径：直接接触传播、呼吸道传播及其他传播途径如消化道等。

发病原因：天气骤变、长途运输、饲养密度过大、潮湿拥挤及暴发其他病毒或细菌性疾病。

临床症状与病理变化：病猪表现体温升高、食欲不振、厌食、呼吸困难、部分病例皮肤发紫、关节肿胀、跛行、颤抖、共济失调，病程稍长的病例表现消瘦、皮肤苍白、生长缓慢。母猪表现流产、母性行为下降、慢性跛行及公猪慢性跛行。即时应用抗菌素治疗感染母猪。

剖检变化：剖检表现肺部、心脏表面、腹腔及关节表面纤维素性渗出，关节肿大、病猪消瘦、皮下及肺部水肿等症。

预防措施：

仔猪断脐：需要注意的是：脐带留 2~3 cm 用细绳扎住，用 7% 碘酒进行干燥、消毒。

仔猪剪牙：剪牙如果不到位容易引发：① 仔猪牙周炎：剪碎牙龄直接导致牙齿炎，严重引起仔猪死亡。② 母猪乳房炎：尖锐部位咬伤母猪乳头继发乳房炎。要求剪牙钳平整。

断尾：断尾尾巴的长度控制在 2~3 cm，用 5% 碘酒消毒。

阉割：用安全无刺激的消毒剂进行皮肤清洁，伤口控制在 1~1.3 cm，日龄控制在 7~10 日龄左右进行最好。

膝关节：刚出生仔猪皮肤柔嫩或长期跪着吸吮乳头，前肢膝关节易磨伤。故建议：接生用"境舒宝"涂抹，四肢用 2% 紫药水涂也可以。

目前我国已成功研制出副猪嗜血杆菌油乳剂灭活苗。但副猪嗜血杆菌具有明显的地方性特征，疫苗免疫在不同的血清型之间所引起的交叉保护率很低，因此，药物预防成了预防本病的有效途径。

治疗方法：抗菌消炎。

【处方1】注射用青霉素钠 200 万 IU，注射用水 5 mL。用法：一次肌肉注射，每日 2 次，连用 3~5 d。

【处方2】

（1）三甲氧苄胺嘧啶 0.5 g。用法：按 1 kg 体重 10 mg 喂服，每日 2 次，连用 3~5 d。

（2）磺胺嘧啶 5 g。用法：按 1 kg 体重 0.1 g 喂服（首次 0.2 g），每日 2 次，连用 3~5 d。

【处方 3】泰乐霉素适量。用法：按 50 mg/kg 拌入饲料中饲喂，连续 1 周以上。

10. 猪传染性萎缩性鼻炎

由支气管败血波氏杆菌引起。表现为鼻炎、鼻甲骨萎缩和上颌骨变形。治宜抗菌消炎。

【处方】
（1）注射用链霉素 200 万 IU，注射用水 2 mL。用法：一次肌肉注射，每日 2 次，连用 3 d。
（2）磺胺二甲嘧啶 100 g、金霉素 100 g。用法：拌料 1000 kg 喂服，连用 4~5 周。

11. 猪传染性胃肠炎

猪传染性胃肠炎是由猪传染性胃肠炎病毒引起的。以腹泻、呕吐和脱水及 10 日龄仔猪高死亡率为特征。

预防措施：可使用传染性胃肠炎和轮状病毒二联苗进行免疫接种，母猪在分娩前 5 周和 2 周进行，可使仔猪获得良好的被动免疫抗体，有效防止该病的发生。

治疗方法：治宜对症补液

【处方 1】
（1）0.1%高锰酸钾溶液 200 mL。用法：一次喂服，按 1 kg 体重 4 mL 用药。
（2）痢菌净 1 g。用法：一次肌肉注射，按 1 kg 体重 20 mg 用药，每日 2 次；内服剂量加倍。

【处方 2】硫酸庆大小诺霉素注射液 16 万~32 万 IU，25%葡萄糖注射液 50~100 mL。用法：一次静脉注射。

【处方 3】氯化钠 3.5 g、氯化钾 1.5 g、小苏打 2.5 g、葡萄糖粉 20 g。用法：加温开水 1000 mL 溶解，自由饮服。

【处方 4】黄连 40 g、三棵针 40 g、白头翁 40 g、苦参 40 g、胡黄连 40 g、白芍 30 g、地榆炭 30 g、棕榈炭 30 g、乌梅 30 g、诃子 30 g、大黄 30 g、车前子 30 g、甘草 30 g。用法：研末，分 6 次灌服，每日 3 次，连用 2 d 以上。

【处方 5】红糖 120 g、生姜 30 g、茶叶 30 g。用法：水煎，一次喂服。

12. 猪流行性腹泻

猪流行性腹泻由猪流行性腹泻病毒引起。表现呕吐、腹泻和严重脱水等症状。

治疗方法：本病尚无特效疗法，宜对症治疗。

【处方 1】
（1）丁胺卡那霉素注射液 60 万~120 万 IU。用法：一次肌肉注射，每日 2 次，连用 3~5 d。
（2）氯化钠 3.5 g、氯化钾 1.5 g、碳酸氢钠 2.5 g、葡萄糖 20 g、温开水 1000 mL。用法：混合自由饮用。
（3）磺胺脒 4 g、次硝酸铋 4 g、小苏打 2 g。用法：混合一次喂服。

13. 猪流行性感冒

猪流行性感冒由猪流行性感冒病毒引起。以突然发病，传播迅速，发热，肌肉关节疼痛和上呼吸道炎症为特征。治宜对症消炎，控制继发感染。

【处方1】

（1）硫酸卡那霉素注射液60万~120万IU，1%氨基比林注射液5~10 mL。用法：一次肌肉注射，每日2次，连用2~3 d。

（2）板蓝根注射液3~6 mL。用法：一次肌肉注射，每日2次，连用3 d以上。

【处方2】柴胡20 g、土茯苓15 g、陈皮20 g、薄荷20 g、菊花15 g、紫苏15 g、防风20 g。用法：水煎一次喂服，每日1剂，连用2~3剂。

【处方3】石膏30 g、杏仁15 g、板蓝根10 g、桔梗10 g、麻黄10 g、薄荷15 g、甘草15 g。用法：水煎服，每日1剂，连用2~3剂。

【处方4】野菊花30 g、金银花24 g、一枝黄花24 g。用法：水煎取汁500 mL一次喂服。

14. 猪流行性乙型脑炎

猪流行性乙型脑炎由乙型脑炎病毒引起。主要以母猪流产、死胎和公猪睾丸炎为特征。本病目前尚无特效药物，可试用以下处方。

【处方1】

（1）康复猪血清40 mL。用法：一次肌肉注射。

（2）10%磺胺嘧啶钠注射液20~30 mL，25%葡萄糖注射液40~60 mL。用法：一次静脉注射。

（3）10%水合氯醛20 mL。用法：一次静脉注射。注意不要漏出血管外。

【处方2】生石膏120 g、板蓝根120 g、大青叶60 g、生地30 g、连翘30 g、紫草30 g、黄芩20 g。用法：水煎一次灌服，每日1剂，连用3剂以上。

【处方3】生石膏80 g、大黄10 g、元明粉20 g、板蓝根20 g、生地20 g、连翘20 g。用法：共研细末，开水冲服，日服2次，每日1剂，连用1~2 d。

15. 常见猪传染性疾病的鉴别

在养猪生产中，经常会遇到以下痢等典型消化道症状为主要表现的猪病，引起发病的既有病毒性疾病，也有细菌性疾病，还有寄生虫疾病，这些猪病都有下痢的症状，容易造成误诊，本书简述这些疾病鉴别诊断方法要点，希望能对广大养猪户和基层兽医者在疫病防控中提供一些帮助。

（1）从感染病原和临床特征上进行鉴别

仔猪黄痢：是由致病性大肠杆菌引起的一种急性、致死性疾病，临床上以腹泻、排黄色或黄白色粪便为特征。

仔猪白痢：是由致病性大肠杆菌引起的一种急性肠道传染病，临床上以排灰白色、腥臭、糨糊状稀粪为特征。

仔猪红痢：是由C型产气荚膜梭菌引起的一种高度、致死性的肠毒血症，临床上以血性下痢、病程短、病死率高、小肠后段的弥漫性出血或坏死性变化为特征。

猪痢疾：是由致病性猪痢疾蛇形螺旋体引起的一种肠道传染病，临床上以大肠黏膜发生卡他性出血性炎症，纤维素坏死性炎症，黏液性或黏液出血性下痢为特征。

传染性胃肠炎：是由猪传染性胃肠炎病毒（属冠状病毒）引起的一种高度接触性肠道疾

病，临床上以呕吐、严重腹泻和脱水为特征。

猪流行性腹泻：是由猪流行性腹泻病毒（属冠状病毒）引起的一种急性接触性肠道传染病，临床上以呕吐、腹泻和脱水为特征。

仔猪副伤寒：是由沙门氏菌引起的一种疾病，临床上以败血症、肠炎、使怀孕母畜发生流产为特征。

猪轮状病毒病：是由轮状病毒（属呼肠孤病毒）引起的一种急性肠道传染病，临床上以腹泻和脱水为特征。

猪球虫病：是由球虫引起的一种疾病，临床上以水样或脂样的腹泻为特征。

（2）从流行病学上进行鉴别

仔猪黄痢：最容易发生于1~3日龄的仔猪，个别仔猪在生后12 h发病。发病率与病死率较高。

白痢：多发生于10~30日龄的仔猪，发病率中等，病死率低。

仔猪红痢：主要侵害1~3日龄的仔猪，1周龄以上仔猪很少发病，发病率高，病死率低。

猪痢疾：各种年龄的猪和不同品种猪均易感，但7~12周龄的小猪发生较多。本病流行无季节性，持续时间长。

猪传染性胃肠炎：10日龄以内仔猪病死率高，5周龄以上猪的死亡率低，成年猪几乎不死。一般多发生于冬、春季，发病高峰为1~2月份。

猪流行性腹泻：各种年龄的猪都感染，哺乳仔猪、架子猪或肥育猪的发病率高。本病多发生于寒冷季节，以12月和翌年1月发生最多。

仔猪副伤寒：常发生于6月龄以下的仔猪，以1~4月龄者发生较多。本病一年四季均可发生，在多雨潮湿季节发病较多。

猪轮状病毒病：多发生于8周龄以内的仔猪。本病在晚秋、冬季和早春季节多发。

猪球虫病：主要危害初生仔猪，1~2日龄感染时症状严重。

（3）从临床症状和病理变化上进行鉴别

仔猪黄痢：排出黄色浆状稀粪，内含凝乳小片，很快消瘦、昏迷而死。胃肠道膨胀、有多量黄色液体内容物和气体，肠黏膜呈急性卡他性炎症，小肠壁变薄。

仔猪白痢：粪便呈乳白色或灰白色，浆状或糊状，腥臭、黏腻。肠黏膜有卡他性炎症病变。

仔猪红痢：排出血样稀粪，内含坏死组织碎片。空肠呈暗红色，肠系膜淋巴结鲜红色，脾边缘有小点出血，肾呈灰白色。

猪痢疾：食欲减少，粪便变软，表面附有条状黏液，以后粪便黄色柔软或水样，直至粪便充满血液和黏液。大肠黏膜肿胀，并覆盖有黏液和带血块的纤维素，内容物软至稀薄，并混有黏液、血液和组织碎片。

猪传染性胃肠炎：仔猪粪便为黄色、绿色或白色，可含有未消化的凝乳块。成年猪有呕吐、灰色褐色水样腹泻。胃底黏膜充血、出血，肠系膜充血，淋巴结肿胀，肠壁变薄呈半透明状。

猪流行性腹泻：水样腹泻，严重脱水，精神沉郁，食欲减退。小肠扩张，内充满黄色液体，肠系膜充血，肠系膜淋巴结水肿，小肠绒毛缩短。

仔猪副伤寒：耳根、胸前、腹下及后躯部皮肤呈紫红色，粪便恶臭，呈淡黄色或黄绿色，并混有血液、坏死组织或纤维素絮片。脾肿大、质地较硬，呈暗紫红色，全身淋巴结充血、肿胀，肠系膜淋巴结肿大呈索状。

猪轮状病毒病：粪便水样或糊状，色暗白或暗黑。胃壁弛缓，内充满凝乳块和乳汁，小肠壁菲薄，广泛出血，肠系膜淋巴结肿大。

猪球虫病：水样或脂样腹泻，粪便从淡黄到白色，恶臭。纤维素性坏死性肠炎，局灶性溃疡。

三、禽类传染病

1. 高致病性禽流感

高致病性禽流感是由 H5 和 H7 亚型毒株所引起的一种禽类传染病。

临床症状：无特定的临床症状，表现为突然发病，短时间内可见食欲废绝，体温骤升，精神高度沉郁，鸡冠与肉垂水肿、发绀，伴随大量死亡，数天内死亡率可达 90%以上。

病理变化：头肿、肉髯冠出血，小腿和趾部皮下出血、水肿，腺胃乳头出血及输卵管炎等。

预防措施：免疫是预防本病的主要措施，疫苗要选用重组禽流感病毒 H5 亚型二价灭活苗、禽流感-新城疫重组二联活疫苗。

免疫程序：7～14 日龄时，用 H5N1 亚型禽流感灭活苗进行初免；在 3～4 周后再进行一次加强免疫；开产前再进行一次强化免疫；以后每隔 4～6 个月加强免疫一次。

2. 鸡新城疫

鸡新城疫是由新城疫病毒引起的鸡和火鸡高度接触性传染病。常呈败血症经过，主要特征是呼吸困难、下痢、神经紊乱、黏膜和浆膜出血。

临床症状：病鸡体温升高，食欲减退，精神委顿，产蛋减少或停止，口腔和鼻腔分泌物增多，嗉囊胀满；呼吸困难，喉部发出"咯、咯"的叫声；下痢、粪便绿色或黄白色；偏头转颈，作转圈运动或共济失调。

病理变化：全身黏膜、浆膜出血，淋巴结肿胀、出血、坏死，嗉囊充满酸臭味液体和气体；腺胃黏膜水肿，乳头或乳头间有鲜红的出血点或和坏死。肌胃角质层下也常见有出血点。小肠黏膜有大小不等的出血点，气管有出血或坏死；心冠脂肪有小出血点；脾、肝、肾无特殊病变。

防治措施：

（1）采取严格的生物安全措施和封闭式管理。高度警惕病原侵入鸡群。

（2）做好预防接种工作，按照科学的免疫程序，定期免疫接种是防控的关键。正确地选择疫苗鸡新城疫疫苗分为活苗和灭活苗两类。目前国内使用的活疫苗有Ⅰ系苗、Ⅱ系苗、Ⅲ系苗、Ⅳ系苗和V4弱毒苗。Ⅰ系苗是一种中等毒力的活疫苗，绝大部分国家已禁止使用，我国动物及动物产品出口基地也禁止使用了，Ⅱ系，Ⅲ系和Ⅳ系苗属于弱毒苗，各种日龄的鸡均可使用，多采用滴鼻、饮水、点眼和喷雾等方式接种，但喷雾免疫最好在 2 月龄以后采用，以防诱导慢性呼吸道疾病。V4弱毒苗具有耐热和嗜肠道的特点，适用于热带，亚热带地区的鸡群。灭活疫苗对鸡安全，可产生坚强而持久的免疫力，但是注射后 10～20 d 才产生免疫力。

灭活苗和活苗同时使用，活苗可促进灭活苗的免疫效果。

（3）建立免疫检测制度，定期进行抗体检测，确保免疫程序的合理性以及疫苗接种的效果。鸡群一旦发生本病，应立即封锁鸡场，禁止出售，场区地面，鸡舍及污染物药进行无害化处理和消毒，并对鸡群紧急接种，待最后一只鸡处理 2 周后，不再有新的病例发生，通过彻底消毒，方可解除封锁。

（4）治疗方法：消除病原，重在做好预防。

【处方 1】鸡新城疫高免血清 1 mL。用法：一次肌肉注射。说明：也可用抗鸡新城疫卵黄抗体 1~2 mL，一次肌肉注射或皮下注射。

【处方 2】金银花、连翘、板蓝根、蒲公英、青黛、甘草，各 120 g。用法：水煎取汁，每 100 只鸡一次饮服，每日 1 剂，连服 3~5 d。

3. 鸡传染性法氏囊病

鸡传染性法氏囊病是由传染性法氏囊病毒引起的幼鸡的一种急性、高度接触性传染病。以呼吸困难、湿咳、喉部和气管豁膜肿胀、出血、糜烂为特征。发病率高、病程短，症状为腹泻、闭眼呈昏睡状态，极度虚弱，最后死亡。

病理变化：腿部、胸部肌肉出血，法氏囊肿大、出血，囊内黏液增多，后期法氏囊萎缩，严重者法氏囊内有干酪样渗出物；肾有不同程度的肿胀，腺胃和肌胃交界处见有条状出血点。

治疗方法：治宜对症处理，预防继发感染。

【处方 1】链霉素 5 万~10 万 IU，注射用水适量。用法：一次肌肉注射，每日 2 次，连用 3~5 d。说明：呼吸困难时，也可一次肌肉注射 20%樟脑水注射液 0.5~1 mL。

【处方 2】矮地茶 20 g、野菊花 20 g、枇杷叶 20 g、冬桑叶 20 g、扁柏叶 20 g、青木香 20 g、山荆芥 20 g、皂角刺 20 g、陈皮 20 g、甘草 20 g。用法：煎汁拌料或混饮，50 羽鸡一次量。

【处方 3】预防：鸡传染性喉气管炎弱毒疫苗 1 头份。用法：30 日龄鸡点眼、滴鼻。

4. 鸡传染性喉气管炎

鸡传染性喉气管炎是由传染性喉气管炎病毒引起的鸡的一种急性呼吸道传染病。以呼吸困难、湿咳、喉部和气管豁膜肿胀、出血、糜烂为特征，传播快，死亡率高。

临床症状：潜伏期 6~12 d，特征症状是，有分泌物和呼吸时发出湿性啰音，继而咳嗽和喘气，严重者呼吸困难，咳出带血的黏液，甚至死于窒息。检查口腔时，可见喉部黏膜上有淡黄色凝固物附着，不易擦去，病鸡消瘦，鸡冠发紫，排绿色稀粪，衰竭死亡。

病理变化：喉和气管黏膜充血和出血并形成糜烂。

防治措施：采取疫苗免疫为主，严格执行隔离、检疫等卫生防疫措施，加强饲养管理，改善环境条件，对本病的防控十分重要。常用 m41 型的弱毒苗如 h120、h52 及其灭活油剂苗。H120 毒力较弱，对雏鸡安全；h52 毒力较强，适用于 20 日龄以上的鸡；油苗各种日龄均可使用。治宜对症处理，预防继发感染。

【处方 1】链霉素 5 万~10 万 IU，注射用水适量。用法：一次肌肉注射，每日 2 次，连用 3~5 d。说明：呼吸困难时，也可一次肌肉注射 20%樟脑水注射液 0.5~1 mL。

【处方 2】矮地茶 20 g、野菊花 20 g、枇杷叶 20 g、冬桑叶 20 g、扁柏叶 20 g、青木香 20 g、山荆芥 20 g、皂角刺 20 g、陈皮 20 g、甘草 20 g。用法：煎汁拌料或混饮，50 羽鸡一次量。

【处方 3】预防：鸡传染性喉气管炎弱毒疫苗 1 头份。用法：30 日龄鸡点眼、鼻。注意：由于接种疫苗能使鸡带毒，本处方仅在流行地区使用。

5. 鸡传染性支气管炎

鸡传染性支气管炎是由鸡传染性支气管炎病毒引起的一种急性、高度接触性的呼吸道疾病，以咳嗽、喷嚏、气管罗音为特征，多发生于雏鸡。

临床症状：病鸡咳嗽、喷嚏的气管发出的罗音，精神不振，食欲减退，被毛松乱，昏睡；个别病鸡鼻窦肿胀，流眼泪多，常挤在一起，借以保暖，下痢对可持续排白色或水样粪便。雏鸡死亡率为 10%～30%，6 周龄以上的鸡死亡率在 0.5%～1%。

病理变化：病鸡气管、支气管、鼻腔和窦内有浆液性卡他性和干酪样渗出物；肾病变形肾肿大出血，多数呈斑驳状的"花肾"，肾小管和输尿管因尿酸盐沉积而扩张，严重者白色尿酸盐沉积，可见于其他组织器官表面。

【处方 1】同鸡传染性喉气管炎处方 1。

【处方 2】复方新诺明 40～50 mg。用法：一次喂服，按 1 kg 体重 20～25 mg 用药，每日 2 次，连用 2～4 d。

【处方 3】穿心莲 20 g、川贝 10 g、制半夏 3 g、杏仁 10 g、桔梗 10 g、金银花 10 g、甘草 6 g。用法：共研细末，装入空心胶囊，大鸡每次 3～4 颗。

【处方 4】预防传染性支气管炎弱毒疫苗（H12O 或 H52）1 头份，传染性支气管炎灭活油佐剂苗 0.5 mL。用法：弱毒苗可点眼、饮水或气雾免疫，油苗皮下注射或肌肉注射。免疫程序为 5～7 日龄用 H120 首免，24～30 日龄用 HS 二免，120～140 日龄用灭活油佐剂苗三免。

6. 鸭　瘟

鸭瘟又称为鸭病毒性肠炎，是由鸭瘟病毒引起的常见于鸭、鹅等雁行目禽类的一种急性败血性和高度接触性传染病。典型的临床症状特点是体温升高，流泪和部分病鸭头颈部肿大，两腿麻痹和排出绿色粪便。病理特征可见食道和泄殖腔黏膜充血、出血、水肿和坏死，并有黄褐色伪膜或溃疡，肝灰白色坏死点。该病的特征是流行广泛、传播迅速、发病率和死亡率高，是目前对世界范围内水禽危害最严重的疫病之一。该病一年四季均可发生，但以春秋季最为多见，成年鸭的发病率高于幼鸭，20 日龄内的雏鸭较少流行本病。

临床症状：病初体温升高，43～44 ℃ 以上呈稽留热体温升高并稽留至中后期是本病非常明显的发病特征之一。病鸭精神沉郁，头颈缩起，离群独处；羽毛松乱，翅膀下垂；饮欲增加，食欲减退或废绝；两腿发软，麻木无力，走动困难，行动迟缓或伏坐不动，强行驱赶双翅扑地行走。病鸭不愿下水。腹泻，排出绿色或灰白色稀便，有腥臭味；肛门肿胀，泄殖腔黏膜充血、出血及水肿。部分病鸭头部肿大，触之有　波动感，所以又被称为"大头瘟"或"肿头瘟"。眼有分泌物。眼结膜充血、水肿，甚至形成小溃疡灶。鼻腔有分泌物。呼吸困难，并伴有鼻塞音。倒提病鸭时从口腔中流出污褐色液体。病后期体温降至常温以下，体质和精神衰竭，不久死亡。

鹅感染鸭瘟的临床症状一般与病鸭的相似，特征为头颈部羽毛松乱，脚软，行动迟缓或卧地不愿行走；食欲减少甚至废绝，但饮水较多；体温升高；流泪，眼结膜充血、出血；个别下颌水肿，鼻孔流出大量的分泌物，咳嗽，呼吸困难；肛门水肿，排出黄白色或淡绿色黏液状稀粪。病程2~3 d，病死率可达90%以上。

病理变化：特征性病变包括：食道黏膜有纵行排列的灰黄色伪膜覆盖或小出血斑点，伪膜易剥离，剥离后留下溃疡疤痕；泄殖腔黏膜表面覆盖一层灰褐色或绿色的坏死痂，不易剥离，黏膜上有出血斑点和水肿；肝脏早期有出血性斑点，后期出现大小不同的灰白色坏死灶。腺胃与食道膨大部的交界处有一条灰黄色坏死带或出血带，肌胃角质膜下层充血。肠黏膜有充血和出血炎症。2月龄以下鸭肠道浆膜面常见4条环状出血带。

防治措施：鸭瘟目前尚无有效的治疗方法，控制本病主要依赖于平时的预防措施。① 不从疫区引进种鸭、鸭苗或种蛋。② 严格消毒，保持环境卫生，禁止到疫区水域放牧。③ 病愈鸭以及人工免疫鸭能获得坚强的免疫力。④ 发现鸭瘟也可立即用鸭瘟弱毒疫苗进行紧急接种（多倍剂量），可以减少死亡。⑤ 病初肌肉注射抗鸭瘟高免血清，有一定的疗效。

预防措施：鸭瘟鸭胚化弱毒苗或鸭瘟鸡胚化弱毒苗2头份，一次皮下或肌肉注射。雏鸭20日龄首免，4~5月二免。

7. 小鹅瘟

小鹅瘟是由小鹅瘟病毒引起的雏鹅和雏番鸭的一种急性或亚急性败血性传染病，主要侵害3~20日龄小鹅，引起急性死亡。其临床特征为传染快、发病率高、死亡率高、严重下痢，特征性病理变化为出血性、纤维素性、渗出性、坏死性肠炎。该病又称为鹅细小病毒感染、雏鹅病毒性肠炎，是严重危害养鹅业的传染病。

临床症状：小鹅瘟的潜伏期与感染雏鹅的日龄有关，出壳即感染者潜伏期为2~3 d，一周龄以上雏鹅潜伏期为4~7 d。临床一般呈最急性型、急性型、亚急性型经过。

防治措施：预防小鹅瘟最为有效和经济的方法是对种鹅进行免疫，在雏鹅易感日龄对环境实行严格兽医卫生措施。

8. 禽支原体病

禽支原体病又称慢性呼吸道病，是由鸡毒支原体等引起的鸡和火鸡的一种接触性慢性呼吸道传染病。以上呼吸道及邻近窦勃膜发炎为特征。表现为咳嗽、流鼻液、喘气和呼吸啰音，幼鸡生长不良，母鸡产蛋减少。治宜抗菌消炎。

【处方1】链霉素200 mg。用法：一次肌肉注射，按1 kg体重100 mg用药，每日1~2次，连用3~5 d。

【处方2】土霉素200~400 g。用法：拌入100 kg饲料中喂服，连用7 d。

【处方3】支原净50 g。用法：拌入100 kg饲料中喂服连用3 d。

【处方4】石决明50 g、决明子50 g、苍术50 g、桔梗50 g、大黄40 g、黄芩40 g、陈皮40 g、苦参40 g、甘草40 g、栀35 g、郁金35 g、鱼腥草100 g、苏叶60 g、紫苑80 g、黄药子45 g、白药子45 g、六曲30 g、胆草30 g。用法：混合粉碎，过筛。按每羽2.5~3.5 g拌料喂服，连用3 d。说明：适用于蛋鸡慢性呼吸道病。

9. 禽螺旋体病

禽螺旋体病是由禽螺旋体引起的一种急性、热性传染病。以发热、厌食、排绿色浆性稀粪、肝脾肿大、出血、坏死为特征。治宜消除病原，做好免疫预防。

【处方 1】青霉素 2 万～5 万 IU，链霉素 2 万～5 万 IU，注射用水 2 mL。用法：分别肌肉注射，每日 2 次，体温恢复正常后再继续用药 1～2 d。

【处方 2】预防：禽螺旋体病多价疫苗 0.5 mL。用法：一次皮下或肌肉注射。

注：做好禽舍消毒，消灭传播媒介蜱。

10. 禽痘

禽痘是由禽痘病毒引起的鸡、鸭、鹅的传染病。分为皮肤型、黏膜型（白喉型）和混合型，以皮肤、黏膜形成特殊的丘疹和疤疹为特征。治宜局部处理，做好预防。

【处方 1】碘甘油适量。用法：剥离痘痂后涂布创面，每日 2 次。

【处方 2】高锰酸钾粉适量。用法：皮肤型创面撒布。说明：也可用 0.1%高锰酸钾液冲洗。

【处方 3】双花 20 g、连翘 20 g、板蓝根 20 g、赤芍 20 g、葛根 20 g、桔梗 15 g、蝉蜕 10 g、竹叶 10 g、甘草 10 g。用法：加水煎成 500 mL，每 100 羽鸡一次饮服，或拌入饲料中喂服，每天 1 剂，连用 3 d。

【处方 4】蒲公英 30 g、双花 20 g、连翘 15 g、薄荷 5 g。用法：加水煎成 400 mL，每服 20 mL，每日 2 次。

【处方 5】青黛、硼砂、冰片各等份。用法：共研成极细末，每取 0.1～0.5 g 吹入咽喉部。说明：用于白喉型或混合型。

【处方 6】大黄 50 g、黄柏 50 g、姜黄 50 g、白芷 50 g、生南星 20 g、陈皮 20 g、厚朴 20 g、甘草 20 g、天花粉 1 g。用法：共研细末，水酒各半调成糊状，涂于剥除鸡痘痂皮的创面上，每天 2 次，连用 3 d。

【处方 7】预防：鸡痘鹌鹑化弱毒疫苗 1 头份。

11. 鸡产蛋下降综合征

鸡产蛋下降综合征是由禽腺病毒引起的蛋鸡传染病。以产蛋骤降，软壳蛋、畸形蛋增加，蛋壳色变淡为特征。

免疫预防：产蛋下降综合征油佐剂灭活苗 0.5 mL。用法：蛋鸡 110～130 日龄时一次肌肉注射。说明：也可用新城疫-产蛋下降综合征二联油佐剂灭活苗。

12. 鸡马立克氏病

鸡马立克氏病是由马立克氏病病毒引起的淋巴组织增生性疾病。以外周神经、性腺、虹膜、各种脏器肌肉和皮肤的单核细胞浸润为特征。

预防：鸡马立克氏病疫苗 1 头份 用法：出壳后 24 h 内颈部皮下注射。

13. 番鸭细小病毒病

番鸭细小病毒病俗称"三周病"，是由番鸭细小病毒引起的以腹泻、喘气和软脚为主要症状的一种新的疫病。治宜消除病原。

【处方 1】番鸭细小病毒病康复血清或高免血清 0.5～1 mL。用法：一次皮下注射。说明：

也可用抗番鸭细小病毒病高免卵黄抗体 1~1.5 mL，一次皮下注射。

【处方2】预防番鸭细小病毒病弱毒疫苗 1 mL。用法：种母鸭开产前 25 d 一次肌肉注射。

14. 鸭病毒性肝炎

鸭病毒性肝炎是由 I 型鸭肝炎病毒引起的 3~20 日龄小鸭的传染病。临床表现沉郁，24 h 内角弓反张，倒地而死，剖检见肝肿大和出血。治宜早期消除病原，重在免疫预防。

【处方1】鸭病毒性肝炎康复血清或高免血清 0.5~1 mL。用法：一次皮下注射。说明：也可用抗鸭病毒性肝炎高免卵黄抗体 1~1.5 mL，一次皮下注射。

【处方2】鱼腥草 300 g、板蓝根 300 g、龙胆草 300 g、茵陈 100 g、黄柏 150 g、桑白皮 300 g、甘草 50 g。用法：煎成 500 mL，化入红糖 50 g，雏鸭每服 5 mL，每天 2 次。

【处方3】预防：鸡胚化鸭肝炎弱毒疫苗 1 mL。用法：种母鸭开产前 1 个月次肌肉注射，间隔 2 周后再注射 1 次。

四、牛羊传染病

1. 牛海绵状脑病

牛海绵状脑病也称"疯牛病"，以潜伏期长、病情逐渐加重为特征，主要表现为反常，运动失调、轻瘫、体重减轻、脑灰质海绵状水肿和神经元空泡形成。病牛终归死亡。其病因主要是由于摄入病羊或病牛尸体加工成的骨肉粉而引起消化道感染的。

临床症状：病程一般为 14~180 d，多数病例表现出中枢神经系统的症状。常见病牛烦躁不安，行为反常，对声音和触摸过分敏感。常由于恐惧、狂躁而表现出攻击性，共济失调，步态不稳，常乱踢乱蹬以致摔倒。病牛食欲正常，粪便坚硬，体温偏高，呼吸频率增加，最后常极度消瘦而死亡。

病理变化：肉眼变化不明显。

2. 小反刍兽疫

小反刍兽疫是由小反刍兽疫病毒引起的反刍动物的一种急性接触性传染性疾病。被世界动物卫生组织定为 A 类疾病。其特征是发病急剧，高热稽留，眼鼻分泌物增加，口腔糜烂，腹泻和肺炎。本病毒主要感染绵羊和山羊。

临床症状：发病急剧，高热 41 ℃ 以上，稽留 3~6 d；初期精神沉郁，食欲减退，鼻镜干燥，口、鼻腔流黏液脓性分泌物，呼出恶臭气味。口腔黏膜和齿龈充血流涎，随后黏膜出现坏死灶，后期常出现带血的水样腹泻，严重者脱水，消瘦，并伴有咳嗽及腹式呼吸的表现。死前温度下降，发病率可得 100%，严重爆发时死亡率为 100%，中度爆发死亡率得 50%。

病理变化：可见结膜炎，坏死性口炎等病变。瘤胃、网胃、瓣胃很少出现病变，皱胃则出现糜烂病灶，其创面出血呈红色。肠道出血或糜烂特别在结肠和直肠结合处常发现特征性的线状出血或斑马样条、纹，淋巴结肿大，脾脏有坏死性病变。

防治措施：该病危害相当严重，是世界动物卫生组织及我国规定的重大传染病之一。没有特效的治疗方法。一旦发生，立即扑杀，销毁处理。受威胁地区可通过接种牛瘟弱毒疫苗建立免疫带，防止该病传入。

3. 牛流行热

牛流行热又呈三日热或暂时热，是由牛流行热病毒引起牛的一种急性热性传染病，其临床特征是突发高热，流泪。有泡沫流涎，鼻漏，呼吸急迫，后躯僵硬，跛行，一般呈良性经过，发病率高，病死率低。牛流行热病毒又称为牛暂时热病毒，有囊膜，对热敏感，主要侵害奶牛和黄牛，水牛较少感染。病牛是本病的主要传染源，吸血昆虫是重要的传染媒介，所以多发生在8～10月份。

临床症状：按临床表现可分为3型：呼吸型，胃肠型和瘫痪型。

（1）呼吸型　分为最急性型和急性型。最急性型：病初体温升高至41℃以上，眼结膜潮红，流泪；然后突然不食，呆立，呼吸急促，流涎，头颈伸直，张口伸舌，呼吸极度困难，喘气声粗粝如拉风箱，发病后2～5h以内死亡。急性型：食欲减退，体温升高至40～41℃，皮温不整，流泪，畏光，结膜充血，眼睑水肿，呼吸急促，张口呼吸，口型发炎，流鼻液和口水，发出"吭吭"的呻吟声，病程3～4d。

（2）胃肠型　病牛眼结膜潮红，流泪，口腔流涎及鼻流浆液性鼻液，腹式呼吸，肌肉颤抖，不食，精神萎靡，体温40℃左右。粪便干硬，呈黄褐色，有时混有黏液，胃肠蠕动减弱，瘤胃停滞，反刍停止。还有少数病牛表现腹泻、腹痛等临床症状，病程3～4d。

（3）瘫痪型　多数体温不高，四肢关节肿胀，疼痛，卧地不起，食欲减退，肌肉颤抖，皮温不整，精神萎靡，站立则四肢特别是后躯表现僵硬，不愿移动。本病死亡率一般不超过1%，但有些牛因跛行、瘫痪而被淘汰。

病理变化：咽、喉黏膜呈点状或弥漫性出血，有明显的肺间质性气肿，多在尖叶、心叶及膈叶前缘，肺高度膨隆，间质增宽，心内膜、心肌乳头部呈条状或点状出血，肝轻度肿大、质脆。脾髓粥样。肩、肘、膝、跗关节肿大，关节液增多，呈浆液性。全身淋巴结肿胀和出血。真胃、小肠和盲肠呈卡他性炎症和渗出性出血。

防治措施：预防本病主要应根据本病的流行规律做好疫情监测和预防工作。注意环境卫生，清理牛舍周围的杂草污物，加强消毒，扑灭蚊、蠓等吸血昆虫，每周用杀虫剂喷洒1次，切断本病的传播途径。注意牛舍的通风，对牛群要防晒防暑，饲喂适口饲料，养活外界各种应激因素。一旦发生本病，多采取对症治疗，减轻病情，提高机体抗病力。病初可根据具体情况进行退热、强心、利尿、整肠健胃、镇静、停食时间长可适当补充生理盐水及葡萄糖溶液。用抗菌药物防止并发症和继发感染。呼吸困难者应及时输氧，也可用中药辨证施治。治疗时，切忌灌药。

（1）呼吸型：肌内注射安乃近、氨基比林等药物，以尽快退热缓解病牛呼吸困难，防止肺部受损严重。

（2）胃肠型：针对不同临床症状用安钠咖、龙胆酊、陈皮酊、姜酊、硫酸镁等药物进行治疗。

（3）瘫痪型：静脉注射生理盐水1000 mL，10%葡萄糖酸钙500 mL，10%安钠咖40 mL，维生素C 10 g，氢化可的松、醋酸泼尼松、水杨酸钠等药物进行治疗。

治疗方法：治宜强心补液及防止继发感染。

【处方1】注射用青霉素钠480万IU，注射用链霉素500万IU，注射用水40 mL。用法：

分别一次肌肉注射，每日 2 次，连用 3~5 d。说明：也可用复方磺胺类药物或庆大霉素等。高热时配用安乃近注射液、复方氨基比林注射液。

【处方2】注射用盐酸四环素 400 万 IU，1%地塞米松注射液 5 mL，10%安钠咖注射液 20 mL，5%葡萄糖生理盐水 3000 mL。用法：一次静脉注射。说明：用于产乳母牛时加 5%氯化钙注射液 300 mL。

4. 牛羊附红细胞体病

附红细胞体病（简称附红体病）是由附红细胞体（简称附红体）引起的人兽共患传染病，以贫血、黄疸和发热为特征。治宜消灭病原体，驱除媒介昆虫。

【处方1】
（1）注射用四环素 600 万 IU，0.9%氯化钠注射液 2000 mL，0.5%氢化可的松注射液 40 mL。用法：一次静脉注射。每日 1 次，连用 3~5 d。
（2）双甲脒溶液 20 mL。用法：配成水溶液，牛体表及周围环境喷洒灭蜱。

【处方2】注射用强力霉素 500 万 IU，注射用水 50 mL。用法：一次肌肉注射，每天 1 次，连用 3~5 d。

5. 牛羊钩端螺旋体病

牛羊钩端螺旋体病由钩端螺旋体引起的传染病。以发热，黄疸，血红蛋白尿，出血性素质，流产，皮肤和豁膜坏死，水肿为特征。治宜抗菌消炎。

【处方1】注射用链霉素 500 万~800 万 IU，注射用水 20 mL。用法：一次肌肉注射，每日 2 次，连用 3~5 d。

【处方2】注射用四环素 300 万~400 万 IU，5%葡萄糖生理盐水 2000 mL。用法：一次静脉注射。注：也可用金霉素、林可霉素、青霉素（要大剂量）及磺胺类药物。配合静脉注射葡萄糖、维生素 C、维生素 K 及强心利尿剂。

【处方3】预防钩端螺旋体多价苗 3~10 mL。用法：牛，1 岁以下用 3~5 mL、1 岁以上用 10 mL，一次皮下注射。第一年注射 2 次，间隔一周；第二年注射 1 次。羊，1 岁以下用 2~3 mL、1 岁以上用 3~5 mL。

6. 牛羊副结核

牛羊副结核是由副结核分枝杆菌引起的反刍兽尤其是牛的一种慢性消化道传染病。以顽固性腹泻，进行性消瘦，小肠豁膜增厚为特征。治宜抗菌消炎，止泻。

【处方1】
（1）磺胺甲基异恶唑 15~20 g。用法：一次口服，每日 2 次，连用 5 d，首次量加倍。
（2）硫酸镁 15 g，0.1%稀硫酸 150 mL，常水 350 mL。用法：配成溶液后取 30 mL，再加水 250 mL，一次口服，每天 1 次。

【处方2】磺胺脒 30 g、次硝酸铋 15 g。用法：一次口服，每日 2 次，连用 5~7 d。

【处方3】乌梅散（党参 60 g、白术 45 g、茯苓 45 g、白芍 30 g、乌梅 45 g、干柿 30 g、黄连 30 g、诃子 30 g、姜黄 30 g、黄芩 45 g、双花 30 g）。用法：水煎，候温灌服。注：中西医结合疗效更好些。也可用氨苯酚，按 1 kg 体重 60 mg 用药。

7. 牛羊气肿疽

牛羊气肿疽是由气肿疽梭菌引起的急性败血性传染病。以肌肉丰满部位发生气性炎性水肿为特征。呈地方流行性，疫区应定期防疫，疫群预防性抗菌治疗，早期病例治宜抗菌消炎，强心解毒。

【处方1】

（1）抗气肿疽高免血清 200 mL。用法：牛一次静脉注射，羊用 30~50 mL，间隔 12 h 再用 1 次。

（2）注射用青霉素钠 800 万 IU，注射用水 30 mL。用法：一次肌肉注射，每日 2 次，连用 5 d。

【处方2】5%碳酸氢钠注射液 500 mL，1%地塞米松注射液 3 mL，10%安钠咖注射液 30 mL，5%葡萄糖生理盐水 3000 mL。用法：一次静脉注射，碳酸氢钠与安钠咖分开注射。

【处方3】当归 30 g、赤芍 30 g、连翘 30 g、双花 60 g、甘草 10 g、蒲公英 120 g。用法：研为末，一次开水冲服。

【处方4】紫草 60 g、黄柏 30 g、栀子 30 g、黄芩 30 g、升麻（焙焦）10 g、白芷 30 g、甘草 10 g、黄连 30 g。用法：研为末，一次开水冲服。

【处方5】预防气肿疽明矾（或甲醛）菌苗 5 mL。用法：6月龄以上牛一次皮下注射，羊用 1 mL。

8. 牛羊痘病

【处方1】

（1）0.1%高锰酸钾溶液 500 mL，碘甘油 100 mL。用法：病灶经高锰酸钾液冲洗后，涂碘甘油。说明：也可用 1%醋酸溶液、2%硼酸溶液或 1%来苏儿冲洗，涂布 1%紫药水或氧化锌、硼酸软膏、磺胺软膏。

（2）抗绵羊痘高免血清 10~20 mL。用法：绵羊一次皮下或肌肉注射。说明：牛痘症状较轻，一般不用血清疗法。

【处方2】注射用青霉素钾 400 万 IU，注射用链霉素 500 万 IU，注射用水 40 mL。用法：分别一次肌肉注射，每日 2 次，连用 5 d。说明：用于防止并发症。也可用磺胺类药物或其他抗生素。

【处方3】预防：羊痘鸡胚化弱毒疫苗 0.5 mL。用法：绵羊尾部或股内侧皮内注射，免疫期 1 年。

【处方4】预防：山羊痘细胞弱毒疫苗 0.5 mL 或 1 mL。用法：山羊皮下接种，免疫期 1 年。牛痘苗 5 mL。用法：牛一次皮下注射。说明：用于病初的紧急预防接种。

【处方5】（单位：g）羌活 45、防风 45、苍术 45、细辛 25、川芎 30、白芷 30、生地 30、黄芩 30、甘草 30、生姜 30。用法：大葱一根为引，水煎取汁，候温灌服。

【处方6】（单位：g）银花 45、连翘 45、桔梗 30、薄荷 30、竹叶 30、荆芥 30、牛蒡子 30、淡豆豉 30、芦根 45、甘草 30。用法：水煎，候温灌服。

9. 牛恶性卡他热

牛恶性卡他热是由恶性卡他热病毒引起的一种急性热性传染病。其特征为发热、口鼻眼黏膜发炎，角膜混浊及脑炎。本病治疗较困难，绵羊与牛群分离饲养可防本病。发病后可试用如下方法。

【处方 1】

（1）注射用四环素 300 万～400 万 IU，1%地塞米松注射液 6 mL，25%肠维生素 C 注射液 40 mL，10%安钠咖注射液 30 mL，5%葡萄糖生理盐水 3000～5000 mL，25%葡萄糖注射液 1000 mL。用法：一次静脉注射。说明：四环素、维生素 C、地塞米松分别静脉注射。

（2）2.5%醋酸氢化泼尼松注射液 5 mL。用法：患角膜混浊侧太阳穴注射。隔 5 d 重复 1 次。

【处方 2】

（1）注射用美蓝 2 g，5%葡萄糖生理盐水 2000 mL，50%葡萄糖注射液 1000 mL。用法：一次静脉注射。

（2）复方磺胺嘧啶钠注射液 100 mL。用法：一次肌肉注射，每天 2 次，连用 5 d，首次量加倍。

【处方 3】清瘟败毒饮（石膏 150 g、生地 60 g、川黄连 20 g、栀子 30 g、黄芩 30 g、桔梗 20 g、知母 30 g、赤芍 30 g、玄参 30 g、连翘 30 g、甘草 15 g、丹皮 30 g、鲜竹叶 30 g）。用法：一次煎服。石膏打碎先煎，再下其他药同煎，水牛角锉细末冲入。

五、兔传染病

1. 兔波氏杆菌病

波氏杆菌病是一种家兔常见的传染病，传播广泛，呈地方性流行。一般的慢性经过多见，急性败血性死亡较少。病原是支气管败血波氏杆菌，细菌常在于上呼吸道黏膜，气候骤变的秋冬之交，极易诱发此病，传染途径主要是呼吸道传播。

临床症状：临床症状可分为鼻炎型、支气管肺炎型和败血型。①鼻炎型较为常见，常呈地方性流行，鼻腔内流出浆液性或积液性分泌物，症状时轻时重。②支气管肺炎型，常呈散发，呼吸困难，鼻腔内流出白色黏液脓性分泌物，食欲不振，疗程较长，日渐瘦弱而死。③败血型即为细菌侵入血液而引起，常因败血症死亡。

病理变化：鼻炎型：病兔鼻腔黏膜充血，有多量鼻腔分泌物。支气管型：支气管黏膜充血，有泡沫状黏液，肺有病变或有大小不等的凸出表面的脓疱。败血型：是败血病变。

防治措施：加强饲养管理和兔舍清洁卫生工作，兔舍应通风并定期消毒。对健康兔群应及时进行波氏杆菌病灭活疫苗预防接种，幼兔 15 日龄即可进行首免。治疗时，可选用卡那霉素或庆大霉素。

2. 兔葡萄球菌病

本病为兔的常见病。是由金黄色葡萄球菌引起的以致死性败血症或任何器官的化脓性炎症为特征。金黄色葡萄球菌在自然界分布很广，在污染潮湿的地方特别多，该病的病原体为革兰氏阳性菌，无鞭毛，不产生芽孢，对外界环境抵抗力较强。在常用的消毒液中以 3%～5%

石炭酸的消毒效果较好。临床上常见的类型有脓肿、脚皮炎、乳房炎、肠炎。

临床症状：

（1）转移性脓毒血症：在皮下或内脏器官形成大小不一，一个或几个脓肿，常因全身性感染出现败血症而死亡。

（2）仔兔脓毒败血症：出生后2~3 d的仔兔皮肤上出现米粒大的脓肿，多数病兔在2~5 d后因败血症而死。

（3）痂皮炎：兔爪下面的表皮上，病初时充血、肿胀和脱毛，后期出血溃疡、以致病兔不愿走动。

（4）乳房炎：多发生于分娩后最初几天内，病兔乳房红肿，乳汁减少，触感有疼痛感。

（5）仔兔急性肠炎：仔兔吸吮患乳房炎母兔的乳汁而引发急性肠炎，一般全窝发病，病程2~3日，死亡率高。

治疗方法：全身性治疗可用抗菌素或磺胺类药物。

【处方1】注射用青霉素钠20万~40万IU，注射用水2 mL。用法：一次肌肉注射。每日2次，连用3~5 d。

【处方2】0.2%高锰酸钾溶液或3%双氧水50~100 mL，碘甘油5~10 mL，5%碘酊或5%龙胆紫酒精溶液5~10 mL。用法：切开皮下脓肿排脓，用高锰酸钾或双氧水冲洗后涂以碘甘油。洗后涂以碘酊或龙胆紫，并做包扎，隔2 d换1次药。

【处方3】野菊花5 g、花龙葵3 g、草龙3 g。用法：水煎分2次喂服，连喂3~5 d。

3. 兔伪结核病

伪结核病是影响许多动物包括兔和人的一种慢性、消耗性疾病。病原是伪结核杆菌。是革兰氏阴性菌，呈球状的短杆菌，无荚膜，不产生芽孢，但有鞭毛，呈两极染色。

临床症状：常呈慢性表现，病兔腹泻、食欲废绝，行动迟缓，肠系膜淋巴结肿大，进行性消瘦，触诊腹壁可感到肿胀变硬的阑尾。

病理变化：肠系膜淋巴结肿胀、坏死、阑尾肥厚硬如腊肠，浆膜下有灰白色干酪样小结节，肝脾大面积干酪样坏死，脾肿大。

防治措施：治疗可用链霉素，四环素等药物。

【处方1】注射用硫酸链霉素30万~50万IU。用法：一次肌肉注射。每日2次，连用3~5 d。说明：本病还可用硫酸卡那霉素等治疗。

【处方2】盐酸四环素250 mg。用法：一次口服。每日2次，连用3~5 d。

【处方3】穿心莲3 g。用法：煎汤去渣，分早、晚2次服完。

【处方4】预防伪结核耶新氏杆菌多价灭活苗1 mL。用法：一次皮下注射。每年2次。

4. 兔密螺旋体病

兔密螺旋体病又称兔梅毒，是由兔密螺旋体引起的慢性传染病。特征是外生殖器官皮肤及黏膜发炎，形成结节和溃疡。严重时可传至颜面、下颌、鼻部及爪部等处。治宜杀灭病原、消炎。

【处方1】

（1）注射用青霉素钠20万~40万IU，注射用水2 mL。用法：一次肌肉注射。每日2次，连用 3 d。

（2）碘甘油或青霉素软膏适量。用法：外用。

【处方2】

（1）10%水杨酸油剂 1~2 mL。用法：一次肌肉注射。

（2）碘甘油 10 mg。用法：局部病灶涂擦。

【处方3】金银花 15 g、大青叶 15 g、丁香叶 15 g、黄芩 10 g、黄柏 10 g、蛇床子 5 g。用法：煎汤去渣，早、晚 2 次分服。

5. 兔棒状杆菌病

兔棒状杆菌病是由鼠棒状杆菌和化脓棒状杆菌引起。以实质器官和皮下形成小化脓灶为特征。治宜抗菌消炎。

【处方】硫酸链霉素注射液 30 万~50 万 IU。用法：一次肌肉注射。每日 2 次，连用 5~7 d。

6. 兔溶血性链球菌病

兔溶血性链球菌病是由溶血性链球菌引起的急性败血症。特征是体温升高，呼吸困难和间歇性下痢。治宜抗菌，消炎。

【处方1】注射用青霉素钠 20 万~40 万 IU，注射用硫酸链霉素 3 万~50 万 IU，注射用水 2 mL。用法：一次肌肉注射。每日 2 次，连用 3~5 d。

【处方2】10%磺胺嘧啶钠注射液 2~5 mL。用法：一次肌肉或静脉注射。每日 2 次，连用 3~5 d。说明：还可用盐酸四环素 30~60 mg，先锋霉素 10~20 mg 等肌肉注射。

7. 野兔热

野兔热又名土拉杆菌病或土拉伦斯杆菌病。多发于啮齿动物。其特征是体温升高，肝、脾肿大、充血和多发性灶性坏死或粟粒状坏死，淋巴结肿大并有针头大干酪样坏死灶。治宜抗菌消炎。

【处方】注射用硫酸链霉素 30 万~50 万 IU，注射用水 2 mL。用法：一次肌肉注射。每日 2 次，连用 3~5 d。说明：还可用盐酸土霉素、盐酸金霉素、硫酸卡那霉素、硫酸庆大霉素等治疗。

8. 兔绿脓杆菌病

兔绿脓杆菌病是由绿脓假单胞菌引起的一种传染病。治宜抗菌消炎。

【处方1】多黏菌素注射液 2 万~4 万 IU。用法：一次肌肉注射. 每日 1~2 次，连用 3~5 d。

【处方2】新霉素注射液 2 万~6 万 IU。用法：一次肌肉注射。每日 2 次，连用 3 d。

【处方3】预防：绿脓假单胞菌（单价或多价）灭活疫苗 1 mL。用法：一次皮下注射，每年 2 次。

9. 兔李氏杆菌病

兔李氏杆菌病是由产单核细胞增多性李氏杆菌引起的一种人畜共患传染病。特征是形成结节性肉芽肿，病灶常见于肝、肺、肾、胸膜、心包、支气管和肠系膜淋巴结，临床常见病兔精神不振、少动、口吐白沫，精神症状呈间歇性发作，没目的前冲或转圈，头部偏向一侧，扭曲，抽搐，2～3 d 死亡。治宜抗菌消炎。无特殊价值的病兔淘汰为宜。

【处方】

（1）注射用硫酸链霉素 30 万～50 万 IU。用法：一次肌肉注射。每日 2 次，连用 5～7 d。

（2）异烟肼 30～60 mg。用法：一次口服。每日 2 次，连用 5～7 d。

10. 兔坏死杆菌病

兔坏死杆菌病由坏死杆菌引起。特征是口腔黏膜、皮肤和皮下组织发生坏死、溃疡和脓肿。治宜清创、抗菌、消炎。

【处方 1】

（1）3%双氧水或 0.2%高锰酸钾溶液适量，5%碘甘油或 10%氯霉素酒精溶液适量，土霉素软膏适量。用法：清除坏死组织后以双氧水或高锰酸钾冲洗，患部在口腔涂以碘甘油，每日 2 次；在头、颈、胸、四肢等处涂以土霉素软膏，每日 1 次，连用 3～5 d。

（2）10%磺胺嘧啶钠注射液 0.5～1 mL。用法：一次肌肉注射。每日 2 次，首次量加倍，连用 5～7 d。

【处方 2】注射用青霉素钠 20 万～40 万 IU，注射用链霉素 25 万～50 万 IU，注射用水 2 mL。用法：分别一次肌肉注射。每日 2 次，连用 3～5 d。

11. 兔病毒性出血症

兔病毒性出血症简称兔出血症，俗称兔瘟，是由病毒引起的急性、高度致死性传染病。以全身实质器官出血为特征。本病以预防为主，早期可用抗血清试治。

【处方 1】抗血清 3～6 mL。用法：一次肌肉注射。

【处方 2】预防：兔出血症灭活疫苗 1～2 mL。用法：一次皮下注射，每年 2 次。仔兔 45 日龄首免，60 日龄加强免疫 1 次。说明：紧急预防用 3～4 mL。也可用兔出血症-巴氏杆菌病二联灭活疫苗或兔出血症-巴氏杆菌病-魏氏梭菌病三联灭活疫苗。

六、犬猫传染病

1. 犬瘟热

犬瘟热是由犬瘟热病毒引起的犬和肉食目中许多动物的一种高度接触传染性传染病。以早期表现双相热，急性鼻卡他以及随后的支气管炎，卡他性肺炎，严重的胃肠炎和神经症状为特征。犬易感，多发生于寒冷季节，常年发生。

临床症状：精神萎顿、食欲不振，眼鼻流出浆黏性分泌物，随后变为脓性并混有血丝，发臭，体温升高 39.5～41 ℃，持续 2 d，以后下降至常温。此时病犬感觉良好，食欲恢复。2～

3 d 后再次发热，持续数周之久，即所谓的双相型发热（体温两次升高）此时病情又趋恶化。厌食、呕吐和发生肺炎。严重病例发生腹泻，粪呈水样、恶臭，混有黏液和血液，发热初期少数幼犬腹部、大腿内侧和外耳道发生水疱性脓疱性皮疹。神经症状一般多在感染后 3~4 周，呈癫痫、转圈或共济失调，反射异常，或颈部强直、肌肉痉挛，咬肌反复节律性的颤动是本病常见的神经症状。

病理变化：个别病例皮肤发现水疱性脓疱性皮疹，有的病例鼻和脚底表皮角质层增生而呈角化病。上呼吸道、眼结膜、肺脏呈卡他性或化脓性炎症。胃肠呈卡他性或出血性炎症。脾肿大，胸腺明显缩小。

诊断鉴别：

犬传染性肝炎：缺乏呼吸道症状，有剧烈腹痛特别是剑突压痛。血液不凝固，肝脏和胆囊有病变。而犬瘟热则无此变化。

犬细小病毒肠炎型：典型症状为出血性腹泻，发病急，病死率，眼和鼻缺乏卡他性炎症。

钩端螺旋体病：不发生呼吸道炎症和结膜炎，但有明显黄疸，病原为钩端螺旋体。

犬副伤寒：无呼吸道症状和皮疹，剖检脾显著肿大，病原为沙门氏杆菌；而犬瘟热的脾一般正常或稍肿，病原为病毒。

预防措施：预防犬瘟热的最有效的方法是给犬接种疫苗，目前预防本病的疫苗主要有单价苗（鸡胚细胞弱毒冻干苗）、三价苗（犬瘟热、犬传染性肝炎和犬细小病毒病）及五联苗。

2. 犬细小病毒病

犬细小病毒感染是由犬细小病毒引起的一种犬的急性传染病，特征为出血性肠炎或非化脓性心肌炎，多发生于幼犬，病死率为 10%~30%。

临床症状：可分为肠炎型和心肌炎型。肠炎型：潜伏期 1~2 周，多见于青年犬。病初突然发生呕吐，后出现腹泻，粪便先呈黄色或灰黄色，覆以多量黏液和伪膜，随后排出带有血样呈番茄汁稀便，有恶臭味。病犬精神不振，食欲废绝，体温升高到 40 ℃ 以上，易脱水，成年犬发病一般不发热。心肌炎型：多见于 8 月以下的幼犬常发病，数小时内死亡。病犬精神和食欲基本正常，偶见呕吐，或有轻度腹泻和体温升高。或有严重呼吸困难，可视黏膜苍白，病死率 60%~100%，极少数轻症病例可以治愈。

病理变化：肠炎型：病犬脱水，可视黏膜苍白，腹腔积液，常见于空肠、回肠即小肠后段；浆膜充血，呈现暗红色；黏膜坏死、脱落，肠腔扩张，内容物水烂，混有血液和黏液；肠系膜淋巴结充血、出血、肿胀。心肌炎型：主要限于心脏和肺；心脏的心房和心室内有瘀血块；心肌和心内膜有非化脓性病灶；肺水肿，局灶性充血，肺表面色彩斑驳。

预防措施：我国有犬细小病毒弱毒苗、犬细小病毒-传染性肝炎二联弱毒苗、犬瘟热-犬传染性肝炎-犬细小病毒病三联苗和犬瘟热-犬传染性肝炎-犬细小病毒病-狂犬病-犬副流感五联弱毒苗。于 2~3 月首免，间隔 2 周再加强免疫接种 1 次，以后 6 个月加强免疫一次。母犬则在产前 3~4 周免疫接种。

3. 犬窝咳

犬窝咳也叫犬传染性气管支气管炎，可引起犬的传染性喉气管炎及肺炎症状。临床特点是持续高热，咳嗽，浆液性至黏液性鼻漏，气管炎和肺炎。多见于 4 个月以下的幼犬和未做过免疫的幼犬。此病易和犬瘟热病毒、犬副流感病毒和败血波氏杆菌混合感染。混合感染的犬预后大多不良。犬窝咳的感染同气候、应激有较密切的关系，一般寒冷、运输、湿度高、通风不良的环境容易诱发该病。此病的病程为1周以上，少数病例可长达数月甚至1~2年。大多数病例可随着机体抵抗力的提高而逐渐康复，少数病例会因为治疗不及时继发支气管肺炎。

临床症状：发病初期，幼犬精神、食欲等均正常，一般不发烧，也没有鼻涕等病症。仅有一只幼犬发生咳嗽，其他小狗随即出现咳嗽症状，包括干咳、湿咳、阵发性咳，兴奋或运动时咳加重。之后鼻孔和眼有分泌物，出现浆液性、黏液性、脓性鼻液，严重的体温升高、厌食、眼分泌物增多、嗜睡、呼吸困难、喘息。气管炎和肺炎。实验室化验，病毒感染白细胞减少，继发细胞感染后白细胞增多。胸部X射线检查出现小叶性肺炎的病变。即局部肺部纹理增粗。

防治措施：祛痰镇咳，抗菌消炎，加强护理，需要注意的是，由于犬窝往往由多种条件致病菌诱发咳嗽，一般的药物很难起到立竿见影的治疗效果。具体治疗方案：

（1）止咳药：可待因，口服；强力枇杷止咳露川贝枇杷止咳露，口服；或口服化痰片。

（2）支气管扩张药：氨茶碱。

（3）抗菌消炎：克拉维酸钾、阿莫西林、恩诺沙星。最好做药敏试验，然后用药。

（4）抗病毒：犬瘟单抗皮下注射。

（5）预防：2~4周龄幼犬，用二联苗点鼻（犬副流感和支气管败血性波氏杆菌），5 d后产生免疫力。

4. 犬传染性肝炎

犬传染性肝炎是由狗腺病毒Ⅰ型引起的急性传染病，临床上以黄疸、贫血、角膜混浊、体温升高为特征，部分犬的角膜变蓝而又称"蓝眼病"。本病以幼犬发病率高，病狗和带毒狗的粪便、尿液、唾液是主要传染源，病愈后在尿中排毒可达6个月以上。本病主要通过消化道和胎盘感染，流行无明显的季节性。病原是犬腺病毒Ⅰ型，对外界抵抗力较强，对乙醚、酸、福尔马林、氯仿等有一定的耐受性。但不耐热。常用消毒药为石炭酸、碘酊和苛性钠溶液。

临床症状：潜伏期4~9 d。病初，体温达40 °C以上，持续1~6 d，而后下降，再次上升呈现双相热。心跳过速，白细胞减少，食欲减退，但饮水较多，眼结膜和鼻有浆液性分泌物，触诊腹部有痛感，口腔黏膜充血或有瘀斑，扁桃体增大。病犬常呕吐，头、颈、躯干皮下常有水肿。凝血时间长，出血后不易控制，广泛性血管内凝血是致病的关键。

病理变化：胃浆膜、皮下组织、皮下组织、淋巴结、胸腺和胰脏出血；肝肿大或正常，颜色改变；胆囊壁水肿而增厚；胸腺水肿；肾脏皮质有灰白色坏死灶出现。

防治措施：选用犬传染性肝炎抗血清，皮下注射，输液保肝，全身应用抗生素。使用阿托品眼药治疗眼角膜炎，同时避免强光照射。

5. 猫泛白细胞减少症

猫泛白细胞减少症又称猫传染性肠炎或猫瘟热，是由猫细小病毒引起的一种高度接触性急性传染病，以突发双相型高热、呕吐、腹泻、脱水、明显的白细胞减少及出血性肠炎为特征，是猫最重要的传染病。

临床症状：根据临床表现可分为：最急性、急性、亚急性、慢性四个类型。

最急性型：病猫突然死亡，有时不出现任何症状，往往误认为是中毒。

急性型：病猫仅有一些前驱病症状，很快于 24 h 内死亡。

亚急性型：病猫初精神萎顿、食欲不振，体温升高 40 ℃ 以上，24 h 后下降到常温。2~3 d 后体温逐步上升到 40 ℃ 以上，是明显的双相热。第二次发热时症状加剧，高度沉郁，衰弱伏卧，头搁于前肢。发生呕吐和腹泻，粪便水样，内含血液，迅速脱水。白细胞数减少。

慢性型：妊娠母猫感染后可发生胚胎吸收、死胎、流产、早产或产小脑发育不全的畸形胎儿。

病理变化：病猫小肠黏膜肿胀、充血、出血，严重的呈伪膜性炎症变化，内容物灰黄色，水样，恶臭；肠系膜淋巴结肿胀、充血、出血；肝肿大红褐色；胆囊充满黏稠胆汁；脾出血；肺充血、出血、水肿。

防治措施：灭活疫苗免疫接种是预防猫泛白细胞减少症最为有效的方法。可根据本地流行情况制定切实可行的免疫程序，一般 1 月龄进行免疫，以后每隔 6 个月加强免疫一次。治宜抗病毒、防止继发感染和对症治疗。

【处方 1】

（1）抗血清 2~5 mL，硫酸庆大小诺霉素注射液 4 万~8 万 IU。用法：分别肌肉或大椎穴和天门穴一次注射。

（2）复方氯化钠注射液 100~250 mL，0.2%地塞米松注射液 1~2 mL，2.5%维生素 C 注射液 1~2 mL，0.1%维生素 B_{12} 注射液 0.1~0.2 mL，ATP 注射液 10~40 mg。用法：一次静脉注射。每日 1 次，连用 3~5 d。

（3）云南白药 0.5 瓶。用法：一半口服，余药溶于 50 mL 温开水中，深部灌肠。

【处方 2】黄连 5 g、黄柏 3 g、三棵针 5 g、半边莲 5 g、白头翁 5 g。用法：水煎，分早晚 2 次服，连用 2~3 d。说明：配合西药强心补液治疗。

第七章 兽医寄生虫病

第一节 寄生虫与宿主类型

一、寄生虫的概念

寄生虫是指暂时或永久地在宿主体内或体表生活,并从宿主身上取得它们所需要的营养物质的动物。

二、寄生虫类型

1. 内寄生虫与外寄生虫

从寄生部位来分:凡是寄生在宿主体内的寄生虫称为内寄生虫,如线虫、绦虫、吸虫等;寄生在宿主体表的寄生虫称为外寄生虫,如蜱、螨、虱等。

2. 单宿主寄生虫与多宿主寄生虫

从寄生虫的发育过程来分:凡是发育过程中仅需要一个宿主的寄生虫,称为单宿主寄生虫,如蛔虫、钩虫等。如发育过程中需要多个宿主,就称为多宿主寄生虫,如绦虫、吸虫等。

3. 专一宿主寄生虫与非专一宿主寄生虫

从寄生虫的宿主范围来分:有些寄生虫只寄生于一种特定的宿主,对宿主有严格的选择性,这种寄生虫就称为专一宿主寄生虫。有些寄生虫能够寄生于许多种宿主,这种寄生虫就称为非专一宿主寄生虫。

三、宿主概念

凡是体内或体表有寄生虫暂时或长期寄生的动物都称为宿主。

四、宿主类型

1. 终末宿主

终末宿主是指寄生虫成虫(性成熟阶段)或有性生殖阶段虫体所寄生的动物。

2. 中间宿主

中间宿主是指寄生虫幼虫期或无性生殖阶段所寄生的动物体。

3. 补充宿主

某些种类的寄生虫在发育过程中需要两个中间宿主，后一个中间宿主有时就称为补充宿主。

4. 贮藏宿主

宿主体内有寄生虫虫卵或幼虫存在，虽不发育繁殖，但保持着对易感动物的感染力，这种宿主称为贮藏宿主或转续宿主。

5. 保虫宿主

某些惯常寄生于某种宿主的寄生虫，有时也可寄生于其他一些宿主，但寄生不普遍多量，无明显危害，通常把这种不惯常寄生的宿主称为保虫宿主。

6. 带虫宿主

宿主被寄生虫感染后，处于隐性感染状态，临床上不表现症状，体内仍留有一定数量的虫体，并对同种寄生虫再感染具有一定的免疫力，这种宿主即为带虫宿主。

7. 传播媒介

传播媒介通常是指在脊椎动物宿主间传播寄生虫病的一类动物，多指吸血的节肢动物。

第二节　寄生虫的致病机理

寄生虫对宿主的危害，既表现在局部组织器官，也表现在全身。其中包括侵入门户、移行路径和寄生部位，寄生虫种类不同，致病作用也往往不同。

寄生虫对宿主的具体危害主要有以下几个方面：① 掠夺宿主营养；② 机械性损伤；③ 虫体毒素和免疫损伤作用；④ 继发感染。

第三节　寄生虫病的诊断技术

1. 寄生虫生活史

寄生虫生长、发育和繁育的一个完整循环过程，称为寄生虫的生活史或发育史。

2. 寄生虫病的流行病学

寄生虫流行的三个基本环节，即传染源、传播途径和易感动物。寄生虫的流行过程在区域上可表现出地方性；时间上可表现出季节性。慢性感染是寄生虫病的重要特点。传播途径包括：①经口感染；②皮肤感染；③接触感染；④经肢体动物感染；⑤经胎盘感染；⑥自身感染。

3. 寄生虫病的诊断方法

①临床观察；②流行病学调查；③实验室检查；④治疗性诊断；⑤剖检诊断；⑥免疫学诊断；⑦分子生物学诊断。

第四节　寄生虫病控制

寄生虫病的控制主要是采取综合性防治措施。根据寄生虫病的种类和流行情况不同，防治措施的侧重点也应有所不同，寄生虫病的防治是一个极其复杂的事情，这是因为寄生虫有复杂性的生活史，某些寄生虫病的流行与人类的卫生习惯、经济状况、畜牧业的饲养条件、牲畜屠宰管理措施、畜产品贸易中的检疫情况等有着密切的关系。寄生虫的防治工作必须以流行病学的研究为基础，实施综合性防治措施。综合防治措施的制订需以寄生虫的发育史、流行病学和生态学特征为基础。

1. 控制和消灭感染源

原则上要有计划地进行定期预防性驱虫，即按照寄生虫病的流行规律，在计划的时间内投药。驱虫是综合防治中的重要环节，通常是用药物杀灭或驱除寄生虫。驱虫时应注意：首先是药物的选择；其次是驱虫时间的确定；再次是驱虫后排出粪便的无害化处理。

2. 切断传播途径

搞好环境卫生是减少或预防寄生虫感染的重要环节。一是尽可能地减少宿主与感染源接触的机会；二是设法杀灭外环境中的病原体；三是严格控制中间宿主和媒介。

3. 增强畜禽机体抗病力

第五节　常规寄生虫学实验技术

1. 粪便寄生虫学检查

常用的粪检实验室技术有：①肉眼观察；②直接涂片法；③虫卵漂浮法；④虫卵沉淀法；⑤虫卵计数法；⑥幼虫培养法；⑦幼虫分离法；⑧毛蚴孵化法。

2. 血液及组织脏器寄生虫学检查

①血液寄生虫检查（血液的涂片与染色，鲜血压滴的观察，虫体浓集法）；②鼻腔和气

管分泌物寄生虫检查；③生殖道寄生虫检查。

3. 体表寄生虫学检查

寄生于动物体表的寄生虫主要有蜱、螨、虱等。对于它们的检查，可采用肉眼观察和显微镜观察相结合的方法。蜱寄生于动物体表，个体较大，通过肉眼观察即可发现，螨个体较小，常需刮取皮屑，于显微镜下寻找虫体或虫卵。

4. 寄生虫学剖检技术

对死亡或患病的动物进行寄生虫学剖检，发现动物体内的寄生虫，是确定寄生虫病病原、了解感染强度、观察病理变化、考核药物疗效、进行流行病学调查以及研究寄生虫区系分布等的重要手段，更是群体寄生虫病的最准确诊断技术之一。

5. 寄生虫学动物接种技术

有些原生动物寄生虫，有病畜体内用上述检查方法不易查到，为了确诊常采用动物接种试验。接种用的病料、被接种的动物种类和接种的途径均依据病的种类不同而异。

6. 寄生虫免疫学诊断技术

寄生虫免疫诊断的方法很多，包括变态反应、沉淀反应、凝集反应、补体结合试验，免疫荧光抗体技术、免疫酶技术、放射免疫分析技术、免疫印迹技术等。目前最常使用的间接血凝试验和酶联免疫吸附试验。

第六节　主要动物寄生虫病

一、蛔虫病

蛔虫是动物体最常见的一种土源性寄生线虫，各种动物皆有其各自的种类寄生。虫体分布广，对幼龄动物感染率高，主要寄生于小肠，一般是动物体内相应较大的线虫种类。家养动物中以猪蛔虫病、犬猫蛔虫病和鸡蛔虫病最常见，危害严重。

1. 猪蛔虫病

猪蛔虫分布流行比较广，仔猪易感染且发病严重，而且与饲养管理方式密切相关。猪可通过吃奶、掘土、采食、饮水经口感染该寄生虫。雌虫产出的卵随宿主粪便排入外界，在适宜的条件下，发育成感染性虫卵；被猪食入后，在消化液作用下，卵壳溶解，卵内幼虫出来，钻入宿主肠壁血管，随血液循环到达肝脏，在此停留 2~3 d，发育为第 3 期幼虫；然后再随血流到达心、肺，在肺部停留 5~6 d，变成第 4 期幼虫；然后随着宿主咳嗽，通过支气管、气管进入宿主口腔，被咽下后，到达小肠，变成第 5 期幼虫；最后发育为成虫。

临床症状：造成宿主主肝、肺等组织损伤，引起肝出血、肺炎，同时，易伴发或继发其他一些传染病。成虫期往往导致猪营养不良。数量多时，会造成肠阻塞或肠破裂。另外有些虫体还可能进入胆管或胰管，引起相应病害。仔猪感染症状明显，初期咳嗽，体温升高，喘气；慢性者则表现为渐进性消瘦，发育不良成为僵猪。

防治措施：平时保持猪圈猪的干燥与清洁，每天定时清理粪便并堆积发酵，以杀死虫卵。对流行本病的猪场或地区，每年春秋各驱一次虫；对断奶到 6 个月的仔猪进行 1～3 次驱虫；孕猪在产前 3 个月驱虫。断奶仔猪要多给予富含维生素和矿物质的饲料，以增强抗病力。饲养用具及圈舍定期用 20%～30%的热草木灰水或 4%的热火碱水进行喷洒消毒。

常见的驱虫药物有：① 阿维菌素、伊维菌素；② 多拉菌素；③ 阿苯达唑；④（左旋咪唑；⑤ 硫苯咪唑等。

2. 鸡蛔虫病

虫卵随粪排出后，在外界发育为感染性虫卵。被鸡吞食后，无类似猪蛔虫的宿主体内复杂移行过程。幼虫在鸡胃中从卵中孵出，进入小肠壁发育一段时间后，再返回肠腔继续发育为成虫。3～4 月龄以上的雏鸡易感染。一岁龄以上的鸡有一定的抵抗力，往往是带虫者。感染性虫卵也可被蚯蚓食入，鸡再食入蚯蚓时也能造成感染。

临床症状：雏鸡发病后表现为精神委顿，羽毛松乱，双翅下垂，便秘、下痢相交替，有时有血便，严重时衰弱死亡。成鸡多不表现症状，产蛋鸡可影响产蛋率。

防治措施：用左旋咪唑、阿苯达唑等药物，雏鸡 2～3 月龄时驱一次，成鸡秋末冬初一次；产蛋鸡产蛋前再驱一次。治疗方法：治宜驱虫。

【处方 1】枸橼酸哌嗪（驱蛔灵）。用法：混饲或混饮。按 1 kg 体重 0.15～0.25 g 用药。
【处方 2】左咪唑（驱虫净）。用法：混入饲料中一次喂服。按 1 kg 体重 40～60 mg 用药。
【处方 3】芬苯达唑 1～2 g。用法：混入饲料中一次喂服，按 1 kg 体重 5～1 g 用药。
【处方 4】左旋咪唑 40～80 mg。用法：混入饲料中一次喂服，按 1 kg 体重 20～40 mg 用药。
【处方 5】潮霉素 B 0.6～1.2 g。用法：混入饲料中喂服，按 100 kg 饲料 0.88～1 g 用药。
【处方 6】川楝皮 1 份、使君子 2 份。用法：共研细末，加面粉制成黄豆大小药丸，鸡每日服 1 丸。注意：川楝皮毒性较大，尤其是外层黑皮毒性更大，必须刮除黑皮后用。用法：一次皮肤刺种。10～20 日龄首免，开产前二免。

3. 犬、猫蛔虫

年龄较大的犬感染犬弓首蛔虫后，幼虫可随血流到达体内各器官组织中，形成包囊，但不进一步发育。犬猫蛔虫的感染性虫卵可被转运宿主摄入，在转运宿主体内形成含有第 3 期幼虫的包囊，犬、猫捕食转运宿主后发生感染。犬蛔虫病主要发生于 6 月龄以下幼犬，感染率在 5%～80%。其主要原因是：首先，虫体繁殖力强，每条雌虫每天可随每克粪便排出约 700 个虫卵；其次，虫卵对外界环境抵抗力非常强，可在土壤中存活数年；再者，怀孕母犬的体组织中隐匿着一些包囊幼虫，可抵抗药物的作用，成为幼犬感染的一个重要来源。

临床症状：幼虫在宿主体内移行可引起腹膜炎、败血症、肝脏的损害和蠕虫性肺炎，严重者可见咳嗽、呼吸加快和泡沫状鼻漏，重度病例可在出生后数天内死亡；成虫寄生可引起胃肠功能紊乱、生长缓慢、呕吐、贫血、神经症状等，有时可在呕吐物和粪便中见完整虫体。大量感染时可引起肠阻塞，进而引起肠破裂、腹膜炎。成虫异常移行而致胆管阻塞，引起胆囊炎等。该寄生虫病常导致幼犬和幼猫发育不良，生长缓慢，严重时可引起死亡。

防治措施：地面上的虫卵和母体内的幼虫是主要感染源，因此预防主要应做到环境、食具、食物的清洁卫生，及时清除粪便，并进行生物热处理。对犬、猫进行定期驱虫；母犬在怀孕后 40 d 至产后 14 d 驱虫，以减少围产期感染。治疗药物：① 伊维菌素；② 甲苯咪唑；③ 芬苯达唑；④ 噻嘧啶等。

【处方】

① 芬苯达唑 20～40 mg。用法：一次口服，按 1 kg 体重 10～20 mg 用药，连用 3 d。

② 左旋咪唑 25～50 mg。用法：一次口服，按 1 kg 体重 10 mg 用药。

4. 鸽蛔虫病

蛔虫引起的鸽线虫病。病鸽发育受阻，体况虚弱，长羽不良。

治宜驱虫。

【处方 1】驱蛔灵 200～250 mg。用法：按 1 kg 体重 200～250 mg，一次口服。

【处方 2】左旋咪唑 25 mg。用法：按 1 kg 体重 25 mg，一次口服。

5. 犊牛蛔虫病

由牛犊弓首蛔虫寄生于初生牛小肠中引起。表现精神委顿，喜卧，腹痛，排恶臭水泥样稀粪或硬结粪便。治宜驱虫。

【处方 1】伊维菌素 80 mg。用法：一次肌肉注射，牛羊按 1 kg 体重 0.2 mg 用药。

【处方 2】丙硫咪唑 2 g。用法：一次口服，牛羊按 1 kg 体重 5 mg 用药。

【处方 3】左旋咪唑 3 g。用法：一次口服，牛羊按 1 kg 体重 7.5 mg 用药。

【处方 4】枸橼酸延胡索 80～100 g。用法：一次口服，牛羊按 1 kg 体重 200～250 mg。

二、日本分体吸虫病

日本分体吸虫，也称日本血吸虫。主要感染人和牛、羊、猪、犬、啮齿类及一些野生动物，寄生于门静脉和肠系膜静脉内，是一种危害严重的人兽共患寄生虫病。

流行病学：日本分体吸虫发育过程中需要中间宿营主，在我国为湖北钉螺成虫寄生于门静脉和肠膜静脉内。虫卵产于小静脉中，一条雌虫每天可产虫卵 1000 个左右。产出的虫卵一部分随血流进入其他脏器，不能排出体外，沉积在局部组织中，特别是肝脏中，另一部分沉积肠壁小静脉中并形成结节。沉积在肠壁的虫卵分泌溶细胞物质，导致肠黏膜坏死、破溃，虫卵随破溃组织进入肠腔，随粪便排至外界。虫卵在水中于适宜的条件下孵出毛蚴。遇到钉螺，毛蚴进入钉螺体内进行无性繁殖，经母胞、子孢蚴阶段，进一步形成尾蚴，尾蚴成熟后离开子孢蚴，逸出螺体。一个毛蚴在钉螺体内进行无性繁殖后，可以形成数万条尾蚴。游于水中的尾蚴，遇到终末宿主即经皮肤进入其体内。终末宿主在饮水或吃草时吞食尾蚴可经口腔黏膜感染。孕妇或怀孕的母畜也可经胎盘感染胎儿。尾蚴侵入终末宿主皮肤，变为童虫，经小血管或淋巴随血流经右心、肺、体循环到达肠系膜小静脉寄生，发育为成虫。尾蚴自侵入到发育为成虫产卵所需的时间因动物种类不同而有差异，人体内一般为 24 d。日本分体吸虫成虫在宿主内一般能活3~5年，人体内为4.5年，在黄牛体内能活10年以上。人、畜和野生动物等终末宿主因排出日本分体吸虫虫卵而成为传染源，其中以人、牛、羊、猪、犬及野鼠为主要传染源。本病的流行需要三个主要条件，即虫卵能落入水中并孵出毛蚴、有适宜的钉螺供毛蚴寄生发育、尾蚴能遇上并钻入终宿主（人、畜）的体内发育。日本分体吸虫病一年四季均可感染，但以春季夏季感染机会最多。

临床症状：动物以耕牛，野生动物以褐家鼠的感染率最高。一般是黄牛的症状较水牛明显，犊牛的症状比成年牛明显。黄牛或水牛牛犊大量感染日本分体吸虫尾蚴时，常呈急性经过。首先是食量减少、精神萎靡，行动迟缓，甚至呆立不动，体温升高，呈不规则间歇热，继而消化不良，腹泻或便血，消瘦，发育迟缓，贫血，严重时全身衰竭而死。或转为慢性，但可反复发作。母牛则不孕或发生流产。家畜少量感染时，一般不出现明显症状，但能排出虫卵，传播疾病。

病理变化：主要出现于肠道、肝脏、脾脏等脏器，其中以肝脏最为明显。异位寄生者可以引起肺、脑等其他器官以肉芽肿为主的相应病变。

预防措施：① 人群病情调查和人群化疗；② 家畜查治和管理：要求人、畜同步查治，家畜放牧时不到有钉螺的水草放牧等；③ 健康教育普及血吸虫病防治知识，增强人群的防病意识，提高人群参与防治吸虫病的意识和接受检查、治疗的依从性；④ 粪便管理和个人防护：无害化处理人、畜粪便，杀灭血吸虫卵。防止或减少接触疫水的机会。

治疗方法：人和家畜的日本分体吸虫病治疗药物推荐的为吡喹酮。

【处方1】吡喹酮12 g。用法：一次口服或分两次口服（奶牛），按1 kg体重30 mg用药。

【处方2】硝硫氰胺（7505）16~24 g。用法：一次口服，按1 kg体重40~60 mg用药。

【处方3】敌百虫22.5 g。用法：一次口服，水牛按1 kg体重75 mg用药，分5次，每天1次。体重超过300 kg仍按300 kg计算，即最大剂量不超过22.5 g。

【处方4】硝硫氰醚6 g。用法：一次瓣胃注射，按1 kg体重15 mg用药。

三、弓形虫病

弓形虫病是由刚地弓形虫寄生于人、畜、野生动物、鸟类及一些冷血动物的体内所致的一种人畜共患病。

流行病学：虫体寄生于全身有核细胞内。弓形虫传播过程中猫为终末宿主。猫吞食了弓形虫包囊，子孢子侵入小肠上皮细胞，进行球虫样发育和繁殖，形成虫囊随宿主粪便排出体外，在外界成为孢子化卵囊，被人、畜禽等中间宿主吞食，子孢子在肠内逸出并侵入肠壁血管或淋巴管扩散至全身有核细胞繁殖，并形成包囊。弓形虫可经口、皮肤、黏膜及胎盘等途径侵入人或动物体内，猫因摄入含弓形虫缓殖子、包囊的动物和肌肉等组织而感染。人的感染多因食入含有包囊的生肉或未煮熟的肉、被卵囊污染的食物或饮水而感染，也有食用弓形虫病患畜禽的生乳或生蛋后感染的报道。其他动物的感染多因相互捕食或摄入未煮熟的肉类而感染。

临床表现：动物的病变主要有肠系膜淋巴结、胃淋巴结、颌下淋巴结及腹股沟淋巴结肿大、硬结，质地较脆，切面呈现砖红色，有浆液渗出。急性型的全身淋巴结髓样肿胀，切面多汁，呈现灰白色；肺水肿，有出血斑和白色坏死点；肝脏变硬，浊肿，有坏死点；肾表面和切面有少量点状出血。

预防措施：弓形虫病是由于摄入猫粪便中的卵囊而遭受感染的，因此在畜舍内应严禁养猫，并防止猫进入厩舍，严防家畜的草料及饮水接触猫粪。大部分消毒药对卵囊无效，但可用蒸汽和加热等方法杀灭卵囊。加强对人、家畜、家禽、实验动物、伴侣动物、经济动物和野生动物弓形虫病的检测，一旦发现阳性或可疑者应及时隔离治疗。注意个人饮食卫生，不食生肉、生蛋和未消毒的乳；孕妇不接触猫。治疗方法如下：

1. 猪弓形虫病

【处方1】磺胺-5-甲氧嘧啶 3~4 g。用法：一次肌肉注射，按 1 kg 体重 60~80 mg 用药，首次倍量，连用 3~5 d 以上。

【处方2】磺胺嘧啶 3.5 g、二甲氧苄氨嘧啶 0.7 g。用法：混匀一次喂服，磺胺嘧啶按 1 kg 体重 70 mg 用药，二甲氧苄氨嘧啶按 1 t 体重 14 mg 用药。每日 2 次，连用 3 d 以上。

2. 猫弓形虫病

【处方】除螺旋霉素、氯林可霉素对弓形虫有一定疗效外，磺胺类药物对弓形虫病有很好的疗效。

（1）磺胺嘧啶注射液（SD）0.2~0.4 g。用法：按 1 kg 体重 50 mg 一次肌肉注射，首量加倍。每日 2 次，连用 7 d。

（2）复方新诺明片（SMZ）0.5 g。用法：按 1 kg 体重 25 mg 一次口服。每日 2 次，连用 3~5 d。

（3）大青叶、大黄、生地、连翘、双花、甘草、黄芩各 30 g，石膏 60 g。用法：每日 1 剂，连用 3 d 进行治疗

四、猪囊尾蚴病

猪尾囊蚴病又称为"米猪肉"，是由有钩绦虫的幼虫——猪囊尾蚴（猪囊虫）引起的人、猪共患寄生虫病。成虫寄生在人的小肠；幼虫寄生在猪的肌肉组织，有时也可寄生在实质器官和脑中。特别值得注意的是幼虫也可寄生在人的肌肉和脑中，引起严重的疾病。

猪感染猪囊尾蚴病主要取决于环境卫生及对猪的饲养管理方法。有钩绦虫的孕卵节片，随人的粪便排出体外，节片破裂排出大量虫卵（虫卵在泥土中可存活数周），此时，猪随地采食，节片和虫卵即被吞食，在小肠内中被消化液（胰酶和蛋白酶）所消化，娩出六钩蚴，并借小钩的作用，钻入肠壁，随血液而到达猪的全身组织中。人感染主要是人误食了未煮熟的或生的含有猪囊尾蚴的猪肉后而引起的。

临床症状：猪轻度感染无明显的症状，严重感染时可在舌根部见稍硬的豆状隆起囊尾蚴。肩部增宽，臀后部隆起，病猪喜卧，睡觉时发出鼾声。人感染钩绦虫病时，表现贫血、消瘦、腹痛、消化不良和拉稀等症状。人患囊尾蚴病时，轻者在四肢、面部、颈部、背部的皮下出现圆形豆大结节，重者肌肉酸痛，疲乏无力。若寄生在脑内，常引起癫痫；寄生于眼内，可导致失明；寄生于声带内，则声音嘶哑。

病理变化：猪囊尾蚴多寄生在腰肌、咬肌、膈肌、肩胛外侧肌、股部内侧肌。器官中以心肌为最常见。

防治措施：目前尚无治疗方法，预防应采取如下措施：猪群和人厕严格分开，取缔连茅圈，禁止随地大便，搞好猪舍卫生消毒，消灭猪囊尾蚴和消灭人绦虫病结合起来，效果更好。

五、猪旋毛虫病

猪旋毛虫病是由毛形科的旋毛虫的成虫寄生于小肠、幼虫寄生于各部肌肉中所引起的一种线虫病。除猪外，犬、猫、鼠类都可感染，人也可感染，是一种人畜共患的寄生虫病。成虫寄生在小肠的肠壁上，常称为肠旋毛虫；幼虫寄生在横纹肌内，常称为肌旋毛虫。

临床症状：患病猪食欲减退，后肢麻痹，排尿频数，肌肉僵硬，发痒等症状。人患旋毛虫病的症状较为明显，症状轻重和摄食幼虫多少、动物机体抵抗力强弱有关。初期幼虫侵入肠壁有虚弱、疲劳、微热或腹痛、呕吐、腹泻等，也有无任何症状者。

防治措施：本病目前尚无治疗方法。可采取如下措施：严格执行屠宰检疫，加强猪群的饲养管理，禁止野地放牧，开展灭鼠运动，提倡熟食，严禁人吃生猪肉或未煮熟的猪肉。

六、绦虫病

犬绦虫病是由多种绦虫寄生于狗小肠而引起的一种慢性寄生虫病。

临床症状：一般不引起狗出现临床症状。临床症状以慢性腹泻和肠炎为主。病狗食欲时好时差，身体虚弱，体重下降，呕吐，腹部不适，有时便秘与腹泻交替，肛门瘙痒。

诊断方法：粪便中发现绦虫节片可确诊。

治疗方法：可选用吡喹酮、氯硝柳胺、甲苯咪唑等药物口服。

1. 禽绦虫病

由四种赖利绦虫等寄生于鸡，柔形剑带绦虫寄生于鸭、鹅小肠内引起。表现腹泻、贫血、消瘦，发育迟缓。治宜驱虫。

【处方1】氢溴酸槟榔碱。用法：配成0.1%水溶液一次灌服，按1 kg体重鸡3 mg、鸭和鹅1~2 mg 用药。

【处方2】硫双二氯酚。用法：拌料一次喂服，按1 kg体重鸡和鸭20~30 mg、鹅150~200 mg 用药。

【处方3】氯硝柳胺（灭绦灵）100~300 mg。用法：拌料一次喂服，按1 kg体重鸡50~60 mg、鸭60~150 mg 用药。

【处方4】槟榔2份、雷丸1份、石榴皮1份。用法：共研细末，鸡每日早晨喂2~3 g，连喂2~3次。

【处方5】槟榔100 g、石榴皮100 g。用法：拌料喂服。

【处方6】南瓜子500 g。用法：煮沸，脱脂，打成细粉，按雏鸭5~10 g、成鸭10~20 g、雏鹅20~50 g 喂服。

2. 猪绦虫病

由绦虫成虫寄生于猪小肠内引起。主要引起猪生长发育迟缓或肠梗阻。治宜驱杀虫体。

【处方1】吡喹酮 1~2 g。用法：一次喂服，按 1 kg 体重 20~40 mg 用药。

【处方2】硫双二氯酚 4~5 g。用法：一次喂服，按 1 kg 体重 80~100 mg 用药。

【处方3】南瓜子 45 g、槟榔 15 g、石榴皮 45 g。用法：水煎成 450 mL，清晨空腹灌服。

说明：注意毒性，可先服一半，无副反应再追加。

3. 牛羊绦虫病

由贝氏莫尼茨绦虫和扩展莫尼茨绦虫寄生于小肠引起。虫体寄生数量多时表现衰弱，消瘦，贫血，急腹症，腹泻，粪便中混有乳白色的孕卵节片，幼畜发育迟缓。治宜驱虫。

【处方1】硫双二氯酚 15~25 g。用法：一次口服，按 1 kg 体重牛 40~60 mg、水牛 35~40 mg、羊 100 mg 用药。

【处方2】氯硝柳胺（灭绦灵）20 g。用法：一次口服，按 1 kg 体重牛 50 mg、羊 50~75 mg 用药。

【处方3】吡喹酮 4~6 g。用法：一次口服，牛羊按 1 kg 体重 10~15 mg 用药。

【处方4】丙硫咪唑 4 g。用法：一次口服，按 1 kg 体重牛 10 mg，羊 5~15 mg 用药。

【处方5】仙鹤草芽 250 g。用法：煎成 1000 mL，羔羊每次 45 mL，灌服，每天 2 次。

【处方6】南瓜子 750 g、槟榔 125 g、白矾 25 g、鹤虱 25 g、川椒 25 g。用法：水煎取汁，牛一次灌服。

七、犬、猫钩虫病

犬、猫钩虫病是由钩口科、钩口属、板口属和弯口属的一些线虫感染犬、猫而引起，是犬、猫较为常见的重要线虫之一。虫体寄生于小肠内，以十二指肠为多。

流行病学：虫卵随宿主粪便排出体外，在适宜温度下和湿度下，1 周内发育为感染性幼虫，侵入宿主体内。其感染途径有三种：经皮肤感染、经口感染。和经胎盘感染。

临床症状：皮肤时可引起瘙痒、皮炎，也可继发细菌感染，成虫寄生时吸附在小肠黏膜上，不停地吸血，并不断变换吸血部位，同时不停地从肛门排出血便，而且虫体分泌抗凝血素，延长凝血时间，由此造成动物大量失血。急性感染病例主要表现为贫血、倦怠、呼吸困难，哺乳期幼犬更为严重后果，常伴有血性或黏液性腹泻，粪便呈柏油状。尸体剖检可见黏膜苍白、血液稀薄，小肠黏膜肿胀，黏膜上有出血点，肠内容物混有血液，小肠内可见许多虫体。

防治措施：预防主要是及时清理粪便，并进行生物热处理；注意保持犬、猫舍得干燥和清洁卫生；可用硼酸盐处理动物经常活动的地面，用火焰或蒸汽杀死动物经常活动的地方的幼虫。常见的驱线虫药可用于犬、猫钩虫病的治疗，详见蛔虫部分。

八、牛巴贝斯虫病

牛巴贝斯虫病是由双芽巴贝斯虫、牛巴贝斯虫、卵形巴贝斯虫以及东方巴贝斯虫寄生于黄牛、水牛和瘤牛血液红细胞而引起的疾病。临床上常出现血红蛋白尿，故又称为红尿热，又因最早出现于美国德克萨斯州，故又称为德克斯热或称为蜱热。

流行病学：蜱吸食动物血液时吸入病原体，虫体进入蜱肠上皮细胞中发育，然后进入血淋巴内，再进入马列氏管，经复分裂后移居蜱卵内。当幼蜱孵出发育时，进入肠上皮细胞再进行复分裂，然后进入肠管和血淋巴。当幼蜱蜕化为若蜱后，进入蜱的唾液腺。若蜱叮咬动物时传播虫体。微小牛蜱幼蜱叮咬后 8~14 d，可在牛的末梢血液涂片中查到虫体。本病在一年之内可以暴发 2~3 次。从春季到秋季以散发的形式出现，主要发生于 6~9 月份。成年牛发病率低，但症状较重，死亡率高，特别是老、弱及劳役过重的牛，症状严重，病死率高。

临床症状：该病潜伏期 8~15 d。病牛首先表现为发热，体温升高到 40~42 ℃，呈稽留热型，脉搏及呼吸加快。精神沉郁、喜卧地。食欲减退或消失，反刍迟缓或停止，便秘或腹泻，有的病牛还排出黑褐色、恶臭、带有黏液的粪便。乳牛泌乳牛减少或停止，怀孕母牛常可以生流产。病牛迅速消瘦，贫血，黏膜苍白和黄染。红细胞大量被破坏，血红蛋白从肾脏排出而出现红蛋白尿，尿的颜色由淡红变为棕红色。血液稀薄。慢性病例，体温波动于 40 ℃上下，持续数周，减食及渐进性贫血和消瘦，需经数周或数月才能康复。

病理变化：剖检可见尸体消瘦，贫血，血液稀薄如水。

临床诊断：病牛呈现高热、贫血、黄疸和血红蛋白尿可疑似为本病。血液涂片检出虫体是确诊的主要依据（体温升高后 1~2 d，血涂片检查，可发现少量虫体。在血红蛋白尿出现期检查，虫体较多）。

治疗方法：应尽量做到早确诊，早治疗。除应用特效药物杀灭虫体外，还应针对病情给予对症治疗，如健胃、强心、补液等。常用的特效药有以下几种：① 咪唑苯脲；② 三氮脒（贝尼尔）；③ 锥黄素；④ 喹啉脲（阿卡普林）等。

预防措施：① 预防的关键在于灭蜱，可根据流行地区蜱的活动规律，实施有计划有组织的灭蜱措施，使用杀蜱药物消灭牛体上及牛舍的蜱。② 应选择无蜱活动季节进行牛只调动，在调入、调出前，应做药物灭蜱处理。③ 当牛群中已出现临床病例或由安全区向疫区输入牛只时，可应用咪唑苯脲进行药物预防，对双芽巴贝斯虫可分别产生 60 d 和 20 d 的保护作用。

九、吸虫病

1. 片形吸虫病

片形吸虫分类上属于片形科、片形属，在我国有两种病原，即肝片吸虫和大片形吸虫。肝片形吸虫主要寄生于牛、羊、骆驼和鹿等各种反刍动物的肝脏胆管中，猪、马列属动物及一些野生动物亦可寄生，偶见于人。吸虫呈扁平片状，灰红褐色，前端有头锥，上有口吸盘，口吸盘稍后方为腹吸盘。肠管主干有许多内外侧分支。大片开吸虫也叫巨片吸虫，与肝片形吸虫在形态上很相似。虫体呈长叶状，更大一些。

流行病学：成虫在终末宿主的胆管内排出大量虫卵，卵随胆汁进入宿主消化道，由粪便排出体外，在适宜的条件下孵出毛蚴，进入水中，遇中间宿主——淡水螺蛳，则钻入其体内，经无性繁殖发育为胞蚴、雷蚴和尾蚴。尾蚴自螺体逸出后，附着在水生植物上形成囊蚴。家畜在吃草或饮水时吞食囊蚴即可被感染，幼虫从囊蚴的包囊中出来后在向肝胆管移行过程中，可机械性地损伤和破坏宿主肠壁、肝包膜、肝实质和微血管，导致急性肝炎、腹腔炎和内出血。虫体进入胆管后，由于虫体长期的机械性刺激和代谢产物的毒性作用，可引起慢性胆管炎、肝硬化和贫血。幼虫从囊内出来后到寄生部位，经 2～4 个月发育为成虫。肝片形吸虫分布最广，全国各地都有；大片形吸虫主要见于我国南方一些省区。

临床症状：急性型病例多发于夏末、秋季及初冬季，患畜病势急，表现为体温升高，精神沉郁，食欲减退，衰弱，贫血迅速，肝区压痛明显，严重者几天内死亡。慢性型临床多见，主要发生于冬末初春季节，特点是逐渐消瘦，贫血和低蛋白血症，眼睑、颌下和胸腹下部水肿，腹水。绵羊对片形吸虫最敏感，常发病，死亡率也高；牛感染后多呈慢性经过。

防治措施：预防措施主要是定期驱虫、防控中间宿主和加强饲养卫生管理。驱虫后的粪便应堆积发酵以产热而杀虫卵。治疗时，不仅要进行驱虫，而且应注意对症治疗，尤其对体弱的重症患畜。常用的药物有：① 三氯苯唑；② 氯氰碘柳胺；③ 阿苯达唑；④ 溴酚磷；⑤ 硝碘酚腈等。

【处方 1】硫双二氯酚（别丁）16～32 g。用法：装于小纸袋一次投服，按 1 kg 体重黄牛 40～60 mg、水牛 80 mg、羊 100 mg 用药。

【处方 2】硝氯酚（拜耳 9015）2～3.2 g。用法：一次口服，按 1 kg 体重黄牛 5～10 mg、羊 4～6 mg 用药。

【处方 3】丙硫咪唑（抗蠕敏）4～6 g。用法：一次口服，牛羊按 1 kg 体重 10～15 mg 用药。

【处方 4】贯众 50 g、槟榔 30 g、龙胆 12 g、泽泻 12 g、大黄 30 g。用法：共研末，加温水冲服。羊量酌减。说明：适用于病初，以杀虫为主。

2. 华支睾吸虫病

华支睾吸虫病是由后睾科、支睾属的华支睾吸虫寄生于猪、犬、猫等动物或人的胆囊和胆管内引起，是一种重要的人兽共患寄生虫病。

流行病学：华支睾吸虫虫卵随终末宿主——淡水螺吞食后，毛蚴从卵内孵出，进而发育为胞蚴、雷蚴和尾蚴。之后尾蚴从螺体逸出，游于水中，遇到第二中间宿主——某些淡水鱼虾时，即钻入其体内，形成囊蚴。人、猪、犬和猫由于吞食这类鱼虾而被感染，幼虫在终末宿主的十二指肠破囊而出，进入胆管或胆囊，约经 1 个月发育为成虫。华支睾虫病流行程度与感染源的多少，河流、池塘的分布，粪便污染水源的情况，中间宿主的存在和养殖，当地居民的饮食习惯以及猪、猫、犬的饲养管理方式等因素密切相关。

临床症状：临床表现类似于肝片形吸虫病。

防治措施：预防主要是对流行地区的猪、猫和犬要定期进行驱虫；禁止以生的或半生的鱼虾饲喂动物；管好人、猪和犬等动物的粪便，防止粪便污染水塘；并要注意对第一中间宿主——淡水螺类的控制。

治疗药物如下：

【处方 1】吡喹酮。用法：1 kg 体重 50～70 mg，1 次内服。

【处方 2】阿苯达唑。用法：1 kg 体重 30～50 mg，每天 1 次内服或混饲连用数天。

【处方 3】丙酸哌嗪。用法：1 kg 体重 50～60 mg，每天 1 次混饲，5 d 为一个疗程。

3. 姜片吸虫病

姜片吸虫病片形科、姜片属的布氏姜片吸虫寄生于猪和人的十二指肠引起,是影响仔猪生长发育和儿童健康的一种重要的人兽共患寄生虫病。

流行病学:姜片吸虫卵随宿主粪便排出后,在水中孵出毛蚴,毛蚴遇到合适的中间宿主——扁卷螺后,即侵入其体内,经胞蚴、母雷蚴、子雷蚴及尾蚴阶段发育。之后尾蚴离开螺体,进入水中,附着在水生植物上形成囊蚴。猪因采食含囊蚴的水生植物而感染,虫体在猪的十二指肠逐渐发育为成虫。从猪感染到成虫排卵约需 3 个月。本病多发生于秋季,习惯用水生植物喂猪的猪场常有发生,人感染多因生食菱角或荸荠而引起。在我国主要分布于南方及山东、河南、陕西等省。

临床症状:姜片吸虫多侵害仔猪,使其发育受阻;大猪则肥育受影响。大量寄生时,病猪表现腹胀、腹痛、下痢、消瘦、贫血;严重时阻塞肠道,引起死亡。

防治措施:预防主要是在流行地区,每年春秋进行驱虫;加强病猪粪便管理,尽可能将粪便堆积发酵后再作为肥料;在习惯用水生植物喂猪的地方,可用 0.1% 的生石灰进行灭螺。治疗方法:治宜驱杀虫体。治疗药物:①吡喹酮;②硝硫氰胺;③硝硫氰醚等。

【处方 1】吡喹酮 2.5 g。用法:一次喂服,按 1 kg 体重 50 mg 用药。

【处方 2】硝硫氰胺 150~300 mg。用法:一次喂服,按 1 kg 体重 3~6 mg 用药。

【处方 3】槟榔 15~30 g、木香 3 g。用法:水煎早晨空腹一次喂服,连用 2~3 次。

十、球虫病

球虫病通常是由艾美耳科球虫所引起,包括艾美耳属、等孢属、泰泽属和温扬属等。球虫为细胞内寄生虫,对宿主和寄生部位有严格的选择性,即各种畜禽都有其特异的虫体种类寄生,彼此互不感染,而且各种球虫只在宿主的一定部位寄生。球虫是否引起发病,取决于球虫的种类、感染强度、宿主年龄及抵抗力、饲养管理条件及其他外界环境因素。家畜中牛、羊、猪、驼、兔、家禽中,鸡、鸭、鹅都是球虫的宿主,其中尤以鸡、鸭、兔球虫病危害严重,常导致大批死亡。

1. 鸡球虫病

鸡球虫是宿主特异性和寄生部位特异性都很强的原虫,鸡是各种鸡球虫的唯一宿主。各种鸡球虫的致病性不同,以柔嫩艾美耳球虫的致病性最强,其次为毒害艾美耳球虫,但生产中多是一种以上球虫混合感染。所有日龄和品种的鸡都有易感性。暴发于 3~6 周龄的雏鸡,2 周龄以内的雏鸡很少发病,毒害艾美耳球虫常为 8~18 周龄的鸡,鸡通过摄入有活力和孢子化卵囊遭受感染,被粪便污染过的饲料、饮水、土壤或器具等都有卵囊的存在;其他动物、尘埃和管理人员,都可成为球虫病的机械传播者。卵囊对恶劣的外界环境条件和消毒剂具有很强的抵抗力,在土壤中可以存活 4~9 个月,温暖潮湿地区有利于卵囊的繁育,但低温、高温和干燥也会延迟卵囊的孢子化过程,有时也会杀死卵囊。饲养管理条件不良和营养缺乏能促使本病的发生。拥挤、潮湿或卫生条件恶劣的鸡舍最易发病,本病多在温暖潮湿的季节流行。

临床症状:饮食常表现为先是饮多食少,后是饮多食多;水样腹泻,有血便;贫血,可见皮肤，冠，泄殖腔和口腔黏膜，结膜等处苍白；脱水，皮肤色素沉着不良，生产性能降低。

防治措施：一旦发生本病，应立即进行治疗，常用的治疗药物有：① 磺胺类，如磺胺二甲基嘧啶（SM2）磺胺喹恶啉（SQ）等；② 氨丙啉；③ 百球清。

预防措施：包括药物预防和免疫预防，传统的方法主要是药物预防，但药物预防受抗药性和药物残留的影响。目前提倡的是免疫预防，主要分为两类，活毒虫苗和早熟弱毒虫苗。

药物预防：主要有如下药物① 氨丙啉；② 尼卡巴嗪；③ 氯苯胍；④ 马杜拉梅素等。可采取穿梭用药和轮换用药。

治疗方法：

【处方1】盐霉素 8 g。用法：混饲，拌入 100 kg 饲料中喂鸡，鹅剂量加倍。

【处方2】球痢灵（硝苯酰胺）12.5 ~ 25 g。用法：混饲，拌入 100 kg 饲料中喂服，连喂 3 ~ 5 d。说明：也可用速丹按 3 mg/kg 拌料自由采食；氨丙啉按 125 ~ 250 mg/kg 拌料连喂 7 d；克球粉 500 mg/kg 拌料连喂 5 d；磺胺二甲基嘧啶按 0.1%浓度饮水，连用 2 d。

【处方3】氨丙啉。用法：按 0.012 ~ 0.024%混入饮水，连用 2 d。

【处方4】磺胺二甲氧嘧啶（SM2）。用法：按 0.1%混入饮水，连用 2 d。

【处方5】黄连 4 份、黄柏 6 份、黄芩 15 份、大黄 5 份、甘草 8 份。用法：共研细末，每服 2 g，每日 2 次，连用 1 ~ 3 d。

2. 兔球虫病

兔球虫病流行于世界各地，我国各地均有发生，发病季节多在春暖多雨时期，家兔均易感，断奶后至 3 月龄有幼兔感染最为严重；成年兔多为带虫者，成为重要传染源。本病感染途径是经口食入含有孢子化卵囊的水或饲料。饲养员、工具、苍蝇等也可机械搬运球虫卵囊而代传播本病。营养不良，兔舍卫生条件恶劣是促成本病传播的重要环节。

临床症状：按球虫种类和寄生部位不同分为肠型、肝型、和混合型，临床上多为混合型。轻者一般不显症状，重者则表现为：食欲减退或废绝，精神沉郁，动作迟缓，伏卧不动，眼、鼻分泌物增多，唾液分泌增多，口腔周围被毛潮湿，腹泻或腹泻与便秘交替出现。病兔尿频或常做排尿姿势，后肢和肛门周围被粪便所污染。腹围增大，肝区触诊有痛感。后期出现神经症状，极度衰弱而死亡。病程 10 d 至数周。病愈后生长发育不良。

预防措施：应采取综合措施。发现病兔应立即隔离治疗；引进兔先隔离；幼兔分笼饲养；兔舍保持清洁、干燥、兔笼等用具用开水、蒸汽或火焰消毒，也可在阳光下曝晒杀死卵囊；注意饲料及饮水卫生，及时清扫兔粪；合理安排母兔繁殖季节，使幼兔不在梅雨季节断奶。

治疗及预防的药物：① 磺胺六甲氧嘧啶（SMM）；② 磺胺二甲基嘧啶（SM2）；③ 氯苯胍；④ 杀球灵；⑤ 莫能菌素；⑥ 盐霉素。

治疗方法：

【处方1】莫能菌素 50 mg。用法：混入 1 kg 饲料中喂服，连喂 7 d。预防量减半。

【处方2】球痢灵（硝苯酰胺）50 ~ 100 mg。用法：一次内服。也可混饲，每 1 kg 饲料添加 250 mg，预防量减半。

【处方3】黄连 18 g、黄柏 18 g、大黄 15 g、黄芩 45 g、甘草 24 g。用法：研成细末，每次 2 g 喂服。每日 2 次，连喂 3 ~ 5 d。注：球虫对药物易产生抗药性，不宜长期使用一种药物，交替或联合用药效果更好。

3. 牛羊球虫病

牛羊球虫病由艾美耳属球虫寄生在肠道内引起。犊牛和羔羊最易感。临床表现出血性肠炎，渐进性消瘦，贫血。治宜驱虫，重症辅以强心、补液、止血等。

【处方 1】磺胺二甲嘧啶钠片 40 g。用法：一次口服，牛羊按 1 kg 体重 100 mg 用药，每天 1 次，连用 4 d。

【处方 2】磺胺二甲嘧啶钠注射液 40 g。用法：一次肌肉注射，牛羊按 1 kg 体重 100 mg 用药，每天 1 次。

【处方 3】氨丙啉 8～10 g。用法：一次口服，

【处方 4】甲硝唑片。用法：一次口服，

十一、猫皮肤真菌病

猫皮肤真菌病由大小孢子菌或毛霉菌等真菌引起。初期在颜面、耳壳、头部或四肢等部位出现散在圆形或椭圆形斑秃，以后逐渐向全身蔓延，皮肤增厚、粗糙、多屑，形成痂皮和皲裂。治宜杀菌消炎。

【处方 1】
（1）灰黄霉素 60 mg。用法：一次口服，每日 2 次，连用 3 周。
（2）克霉素软膏适量。用法：患部涂抹至愈。

【处方 2】土荆皮、百部、苦参、蛇床子各等份。用法：共研碎，放入酒泡 1 周，过滤去渣，制成每毫升含 0.5 g 生药的药液，患部用 10%食盐水清洗、擦干、涂上药液。每天 2 次，连用 5～7 d。

十二、鸡毛细线虫病

鸡毛细线虫病是由毛细线虫属的多种线虫寄生于鸡的消化道引起的。表现食欲不振，精神萎靡，消瘦，有肠卡他性或伪膜性炎症。治宜驱虫。

【处方 1】甲氧嘧啶 50 mg。用法：用注射用水配成 10%注射液，一次皮下注射，按 1 kg 体重 25 mg 用药，或溶于含 1%蜜糖的水中饮服。

【处方 2】氯苯胍 200 mg。用法：一次喂服。按 1 kg 体重 100 mg 用药。

【处方 3】左旋咪唑 72 mg。用法：一次喂服，按 1 kg 体重 36 mg 用药。说明：对成虫有 93%～96%的疗效，但对 3 日龄和 10 日龄虫体无效。

【处方 4】链霉素 5 万～10 万 IU，注射用水适量。用法：一次肌肉注射，每日 2 次，连用 3 d。

【处方 5】六神丸 6 粒。用法：一次内服，每天早、晚各 1 次，连服 2～3 d。

十三、鸡住白细胞虫病

鸡住白细胞虫病是由鸡住白细胞虫寄生于鸡的血细胞和内脏组织细胞内引起的一种血孢

子虫病。表现发热,贫血。治宜杀虫。

【处方 1】复方泰灭净(磺胺六甲氧嘧啶,SMM)。用法:混饲。按 1 kg 体重 15 mg 用药,连用 3~5 d。

【处方 2】氯苯胍 25 g。用法:按 0.006%拌入 100 饲料中喂服,连喂 3~5 d。

【处方 3】磺胺喹恶啉(SQ)。用法:0.01%拌入饲料或饮水中喂服,连续使用 7 d。

十四、鸡组织滴虫病

鸡组织滴虫病又名盲肠肝炎或黑头病。由火鸡组织滴虫寄生于盲肠和肝脏引起。表现羽毛松乱,下痢,排淡黄色或淡绿色粪便,剖检可见盲肠发炎,肝表面形成圆形或不规则的坏死溃疡灶。治宜杀虫。

【处方 1】二甲硝咪唑(灭滴灵)适量。用法:配成 0.05%水溶液饮水,连饮 7 d 后,停药 3 d,再饮 7 d。

【处方 2】氯苯胍 3.3 g。用法:混饲。拌入 100 kg 饲料中喂服,连喂 1 周,停药 1 周,再喂 1 周。说明:产蛋鸡禁用。

十五、鸡冠癣

鸡冠癣是由毛细线虫属的多种线虫寄生于鸡的消化道引起的。表现食欲不振,精神委靡,消瘦,有肠卡他性或伪膜性炎症。治宜驱虫。

【处方 1】甲氧嘧啶 50 mg。用法:用注射用水配成 10%注射液,一次皮下注射,按 1 kg 体重 25 mg 用药,或溶于含 1%蜜糖的水中饮服。

【处方 2】左旋咪唑 72 mg。用法:一次喂服,按 1 kg 体重 36 mg 用药。说明:对成虫有 93%~96%的疗效,但对 3 日龄和 10 日龄虫体无效。

【处方 3】甲苯唑 140~200 mg。用法:混入饲料中一次喂服,按 1 kg 体重 70~100 mg 用药。说明:对 6 日龄、12 日龄和 24 日龄虫体的疗效较好。

十六、鸽毛滴虫病

鸽毛滴虫病是由禽毛滴虫寄生在鸽上消化道内引起的原虫感染性疾病。主要表现咽喉勃膜、消化道、肝脏等部出现黄白色干酪样沉着物。治宜隔离、杀虫。

【处方 1】二甲硝咪唑(灭滴灵)适量。用法:配成 0.05%水溶液饮服,每日 1 次,连用 1 周,停药 1 周,再用 1 周。

【处方 2】远志 15 g、苦参 15 g、羌活 10 g、黄柏 10 g、白鲜皮 10 g、防风 10 g、五倍子 3 g、蛇床子 3 g。用法:加水 1 000 mL,浸泡 30 min,文火煎 20 min,共煎 2 次,每次煎液 200 mL,合并 2 次煎液,供鸽饮用,每日 1 剂,连饮 5 d。

十七、肺丝虫病

（1）猪肺丝虫病　由猪肺丝虫（又叫肺圆虫、后圆线虫、猪肺虫）寄生于猪肺支气管内引起。特征为支气管炎和支气管肺炎。治宜驱杀虫体。

【处方1】左旋咪唑 400 mg。用法：一次喂服，按 1 kg 体重 5 mg 用药。

【处方2】左咪唑（驱虫净）1 g。用法：一次喂服，按 1 kg 体重 20 mg 用药。

【处方3】碘片 1 g、碘化钾 2 g。蒸馏水 15000 mL。用法：混匀灭菌后气管内注射，按 1 kg 体重 0.5 mL 用药，间隔 2~3 d 后重复使用 1 次，连用 3 次。

【处方4】百部 24~60 g。用法：煎汁一次灌服，每日 1 剂，连用 2~3 剂。

（2）牛羊肺丝虫病　由胎生网尾线虫、丝状网尾线虫寄生于气管、支气管引起的以呼吸系统症状为主的寄生虫病。病初表现干咳，逐渐频咳有痰，喜卧，呼吸困难，消瘦。治宜驱虫。

【处方1】左旋咪唑 3 g。用法：一次口服，牛羊按 1 kg 体重 7.5 mg 用药。

【处方2】丙硫咪唑 2 g。用法：一次口服，牛羊按 1 kg 体重 5 mg 用药。

【处方3】伊维菌素 80 mg。用法：一次肌肉注射，牛羊按 1 kg 体重 0.2 mg 用药。

【处方4】苯硫咪唑 2 g。用法：一次口服，牛羊按 1 kg 体重 5 mg 用药。

【处方5】甲苯咪唑 8~16 g。用法：一次口服，牛羊按 1 kg 体重 20~40 mg 用药。

十八、鸡羽虱病

鸡羽虱病由鸡羽虱寄生体表引起。表现奇痒，有时因啄痒而咬断自体羽毛，逐渐消瘦，雏鸡生长发育受阻，母鸡产蛋率下降。治宜灭虱。

【处方1】0.7%~1%氟化钠水溶液 10~20 mL。用法：药浴。使鸡的羽毛彻底浸湿。最好在温暖天进行。

【处方2】5%马拉硫磷粉适量。用法：病鸡体表撒布。

【处方3】百部草 100 g。用法：加水 600 mL，煎煮 20 min 去渣，或加白酒 0.5 kg。

十九、兔虱病

兔虱病是由兔虱寄生于兔体表引起的慢性外寄生虫病。对幼兔危害严重，常引起皮炎、脱毛、消瘦等症。治宜灭虱。

【处方1】依维菌素。用法：按 1 kg 体重 0.2 mg 一次肌肉注射。

【处方2】10%除虫精乳剂 1 mL。用法：用 2.5~5 kg 温水稀释后涂擦或喷洒患部。

【处方3】硫黄粉、烟草粉各等份。用法：混匀后，倒于手掌上，逆毛擦入毛根，再顺毛抚摸，除掉多余药粉。

【处方4】百部 20 g。用法：加 7 倍水煎 20~30 min，煎液、候凉、涂擦患部。

二十、兔螨病

兔螨病俗称疥癣，是由疥螨和痒螨寄生在皮肤引起的慢性皮肤病。特征是剧痒、脱毛、结痂、消瘦。治宜杀螨。

【处方1】依维菌素 0.4~1.0 mg。用法：按 1 kg 体重 0.2 mg，一次肌肉注射。

【处方2】1%~2%敌百虫水溶液适量。用法：患部涂擦，每日 1 次，连用 2 d。7~10 d 后再用 1 次。

【处方3】10%除虫精乳剂 1 mL。用法：用 2.5~5 mL 温水稀释后涂擦患部，一般一次即可，重症者 7 d 后再用一次。

【处方4】20%戊酸氰醚脂酸油（杀灭菊酯、速灭虫净、S-5602）1 mL。用法：用 5~10 kg 水稀释后涂擦患部，重症 7 d 后再用 1 次。

【处方5】雄黄 20 g、豆油 100 mL。用法：豆油加热至沸后加入雄黄混匀，冷却后涂擦患部，每日 1 次，连用 2~3 d。说明：治疗前先用温水软化痂皮，揭去痂皮后再涂擦药物，疗效更佳。

【处方6】硫黄 30 g、大枫子 10 g、蛇床子 12 g、木鳖子 10 g、花椒子 25 g、五倍子 15 g。用法：研为细末，加入 120~200 mL 麻油中调匀后涂擦患部。

二十一、羊蝇蛆病

羊蝇蛆病又称狂蝇蛆病。是由羊狂蝇的幼虫寄生在鼻腔及其附近的腔窦内所引起的慢性疾病。主要危害绵羊，表现流脓性鼻液，打喷嚏，呼吸困难等慢性鼻炎的症状。治宜杀虫。

【处方1】敌百虫酒精水溶液 05~2.5 mL。用法：一次肌肉注射，绵羊 10~20 kg 体重用 0.5 mL，20~30 kg 体重用 1 mL，30~40 kg 体重用 1.5 mL，40~50 kg 体重用 2 mL，50 kg 以上用 2.5 mL。说明：敌百虫酒精水溶液配方：敌百虫 60 g，95%酒精 30 mL，蒸馏水 30 mL。

【处方2】精制敌百虫 5 g。用法：配成 2%水溶液一次灌服，绵羊按 1 kg 体重 0.12 g 用药。

【处方3】敌敌畏 2 g。用法：一次口服，绵羊按 1 kg 体重 5 mg 用药，每天 1 次，连用 2 d。

【处方4】敌敌畏气雾剂适量。用法：喷雾，让病羊吸入。室内用 40%乳剂 1 mL/m³；露天用 80%乳油原液，吸雾 15 min，每只羊达 1 mL。

【处方5】百部 30 g。用法：加水煎成 250 mL，每次取药 30 mL，用注射器冲入鼻腔内，每日 2 次。

二十二、牛皮蝇蛆病

牛皮蝇蛆病是由牛皮蝇和纹皮绳的幼虫寄生在背部皮内引起的慢性寄生虫病。临床表现皮肤发痒、不安和患部疼痛，肿胀发炎，严重的引起皮肤穿孔。治宜杀虫。

【处方1】倍硫磷。用法：成年牛 1.5 mL，青年牛 1~1.5 mL，犊牛 0.5~1 mL 用药，一次臀部肌肉注射。

【处方2】蝇毒磷。用法：一次臀部肌肉注射，按 1 kg 体重 10 mg 用药。

【处方3】皮蝇磷。用法：制成丸剂一次口服，按 1 kg 体重 100 mg 用药。

【处方4】敌百虫。用法：用温水配成 2%溶液涂擦穿孔处，每头牛不超过 300 mL。在 3~5 月份，每隔 20 d 处理一次，共 2~3 次。

【处方5】亚胶硫磷乳油。用法：泼洒或点滴牛背部皮肤，按1 kg体重30 mg用药。

二十三、牛羊螨和虱病

牛羊螨和虱病由痒螨、疥螨、蠕形螨和虱在体表寄生引起。螨病以剧痒和皮炎为特征。治宜杀虫。

【处方1】伊维菌素（进口）80 mg。用法：一次肌肉注射，牛羊按1 kg体重0.2 mg用药，隔日重复1次。

【处方2】蟠净500 mL。用法：1∶300~400稀释，牛羊体表喷洒；或1∶1 000稀释，羊药浴。说明：处方1与处方2配合运用疗效更好。

【处方3】敌百虫30 g。用法：配成0.5%~1%水溶液体表喷洒或药浴（羊），5 d后重复1次。勿与碱性药物同用。

【处方4】双甲脒30 mL。用法：1∶300~400稀释，牛羊体表喷洒；或1∶1000稀释，羊药浴。

【处方5】百部9 g、大枫子9 g、马钱子6 g、当归9 g、苦辣根皮9 g、苦参9 g、白芷6 g、黄蜡6 g、植物油240 g。用法：除黄蜡外，余药用纱布包好放入油内炸成红赤色，除去药包，趁热加入黄蜡收膏，装入净瓶内备用。每次取适量涂擦患部。注意：本药毒性大，严禁入口，擦药的病畜单独隔离，一次用药面积不宜过大。

二十四、牛羊脑包虫病

牛羊脑包虫病又称脑多头蚴病。是由寄生于犬、狼的多头绦虫幼虫——多头蚴寄生于脑部引起的。临床表现绵羊从急性脑膜炎开始，继而转圈，前冲后退，平衡失调，甚至瘫痪，大小便失禁。治宜早期对症处理，中后期手术摘除。

【处方1】
（1）吡喹酮40 g。用法：配成10%溶液一次皮下注射，牛羊按1 kg体重100 mg用药。
（2）2.5%氯丙嗪注射液10~20 mL。用法：一次肌肉注射，牛羊按1 kg体重1 mg用药。
（3）20%甘露醇注射液250~1 000 mL、10%葡萄糖注射液2 000 mL、1%地塞米松注射液3 mL。用法：牛一次静脉注射，羊量酌减。

【处方2】95%酒精3~5 mL。用法：穿颅抽净包囊液后一次注入。说明：颅顶向下保定。穿刺不可强力抽吸或乱刺，抽液必须缓慢，注药必须保证注入包囊内。

二十五、牛锥虫病

牛锥虫病又称苏拉病。由伊氏锥虫寄生于牛血液及造血器官内引起。多呈慢性经过，以间歇渐进性消瘦，贫血，四肢下部肿胀，耳尾干性坏死为特征。奶牛发病时多呈急性发治宜驱虫，重症辅以强心、补液等。

【处方1】拜耳205 4~5 g、0.9%氯化钠注射液500 mL。用法：配成10%溶液一次静脉注射，按 1 kg 体重 10～12 mg 用药，隔周重复 1 次。

【处方 2】安锥赛 1.2～2 g，注射用水 10～15 mL。用法：配成 10%溶液一次肌肉注射，按 1 kg 体重 3～5 mg 用药，连用 3～5 d。

【处方 3】咪唑苯胍 1.2 g，注射用水 3～15 mL。用法：一次肌肉注射，按 1 kg 体重 3 mg 用药。

【处方 4】锥灭定 0.4 g，注射用水 20 mL。用法：配成 2%溶液一次分点皮下或肌肉注射，按 1 kg 体重 1 mg 用药。

【处方 5】贝尼尔（血虫净）1.5～2.5 g，注射用水 30～50 mL。用法：配成 5%溶液一次深部肌肉注射，水牛按 1 kg 体重 4～6 mg 用药。每天 1 次，连用 2～3 d。

【处方 6】补中益气汤（黄芪 80 g、甘草 30 g、党参 60 g、当归 50 g、陈皮 30 g、升麻 20 g、柴胡 20 g、白术 60 g）。用法：水煎，候温牛一次灌服，羊量酌减。说明：配合西药同时应用。用于重症，以促进康复。

二十六、猪附红细胞体病

猪附红细胞体病是由寄生虫在红细胞内的血液原虫引起的传染病，对人类威胁较大。病原体是一种多形态微生物，多数为圆形或环形，少数呈顿号形或杆形。

临床症状：高热、贫血、皮肤发红、黄疸、呼吸困难为主要特征。

病理变化：脾脏肿大，肝有脂肪变性，胆汁浓稠，肝有实质性炎性变化和坏死

诊断方法：将发热猪采血涂片，用瑞氏-吉姆萨染色后直接镜检可发现虫体。血清学检查，可用间接血凝试验。

防治措施：① 复方磺胺甲氧嘧啶混悬注射液 10 mL，维生素 C 注射液 10 mL，一次肌肉注射，连用 2 d；在第 4 天和第 10 天又分别注射右旋糖酐铁 5 mL，同时肌注维生素 B 5 mL，有良好效果。② 也可肌注"血虫净"或"血虫黄"或"多倍宁"（孕畜可用）。以上各药物均按使用说明书执行。

注意事项：① 注射时每头猪换 1 个针头。② 附红细胞体病与其他疾病混合感染时最好先注射猪瘟血清和干扰素，同时用以上治疗附红体的药物进行治疗。的防治至关重要。

二十七、猪疥螨病

疥螨病俗称疥癣、疥癞，是一种高度接触性传染的寄生虫病。主要是通过被疥螨及卵污染的圈舍、垫草和用具间接接触而引发猪感染。猪舍阴暗、潮湿，环境卫生差及营养不良等，均可促使本病的发生和发展。秋季，特别是阴雨天气，本病最易发生。

临床症状：猪疥螨通常起始于头部、眼周、颊部及耳部，以后蔓延到背部、体侧和股内侧。尤以仔猪多发且程度较重。病猪表现剧痒，到处摩擦以至擦破出血，患部脱毛、结痂、皮肤增厚，形成皱褶和龟裂。病猪食欲减退，生长停滞，逐渐消瘦，严重的可引起衰竭死亡。

防治措施：① 搞好猪舍卫生工作，保持舍内环境清洁、干燥、通风。引进猪种时，应隔离观察，并进行预防杀螨后方可混群。② 发现患猪，应立即隔离饲养治疗，防止蔓延。同时

应用杀螨药对猪舍和用具进行彻底喷洒、杀虫。③ 规模化猪场，每年可定期对全群进行药物杀螨。④ 目前，治疗螨病的药物很多，宜选用高效、低毒、安全的药物。如 1%~3%的甲酚皂溶液喷洒或擦洗；伊维菌素或阿维菌素按每千克体重 300 mg，颈部皮下注射，效果良好。

二十八、鸭丝虫病

鸭丝虫病由鸟龙线虫寄生于 3~8 周龄幼鸭的皮下结缔组织引起。在咽部、颈部、腿部等处皮下出现圆形结节。治宜杀虫。

【处方 1】0.2%~1%稀碘溶液 1~3 mL。用法：一次注射入结节内。

【处方 2】0.5%高锰酸钾溶液 0.5 mL。用法：一次注射入结节内。

【处方 3】5%氯化钠溶液 1~2 mL。用法：一次注射入结节内。

第八章 中兽医学

第一节 概 述

中兽医学以阴阳（即相互联系的事物矛盾的两个方面）、五行（指金、木、水、火、土）和脏腑（即心、肝、脾、肺、肾五脏和胆、胃、大肠、小肠、膀胱、三焦六腑）以及经络学说为基本理论，并以气、血、精、津、液为其活动的物质基础。其特点是从整体观念出发，按辨证论治原则进行畜病的诊断和治疗，并以理、法、方、药、针构成完整的学术体系。而经络包括纵横交叉的经脉和络脉，是内属脏腑、外络肢节、联系全身、运行气血的通道，是针灸的理论基础。

在病因方面：中兽医一般将疾病发生的原因分为外感、内伤和外伤 3 种类型。外感致病因素包括风、寒、暑、湿、燥、火和疫疠；内伤则指饥、饱、劳、逸；外伤指刀伤、虫、兽伤等。

在病机方面：所谓病机是指畜体在致病因素作用下，引起病症发生、发展及转归的机理。即致病因素作用于畜体，引起正气与邪气斗争，破坏了阴阳平衡，导致脏腑气机升降失常、气血功能紊乱，从而产生病证。

辨证论治是中兽医理、法、方、药、针在临床上的具体运用，通过四诊（望，闻，问，切）认识和判断疾病的过程和方法。论治是根据病情确定标、本、缓、急的治疗原则，并根据疾病情况选取汗、吐、下、和、温、清、补、消等正确的治疗方法。

中兽医与西医的辨证论治的区别：中兽医辨证始终贯穿于整体观念思想；西医辨病侧重于某个器官的病理变化。中兽医侧重于病因而治本；西医侧重于对症而治标。总之中兽医对于动物疾病的防治有着极其重要的意义，既要考虑到动物本身整体性，又要注意动物体外的环境的相关性，只有这样才能对病症做出正确的诊断，制订正确有效的措施。

第二节 阴阳学说

阴阳的最初含义是指日光的向背，向日为阳，背日为阴。将天地、上下、日月、昼夜、水火、升降动静、内外、雌雄等都可以划分为阴阳。阴阳关系如下：

阴阳对立：相互排斥、相互斗争、相互制约；

阴阳互根：相互依存，互为根本，相互促进；

阴阳消长：此消彼长、阴消阳长、阳消阴长；

阴阳转化：阴转为阳、阳转为阴（寒极生热）。

第三节　五行学说

五行是指木、火、土、金、水五种物质的属性及其运动和变化，五行的相互关系：相生、相克、相乘、相侮。

五行相生：生有资生、助长、促进之意。五行相生，是指木火土金水之间存在着有序的递相资生、助长、促进的关系。

五行相克：指五行之间有克制、抑制、制约之意。五行相克，是指木火土金水之间存在着有序的递相克制、制约的关系。

五行相乘：相克太过又称为相乘，简称过克。乘是乘虚侵袭的意思。五行相乘是指五行中某一行过度克制"所胜"行的状态。

五行相侮：即相侮，又称反侮。侮有恃强凌弱的意思。五行相侮，是指五行中某一行反向克制"所不胜"行的状态。

第四节　脏腑学说

脏腑学说其含义是指藏于体内的脏腑的生理活动和病理变化反映于体表以及五官九窍的征象。即观其外而知其内。

一、五　脏

即心、肝、脾、肺、肾，是化生和储藏精气的器官，共同功能特点是"藏精气而不泄"，有人把心包称为六脏，有保护心脏的作用，但习惯归于心，仍称五脏。

1. 心的功能

（1）心主血脉　心有推动血液在脉管内运行，以营养全身的作用。

（2）心藏神　是指心为一切精神活动的主宰；如心血不足，则心不能安，活动异常。心、血、脉三者密切相关，可以判断心功能是否正常。

（3）心主汗　汗为心之源。

（4）开窍于舌　舌为心之苗。

2. 肺的功能

（1）肺主气、司呼吸　肺主气包括主呼吸之气和一身之气。肺主呼吸之气是指体内外气体交换的场所；一身之气由自然界之清气、先天之精气和水谷生化之精气构成。

（2）肺主宣降，通调水道　肺主宣降：包括宣发和肃降两个方面。肺主宣发：一是将代谢过的气体呼出体外；二是将脾传输到肺的水谷精气布散全身，外达皮毛；三是宣发卫气，以发挥其温体和腠理作用。肺主肃降：一是通过肺的下降作用，吸入自然界清气；二是将津液和水谷精微向下布散全身，并将代谢产物和多余水液下输于肾脏和膀胱，排出体外；三是保持呼吸道的清洁，肺以清肃下降为顺（否则气喘、咳嗽）。通调水道：是指通过肺的宣发和肃降运动对动物体内水液的输布、运行和排泄有疏通和调节的作用。

（3）肺主一身之气，外合皮毛　一身之气（皮肤、汗毛、被毛）是抵御外邪侵袭的外部屏障。外合皮毛：一是皮肤汗孔（气门）具有散气的作用，二是皮毛有赖于肺气的温煦，才能润泽（否则憔悴枯槁，肺有病可以反映于皮毛）。

（4）肺开窍于鼻　鼻有司呼吸和主嗅觉的功能。肺受风寒之邪，则鼻流清涕；肺受风热之邪，则鼻流黄浊脓涕。肺受风热或风寒则使嗅觉功能减退或消失，并能影响精神状态和食欲等。

3. 肝的功能

（1）肝藏血　肝贮藏血液和调节血量的作用。当动物卧后，血就归于肝，动物活动后血就运行于诸经。

（2）肝主疏泄　肝具有保持全身气机疏通条达的作用，可协调脾胃运化，调畅气血运行，通调水液代谢。

（3）肝为将军之官　主谋虑　肝有防止外侮，考虑抵御对策的作用。因此，动物受到外在环境的刺激时，在精神情志上就会立即采取谋虑，进行适应的措施。

（4）肝主筋　是指肝为筋提供营养，以维持其正常功能的作用。肝与筋及爪甲的关系：筋为肝之所主，筋之所以能屈伸动作，是由于肝的精气灌溉濡养，所以说其充在筋；而爪为筋之余，所以爪甲的坚脆厚薄与颜色的枯萎润泽，是肝脏盛衰的表现。

（5）肝开窍于目　肝气通于目，泪从目出，故泪为肝之液。而肝为藏血之脏，目受血才能视，所以目之能辩五色是肝的主要作用。

4. 脾的功能

（1）脾主运化　脾有消化、吸收、运输营养物质及水湿功能。包括运化水谷精微和水湿，把食物的精华送到全身，并且能运化水湿浊气排泄于体外。如脾失健运：腹胀、腹泻、消瘦等；脾气不升：则出现脱肛、子宫脱等证（脾主升清）。

（2）脾统血　脾有统摄血液在脉中正常运行，不致溢出脉外的功能，所以说脾藏营，而脾又借血的营养以司运动。如脾气虚弱，统摄乏力，气不摄血则出现慢性出血等证（便血）。

（3）脾主肌肉四肢　是指脾可为肌肉四肢提供营养，以确保其健壮有力和正常发挥功能。

（4）脾开窍于口　动物肌肉的生长，必须依靠脾的作用，脾把水谷精微转布营养全身；而脾又为统血之脏，所以口唇的红润和淡白，可以表示脾血的盛衰。

如脾虚则血失统摄，而有便血、崩漏等；脾不运精则食欲不振，口唇淡白而无光；脾有湿热则口唇红肿；脾有热毒则口唇生疮。

5. 肾的功能

（1）肾藏精　肾藏精包括先天之精和后天之精。先天之精来源于父母，先身而生，是构成生命的基本物质；后天之精　来源于水谷之精（由五脏六腑所化生）又称"脏腑之精"，是维持生命活动的物质基础。

（2）肾主命门之火　指肾之元阳，有温煦五脏六腑，维持其生命活动的功能。

（3）肾主水　指肾在动物机体水液代谢过程中起着升清降浊的作用。由肺、脾、肾共同完成。肾主水主要靠肾火对水液的蒸化来完成，这一蒸化作用称为"气化"。

（4）肾主纳气　肾有摄纳呼吸之气，协助肺司呼吸的功能，故有"肺主呼气，肾主纳气"之说。肺主呼气，为气之本，肾主纳气，为气之根。

（5）肾主骨、生髓，通于脑　肾有主管骨骼代谢，滋生和充养骨髓、脊髓及大脑的功能。髓由肾精所化生，有骨髓和脊髓之分，脊髓上通于脑。肾主骨，"齿为骨质余"，骨齿也有赖于肾精的充养。肾精不足则牙齿松动，甚至脱落。

（6）肾开窍于耳和前后二阴　肾的上窍是耳，耳为听觉器官，有赖于肾精的充养。若肾精充足，则听觉灵敏；肾精不足，则听觉减退、耳鸣。肾的下窍是二阴。二阴包括前阴和后阴。前阴有排尿和生殖的功能，后阴有排泄粪便的功能。若肾阳不足，则尿频、阳痿、便秘等；若脾肾阳虚，则粪便溏泄。

二、六　腑

六腑是胆、胃、小肠、大肠、膀胱和三焦的总称。其共同功能是转化水谷，具有泄而不藏的特点。六腑功能：

胆：主要功能是储藏和排泄胆汁，以帮助脾胃的运化。胆汁的储藏和排泄，均受肝疏泄功能的调节和控制。肝胆在生理上相互依存、相互制约，病理上相互影响，往往是肝胆同病。

胃：主要功能为受纳和腐熟水谷。胃受纳和腐熟水谷的功能称为"胃气"。胃脾相表里，脾主运化，胃主受纳、腐熟水谷，转化为气血，常常将脾胃合称为"后天之本"。胃气的特点是以和降为顺。如胃气不降则食欲不振、水谷停滞、肚腹胀满等；胃气上逆则嗳气、呕吐等。

小肠：小肠受盛化物和分别清浊，接受胃传来的水谷，继续消化吸收以分清别浊。

大肠：主要功能是转化糟粕，接受小肠下传的水谷残渣或浊物，经过吸收其多余的水分，最后燥化成粪便，由肛门排出体外。

膀胱：主要功能储存和排泄尿液，称为"气化"。

三焦：三焦包括上焦、中焦和下焦：上焦是指心、肺等，主要功能是主血脉、司呼吸；中焦是指胃、脾等，主要功能是腐熟水谷；下焦是指肾、肠等，主要功能是分清别浊。

第五节　气血津液

一、气

1. 气的生成

气包括受于父母的先天精气、外界清气和水谷精气；气的运动叫气机，气的运动形式包括升、降、出、入。升降运动是脏腑的特性，心肺在上，在上者宜降；肝肾在下，在下者宜升；脾胃居中焦，为气机升降的枢纽。

2. 气的功能

（1）推动作用　指气有激发和推动作用，能够激发、推动和促进动物体的生长发育及脏腑的功能；推动血液、津液的生成、运行、输布及排泄。

（2）温煦作用　是指气的运动是动物体热量的来源，维持体温的相对恒定；促进血、津液的正常运行。

（3）防御作用　是指气有护卫肌表，抵御外邪。

（4）固摄作用　是指气有固护、统摄和控制体内的液态物质，防止其异常丢失的作用。如血液、汗液、尿液、津液等。

（5）气化作用　气的运动所产生的变化叫气化。即精气血津液各自的新陈代谢及其相互转化。气化是生命最基本的特征。

（6）营养作用　是指脾胃所运化的水谷精微之气对机体各脏腑组织器官所具有的营养作用。水谷精微之气，可以化为血液、津液、营气、卫气，机体的各脏腑组织器官无不依赖这些物质的营养，才能正常发挥其生理功能。

3. 气的分类

包括先天之精气、自然界之清气、水谷之精气。

（1）元气　根源于肾，又称为原气、真气（生命活动的原始物质）。

（2）宗气　由脾胃水谷精气和自然界清气结合而成。

（3）营气　是水谷精微所化生的精气之一，是宗气贯入血脉中的营养之气。

（4）卫气　是宗气行于脉外的部分，有"卫阳"之称，内散于胸腹，外布于肌表。

4. 气的病证

气虚证主要表现为多汗、气短、无力、脉虚，治则补气；气陷证主要表现少气、脱肛、久泄、脉弱，治则升举中气；气滞证主要表现胀满、疼痛，治则行气理气；气逆证主要表现肺气上逆则咳嗽、胃气上逆则嗳气呕吐，治则降气镇逆。

二、血

血是一种含有营气的红色液体。依靠气体推动，循环于全身，具有很强的营养与滋润作用，是构成动物体和维持动物体生命的重要物质。血的生成由水谷精微、营气入心脉化生营血和精血之间的互相转化而成。血的分布是总统于心，储藏于肝，生化于脾，宣布于肺，施泄于肾。血的作用包括营养、滋润、藏神。

病证：血虚证表现黏膜苍白、四肢麻痹、抽搐心悸、脉细无力，治则补血；血瘀证表现肿块疼痛、痛处不移、夜间痛甚、瘀点瘀斑，治则活血化瘀；血热证表现身热烦燥或昏迷不醒、口干津少、出血发斑，治则清热凉血；出血证实表现热出血（出血斑点）治则清热凉血；虚热出血（阴虚证候）治则滋阴降火、凉血止血；气虚出血（便血尿血、体瘦无力、口舌淡白）治则补脾摄血；外伤出血（伤口出血）治则收敛止血 引血归经。

三、津 液

津液是动物体内一切正常水液的总称。包括脏腑组织的内在体液和分泌物，如胃液、唾液、肠液、关节液、泪液、鼻涕等。清而稀者称为"津"；浊而稠者称为"液"。津液具有滋润和濡养的作用。津既可润泽和温养皮毛腠理；又可入脉组成和补充血液。液既可运行灌注于脏腑、骨髓、脊髓、脑髓，滋养内脏，充养骨髓、脑髓、脊髓；又可流注关节、五官等处，清利关节，润泽孔窍。

病证：① 津液不足表现口干舌燥、皮毛枯槁、尿少便干、舌红脉数，治则增津补液；② 水湿内停表现咳嗽痰多、肚腹臌大、尿短量少、粪便溏稀、四肢浮肿。治则利水胜湿。

第六节 病因和病机

一、病 因

1. 病因的含义

病因即是致病因素，中兽医称之为"邪气"。根据发病学说，发病机制包括脏腑组织器官的机能活动、动物对外界的适应能力和动物对致病因素的抵抗能力，即"正气存内，邪不可干，邪之所凑、其气必虚"。病因学说：根据症状，推断病因，即为随证求因；根据病因，确定治疗，即为审因施治。

2. 六淫的特性和致病特点

六淫即自然界风、寒、暑、湿、燥、火（热）六种气候变化，称为六气。六气出现太过或不及的反常现象，才能称为致病因素，侵犯动物机体而导致疾病发生，这种情况下的六气，便被称为"六淫"。

特性：

外感性：多从肌表、口鼻侵犯机体而发病的称为外感；

季节性：具有明显的季节性，常表现夏季多暑病 春节多温病；

兼狭性：不是单独存在，常表现为风寒、风热、湿热、风湿；

转化性：可以互相转化，常表现为热及生风、风盛生燥、燥及化火。

（1）风邪　风邪引起的疾病以春季为多，风邪多从皮毛肌腠侵犯机体而致病，其他邪气也依附于风邪入侵机体，故有"风为百病之始"，"风为六淫之首"之说。

特性：

① 风为阳邪，其性轻扬开泄　风邪具有升发、向上、向外的特性，故称阳邪；风性轻扬，故风邪最易侵犯动物体的头部和肌表；风性开泄，风邪易使皮毛腠理疏泄而开张出现汗出、恶风。

②风性善行数变　善行指风有善动不居的特性，发病部位游走不定，变化无常。如风湿症，常见四肢交替疼痛，故有"行痹""风痹"。数变指风邪所致的疾病发病急、变化快。如荨麻疹，皮肤瘙痒，发无定处、彼此彼伏。

③风性主动　风具有使动物机体摇动的特性。如肌肉震颤、四肢抽搐、角弓反张等。（破伤风）

（2）寒邪　寒为冬季的主气。包括：外寒、中寒和内寒。外寒是气温较低、保暖不够、淋雨涉水、汗出当风，伤于部位较浅；中寒是饮凉水太过、采食冰冻饲草饲料，寒邪入中、寒伤脏腑；内寒是动物体弱，阳气不足，寒从内生的病证。

特性：

①寒性阴冷，易伤阳气　寒伤卫阳则恶寒怕冷，皮紧毛乍；寒伤脾胃则肢体寒冷下利，清谷口吐清涎。

②寒性凝滞，易致疼痛　阳气受损，伤体表则肢体疼痛，伤肠胃则肚腹冷痛。

③寒性收引　经脉受阻，不通则痛，寒邪入筋则肢体拘急不伸，冷厥不仁；寒入皮毛，寒则气收、毛孔收缩、恶寒发热、无汗；寒入血脉，脉道收缩则血流凝滞，可见脉紧。

（3）暑邪　暑为夏季的主气，有明显的季节性。属于阳邪，纯属外邪，无内暑之说。其是特性：

①暑性炎热，易致发热　高热、口渴、脉洪、汗多等阳热之象。

②暑性升散，易耗气伤津　精神迟缓、四肢无力、呼吸浅表，甚至行如酒醉、神志不清（中暑）。

③暑性狭湿　夏暑季节，除炎热外还多雨潮湿　如身重倦怠、便　溏泄泻

（4）湿邪　湿为长夏的主气。包括 外湿和内湿。外湿指气候潮湿、涉水、淋雨、畜舍潮湿。内湿指脾失健运，水湿停聚而成。

其特性：

①湿为阴邪，易损脾阳　脾喜燥恶湿，缢于皮肤则水肿；流缢胃肠则泄泻；湿困脾阳则肚胀腹痛、里急后重。

②湿性重浊，其性趋下　重浊，重迈步沉重　浊指分泌物及排泄物；趋下指湿邪多起于动物机体下部。

③湿性黏滞，缠绵难退　黏腻停滞指粪便黏滞不爽　尿涩滞不畅；缠绵难退指病程较长、不易治愈、反复发作（风湿病）。

（5）燥邪　燥是秋季的主气。包括外燥和内燥。外燥（气候干燥多见于秋季又称为秋燥）燥与热相合多为温燥，常见于初秋；燥与寒相合多为凉燥，常见于深秋。内燥多由汗、下太过，精液内夺所致阴津亏虚。其特性：

①燥性干燥，易伤津液　口鼻干燥、皮毛干枯、眼干、粪　便干结、尿短少、口干欲饮水、干咳无痰等。

②燥盛则干，燥易伤肺　肺喜润恶燥如鼻咽干燥、干咳无痰或少痰等。

（6）火邪　火邪包括火、热、温三者，均为阳盛所生。即温为热之渐，火为热之极。热与温多由外感；火既可外感又可内生。其特性：

①火为热极，其性炎上　火为热极：高热、口渴、骚动不安、舌红、苔黄、尿赤、脉洪数等热象；火有炎上：症状多见机体上部，如心火上炎则口舌生疮；胃火上炎则齿龈红肿；

肝火上炎则目赤肿痛。

②火邪易生风动血,火热入侵 劫耗阴液;筋脉失养,肝风内动则四肢抽搐 颈项强直 角弓反张 眼目直视;火热侵脉则出现全身出血、血斑等;火邪易伤津则呈热象。

3. 内伤致病因素

内伤包括饥、饱、劳、逸四个方面

（1）饲养失宜 饥是指饮食不足所致的气血亏虚、体瘦无力生长迟缓、生产性能下降;饱暴食暴饮所致的饱伤、损伤胃肠、肚腹膨胀、嗳气酸臭、气促喘粗。

（2）管理不当 劳是指劳役过度或使役不当、雄性配种过度，食欲不振;逸是指久不使役或运动不足，抗病力降低。

4. 其他致病因素

包括痰饮、淤血、疫疠、外伤、寄生虫、中毒等。

（1）痰饮 痰饮是脏腑功能失调，致使体内津液凝聚变化而形成的水湿。

饮:脾肾虚形成，清稀如水者。常见腹胸、四肢。饮在肌肉则水肿，饮在腹胸则胸腹水，饮在胃肠则肠鸣腹泻。

痰:脾肺肾失调形成，黏浊而稠者。"脾为生痰之源，肺有贮痰之器"。"百病多由痰作祟":痰滞于肺则咳嗽气喘;痰留于胃则口吐黏涎水;痰留于皮肤经络则生瘰疬。

①无形痰饮（视之不见、触之不及、闻之无声） 病证具有痰饮特性，神昏不清为痰迷心窍 肢体麻木为痰滞经络;

②有形痰饮（视之可见、触之可及、闻之有声） 即咳嗽之喀痰，喘息之痰鸣，胸水，腹水等。

（2）淤血 全身血液运行不畅，或局部血液停滞，或体内存在离经之血。

①有形淤血（局部血液停滞） 局部疼痛，肿块或血斑，口色青紫。临床共同表现疼痛拒触、痛有定处、淤血肿块、聚而不散，伴有出血、色泽紫暗等。

②无形淤血（全身或局部血液不畅） 无可见淤血块或淤血斑，伴有心悸、气短、口色青等全身性反映。

（3）疫疠 疫疠是一种外感致病因素，与六淫不同，具有很强的传染性。疫疠既可以通过空气传染，也可以随饮食或蚊虫叮咬而发病。疫疠治病特点是发病急骤、相互传染、蔓延迅速、不分年龄、症状相似。"疠"是指天地之间的一种不正之气;"疫"是指瘟疫，有传染的意思。

（4）其他致病因素 包括外伤、寄生虫、中毒等。

二、病　机

病机是指疾病发生、发展与变化的机理。疾病就是正气与邪气相互斗争的结果。归纳为正邪消长、阴阳失调、升降失常等三个方面。

1. **正邪消长** 包括疾病发生和转归两个方面。

（1）疾病发生方面：
① 正气强盛，抗邪有力，免发病；
② 正气虽盛，邪气更强，可发病（实证、热证）；
③ 正气衰弱，抗病无力，易发病（虚证、寒证）。

（2）疾病转归方面：
① 正邪势均力敌则正邪相持，疾病处于迁延状态；
② 正强邪弱则正盛驱邪，疾病趋于好转或痊愈；
③ 正弱邪强则邪盛正虚 疾病趋于恶化或危重。

2. **升降失常**

气机的升降是动物机体气化功能的基本运动形式，是脏腑功能活动的特点。气机升降枢纽在中焦，脾主升，胃主降。升则上归心肺，降则下归肝肾。心火下降，肾水上升，肺气宣发，肾阳蒸腾，肺主呼吸，肾主纳气。如气机升降异常：脾之清气不升，反而下降，则泄泻、垂脱；胃之浊阴下降，反而上逆，则呕吐、反胃；肺失肃降，则咳嗽、气喘；肾不纳气，则喘息、气短；心火上炎，则口舌生疮；肝火上炎，则目赤肿痛；

3. **阴阳失调**

疾病是阴阳失调，偏胜偏衰所致。
（1）偏胜方面：阳盛必伤阴则见热证，阴盛必伤阳则见寒证；
（2）偏衰方面：阳虚则阴相对偏胜为虚寒证 阴虚则阳相对偏胜为虚热证。

第七节　辨证论治

辨证论治是中兽医认识疾病，确定防治措施的基本过程。辨证即分析、辨认症候；论治是根据证的性质确定治则和治法的过程。

一、诊　法

1. **四　诊**

主要是望、闻、问、切。四诊中，察口色和切脉是中兽医诊断的特色。

2. **察口色**

包括口腔各有关部位的色泽以及舌苔、口津和舌形（卧蚕）等变化。察口色内容概括为"色、温、津、苔、形"五个方面。

舌色：白色主虚证；黑色主寒极、热极；黄色主湿证；青色主寒证、主风、主痛；赤色主热证。

舌苔：白苔主表证；黄苔主里证；灰黑苔主热、主寒湿。

口津：口津黏稠则燥热伤津；口干舌燥则阴虚液亏；口津多而清稀则寒证或水湿内停。

舌形：老嫩和胖瘦。老嫩　舌质纹理粗糙苍老则主实证、主热证；舌质纹理细腻娇嫩则主虚证、主寒证。胖瘦　舌淡白胖则脾肾阳虚；舌赤肿胀则热毒亢盛；舌肿满口则心火太盛；舌小而薄则气血阴液不足；舌薄色淡则气血两虚；瘦薄色红则阴虚火旺；舌淡绵软则气血俱虚，病情严重。

3. 切　脉

切脉是用手指切按患畜一定部位的动脉，根据脉象了解和推断病情的一种诊断方法。

切脉的部位：马属动物切颈静脉沟下三分之一处和颌外动脉；牛切尾动脉；猪、羊、犬：切股内动脉。

六大纲脉：脉象就是脉搏应指的形象。包括动脉波动显现的部位、速率、强度、节律、流利度及波幅等，常见病理脉象有六种，简称六大纲脉。包括浮脉、深脉、迟脉、数脉、虚脉、实脉。

脉搏深浅：包括浮脉、深脉。浮脉则主表证，浮而有力则表实证；浮而无力则表虚证。

脉搏快慢：包括迟脉、数脉。迟脉则主寒证，迟而有力则寒里证，迟而无力则寒虚证；数脉则主热证，数而有力则实热证，数而无力则虚热证。

脉搏强弱：包括虚脉和实脉。虚脉按之空虚则主虚证；实脉按之实满则主实证。

二、辩　证

中兽医的辩证方法很多。如八纲辩证、脏腑辩证、气血津液辩证、六经辩证、卫气营血辩证等。

1. 八纲辩证

八纲辩证所有辩证方法的总纲。表、里、寒、热、虚、实、阴、阳。

表证：病位在肌表，病变较浅。风寒表证则辛温解表；风热表证则辛凉解表。

里证：病位在脏腑，病变较深。里寒则温；里热则清；里虚则补；里实则消、泻。

寒证：外感风寒，内伤久病，寒滞经脉。"寒者热之"，辛温解表、温中散寒、温肾壮阳。

热证：外感风热，久病阴虚，表热、里热、实热、虚热。"热者寒之"辛凉解表、清热泻火、壮水滋阴。

虚证：劳役过度、饮食不足、久病体虚，所致"气血阴阳"虚，"虚者补之"则补气、补血、滋阴、壮阳。

实证：感受外邪、脏腑失调所致痰饮、水湿、淤血。"实则泻之"攻里泻下、活血化瘀、软坚散结、化痰逐饮、平喘降逆、理气消导。

阴证：（阳虚阴虚）多见里证的虚寒证：体瘦毛焦、精神不振、怕冷喜暖、口流清涎、肠鸣腹泻、疮黄（不红、不热、不疼、脓液稀薄而少臭味）。

阳证：（邪气盛而正气未衰，正邪斗争亢奋）多见于里证的实热证：精神兴奋、口渴贪饮、耳鼻肢热、气急喘息、粪便秘结、疮黄（红、肿、热、痛、脓、液黏稠发臭）

亡阴：指阴液衰退，多见于大出血或脱水或热病则益气救阴。

亡阳：指阳气将脱，多见于大汗大泻大出血过劳则回阳救逆。

2. 脏腑辩证

心与小肠、肝与胆、脾与胃、肺与大肠、肾与膀胱。

（1）心与小肠

心气虚：久病体虚、心悸气短、自汗脉虚，则养心益气，安神定悸。

心阳虚：形寒肢冷、耳鼻不温、舌紫脉弱，则温心阳，安心神。

心血虚：心悸易惊、口色淡白、脉细而弱，则补血养心，镇惊安神。

心阴虚：午后潮热、低热不退、舌红少津，则养心阴、安心神。

心热内盛：高热大汗、气促喘粗、口渴舌红，则清心泻火养阴安神。

痰火扰心：发热气喘、眼急惊狂、咬物伤人，则清心祛痰，镇惊安神。

小肠中寒：腹痛起卧、肠鸣溏泄、口滑清白，则温阳散寒，行气止痛。

（2）肝与胆

肝火上炎：双目红肿、尿浓赤黄、口红便秘，则清肝泻火，明目退翳。

肝血虚：眼干视退、眩晕无力、四肢抽搐，则滋阴养血，平肝明目。

肝风内动：热极生风所致高热抽搐、角弓反张、舌红脉数，则清热息风镇痉；肝阳化风所致神昏似醉、歪唇斜眼、拘挛抽搐，则平肝息风；阴虚生风所致形体消瘦、午后潮热、口干舌红则滋阴定风；血虚生风所致 眩晕欲倒、口色淡白、抽搐脉细，则养血息风。

肝胆湿热：黄疸鲜明、尿黄浑浊、舌苔黄腻，则清利肝胆湿热。

（3）脾与胃

脾气虚：脾虚不运所致体瘦肯卧、肚胀粪稀、尿短浮肿，则益气健脾；脾气下陷所致久泻不止、脱肛、宫脱、口淡苔白，则益气升阳；脾不统血所致便血尿血、皮下出血、口淡苔白，则益气摄血，引血归经。

脾阳虚：形体怕冷、肠鸣腹痛、泄泻、口白滑利，则温中散寒。

寒湿困脾：耳垂头低、步沉喜卧、浮肿便溏，则温中化湿。

胃阴虚：食欲不振、粪球干小、口红苔少，则滋养胃阴。

胃寒：外感风寒、喂食冰冻饲草和冷水，则温胃散寒。

胃热：胃阳素强、邪热犯胃、外邪生热，则清热泻火、生津止渴。

胃食滞：暴食暴饮、食滞不化、伤及脾胃，则消食导滞。

（4）肺与大肠

肺气虚：久病咳喘且无力、畏寒喜暖、易感冒易出汗、鼻流清涕，则补肺益气、止咳定喘。

肺阴虚：干咳连声、昼轻夜重、低热不退、盗汗，则滋阴润肺。

痰饮阻肺：咳嗽气喘、鼻液量多、色白黏稠，则燥肺化痰。

风寒束肺：咳嗽气喘、发热轻恶寒重、鼻流清涕，则宣肺散寒、祛痰止咳。

风热犯肺：咳嗽和风热。鼻流黄涕、咽喉肿痛，则疏风散热，宣通肺气。

肺热咳嗽：咽喉炎、急性气管炎、肺炎，则清肺化痰，止咳平喘。

大肠夜亏：粪球干硬、努责难下舌红少津，则润肠通便。

食积大肠：粪便不通、肚腹胀满、回头观腹、时起时卧、口腔酸臭、尿少色浓，则通便攻下，行气止痛。

大肠冷泻：耳鼻寒冷、肠鸣如雷、泻粪如水，则温中散寒，渗湿利水。

（5）肾与膀胱

肾阳虚：肾阳虚所致耳鼻四肢不温、腰腿不灵、下部浮肿、性能降低，温补肾阳；肾气不固所致尿频而清、遗尿失禁、腰腿不灵、难起难卧，则固摄肾气。

肾阴虚：体型瘦弱、腰胯无力、低热不退、盗汗、便干、口干，则滋阴补肾。

膀胱湿热：尿频而急、排尿困难、尿色混浊、口红苔腻，则清利湿热。

3. 卫气营血辨证

卫分病证：温热病邪入脏腑属于表热证 热重寒轻、咳嗽口干、咽喉肿痛、舌苔薄黄，则辛凉解表。

气分病证：由卫分病传来和温邪直入气分，属于里热证。温热在肺所致发热咳嗽、呼吸气短，则止咳平喘，清热宣肺；热入阳所致身热大汗、口干色红，则清热生津；热结肠道所致身热便干、腹痛尿赤，则清热通便。

营分病证：温热病邪入血的轻浅，由卫分、气分传入或温热病邪直入营分热伤营阴的则清营透热；热入心包的则清心开窍。

血分病证：温热病深重阶段，血热忘行所致身热神昏、尿血便血，则清热凉血；气血两燔所致高热口渴、舌紫鼻血，则清热解毒；肝热动风所致高热抽搐、项背强直 清热平肝息风。

4. 六经病证

主要用于外感病的辩证。① 太阳病证（伤寒、中风）；② 阳明病证（经证、腑证）；③ 少阳病证；④ 太阴病证；⑤ 少阴病证（寒化证、热化证）；⑥ 厥阴病证（寒厥、热厥、蛔厥）。

三、防治法则

1. 治未病

就是采取一定措施防止疾病发生和传变。"未病先防"就是在动物未发病之前，采取各种有效措施，预防疾病的发生。"既病防变"：就是疾病发生后，就应及早诊断和治疗，防止疾病进一步发展与传变。包括早期诊治和防止传变。

2. 主要治则

（1）扶正与驱邪 扶正就是使用补益正气的方药及加强病畜护养等方法，以扶助机体正气，提高机体抵抗力，达到祛除邪气，战胜疾病，恢复健康的目的。适用于正气虚而邪气也不盛的虚证。主要采取益气、养血、滋阴、壮阳等方法。驱邪就是使用祛除邪气的方药，或采取针灸、手术等方法，以祛除病邪，达到邪去正复的目的。适用于邪气盛为主而正气也不衰的实证。主要采取发汗、攻下、清解、消导等方法。

（2）治病求本　本是疾病的本质；表是疾病的现象。治病必求于本。"急则治标"、"缓则治本"。

（3）同治与异治　"同病异治"指同一种疾病，采取不同的治法。如感冒，风寒感冒和风热感冒就有辛温解表和辛凉解表之分。"异病同治"指不同的疾病采取相同的治法。如久泻、脱肛等，凡属气虚下陷者，均使用补中益气相同的方法治疗。

3. 八　法

即汗、吐、下、和、温、清、补、消八种药物治疗的基本方法。

汗法（解表法）：外感风寒的辛温解表；外感风热的清凉解表。

吐法（催吐法）：运用催吐性能的药物，使病邪或毒物从口中吐出的一种治疗方法。如误食毒物、痰涎壅盛、食积胃俯等。

下法（攻下法）：主要用于里实证。峻下法：使用泻下作用猛烈的药物以泻火、攻逐胃肠积滞的一种方法；缓下法：使用泻下作用较缓和的药物，治疗年老体弱、久病、产后气血双亏所致肠燥便秘；逐水法：使用具有攻逐水湿功能的药物，治疗水饮聚积的实证等如胸水、腹水、粪尿不通等的一种治疗方法。

和法（和解法）：是运用具有疏通、和解作用的药物，以祛除病邪，扶助正气和调整脏腑间协调关系的一种治疗方法。如半表半里证，代表方是小柴胡汤；肝脾不和是逍遥散。

温法（温寒法）：主要适用于里寒证或里虚证。回阳救逆：肾阳虚衰、阴寒内盛、阳虚欲脱的病证；温中散寒：脾胃阳虚所致的中焦虚寒证；温经散寒：寒气偏盛、气血凝滞、经络不通、关节活动不利的证瘊。

清法（清热法）：主要适用于里热证。包括清热泻火；清热解毒；清热燥湿；清热凉血；清热解暑。

补法（补虚法）：主要适用于虚证。包括补气；补血；滋阴；助阳。

消法（消导法）：主要适用于消除体内气滞、血淤、食积等的一种治疗方法。包括行气解郁；活血化瘀；消食导滞。

第八节　中兽药炮制

中药是在中兽医理论指导下，用于预防和治疗各种动物疾病的药物。主要来源于天然药及其加工品，包括植物、动物和矿物以及部分化学和生物制品。炮制是根据中兽医药理论，依照辩证用药的需要和药物的自身性质，以及调剂、制剂的不同要求所采取的一项传统制药技术，包括对药物的一般修治整理和对部分药材的特殊处理。经炮制后的药物产品，习惯上称为饮片。焦作盛产的山药，地黄，牛膝，菊花被称为四大怀药。

一、炮制目的

（1）降低或消除药物的毒性或副作用。

（2）增强药物疗效。

（3）改变或缓和药物的性质；如地黄生（生地）用清热凉血；地黄指熟后（熟地）则滋阴补血。麻黄生用辛散解表作用强；蜜炙后辛散作用缓和，止咳平喘作用增强。

（4）便于制剂和贮藏：（切片、粉碎）。

（5）改变或增强药物作用部位和趋势；（知母、黄柏盐制后有助于引药入肾）。

（6）清除杂质和非药用部分。

（7）矫臭矫味。

二、炮制方法

① 修治；② 水制法；③ 火制法；④ 水火制法；⑤ 其他制法（发芽、发酵、制霜及法制）。

第九节　中兽药性能

中药性能是指中药与疗效有关的性味和效能。把中药治病的不同性质和作用，加于概括，主要有四气、五味、升降浮沉、归经、毒性等，统称为中药性能，简称药性。

一、性　味

四气：寒、凉、温、热。"寒者热之""热者寒之"。

五味：辛、甘、酸、苦、咸。

二、升降浮沉

1. 升降浮沉的含义

是指药物进入机体后的作用趋向，是与疾病表现的趋势相对而言的。升与降、浮与沉的趋向类似，故通常以"升浮""沉降"合称。如向上则呕吐、咳喘；向下则泻痢、脱肛；向外则自汗、盗汗；向里则结症。

2. 升降浮沉的特点

升浮药物的特点主上行而向外，属阳，具有升阳、发表、祛风、散寒、催吐、开窍等作用；沉降药物的特点主下行而向内，属阴，具有息风、降逆、止吐、清热、渗湿、利尿、泻下、止咳平喘等功效；个别药还存在着双向性，如麻黄既能发汗，又能平喘利水。

3. 升降浮沉的临床意义

病变部位在上、在表者，用药宜升浮不宜沉降。如外感风寒表证，用麻黄、桂枝等升浮药来解表散寒；病变部位在下、在里者，用药宜沉降不宜升浮。如便秘之里实证用大黄、芒硝等沉降药物来泻下攻里。

4. 影响中药升降浮沉的主要因素

性味：一般性温、热，味辛、甘的药物，多数升浮；一般性寒、凉，味酸、苦、咸的药物，多数沉降。

质地：花、叶、枝等质地轻的药物，多为升浮；种子、果实、矿石、介壳等质地重的药物，多为沉降；根的上半部主升、下半部主降、中间部则只用于全身。

炮制：药物升降浮沉与药物炮制有很大关系。如酒炒升散；姜炒发散；蜜炒润化；盐炒下行入肾则降；醋炒下行入肝则沉降。

配伍：少量升浮药在大队沉降药中则降；少量沉降药在大队升浮药中则升。

上述四点，性味和质地表明药物本身的性质、性能可以确定升降浮沉；炮制和配伍表明人工可以改变药物的升降浮沉。

三、归　经

归经的含义是指中药对机体某部分的选择作用，即药物作用部位。归是作用的归属，经是脏腑经络的概称。即一种药物主要对某一经或几个经发生明确作用，而对其他经作用较小，或没有作用。中药归经对于中药的临床应用具有重要指导意义，一是根据动物脏腑经络的病变"按经选药"；二是根据脏腑经络病变的相互影响和传变规律选择用药。如黄连偏于清心热；黄芩偏于清肺火；黄柏偏于清肾热；龙胆偏于清肝热。

四、毒性与配伍禁忌

1. 毒　性

中药毒性是指中药对畜体产生的毒害作用。中药的毒性与副作用不同，毒性对动物机体危害性较大，甚至可危及生命；副作用是指在常用剂量时出现的与治疗需要无关的不良反应，一般比较轻微，对机体危害不大，停药后能消失。引起毒性反应的常见原因主要有超量用药、药不对症、配伍不当、品种错用或误用、名称相似中药代替；非药用部位的掺入、动物品种或个体用药差异。

2. 配伍禁忌

配伍就是根据动物病情的需要和药物的性能，有目的地将两种以上的药物配合在一起应用。两味或两味以上的药味相互配伍后，相互之间会产生一定的配伍效应，有作用协同而增效者；有相互颉颃或抵消疗效、或降低毒性者；有相互反畏而增加毒性。

3. 七　情

药物配伍效应应对动物机体有益或有害。根据传统中兽医配伍理论，将其归纳为七种，称为"七情"。包括单行、相须、相使、相畏、相杀、相恶、相反。药物之间配伍关系应当慎用或禁用，归纳起来主要有"十八反""畏""妊娠禁忌"。

五、方　剂

方指医方，剂指调剂。构成方剂的药物组成一般包括：君药（主药）、臣药（辅　药）、佐药（兼顾药）、使药（引经药）。

第十节　常见中兽药

一、解表药

凡能发散表邪，解除表证为主要作用的药物，称为解表药。解表药多具有辛味，辛能发散，故有发汗、解肌的作用，适用于邪在肌表的病症，即《内经》所说的"其在皮者、汗而发之"。使用解表药应注意：用量不宜过大或使用太久，以免损耗津液，造成大汗亡阳；炎热季节用量宜轻，寒冷季节量可稍大；对于体虚或气血不足的病畜，要慎用或配合补养药以扶正祛邪；本类药一般不宜久煎，以免气味挥发，损耗药力。

1. 辛温解表药

性味多为辛温，具有发散风寒的功能，发汗作用强，适用于风寒证。

麻黄：发汗散寒，宣肺平喘，利水消肿，是辛温发汗的主药。

桂枝：发汗解肌、温通经脉，助阳化气。功能：① 发汗散寒：善祛风寒，其作用较为缓和，可用于风寒感冒，也可用于发热恶寒，无论有汗或无汗均可使用；② 温通经脉：温经散寒、通痹止痛，治寒湿性痹痛，味前肢的引经药。

防风：祛风发表，胜湿解痉。

荆芥：祛风解表，止血（炒炭）。既有发汗解表，又能祛风，无论风寒、风热均可使用。主治：外感风寒，麻疹初期透发不畅，炒炭可止衄血、崩漏、便血。习惯无汗用芥穗，有汗用荆芥，入血分用荆芥炭。

细辛：细辛归的是膀胱经以及肾经。发表散寒，祛风止痛，温肺化痰，行水开窍。治风冷头痛，鼻渊，齿痛，痰饮咳逆，风湿痹痛。

白芷：祛风止痛，消肿排脓，通鼻窍。

生姜：发表，散寒，止呕，开痰。治感冒风寒，呕吐，痰饮，喘咳，和胃、胀满、泄泻。生姜与干姜虽同为姜，但作用却大不同。生姜，发散作用强；干姜，重在温煦。生姜主治外感风寒、胃寒呕吐、风寒咳嗽、腹痛腹泻、中鱼蟹毒等病症。干姜主治温中散寒、回阳通脉、燥湿消痰，用于脘腹冷痛、呕吐泄泻、咳嗽有痰。

艾叶：温经止血，散寒止痛；外用祛湿止痒。主治　用于吐血，衄血，崩漏，胎漏下血，少腹冷痛，经寒不调，宫冷不孕；外治皮肤瘙痒。醋艾炭温经止血，用于虚寒性出血。

2. 辛凉解表药

性味多为辛凉，具有发散风热的功能，发汗作用较为缓和，适用于风热表证。发热有汗，恶寒较轻，耳鼻发热、目赤口干，舌苔黄厚等。

薄荷：疏散风热，清利头目。本品为疏散风热的要药。（银翘散）也还具有驱蚊效果，擦蚊虫叮咬部位。

升麻：发表透疹，清热解毒，升阳举陷。

葛根：发表解肌，生津止渴，升阳止泻。葛根的常见特点：升阳解肌，透疹止泻，除烦止渴。治伤寒、温热头痛项强，烦热消渴，泄泻，痢疾，癍疹不透，高血压，心绞痛，耳聋。

桑叶：疏散风热，清肺润燥，清肝明目。善治表风热和泄肺热。用于风热感冒，肺热燥咳，头晕头痛，目赤昏花。

柴胡：和解退热，疏肝理气，升举阳气，退热截疟，为和解表里只要药。用于感冒发热，寒热往来，胸胁胀痛，子宫脱垂，脱肛。

二、清热药

凡以清解里热为主要作用的药物，称为清热药。清热药性属寒凉，具有清热泻火、解毒、凉血、燥湿、解暑等功效。主要用于高热、热痢疾、湿热黄疸、热毒疮肿、热性出血及暑热等里热证。使用清热药应注意以下几点：清热药性多寒凉，易伤脾胃，影响运化，对脾胃虚弱的患畜，宜适当辅以健胃的药物。热病易伤津液，清热燥湿药，性多燥，也易伤津液，对阴虚的患畜，要注意辅以养阴药。清热药性寒凉，多服久服能伤阳气，故对阳气不足、脾胃虚寒、食少、泄泻的患者要慎用。以清热药为主组成的，具有清热泻火、凉血解毒等作用，用以治疗里热证的一类方剂，称为清热方。属"八法"中的"清法"。

1. 清热泻火药

能清气分热，有泻火泄热的作用。适用于急性热病。

石膏：清热泻火，外用收敛生肌。用于肺胃大热，高热不退等实热亢盛证。适用于肺胃实热证。煅石膏末有清热、收敛、生肌作用，外用于湿疹、烫伤、疮黄溃后不敛及创伤久不愈合等。

知母：清热，滋阴，润肺，生津。本品苦寒，既泻肺热、又清胃火。适用于肺胃有实热的病证。

栀子：清热泻火，凉血解毒。本品有清热泻火作用，善清心、肝、三焦经之热，多用于肝火目赤以及多种火热证。治热病虚烦不眠，黄疸，淋病，消渴，目赤，咽痛，吐血，衄血，血痢，尿血，热毒疮疡，扭伤肿痛等。

芦根：清热生津。本品善清肺热，用于肺热咳嗽、痰稠、口干、止呕等；

淡竹叶：清热、利尿。本品上清心热，下利尿液，用于心经实热、口舌生疮、尿短赤。

2. 清热凉血药

主要入血分，能清血分热，有凉血清热作用。主要用于血分实热证，温热病邪入营血，血热忘行，证见斑疹和各种出血，以及舌绛、狂躁、甚至神昏等。

生地（生地黄）：清热凉血，养阴生津。生地是黄色的，熟地才是柔软黑色，有黏性的；生地的功效是清热凉血，养阴生津；熟地的功效是养血滋阴，补精益髓。

牡丹皮：清热凉血，活血化瘀。适用于热入血分所致的鼻血、便血、斑疹等。

白头翁：清热解毒，凉血止痢。本品既能清热解毒，又能入血分而凉血，为治痢的要药。主要用于肠黄作泻、下痢脓血、里急后重。

玄参：清热养阴，润燥解毒。本品既能清热泻火，又能滋养阴液，热毒实火，阴虚内热均可使用。

3. 清热燥湿药

性味苦寒，苦能燥湿，寒能盛热，有清热燥湿的作用，主要用治实热证。胃肠湿热所致的泄泻、痢疾；肝胆湿热所致的黄疸；下焦湿热所致的尿淋漓等。黄连、黄芩、黄柏、栀子、大黄组成的方剂通常被称为"五黄汤"。

黄连：清热燥湿，泻火解毒。本品为清热燥湿要药。凡属湿热诸证，均可应用，尤其以肠胃湿热壅滞之证最宜。清热泻火，治心火亢盛、口舌生疮、三焦积热和鼻血等；治火热炽盛，疮黄肿毒

黄芩：清热燥湿，泻火解毒，安胎。本品长于清热燥湿，主要用于湿热泄痢，黄疸，热淋等；清泻上焦实火，尤以清肺热见长，用于肺热咳嗽。

黄柏：清燥湿，泻火毒，退虚热。本品具有清热燥湿之功。其清湿热作用与黄芩相似，但以除下焦湿热为佳。用于湿热泄泻，黄疸，淋证、尿短赤等。

秦皮：清热燥湿，清肝明目。本品能清热燥湿，可治疗湿热泄痢；清肝明目，治肝热上炎的目赤肿痛等。

苦参：清热燥湿，祛风杀虫，利尿。本品能清热燥湿，用于治湿热所致的泄痢，黄疸等；祛风杀虫，治皮肤瘙痒、肺风毛燥、节选、疥癣等证。

4. 清热解毒药

具有清热解毒作用，常用于瘟疫、毒痢、疮黄肿毒等证。

金银花（二花）：本品具有较强的清热解毒作用，用于热毒痈肿，有红、肿、热、痛症状属阳证者。

连翘：清热解毒，散结消肿。本品能清热解毒，广泛用于治疗各种热毒和外感风热或温病初期；散结消肿，治疗疮黄肿毒等。

蒲公英：清热解毒，散结消肿。

板蓝根：清热解毒，凉血、利咽。本品具有较强的清热解毒作用，用于治疗各种热毒、瘟疫、疮黄肿毒、大头黄等。

三、泻下药

凡能攻积、逐水，引起腹泻，或者润肠通便的药物，称为泻下药。泻下药用于里实证。

主要功能：清除胃肠道内的宿便、燥粪以及其他有害物质，使其从粪便排出；清热泻火，使实热壅滞通过泻下而达到缓解或消除；逐水退肿，使水邪从粪尿排出，以达到祛除停饮、消退水肿的目的。

使用泻下药应注意以下几点：泻下药的使用，以表邪已解，里实已成为原则。如表证未解，当先解表，然后攻里；如表邪未解，里实已成，则应表里双解，以防表邪陷里；攻下药、逐水药攻力较猛，易伤正气，凡虚证和孕畜不宜使用；泻下药的作用与剂量有关，量小则力缓，量大则力峻。以泻下药为主组成，具有通导大便、排除胃肠积滞、荡涤实热、攻逐水饮作用，以治疗里实证的方剂，称为泻下方，又叫攻里方。属"八法"中的"下法"。

1. 攻下药

具有较强的泻下作用，适用于宿食停积，粪便燥结所引起的里实证。又有清热泻火作用，故尤以实热壅滞，燥粪坚积者为宜。常辅以行气药，以加强泻下的力量，并消除腹满证候。

大黄：攻积导滞，泻火凉血，活血祛瘀。本品善于荡涤肠胃实热，燥结积滞，为苦寒攻下之要药。

芒硝：软坚泻下，清热泻火。本品润燥软坚、泻下清热的功效，为治里热燥结实证之要药。

泻叶：泻热导滞。本品有较强的泻热通便作用，用于热结便秘，腹痛起卧等。

巴豆：泻下寒积，逐水退肿，祛痰，蚀疮。本品药性猛烈，为温通峻下药，适用于里寒冷积所致的便秘、腹痛等证。

2. 润下药

多为植物种子或果仁，富含油脂，具有润燥滑肠的作用，故能缓下通便。适用于津枯，产后血亏，病后津液未复及亡血的肠燥津枯便秘等。许多种仁药物都具有润燥滑肠作用。

火麻仁：润肠通便，滋养益津。本品多脂，润燥滑肠，性质平和，兼有益津作用，为常见的润下药

食用油：润燥滑肠。本品滑利而润肠，用于治疗肠燥津枯，粪便秘结。

郁李仁：润肠通便，利水消肿。本品富含油脂，体润滑降，具有润肠通便之功效，适用于老弱病畜之肠燥便秘。

蜂蜜：润肺，滑肠，解毒，补中。本品甘而滋润，滑利大肠，用于治疗体虚不宜用攻下药的肠燥便秘。

3. 峻下逐水药

本类药物作用猛烈，能引起剧烈腹泻，而使大量水分从粪便排出，其中有的药物还兼有利尿作用。适用于水肿、胸腔积水及痰饮结聚、喘满壅实等。

大戟：泻水逐饮，消肿散结。京大戟泻水逐饮的功效较好，适用于水饮泛滥所致的水肿喘满，胸腹积水等；红大戟消肿散结较好，适用于热毒壅滞所致的疮黄肿毒等。

牵牛子：泻下去积，逐水消肿。本品泻下逐水能力强，又能利尿，可使水湿从粪尿排出而消肿，适用于肠胃实热壅滞，粪便不同及水肿腹胀等证，治水肿胀满等实证。

续随子：泻下逐水，破血散瘀。本品泻下逐水的作用较强，且能利尿，可用于二便不利的水肿实证。

芫花：泻水逐饮，杀虫。本品泻水逐饮之功效与大戟类似，而作用稍缓，以泻胸胁之水饮积聚见长，适用于胸胁积水、水草肚胀等。

四、消导药

凡能健运脾胃，促进消化，具有消积导滞作用的药物，称为消导药，也叫消食药。适用于消化不良、草料停滞、肚腹胀满、腹痛腹泻等。在临床上常根据不同病情而配伍其他药物，不可单纯依靠消导药物取效。如食滞多与气滞有关，故常与理气药同用；便秘则常与泻下药同用；脾胃虚弱则配健胃补脾药；脾胃有寒，则配温中散寒；湿浊内阻，则配芳香化湿药；积滞化热，则配苦寒清热药。以消导药为主组成，具有消食化积功能，以治疗积滞痞块的一类方剂，称为消导方。属"八法"中的"消法"。

神曲：消食化积，健胃和中。本品具有消食健胃的作用，尤以消谷积见长，并与山楂、麦芽组成三仙，炒后又称为"焦三仙"。

山楂：消食健胃，活血化瘀。本品具有消食健胃，尤以消肉食积滞见长，用治食积不消、肚腹胀满等。

麦芽：消食和中，回乳。本品具有消食和中的作用，尤以消草食见长，用于乳汁郁积引起的乳房肿胀。哺乳期母畜禁用。

鸡内金：消食健脾，化石通淋。本品消食作用较强，而又具有健脾之功，多用于草料停滞而兼有脾虚证。

莱菔子：消食导滞，降气化痰。本品生用具有消食除胀的作用。

五、止咳化痰平喘药

凡能消除痰涎，制止或减轻咳嗽和气喘的药物，称为止咳化痰平喘药。以化痰、止咳、平喘为主组成，具有消除痰涎、缓解或制止咳喘的作用，用于治疗肺经疾病的方剂，称为止咳化痰平喘方。

1. 温化寒痰药

凡药性温燥，具有温肺祛寒、燥湿化痰作用的药物，称为温化寒痰药。适用于寒痰、湿痰所致的呛咳气喘，鼻液稀薄等。

半夏：降逆止呕，燥湿祛痰、宽中消痞，下气散结。本品辛散温燥，降逆止呕之功显著。

天南星：燥湿祛痰，祛风解痉，消肿毒本品燥湿之功更烈于半夏。适用于风痰咳嗽、顽痰咳嗽及痰湿壅滞等。

旋覆花：降气平喘，消痰行水。用于咳嗽气喘、气呕不降等。

白前：祛痰，降气止咳。本品既可祛痰以除肺气之壅实，又能止咳以制肺气之上逆，肺气壅塞，痰多诸证，均可使用。

2. 清化热痰药

凡药性偏于寒冷，以清化热痰为主要作用的药物，称为清热化痰药。适用于热痰郁肺所引起的呛咳气喘，鼻液黏稠等。

贝母：止咳化痰（热痰咳嗽），清热散结。川贝母偏重于止咳化痰，用于热痰咳嗽，并治久咳和肺痈鼻脓；浙贝母偏重于清热散结，适用于瘰疬痈肿未溃者。

瓜蒌：清热泻火，宽中散结。本品甘寒清润，能清肺化痰，用于肺热咳嗽，痰液黏稠。

天花粉：（瓜蒌根）清肺化痰，养胃生津，用于治疗肺热燥咳、肺虚咳嗽、胃肠燥热或痈肿疮毒等。

桔梗：宣肺祛痰，排脓消肿。是治外感风寒或风热所致的咳嗽、咽喉肿痛等的常用药。

3. 止咳平喘药

凡能以止咳、平喘为主要作用的药物，称为止咳平喘药。由于咳喘有寒热虚实等的不同，故临床应用时，须选用适宜药物配伍。

杏仁：止咳平喘，润肠通便。本品苦泄降气，能止咳平喘，主要用于咳逆，喘促等证。

百部：润肺止咳，杀虫灭虱（外用）。

枇杷叶：化痰止咳，和胃降逆。如治肺燥咳嗽，多蜜炙用。

紫菀：化痰止咳，下气。为止咳的要药，用于治劳伤咳喘、鼻流脓血。

白果：敛肺定喘，收涩除湿。适用于久病或肺虚引起的咳喘。

六、温里药

凡是药性温热，能够祛除寒邪的一类药物，称为温里药或祛寒药。温里药具有温中散寒，回阳救逆，的功效。适用于因寒邪二引起的肠鸣泄泻、肚腹冷痛、耳鼻俱冷、四肢厥冷、脉微欲绝等证。使用时要注意此类药物温热燥烈，易伤阴液，热证及阴虚患畜应忌用或少用。以温热药为主组成，具有温中散寒、回阳救逆、温经通脉等作用，用于治疗里寒证的一种方剂，称为温里方。属"八法"中的"温法"。

附子：温中散寒，回阳救逆，除湿止痛。温中散寒主治脾虚不运、伤水腹痛、冷肠泄泻、肚腹冷痛等；回阳救逆主治大汗、大吐或大下后的四肢厥冷、或吐利腹痛等虚脱证；除湿止痛主治风寒湿弊、下元虚冷等。

干姜：温中散寒，回阳救逆、温经通脉。温中散寒主治温暖胃肠、脾胃虚寒、伤水起卧、胃冷吐延等；回阳救逆主治阳虚欲脱证；温经通脉主治风寒湿痹证。

肉桂：暖肾壮阳，温中祛寒，活血止痛。

小茴香：祛寒止痛，理气和胃，暖腰肾。

艾叶：理气血，逐寒湿，安胎。本品辛散苦燥，有散寒除湿，温经止血之功，适用于寒性出血和腹痛，特别是子宫出血、腹中冷痛、胎动不安等。

七、祛湿药

凡能祛除湿邪，治疗水湿证的药物，称为祛湿药。以祛湿药物为主组成，具有化湿利水，祛风除湿作用，治疗水湿和风湿病证的一类方剂，称为祛湿方。

1. 祛风湿药

能够祛风盛湿，治疗风湿痹证的药物，称为祛风湿药。味辛性温，具有祛风除湿、散寒止痛、通气血、补肝肾、壮筋骨之效。

羌活：发汗解表，祛风止痛。发汗解表用于治风寒感冒；祛风止痛多用于项背、前肢风湿痹痛。

独活：祛风盛湿，止痛。治风寒湿痹，尤其是腰胯、四肢痹痛的常用药物。

木瓜：舒筋活络，和胃化湿。后肢痹痛的引经药。

五加皮：祛风湿，壮筋骨。治水肿、尿不利等。

防己：利水退肿、祛风止痛。

2. 利湿药

凡能利尿、渗除水湿的药物，称为利湿药。常用于尿赤涩、淋浊、水肿、水泻、黄疸和风湿性关节疼痛等。

茯苓：渗湿利水，健脾补中，宁心安神。

猪苓：利水通淋，除湿退肿。

泽泻：利水渗湿，泻肾火。用治水湿停滞的尿不利、水肿胀满、湿热淋浊、泻热不止等。

车前子：利水通淋，清目明肝。

茵陈：清黄疸，利黄疸。

金钱草：利水通淋，清热消肿。多用于尿道结石等。

地肤子：清湿热，利水道。用于尿不利、湿热瘙痒、皮肤湿疹等。

3. 化湿药

气味芳香，能运化水湿，辟秽除浊的药物，称为化湿药。

藿香：芳香化湿，和中止痛，解表邪，除湿滞。

苍术：燥湿健脾，发汗解表，祛风湿。

白豆蔻：芳香化湿，行气和中，化痰消滞。

草豆蔻：温中燥湿，健脾和胃。

八、理气药

凡能疏通气机，调理气分疾病的药物，称为理气药。其中理气力量特别强的，习称破气药。具有调理气分，舒畅气机，消除气滞、气逆作用。用于治疗各种气分病症的方剂，称为理气方。

陈皮：理气健脾，燥湿化痰。

青皮：疏肝止痛，破气消食。行气散结化滞之力尤胜。

厚朴：行气燥湿，降逆平喘。常用于湿阻中焦、气滞不利所致的肚腹胀满、腹痛呃逆等。

枳实：破气消食，通便利膈。

香附：理气解郁，散结止痛。为疏肝理气，散结止痛的主药。用于产后腹痛。

木香：行气止痛，和胃止泻。
砂仁：行气和中，温脾止泻，安胎。
槟榔：杀虫消积，行气利水。

九、理血药

能调理和治疗血分病证的药物，称为理血药。血分病证一般分为血虚、血溢、血热和血瘀四种。血虚宜补血；血溢宜止血；血热宜凉血；血瘀宜活血。故理血药有补血、活血化瘀、清热凉血和止血四类。这里只说活血化瘀和止血两类。

1. 活血化瘀药

具有活血化瘀、疏通血脉的作用，适用于淤血疼痛，痈肿初起，跌打损伤，产后血瘀腹痛，肿块及胎衣不下等病证。由于气与血关系密切，气滞则血凝，血凝则气滞，故使用本类药物时，常与行气药同用，以增强活血功能。

川芎：活血行气，祛风止痛。活血行气，治气血瘀滞所致的难产、胎衣不下及跌打损伤等；祛风止痛，治外感风寒和风湿痹痛。

丹参：活血祛瘀，凉血消痈，养血安神。治产后恶露不尽，瘀滞腹痛、疮痈肿毒等。

桃仁：破血祛瘀，润燥滑肠。治产后瘀血疼痛、跌打损伤、肠燥便秘等。

红花：活血通经，祛瘀止痛。本品为活血要药，应用广泛，主要用治产后瘀血疼痛、胎衣不下等。

益母草：活血祛瘀，利水消肿。活血祛瘀，为胎产疾病的要药。

王不留行（麦蓝棵）：活血通经，下乳消肿。用于产后瘀滞疼痛、产后乳汁不通、痈肿疼痛、乳痈等。

赤芍：凉血活血、消肿止痛。用于温病热入营血、发热、舌绛、斑疹以及血热妄行、衄血等。

乳香：活血化瘀，生肌。主要用于气血郁滞所致的腹痛以及跌打损伤和痈疽疼痛等。外用有生肌功效。

没药：活血化瘀，止痛生肌。功效基本与乳香相同，常与乳香合用。

2. 止血药

具有制止内外出血的作用，适用于咯血、便血、衄血、尿血、子宫出血及创伤出血等。治疗出血，必须根据出血的原因和不同的症状，选择适当药物进行配伍，增强疗效。如属血热妄行之出血，应与清热凉血同用；属阴虚阳亢的，应与滋阴潜阳同用；属瘀血内阻的，应与活血祛瘀同用。

三七：散瘀止血，消肿止痛。本品既止血作用良好；又能活血散瘀，有"止血不留瘀"的特点，为跌打损伤之要药，单用或配伍使用，如云南白药即含有三七。

白及：收敛止血，消肿生肌。主要用于肺、胃出血，疮痈初起未溃者；疮疡已溃，久不收口者，研磨外用。

小蓟：凉血止血，散痈消肿。用于血热出血证，治热毒疮痈，单味内服或外敷均有效。
大蓟：凉血止血，散痈消肿。治疮痈肿毒，可用新鲜品捣碎或煎服。
蒲黄：活血祛瘀，收敛止血。
仙鹤草：收敛止血。止血作用较好；用于各种出血证，治疗疮痈肿毒和久痢不愈等病证。
槐花：凉血止血，清肝明目。
茜草：凉血止血，活血化瘀。用于各种热血妄行所致的出血证和跌打损伤，瘀滞肿痛及痹证。

十、收涩药

凡具有收敛固涩作用，能治疗各种滑脱证的药物，称为收涩药。滑脱证，主要表现为子宫脱出、滑精、自汗、盗汗、久泻、久痢、二便失禁、脱肛、久咳虚喘等。具有收敛固涩作用，治疗气、血、精、津液耗散滑脱的一种方剂，统称为收涩方。

1. 涩肠止泻药

具有涩肠止泻的作用，适用于脾肾虚寒所致的久泻、久痢、二便失禁、脱肛或子宫脱等。
诃子：涩肠止泻，敛肺止咳（肺虚及肺热）。
乌梅：敛肺涩肠，生津止渴，驱虫。
石榴皮：收敛止泻，杀虫。
肉豆蔻：收敛止泻，温中行气。
五倍子：涩肠止泻，止咳，止血，杀虫解毒。

2. 涩汗敛精药

具有固肾涩精或缩尿的作用。适用于肾虚气弱所致的自汗、盗汗、阳痿、滑精、尿频等，在应用上常配伍补肾药和补气药同用。
五味子：敛肺，滋肾，敛汗涩精，止泻。
牡蛎：平肝潜阳，软坚散结，敛汗涩精。
浮小麦：止汗。主要用于自汗、虚汗。
金樱子：固肾涩精，涩肠止泻。

十一、补虚药

凡能补益机体气血阴阳的不足，治疗各种虚证的药物，称为补虚药。具有补益畜体气、血、阴、阳不足和扶助正气，用于治疗各种虚证的一类方剂，统称为补虚方。补虚药虽能扶正，使用不当则有留邪之弊，故病畜实邪未尽时，不宜早补。属"八法"中的"补法"。

1. 补气药

具有补肺气，益脾气的功效。适用于脾肺气虚证。

党参：补中益气，健脾生津。本品为常见的补气药。（补中益气散、四君子汤）
黄芪：补气升阳，固表止汗，托毒生肌，利水退肿。（黄芪多糖）本品为重要的补气药。
甘草：补中益气，清热解毒，润肺止咳，缓和药性。本品炙用则性微温，善于补脾胃，益心气。
山药：健脾胃，益肺肾。本品性平不燥，作用和缓，为平补脾胃之药。
白术：补脾益气，燥湿利水，固表止汗。本品为补脾益气的重要药物。

2. 补血药

当归：补血和血，活血止痛，润肠通便。
白芍：平抑肝阳，柔肝止痛，敛阴养血。
熟地黄：补血滋阴。本品为补血要药，用于血虚诸证。
阿胶：补血止血，滋阴润肺，安胎。本品补血作用较佳，为治血虚的要药。

3. 助阳药

有补肾助阳，强筋壮骨作用，适用于形寒肢冷、腰胯无力、阳痿滑精、肾虚泄泻等。因"肾有先天之本"，故助阳主要用于温补肾阳。

肉苁蓉：补肾壮阳，润肠通便。本品补肾阳，温而不燥，补而不峻，是性质温和的滋补强壮药。
淫羊藿：补肾壮阳，强筋壮骨，祛风除湿。
杜仲：补肾肝，强筋骨，安胎。
巴戟天：补肾肝，强筋骨，祛风湿。

4. 滋阴药

具有滋肾阴、补肺阴、养胃阴、益肝阴等功能。阳虚阴盛，脾虚泄泻不宜用。

沙参：润肺止咳，养胃生津。
麦冬：清心润肺，养胃生津。
天冬：养阴清热，润肺滋肾。
百合：润肺止咳，清心安神。
枸杞子：养阴补血，益精明目。
石斛：滋阴生津，清热养胃。
女贞子：滋阴补肾，养肝明目。

十二、平肝药

凡能清肝热、息肝风的药物，称为平肝药。可分为要清肝明目和平肝息风药。以辛散祛风或滋阴潜阳，清热平肝和平息内风作用，治疗风证的一类方剂，统称祛风方。

1. 平肝明目药

具有清肝火、退目翳的功效，适用于肝火亢盛、目赤肿痛、睛生翳膜等症。

石决明：平肝潜阳，清肝明目。
决明子：清肝明目，润肠通便。
木贼：疏风热、退翳膜。

2. 平肝息风药

具有潜降肝阳、止息肝风的作用，适用于肝阳上亢、肝风内动及惊厥癫狂、痉挛抽搐等证。
天麻：平肝熄风，镇痉止痛。
钩藤：息风止痉，平肝清热。
全蝎：息风止痉，解毒散结，通络止痛。
蜈蚣：息风止痉，解毒散结，通络止痛。
僵蚕：息风止痉，祛风止痛，化痰散结。

十三、安神开窍药

具有安神、开窍性能，治疗心神不宁、窍闭神昏病证的药物，称为安神开窍药。以养心安神药为主组成，具有镇静安神功能，治疗惊悸、神昏不安等证的方剂，称为安神方。以芳香走窜、醒脑开窍药物为主组成，具有通关开窍醒神作用，用于治疗窍闭神昏、气滞痰闭等证的方剂，称为开窍方。

1. 安神药

以入心经为主，具有镇静安神作用。适用于心悸、狂躁不安之证。
朱砂：镇心安神、定惊解毒。
酸枣仁：养心安神、益阴敛汗。
柏子仁：养心安神，润肠通便。
远志：宁心安神，祛痰开窍，消痈肿。

2. 开窍药

以善于走窜，通窍开闭，苏醒神昏，适用于高热神昏、癫痫等病症出现猝然昏倒的证候。
石菖蒲：宣窍豁痰，化湿化中。用于痰湿蒙蔽、清阳不升所致的神昏、癫狂。
皂角：豁痰开窍，消肿排脓。外用治恶疮肿毒（破溃疮禁用）。
牛黄：豁痰开窍，清热解毒，息风定惊。
蟾酥：解毒消肿，辟秽通窍。外用内服均有较强的解毒止痛作用，多外用。

十四、驱虫药

凡能驱除或杀灭畜禽体内、外寄生虫的药物，称为驱虫药。驱虫药不但对虫体有毒害作用，而且对畜体也有不同程度的副作用，所以使用时要掌握好用量和配伍，以免引起中毒。
雷丸：入胃肠经，杀虫，以驱杀绦虫为主，亦可以驱蛔虫、钩虫。

使君子：杀虫消食。本品为驱杀蛔虫要药，也可指蛲虫；外用可治疥癣。
川楝子：杀虫，理气，止痛。用于驱蛔虫、蛲虫。
贯众：杀虫，清热解毒（湿热毒疮、外治疥癫）。
石榴皮：杀虫，止泻。
南瓜子：驱虫。
大蒜：驱虫健胃，化气消肿，消疮。

十五、外用药

凡以外用为主，通过涂敷、喷洗形式治疗家畜外科疾病的药物，称为外用药。以外用药为主组成，能够直接作用于病变局部，具有清热凉血、消肿止痛、化腐拔毒、排脓生肌、接骨续筋和体外杀虫止痒等功效的一类方剂，称为外用方。

冰片：宣窍除痰，消肿止痛。本品为芳香走窜之药，内服有开窍醒脑；外用清热止痛、防腐止痒。
硫黄：外用解毒杀虫；内服补火助阳。
硼砂：解毒防腐，清热化痰。外用有良好的清热和解毒防腐作用；内服能清热化痰。
雄黄：杀虫解毒。外用治恶疮疥癣及毒蛇咬伤。
木鳖子：散淤消肿，拔毒生肌。
石灰：生肌，杀虫，消肿。外用于烫火伤，创伤出血；内治牛臌胀证。
白矾：杀虫，止痒，燥湿祛痰，止血止泻。

第十一节 病症论治

证候辩证论治概论："证"是指患病动物所呈现的症状，"候"则是对患病动物临床检查的结果，证与候共同构成疾病的外在表征，后者正是兽医诊断与鉴别疾病的着眼点和依据。

"证候辩证论治"就是遵循兽医临床学基本规律，首先抓住疾病的主要证候，层层深入剖析，准确掌握疾病的本质二进行临床处置的过程，确定治疗原则、选择最适当处方及加减化裁、完成针穴选配等多个环节。下面主要介绍发热、咳嗽、腹痛、喘证、泄泻、不孕、疮黄疗毒等具有代表性的证候辩证论治内容，基本涵盖了中兽医学临床常见的大多数病证。

一、发 热

发热是指体温升高的一种证候，可以在许多疾病中出现。引起发热的原因很多，外感六淫之邪、疫疠之气，或内伤日久，阴虚、血虚、气虚、积滞、血淤、痰湿等，均可导致脏腑气血受损，阴阳失调而发热。所以治疗时应在辩证的基础上给予合理处置。

1. 病因病理

（1）外感发热 六淫之邪（寒热暑湿），客于肌表则表证发热；表邪不解，邪热于半表半里则半表半里发热；邪热入里，伤及脏腑，阳盛于外则里证发热。

（2）内伤发热　久热伤津，出汗过多，阴血不足则阴虚发热；重病久耗，饲养不当，劳逸过度则气虚发热；跌打损伤，瘀血积聚，气滞凝聚则血瘀发热。

2. 辩证施治

外感发热多为实热证，主要应辨别证之表里深浅；内伤发热虚实兼有，关键应辨明病因及入之脏腑

（1）外感发热　可分为表证发热、半表半里发热、里证发热。

① 表证发热　外感风寒、外感风热及外感暑湿

外感风寒：风寒表实证：以恶寒、发热、无汗、咳嗽、关节肿痛等为特征。

治法：发汗解表，宣肺平喘，处方：麻黄汤加减；风寒表虚证：以恶寒、发热、头低、汗自出为特征。治法：解肌祛风，调和营卫，处方：桂枝汤加减。

外感风热：以发热重、恶寒轻、口干渴、尿短赤、咳嗽等为特征。

治法：辛凉宣散以解表热、护阴津。处方：银翘散加减。

外感暑湿：多见恶寒高热、汗出热不降，口渴，肢体沉重，舌红苔黄腻、尿黄赤。

治法：绦湿化湿透表。处方：藿香正气丸加减。

② 半表半里发热：正气强抗则为热、邪气争袭则为寒，故临证以寒热往来为特征。

治法：宜和解少阳。处方：小柴胡汤加减。

③ 里证发热　常见的有热在气分、热入营分、热入血分和湿热蕴结等。

a. 热在气分　气分病证，是温热病邪内入脏腑，正盛邪实，正邪相争剧烈，阳热亢盛的里热实证。多由卫分病传来或温热之邪直入气分。根据侵袭的脏腑和部位不同，证候表现也不同，一般多见有邪热入肺、热入阳明、热结肠道三种类型。

（a）邪热入肺　高热咳嗽，呼吸粗喘，鼻液黄稠，口色鲜红舌苔黄燥，脉洪数有力。

治法：清肺化痰，下气平喘。方剂：麻杏石甘汤

（b）热入阳明　身热大汗，口渴喜欢，口津干燥，口舌鲜红，脉洪大。

治法：清气泻热，生津止渴。方剂：白虎汤。

（c）热结肠道　发热腹痛，肠燥便干，口津干燥，口色深红，尿短赤，脉沉实有力。

治法：攻下通便，滋阴清热。方剂：增液承气汤加减。

b. 热入营分　根据临床证候又分为热伤营阴和热入心包两种证型。

热伤营阴：高热不退，夜甚，躁动不安，呼吸喘息，舌质红绛，斑疹隐隐。

治法：清营解毒，透热养阴。方剂：清营汤。

热入心包：高热、神昏、四肢厥冷或抽搐，舌绛，脉数。

治法：清心开窍。方剂：清宫汤。

c. 热入血分　血分病证，是卫气营血病变的最后阶段，也是温热病发展过程中最为深重的阶段。临床常见的证候有血热妄行、气血两燔、热动肝风、血热伤阴等四种。

（a）血热妄行　身热、神昏、黏膜、皮肤发斑、便血、衄血，脉数。

治法：清热解毒，凉血散瘀。方剂：犀角地黄汤加减。

（b）气血两燔　大热口渴、口燥苔焦，舌质红绛，皮肤发斑，衄血便血，脉数。

治法：清气分热，解血分毒。方剂：清瘟败毒散。

（c）热动肝风　高热，项背强直，阵阵抽搐，口色深绛，脉弘数。

治法：清热平肝息风。方剂：羚羊钩藤汤加减。

（d）血热伤阴　低热不退，精神倦怠，口干舌燥，舌红无苔，尿赤粪干，脉细数无力。

治法：清热养阴。方剂：青蒿鳖甲糖尿加减。

d. 湿热蕴结　是由湿与热杂合侵害机体而引起的病证，常见的有大肠湿热、膀胱湿热、肝胆湿热三个证型。

（a）大肠湿热　发热，泻痢腥臭甚至脓血浑浊，口干口渴，尿液短赤，腹痛不安，回头顾腹，口色红黄，苔厚腻。

治法：清热解毒，燥湿止泻。方剂：郁金散加减。

（b）膀胱湿热　排尿困难，痛苦不安，频做排尿姿势，尿色浑浊，带脓血或砂石，苔黄腻。

治法：清热利湿。方剂：八正散。

（c）肝胆湿热　发热，食欲大减，可视黏膜黄染，粪便恶臭，尿浓色黄，口色红黄，舌苔黄厚而腻。

治法：清热燥湿，疏肝利胆。方剂：龙胆泻肝丸或茵陈蒿汤加减。

（2）内伤发热　根据病因及主症不同，常分为阴虚发热、气虚发热和血淤发热三种。

①阴虚发热　低热不退，午后热甚，耳鼻及四肢末微热；易惊或烦躁不安；皮肤弹力减退；唇干口燥，尿少色黄；口红苔少或无苔，脉细数。

治法：滋阴清热。方剂：秦艽鳖甲汤或六味地黄丸加减。

②气虚发热　多在劳役过度之后发热，耳鼻四肢末梢发热，身体无力，易出汗，食欲减少，有时泄泻，舌质淡红，脉细弱。

治法：健脾益气。方剂：补中益气汤。

③血淤发热　常见外伤引起淤血肿胀，局部疼痛，体表发热，有时体温升高；产后淤血未尽者，除有发热之外，常伴有腹痛及恶露不尽等表现，口色红而带紫，脉弦数。

治法：活血化瘀。方剂：挑花四物汤加减。产后选用生化汤。

二、咳　嗽

咳嗽主要包括外感咳嗽（风寒咳嗽、风热咳嗽、肺火咳嗽）和内伤咳嗽。以冬春两季为多见。

1. 病因病理

因风寒、风热等外邪经呼吸道或肌表侵入动物体，致使肺气不宣，肃降失常，或日久不愈转为肺气而引起的咳嗽，均为外感咳嗽。内伤咳嗽以肺虚咳嗽最为多见。常因饲养管理不良，劳役过重，饥饱不均，致使肺气亏虚；或因肺脾两虚，痰浊内生；或阴液不足，虚火上炎，灼伤肺津，致使肺宣降失常，肺津亏乏而咳嗽。临证可分为肺气虚咳嗽和肺阴虚咳嗽两类。

2. 辩证施治

（1）外感咳嗽

①风寒咳嗽　患畜畏寒，拔毛逆立，耳鼻俱凉，鼻流清涕，无汗，湿咳声低，不爱饮水，

尿清长，口淡而润，舌苔薄白，脉象浮紧。

治法：疏风散寒，宣肺止咳。方剂：荆防败毒散或止咳散加减。

② 风热咳嗽　体表发热，咳嗽不爽，声音宏大，鼻流黏涕，呼出气热，口渴喜饮，舌苔薄黄，口红短津，脉象浮数。

治法：疏风清热，化痰止咳。方剂：银翘散或桑菊饮加减。

③ 肺火咳嗽　精神倦怠，饮食减少，口渴喜欢，粪便干燥，尿短赤，干咳痛苦，鼻流黏涕或脓涕，有时出现气喘，口色红燥，脉象洪数。

治法：清肺降火，止咳化痰。方剂：清肺散加减。

（2）内伤咳嗽

① 肺气虚咳嗽　毛焦欣吊，动则出汗，久咳不止，咳声低微，鼻流黏涕，食欲减退，日渐消瘦，形寒气短，口色淡白，舌质绵软，脉象迟细。

治法：益气补肺，化痰止咳。处方：四君子汤或止咳散加减。

② 肺阴虚咳嗽　频频干咳，昼轻夜重，痰少津干，低烧不退，舌红少苔，脉细数。

治法：滋阴生津，润肺止咳。处方：清燥救肺散或百合固金汤加减。

三、喘　证

喘证是肺气升降失常，呈现以呼吸喘促、肷肋扇动为特征的证候。马属动物多见。按照病因和主症之不同，可分为实喘与虚喘。实喘发病急骤，因寒者为寒喘，因热着为热喘，多见于急性气管炎、肺炎、肺充血、肺水肿等。虚喘发病缓慢，病位在肺者为肺虚喘，病深及肾者为肾虚喘，多见于慢性气管炎和慢性肺泡气肿。

1. 病因病理

实喘多因外感寒热所致，其热喘多因暑月炎天，饱后重役，热邪伤肺，以致痰热壅滞，肺失宣降；或役后急喂草热料，食热互结，聚于胃腑，上熏于肺，致使肺气不降而作喘；或外感风寒，郁而化热，热壅于肺，肺气胀满，肃降失常，气逆而喘。其寒喘多因气候突然变化和严寒季节感受风寒，寒邪侵袭于肺，肺失宣降而成喘。

虚喘则由长期劳役过度，如饱后重役，奔走太急，道路不平，上坡用力太猛，日久伤肺所致；或因久咳失治，咳伤肺气，肺气亏虚，不能布津生水，致使肾之真元损伤，肾不纳气而作喘。此外，长期饲喂霉变饲料饲草，也可继发此病。

2. 辩证施治

（1）实喘

① 热喘　发病急，呼吸喘促，呼出气热，肷肋扇动，精神沉郁、耳耷头低，食欲减少或废绝，口渴喜欢，粪便干燥，尿短赤，体温升高，间或咳嗽或流黄黏鼻液，出汗。口色红燥，舌苔薄黄，脉象洪数。

治法：宣肺泄热，止咳平喘。方剂：麻杏石甘汤。

② 寒喘　咳嗽气喘，畏寒毛竖，鼻流清涕，重者发抖，耳鼻俱凉，口腔湿润，口色淡，舌苔薄白，脉象浮紧。

治法：宣肺散寒，止咳平喘。方剂：麻黄汤或止咳散加减。

（2）虚喘

① 肺虚喘　病势缓慢，病程较长，多有久嗽病史，被毛焦燥，形寒肢冷，易疲劳，易出汗，动则喘重。咳声低微，痰涎清稀，鼻流清涕。口色淡，太白滑，脉无力。

治法：补益肺气，降逆平喘。方剂：补肺散。

② 肾虚喘　病情比肺虚喘重，倦怠神疲，食少毛焦，易出汗，呼多吸少，肷肋扇动和息劳沟很明显，甚至张口呼吸，全身震动；或有痰鸣，出气如拉锯，静则喘轻，动则喘重。咳嗽连声，声音低弱，日轻夜重，鼻流黏涕或浓涕。口色暗淡或暗红，脉象沉细。

治法：补肾纳气，下气定喘。方剂：蛤蚧散加味。

四、腹　痛

腹痛是多种原因导致胃肠、膀胱及胞宫等腑气血淤滞不通，发生起卧不安，滚转不宁，腹中作痛的证候。各种动物均可发生。尤其马、骡更为多见。

1. 病因病理

引起腹痛常见的原因有寒伤胃肠、湿热蕴积、气滞血淤、草料所伤、粪结及尿结等。

（1）寒伤胃肠　气候突变，阴雨苦淋，夜露风霜，寒邪侵袭脾经，传于胃肠，清气不升，浊气不降；劳役之后承热饮冷水过多，过食冰冻饲料，阴冷直中胃肠；畜体阳气不足，脾阳不振，以致运化失调，寒凝气滞，气机阻塞，不通则痛。

（2）湿热蕴积　劳役过重，奔走太急，乘饥饲喂谷料，或喂后立即使役；暑月炎天，天气闷热，体内湿热不得外泄；饲养太盛，谷料浓厚或霉烂，均可导致湿热蕴结胃肠，损伤肠络，肠中血淤气滞而作痛。

（3）血淤作痛　产前营养不良，产后又出血过多，气血虚热，运行不畅，致使产后宫内淤血排泄不尽；产后失于护理，风寒乘虚侵袭；产后过饮冷水，过食冰冻饲料，致使血被寒凝，导致产后腹痛；马骡则因肠系膜肿瘤导致气血淤滞，阻塞脉络，发生腹痛。

（4）气滞作痛　多因胃肠功能素弱，大量过食易发酵饲料，发酵产气，气聚不行，集于胃肠，则腹围膨大，气滞不通，蕴塞脉络而疼痛；饲喂发霉变质饲料，劳役过度，喘息未定，乘饥喂饮而作痛；咽气恶癖之马，由于吸入大量气体，停滞胃肠，引起胃肠运动功能失职，也可引起本病；马患结症、肠扭转等，导致肠道阻塞，郁气不能下降或排除，也经常继发腹痛。

（5）草料所伤　劳役过度，饲喂不良，乘饥食草过多，胃不能消化，草料停滞于胃中，形成胃结而作痛；管理使役不当，过草草料，不得休息，立即劳役；饱食后过多饮水，导致胃过度充满，留滞于胃，不能运转而生病；脱缰偷食精料，或过食精料，引起腹痛；气候骤变和急食易于发酵膨胀的豆料，是其主要诱因。

（6）粪结不通　长期饲喂营养单纯、纤维质多和加工不好的劣质饲料；饲喂不定时定量，饥饱不均，使役后立即喂料或喂料后立即使役；突然更换饲料或改变饲养方式；使役不当，劳逸不均；动物脾胃素虚，运化功能减退，老龄动物牙齿磨灭不整，咀嚼不全；天气骤变，损害胃肠功能，均可使脾胃功能不和，阴阳不顺，气血失调，聚粪成结，停而不动，止而不行，肠腔不通而腹泻起卧。

（7）尿结 负重奔走过急，心肺热盛，伤及津液，气化失常，肺失肃降，水道不通，水代谢障碍，水湿停留，出现小便不利；中下焦热盛均可下注膀胱，也可出现尿不利；饲养管理不良，饲喂不当，伤及脾胃中焦气虚水谷精微不能上输于肺，肺气亏虚，影响下焦气化而尿不利；使役、配种过度，使肾精亏虚，肾阴不足，阴不助阳，命门火衰，影响膀胱气化而尿液潴留，尿不利。

此外，长期采食或饮用含有泥沙过多的饲料和饮水，砂石积于胃肠，不断沉积；或虫寄生于肠中或窜入胆管中；或肠道绞窄不通均可使气血逆乱，引起腹痛。

2. 辨证施治

临床常见的有阴寒痛、湿热痛、血淤痛、食滞痛、粪结痛、尿结痛和气胀痛等。

（1）阴寒痛 鼻寒耳冷，口唇发凉，肌肉寒战。阵发腹痛，起卧不安，或刨地蹴腹，或卧地滚转，肠音如雷，连绵不断，隔数步就可听到，含有少量的金属音。饮食废绝，口内湿滑，口温较低，口色青（冷痛）。

治法：温中散寒，和血顺气。方剂：桂心散加减。

（2）湿热痛 体温升高 1~2 ℃，耳鼻发热，精神不振，食欲减退，粪便稀溏，粪色深，粪味臭，混有黏液，口渴喜饮，腹痛不安，回头顾腹，胸前出汗，尿浓短赤。口色红黄，苔黄腻，脉滑数（胃肠炎）。

治法：清热利湿，活血止痛。方剂：郁金散加减。

（3）血淤痛 产后腹痛者，肚腹疼痛，蹲腰踏地，回头顾腹，不使起卧，形寒肢冷，遇热减轻，食欲减少；淤血寒凝重者，肢寒耳冷，舌质暗淡，苔白滑，脉沉紧；血淤性腹痛者，常于使役中突然发生，起卧不安，前蹄刨地，时痛时停，间歇期一如常态，问诊常有习惯性腹痛史。

治法：产后腹痛宜行淤散寒，补气养血。方剂：淤血寒凝重者，用生化散加减；血淤性腹痛者，用血府逐淤汤。

（4）食滞痛 多于食后 1~2 h 突然发病；或饱饲后使役中突然发病。表现急剧腹痛，时起时卧，前肢频频刨地，顾腹打尾，卧地滚转；腹围不大而气粗喘促；有时倒地仰卧，四肢朝天，屈于胸部，口咬胸臆；有时两前肢站立，后躯卧地，呈犬坐姿势；严重时前胸出汗，低头伸颈，鼻孔流出水样或稀粥样食物；常发嗳气，有明显的酸臭味；初期尚排粪，但数量少而次数多，后期排粪停止；口色赤红，脉象沉数，口腔干燥，舌苔黄厚，口内酸臭，检查可摸到脾脏显著后移，胃内食物充盈、稍硬，压之留痕。插入胃导管则有少量酸臭味气体外溢。

治法：消积导滞，宽中理气。方剂：根据情况可选用下列方剂（一般情况下应首先用胃导管排去胃内一部分积食，然后再选用方剂治之）。醋香附；醋；油当归。

（5）粪结痛 多发生于马属动物，临床表现与病程、结粪部位及肠腔被阻塞的程度等有密切关系。病初食欲减少，其他均无明显变化。如小肠结和大肠结，仍有少量多次排粪，盲肠结时常不出现排粪停止，小结肠结排粪很快停止，直肠结则病后即不排粪。小肠结时肠腔很快完全阻塞，并极易继发胃扩张，故发病急，腹痛重，急起急卧，频频滚转。小结肠、骨盆曲和左上大结肠结多为完全阻塞，腹痛较为剧烈常继发肠鼓气而腹痛加剧。盲肠、胃状膨大部和左下大结肠粪结多为不完全阻塞，病程发展缓慢，腹痛较轻。直肠粪结则腹痛较轻微，常举尾努责,作排粪姿势,但不见粪便排出(结症)。

治法:破结通下。根据粪结部位和病情轻重可采取掏结、捶结、按压、药物及针刺等疗法。方剂:马属动物盲肠或大结肠结症,用槟榔散;阴虚肠燥结症,用当归苁蓉汤,候温加麻油调服。

(6)尿结痛 患病动物蹲腰努责,常作排尿姿势,但欲尿不尿或点滴而下,肚腹疼痛,踏地蹲腰,卷尾刨蹄,欲卧不卧。心肺热盛者,耳鼻俱热,口干欲饮,呼吸喘促,口色红燥,脉数;膀胱结热者,尿短赤或不通,排粪不畅,舌红苔黄;肾阳不足者,尿点滴,排尿无力,耳鼻和四肢末梢发凉,喜温恶寒,神疲乏力;肾阴不足者,尿量少或不通,身瘦毛焦,口干舌红;脾气虚热者,除排尿困难外,兼见神怠身倦,食欲不振,舌淡,脉缓而弱(肾结石、尿道结石、膀胱结石)。

治法与方剂:心肺热盛者,宜清热利湿,用滑石散加减;膀胱结热者,宜清热通淋,用八正散加减;肾阳不足者,宜补肾阳,用肾气丸;肾阴不足者,宜滋阴清热,用滋肾丸;脾气虚热者,补脾益气升阳,用补中益气散。

(7)气胀痛 多突然发生,腹围显著增大,呼吸急促,肚腹疼痛是其主症。病初肠音高朗,有金属音,腹围增大,两侧肷部特别是右侧肷部突起,有时触及疼痛,有弹性,叩击如鼓音。起卧不安,精神不振,不吃不喝,排粪迟滞或量少,口色青紫,舌苔薄白或黄腻,脉象洪数,口腔湿润;中后期口色青紫,连连起卧,倒地翻滚,呼吸困难,脉象沉紧,严重者全身出汗。原发性肚胀,肠道无粪结,且充满气体。继发性肚胀,往往与粪结密切相连(牛红薯黑斑病中毒)。

治法:对肠内气胀严重者,应本着"急则治其标"的原则,先行穿肠放气(肷俞穴),然后投放破气消胀、理气宽肠之药。破气时一定要先慢后快,要注意掌握快慢,否则很容易引起不良反应。一方面利用放气的针头直接将药注入肠道内,对解除症状或原发病效果非常明显;另一方面对症状不太严重的患畜,也可以通过内服药物进行有效的治疗。方剂:消胀汤或丁香散加减。

五、泄 泻

泄泻是指动物排粪次数增多、粪便稀薄,甚至拉稀,泄粪如水样的证候。

1. 病因病机

泄泻的主要病变部位在脾胃及大小肠。但其他脏腑疾患,也能导致脾胃功能失常,发生泄泻。泄泻的原因很多:一是久渴失饮,困腹饮冷水过多,过食冷冻草料,致使脏冷气虚,清浊不分,下注大肠;二是风寒侵袭,久卧湿地,阴雨苦淋,致使寒邪由表入里,传于胃肠,停而不散,滞而不行,水谷不化,小肠清浊不分,大肠水湿不能吸收而作泻者,多为寒邪;三是赤热炎天,重役后疲劳过度,喘息未定,乘饥食料过多,谷气凝于肠内,热毒积于肠中,遂成其患,多为热泻;四是采食过量,或过食难于消化的饲料,或偷吃、补饲精料过量而宿食停滞,损伤脾胃,不能运化水谷精微,并走大肠而发生食泻;五是老龄体衰,久病失治,胃肠虫积,脾阳不振,致使脾胃运化功能失职,无力腐熟水谷,水湿内生,清浊不分,水粪随大便泻出,多为脾虚作泻;六是配种过度,或经产母畜,命门火衰,不能助脾运化而作泻者，多为肾虚作泻。

2. 辩证施治

（1）寒泻　常见于马、骡和猪，多发生于寒冷季节。患畜泄粪如水，质地均匀，气味酸臭，或带白沫，遇寒泻剧，遇暖泻缓，肠鸣如雷，食欲减少，尿液短少，头低耳耷，精神怠倦，伴有寒战，体温正常，口色淡白或青黄，苔薄白，舌津多而滑利，脉象沉迟，重者大便失禁。

治法：温中散寒，利湿止泻。方剂：猪苓散加减。

（2）热泻　精神沉郁，食欲减退，或废绝，口渴多饮，有时轻微腹痛，弓腰卧地，泄粪稀薄、腥臭、黏腻，发热，尿短赤，舌苔黄厚，口臭，脉象沉数。

治法：清肠泄热解毒。方剂：郁金散加减。

（3）伤食泻　常见于猪、犬和猫。可见肚腹胀满，隐隐作痛，粪稀黏稠，粪中夹有未消化的谷物，粪酸臭或恶臭，嗳气吐酸，不时放臭屁，或屁粪同泄，痛则即泄，泄后痛减，食欲废绝，常伴呕吐，吐后也痛减。口色红，苔厚腻，脉滑数。

治法：消积导食，调和脾胃。方剂：保和丸加减。

（4）虚泻　根据脏腑可分为脾虚泻和肾虚泄两种。

① 脾虚泻　老龄动物多发，发病缓慢，病程较长，身形消瘦，毛焦欣吊，病初食欲减少，饮水增多，鼻寒耳冷，腹内肠鸣，不时作泻。粪中带水，粪渣粗大，或完谷不化，舌色淡白，舌面无苔，后期水湿下注，四肢浮肿。

治法：补脾益气，健脾运湿。方剂：参苓白术散或补中益气汤加减。

② 肾虚泄　精神沉郁，头低耳耷毛焦欣吊，腰胯无力，卧多站少，四肢厥逆，久泻不愈、夜间泻重。治愈后，如遇气候突变，使役过重，即可复发，严重时肛门失禁，粪水外溢，腹下或后肢浮肿，口色如绵，脉象徐缓。

治法：补肾壮阳，健脾固涩。方剂：四神丸合四君子汤加减。

六、不　孕

不孕症是指繁殖适龄母畜屡经健康公畜交配而不受孕，或产 1~2 胎后不能再怀孕的，临床以马牛多见，猪也常患此病。受孕的机理是依赖于肾气充盛，精血充足，任脉畅通，太冲脉盛，发情正常，方能受孕，否则不能受孕。

本病可分为先天性不孕和后天性不孕。先天性不孕，多因为生殖器官先天性缺陷所致，故难于医治；后天性不孕，多因生殖器官疾病或机能异常引起，尚可通过治疗。现在主要简述后天性不孕。

1. 病因病理

引起后天性不孕的病因病理比较复杂，但归纳起来以虚弱不孕、宫寒不孕、肥胖不孕和血淤不孕四种证型较为多见。

（1）虚弱不孕　多因使役过度，或长期饲养管理不当，如饲料品质不良，挤奶期过长等，引起肾气虚损，气血生化之源，致使气血亏损，命门火衰，冲任空虚，不能摄精成孕。

（2）宫寒不孕　多因畜体素虚，或受风寒，客居胞中；或阴雨苦淋，久卧湿地；或饮喂冰冻水草，寒湿注于胞中；或劳役过度，伤精耗血，损伤肾阳，失之温煦，冲任气衰，胞脉失养，不能摄精成孕。

（3）肥胖不孕　多因管理性因素造成体质肥胖，痰湿内生，气机不畅，影响发情，故不成孕；或脂液丰满，阻塞胞宫，不能摄精成孕。

（4）血淤不孕　多因舍饲期间，运动不足；或长期发情不配；或胞宫原有瘤疾，致使气机不畅，胞宫气滞血凝，形成肿块而不能摄精成孕。

2．辨证施治

患畜表现不发情，或发情征象不明显，或发情期不正常，经屡配不孕，是本证的共同特点。由于病因病机不同，临床将本证分为四个证型。

（1）虚弱不孕　形体消瘦，精神怠倦，口色淡白，脉象沉细无力，或见阴门松弛等症。

治法：益气补血，健脾温肾。方剂：复方仙阳散，催情散加减。

（2）宫寒不孕　慢性子宫内膜炎、慢性子宫颈炎、慢性阴道炎等，常表现此证型。患畜形体肢冷，尿清长，粪便溏泄，腹中隐隐作痛，带下清稀，口色青白脉象沉迟，情期延长，配而不孕。

治法：暖宫散寒，温肾壮阳。方剂：艾附暖宫丸。

（3）肥胖不孕　患畜体肥膘满，动则易喘，不耐劳役，口色淡白，带下黏稠量大，脉滑。

治法：燥湿化痰。方剂：启宫丸加减；苍术散加减。

（4）血淤不孕　卵巢囊肿，持久黄体等。发情周期反常或长期不发情，或过多爬跨，有"慕雄狂"之状。

治法：活血化瘀。方剂：促孕灌注液子宫灌注，或内服生化散加减。配合孕马血清和前列腺激素药物，可明显提高同步发情率和受孕率。

七、疮黄疔毒

疮黄疔毒是皮肤与肌肉组织发生肿胀和化脓性感染的一类证候。疮是局部化脓性的总称；黄是皮肤完整性未被破坏的软组织肿胀；疔是以鞍、挽具伤引发皮肤破溃化脓为特征的证候；毒是脏腑毒气积聚外应于体表的证候。

1．病因病理

（1）疮　疮者，气之衰也。气衰而血涩，血涩而侵于肉理，肉理淹留而肉腐，肉腐者，乃化为脓，故曰疮也（元亨疗马集）。

（2）黄　黄其范围很广，涉及内科、外科和某些传染病，这里仅叙述外科性黄肿。多因劳役过度、饮喂失时、气候炎热、奔走太急、外感风邪、内伤草料，致使热邪积于脏腑，循环外传，郁于体表肌腠而成黄肿。或因跌打挫伤，外物所伤，使气血运行不畅，淤血凝聚于肌腠所致。根据黄的不同部位而有相应的病名，如热毒郁结，上冲于口，口角发生肿胀而口难张开者，称为锁口黄；热邪积于肺经，上攻于鼻而引起肿胀者，称为鼻黄；心肺壅极，致使胸前发生黄肿者，称为胸黄，还有耳黄、背黄、肘黄、腕黄、肚底黄等。

（3）疔　主要发于使役动物，多见于腰、背、肩膀等处。多因负重远行或骑乘急骤，时间久长，鞍具失于解卸，淤汗沉于毛窍，窍久化热，败血凝注皮肤；或鞍具等结构不良，动物皮肤被磨损擦烂，毒气侵入引起。

（4）毒　毒乃脏腑之毒气循经外传外应于体表的证候。脾开窍于口，其华在唇，脾有毒气，引起两唇角及口中破裂而出血，称为脾之毒。根据病性及体表部位阴阳属性的不同有阴毒和阳毒。胸腹下及后胯生瘰疬，称为阴毒；前膊及脊背生毒肿，称为阳毒。

2. 辨证施治

（1）主症

① 疮　疮口破溃流脓，味带恶臭，疮面呈赤红色，有时疮面被痂皮覆盖。（2）黄　包括锁口黄、鼻黄、耳黄、腮黄、背黄、胸黄、肘黄、腕黄、肚底黄等。肚底黄，又称锅底黄、滚地黄。多发于马、牛。根据病因和病程可分为湿热型、损伤型和脾虚型。

a. 湿热型　多因湿热毒邪凝于腹部所致。证见肿势发展迅速，身有微热，肿胀界限不明，初如碗口，后逐渐增大，布满肚底。重者肿胀蔓延至前胸，不热不痛，或稍有痛感，指压成坑。

b. 损伤型　多因跌打损伤所致，主症与湿热型相似。

c. 脾虚型　多因饮食失常，劳役无时，日久脾胃虚热，脾失健运腹中水湿难于运转，渗于肚底所致。

② 疔　由于病情轻重、病变深浅及患部表现不同，疔分为黑疔、筋疔、气疔、水疔、血疔五种。

a. 黑疔　皮肤浅层组织受伤，疮面覆盖有血样分泌物，后则变干，形成黑色痂皮，不红不肿，无血无脓。

b. 筋疔　脊背皮肤组织破溃，疮面溃烂无痂，显露出灰白色而略带黄色的肌膜，流出淡黄色水。

c. 气疔　疮面溃烂，局部色白；或因坏死组织分解，产生带有泡沫状的浓汁，或流出黄白色的渗出物。

d. 水疔　患部红肿疼痛，光亮多水，严重者伴有全身症状。

e. 血疔　皮肤组织破溃，久不结痂，色赤常流脓血。

f. 毒　阴毒多在胸腹下或四肢内侧发生瘰疬结核；阳毒多于两前膊、脊背及四肢外侧发生肿块，大小不等，发热疼痛，脓成易溃，溃后易敛。

（2）治法　根据发病部位和全身症状采用内治法和外治法相结合。

① 内治法　常用消、托、补法。

a. 消法　用消散药物使病变消散。这是一切肿疡病初起的治法，适用于未成脓的肿疡。在应用时应根据不同的病因和证候，采用不同的治则。如表邪宜疏表，理实者通里，热毒蕴结者清热，寒邪凝聚者温通，湿阻者利湿，气滞者行气，血淤者活血祛淤。热毒引起的常用五味消毒散，或黄连解毒汤、消黄散等，并可配合血针。已成脓者，不可滥用内消法，以免毒散不收，不易愈合，或邪毒扩散，内攻脏腑。

b. 托法　用补益气血和透托的药物，扶助正气，排毒外出，以免毒邪内陷，可用消毒散，或透脓散。

c. 补法　用补益药物，恢复正气，促进早日愈合。适用于疮疡后期，可用八珍汤加减。

② 外治法　早期，宜外敷消散药，促其消散，选用雄黄散。已成脓者，应及时切开引流，使脓毒外泄。疮黄已溃，可用防风散水煎温洗患部，或10%浓盐水或0.1%明矾水、0.1%高锰酸钾液冲洗，然后撒布提脓去腐药，再用生肌散。对胸黄、肚底黄等大面积的黄肿，可用中宽针在肿处乱刺，放出黄水，使毒邪排出。

第九章　兽医内科学

兽医内科学是研究畜禽非传染性内部器官疾病为主的一门综合性临床学科，内容包括消化器官疾病、呼吸器官疾病、心血管疾病、血液及造血器官疾病、泌尿器官疾病、神经系统疾病、营养代谢性疾病及中毒性疾病等。根据兽医内科学的概念，还应包括遗传性疾病、免疫性疾病等。兽医内科学的任务，是运用基础理论知识及临床诊疗手段，系统地研究和阐述内科疾病的病因，发生与发展规律、临床症状、病理变化、转归、诊断思路和防治措施等的理论与临床实践问题，为保障畜禽健康、促进畜牧业的发展服务。

兽医内科学的内容：现代兽医内科学的范围迅速扩大，内容不断丰富，除家畜家禽外，还涉及伴侣动物、观赏动物、毛皮动物、实验动物、野生动物和水生动物等，因而有人提出动物内科学、动物医学内科或兽医内科学等名称。其研究范围和层次逐渐增加，并朝着生物医学和比较医学方向发展。由于动物的种属、品系、分布、解剖生理和生活习性非常复杂，在长期的生活过程中，受内外不利因素的作用，导致不同种类疾病的发生，其中内科疾病最为普遍，尤其是消化器官疾病，营养代谢性疾病及中毒性疾病等，多为群发病，常呈地方性和季节性发生，造成严重的经济损失和危害。

第一节　牛羊疾病

1. 牛羊维生素缺乏症

（1）牛羊维生素 A 缺乏症

牛羊维生素 A 缺乏症由某些疾病影响引起。临床见犊牛、羔羊皮肤呈鼓皮样痂块，目盲及神经症状。治宜补充维生素 A。

【处方1】维生素 AD 注射液 2~4 mL。用法：犊牛一次肌肉注射，每天 1 次，连用 3 d；羊用 0.5~1 mL。

【处方2】苍术 25 g、松针 25 g、侧柏叶 25 g。用法：研末，拌料，牛一次喂服，每天 1 次，连喂数日。

（2）牛羊维生素 B 缺乏症

由犊牛和羔羊瘤胃还处于不活动阶段，维生素供给不足引起。临床表现衰弱，共济失调及惊厥，腹泻，厌食，脱水等。治宜补充维生素 B_1。

【处方1】5%维生素 B_1 注射液 4~6 mL。用法：犊牛一次肌肉注射，羔羊用 50~100 mg。每天 1 次，连用 3 d。

【处方2】复合维生素 B 注射液 10~20 mL。用法：牛一次肌肉注射，羊用 2~6 mL。

2. 牛羊骨软病

牛羊骨软病是主要由磷缺乏引起的成畜疾病。以消化紊乱，异嗜癖，跛行，骨质疏松及骨变形为特征。治宜补磷，促进钙、磷吸收。

【处方1】
（1）20%磷酸二氢钠注射液 400 mL。用法：半量静脉注射，半量皮下注射。
（2）维丁胶性钙注射液 10 万 IU。用法：牛一次肌肉注射，羊用 2 万 IU。

【处方2】人工盐 300 g、骨粉 250 g。用法：分别拌料喂服，每天 1 次，5~7 d 为一疗程。

【处方3】煅牡蛎 20 份、煅骨头 30 份、炒食盐 15 份、小苏打 10 份、苍术 7 份、炒菌香 3 份、炒黄豆 15 份。用法：共研细末，牛每天口服 0 g~150 g。并将精粉料加酵母发酵 24 h，拌草饲喂。连用 30~40 d。

3. 架子牛腹泻

牛在育肥过程中常常发生腹泻现象，有时粪便呈黑色，有时呈黄色。发病原因用发霉变质的饲料喂牛；饲料配合不合理，精饲料饲喂量过大；天气突然变化。症状，腹泻，采食量显著下降，精神状态不佳，低头、闭眼，尾巴不停地摇摆等。预防措施严禁用发霉变质的饲料喂牛；变更饲料配方时应逐步完成，至少应有 3~5 d 的过渡期；在育肥期，精饲料的比例超过 60%（干物质为基础）时，配合饲料中添加瘤胃素。

【处方】由细菌引起的腹泻，采用相应的治疗药物。由于育肥后期精饲料饲喂量过大引起的腹泻，可在配合饲料中添加瘤胃素。每头喂量为 0~5 d 每天 60 mg，6 d 后每天 200~300 mg，最大量不能超过 360 mg，直到育肥结束。

4. 牛蹄病

随着近年来牧业的迅猛发展，各地养牛场、个体养牛户明显增多，而牛蹄病是常见、多发、治疗时间较长的疾病。牛蹄病的发生原因、临床症状及治疗措施如下。

发病原因：①圈舍不干净、潮湿，牛蹄长期浸泡在粪尿中；②长途运输、转移牛舍、绳索的摩擦、尖锐物的刺激，如：玻璃、铁丝的划伤，牛相互踩伤等；③牛的蹄部受机械外力或化学等因素影响，使皮肤受损，失去保护能力。

临床症状：损伤部出血、肿胀，继而患部皮肤湿润、糜烂，排出恶臭的分泌物。时间过长可引起局部化浓，形成溃疡，痂皮下常积有较多的脓性分泌物。皮肤及皮下组织均受侵害，皮肤高度肥厚，表面形成凸凹不平的大小乳头状。其特征：脆弱易破坏、出血，排出恶臭的脓性分泌物。

治疗措施：除去病因，保持患部干净，减少分泌物的刺激，促进炎症的消散，注意护蹄。患部剪毛，用肥皂水或新洁尔灭清洗，根据不同情况采用不同的治疗措施。

病初用防腐、收敛和制止渗出的药物，可涂龙胆紫、1%高锰酸钾溶液、新鲜创可涂碘酊等并包扎。①对化脓性的可用 3%过氧化氢，或 1%高锰酸钾、新洁尔灭溶液彻底冲洗，除去坏死组织及脓性分泌物，患部涂抗生素软膏后用碘酊浸泡过的绷带包扎。②当患部组织溃疡、皮肤组织过度增生，可先除去坏死组织，切除过度增生物，用高锰酸钾粉研末或 10%硫酸铜等进行腐蚀，使其达到止血消炎、收敛的目的，流血过多必要时进行烧烙止血。除去局部疗法外应注意全身症状,当患部有明显机能障碍时,可肌肉注射镇痛药物并配合普鲁卡因青霉素局部封闭,或用氯化钙等疗法。也可用中药治疗:消炎粉 20 g、冰片 0.2 g、血竭 5 g、没药 2 g、乳香 2 g、麝香少许,混合研细过筛,涂于清洁创伤并包扎。

5. 牛羊佝偻病

牛羊佝偻病是由钙、磷代谢障碍及维生素 D 缺乏引起的幼畜疾病。以消化紊乱,异嗜癖,跛行及骨骼变形为特征。治宜调整饲料钙、磷平衡,补充维生素 D。

【处方 1】

(1)鱼粉 20~100 g。用法:犊牛每天拌料喂服,羔羊用 10~30 g。

(2)鱼肝油 8~15 mL。用法:犊牛一次分 2~3 点肌肉注射,羔羊用 1~3 mL。

【处方 2】

(1)10%葡萄糖酸钙注射液 100~200 mL。用法:犊牛一次静脉注射,羔羊用 30 mL。

(2)维丁胶性钙注射液 2.5 万~10 万 IU。用法:犊牛一次肌肉注射,羔羊用 2 万 IU。也可用维生素 D。

【处方 3】苍术末 30~40 g。用法:犊牛一次口服,羔羊用 5~10 g,每日 2 次,连用数日。

6. 牛羊癫痫

牛羊癫痫由大脑皮层机能障碍引起。以突然发生,迅速康复,反复发作,运动和感觉及意识障碍为特征。治宜加强护理,镇静解痉,保护大脑机能。

【处方 1】苯巴比妥钠 4 g,注射用水 10 mL。用法:一次肌肉注射。

【处方 2】溴化钠、溴化钾、溴化钙各 8 g。用法:一次口服,连用 5~6 d。

【处方 3】胆南星 20 g、天麻 25 g、川贝 40 g、半夏 25 g、茯苓 50 g、丹参 25 g、麦冬 35 g、远志 30 g、全蝎 10 g、僵蚕 25 g、白附子 15 g、朱砂 10 g(另包)。用法:研为末,开水冲服。

7. 牛羊麻疹

牛羊麻疹是由体内外因素刺激引起的过敏性疾病。以体表出现圆形或扁平疹块,发展快消失也快为特征。治宜消除病因,脱敏与局部处理。

【处方 1】10%苯海拉明注射液 4 mL、0.1%盐酸肾上腺素注射液 4 mL。用法:一次分别肌肉注射。说明:也可用异丙嗪注射液代替苯海拉明注射液。

【处方 2】5%碘酊 250 mL。用法:患部涂擦。

【处方 3】0.25%~0.5%普鲁卡因注射液 100~150 mL、5%氯化钙注射液 100 mL、25%维生素 C 注射液 20 mL。用法:牛一次分别静脉注射,羊用 1/5 量。

【处方 4】止痒酒精 200 mL。用法:患部涂擦。说明:止痒酒精配方:薄荷 1 g、石炭酸 2 mL、水杨酸 2 g、甘油 5 mL,70%酒精加至 100 mL。

【处方 5】金银花 50 g、蒲公英 50 g、生地 40 g、连翘 40 g、黄芩 30 g、栀子 30 g、蝉蜕 50 g、苦参 40 g、防风 30 g。用法:研为末,开水冲,一次服。

【处方 6】金银花 50 g、苦参 50 g、白鲜皮 100 g。用法:水煎取汁,候温一次灌服。

8. 牛羊中暑

牛羊中暑是由夏季阳光直射家畜头部或家畜处在炎热、潮湿、闷热的环境中引起。以体温升高、心跳、呼吸加快及中枢神经系统机能障碍为特征。治宜防暑降温，镇静安神，强心利尿，缓解酸中毒。

【处方1】

（1）5%碳酸氢钠注射液 500 mL、复方氯化钠注射液 400 mL、10%安钠咖注射液 30 mL。用法：一次静脉注射，每日2次。说明：将病畜放在阴凉、通风处，井水浇头，静脉泻血1000～2000 mL（羊100～300 mL）后静脉注射，必要时4 h一次。

（2）2.5%氯丙嗪注射液 15 mL。用法：一次肌肉注射。说明：当病畜好转时可用人工盐1500 g口服或10%氯化钠 300～500 mL 静脉注射，促进胃肠机能恢复；也可用25%硫酸镁注射液静脉注射。

【处方2】茯神散（茯神40 g、朱砂10 g、雄黄15 g、香薷40 g、薄荷30 g、连翘35 g、玄参35 g、黄芩30 g）。用法：研为末，开水冲调，加猪胆一只，一次灌服。

【处方3】清暑香附汤（香附30 g、藿香30 g、青蒿30 g、炙杏仁30 g、知母30 g、陈皮25 g、滑石60 g、石膏90 g）。用法：水煎，候温一次灌服。

9. 牛羊脑炎及脑膜炎

牛羊脑炎及脑膜炎由传染性或中毒性因素引起。主要表现兴奋或抑制，或两者交替发生。治宜消除病因，降低颅内压，消炎解毒。

【处方1】

（1）20%甘露醇注射液 750 mL、10%葡萄糖注射液 1000 mL、10%磺胺嘧啶钠注射液 200 mL、1%地塞米松注射液 4 mL。用法：一次静脉注射，每日1次。说明：也可用青霉素代替磺胺嘧啶。

（2）2.5%氯丙嗪注射液 15 mL。用法：一次肌肉注射。说明：用于兴奋型，也可用25%硫酸镁静脉注射。

【处方2】朱砂散加减（朱砂10 g、茯神45 g、黄连30 g、栀子45 g、远志35 g、郁金40 g、黄芩45 g）。用法：水煎去渣。冷后加蛋清100 mL、蜂蜜120 mL混合，一次灌服。说明：用于兴奋型。

【处方3】天麻散加减（天麻45 g、夏枯草4 g、防风45 g、川芎30 g、钩藤40 g、天竺黄30 g、蝉蜕30 g、僵蚕45 g、白芍45 g、黄芩40 g、石膏100 g、甘草30 g）。用法：水煎候温一次灌服。

10. 牛羊血尿

牛羊血尿由泌尿器官本身的疾患引起。主要是尿液呈不同程度的红色，透明度发生改变。治宜消除病因，制止出血，抗菌消炎。

【处方1】

（1）5%安络血注射液 20 mL。用法：牛一次肌肉注射，羊用5 mL。

（2）呋喃坦啶 6 g。用法：每日分2次，口服。说明：也可用磺胺药或抗生素口服或肌肉注射。

【处方 2】秦艽钦（秦艽 30 g、当归 30 g、赤芍 15 g、炒蒲黄 30 g、瞿麦 30 g、焦栀子 25 g、大黄 30 g、没药 15 g、车前子 25 g、连翘 20 g、茯苓 25 g、甘草 10 g、淡竹叶 15 g、灯芯草 15 g）。用法：研为细末，开水冲调，候温一次灌服。

11. 牛羊尿石症

牛羊尿石症是由饲料与饮水质量不佳，饮水不足，尿路感染等原因引起的。以砂石堵塞尿路，排尿困难为特征。大结石宜用手术取出，小结石可用中西药化石排石。

【处方 1】金钱草 45 g、海金沙 45 g、鸡内金 25 g、滑石 60 g、木通 30 g、二丑 25 g、千金子 30 g、厚朴 25 g。用法：研为细末，开水冲调，候温一次灌服。

【处方 2】滑石 45 g、木通 15 g、续随子 75 g、桂心 100 g、厚朴 3 g、豆蔻 18 g、白术 90 g 黄芩 90 g 黑丑 120 g。用法：研为末，开水冲，一次服。

【处方 3】消石散（芒硝 150 g、滑石 50 g、茯苓 30 g、冬葵子 30 g、木通 50 g、海金沙 35 g）。用法：研为末，开水冲，一次服。注：中药治疗尿结石有独到之处，中药治疗有困难时，可考虑用西药。如用利尿剂使小结石随大量尿液排出，确诊为草酸盐结石者用硫酸镁及阿托品，硫酸盐结石者用稀盐酸。

12. 牛羊膀胱麻痹

牛羊膀胱麻痹是由中枢神经系统的损伤及支配膀胱的神经机能障碍引起。以不随意排尿，膀胱充满及无疼痛为特征。治宜消除病因，提高膀胱肌肉的收缩力。

【处方 1】0.2%硝酸士的宁注射液 7～15 mL。用法：一次皮下或百会穴注射。每日 1 次。

【处方 2】氯化钡 0.4 g、注射用水 40 mL。用法：一次静脉注射。

【处方 3】熟地 60 g、山药 60 g、朴硝 60 g、红茶末 60 g、肉桂 30 g、车前子 30 g、茯苓 15 g、木通 15 g、泽泻 15 g。用法：研为末，加竹叶、灯芯为引，开水冲调，一次灌服。

13. 牛羊膀胱炎

牛羊膀胱炎由病原微生物感染、邻近器官疾病的蔓延等引起。表现尿频、尿痛，尿液中出现膀胱上皮及磷酸钙镁结晶等。治宜抗菌消炎，防腐消毒。

【处方 1】0.1%雷佛奴尔溶液 1000 mL、注射用青霉素钠 160 万 IU、0.25%普鲁卡因溶液 500 mL。用法：导尿后用雷佛奴尔液冲洗膀胱，再灌入青霉素普鲁卡因液。说明：也可用 2%硼酸溶液，0.1%高锰酸钾溶液冲洗膀胱。重症配合口服呋喃旦啶 4 g 或磺胺类药物，或肌肉注射庆大霉素、卡那霉素、林可霉素等。

【处方 2】滑石粉 30 g、泽泻 35 g、灯芯 40 g、茵陈 30 g、猪苓 35 g、车前子 30 g、知母 35 g、黄柏 30 g。用法：研为末，开水冲调，一次灌服。

【处方 3】治浊固本汤（黄柏 30 g、黄连 25 g、茯苓 40 g、半夏 25 g、砂仁 25 g、益智仁 40 g、甘草 25 g、连须 40 g）。用法：研为末，开水冲，一次服。

14. 牛羊肾炎

牛羊肾炎由感染、中毒及变态反应等因素引起。表现肾区敏感和疼痛，尿量减少，尿液含病理性产物。治宜抗菌消炎，利尿消肿。

【处方1】
（1）注射用青霉素钠400万IU、注射用链霉素400万IU、注射用水40 mL。用法：分别一次肌肉注射，每日2次，连用5 d。说明：也可用庆大霉素160万IU、卡那霉素500万IU、头孢哌啉钠750万IU、环丙沙星3 g，单用或配用呋喃旦啶40 g 口服。

（2）双氢克尿噻2 g。用法：一次口服，每日1次，连用3 d。

（3）40%乌洛托品注射液60 mL、1%地塞米松注射液4 mL、5%葡萄糖注射液1000 mL。用法：一次静脉注射，乌洛托品与地塞米松分开混入葡萄糖注射液。说明：尚可用强心剂、止血剂及碳酸氢钠等对症治疗。

【处方2】金银花30 g、连翘30 g、山楂150 黄柏25 g、猪苓25 g、泽泻25 g、车前子25 g、丹皮20 g、鲜茅根150 g。用法：水煎，候温一次灌服。

【处方3】加味五皮饮（大腹皮30 g、生姜皮30 g、陈皮30 g、桑白皮30 g、猪苓30 g、泽泻30 g、苍术30 g、白术30 g、桂枝25 g、甘草15 g）。用法：水煎，候温一次灌服。

15. 牛羊贫血

牛羊贫血分为出血性、溶血性、再生障碍性、营养性等多种类型贫血。主要表现可视黏膜苍白，组织器官缺氧，溶血性贫血时有黄疸。治宜消除病因，止血，加强造血功能，增加血容量。

【处方1】
（1）5%安络血注射液20 mL。用法：一次肌肉注射，每日2～3次。说明：也可用1%仙鹤草素40 mL，4肠维生素K_3注射液10 mL。外部出血应及时压迫或结扎止血。

（2）6%右旋糖苷注射液500 mL、25%葡萄糖注射液500 mL。用法：一次静脉注射。

（3）硫酸亚铁10 g。用法：一次口服。说明：也可用维生素B_{12}注射液肌肉注射。说明：用于急性出血性贫血。

【处方2】1%地塞米松注射液4 mL。用法：一次肌肉注射，每日一次。说明：也可用醋酸氢化泼尼松250 mg肌肉注射。配合止血、促进造血药物用于溶血性贫血。

【处方3】同源动物健康全血2000 mL。用法：一次静脉注射。说明：严重的各型贫血都可输血治疗，必要时可重复1次，最多2次。代血浆类不受此限。

【处方4】黄芪40 g、党参60 g、陈皮40 g、白术30 g、远志25 g、熟地25 g、甘草30 g。用法：研为末，开水冲，一次服。说明：用于急性出血性贫血。

【处方5】黄芪60 g、党参60 g、白术30 g、当归30 g、阿胶30 g、熟地30 g、甘草15 g。用法：研为末，开水冲，一次服。说明：用于再生障碍性贫血。

16. 牛创伤性心包炎

牛创伤性心包炎由心包遭受异物直接损伤引起。以心区疼痛，听诊有摩擦音或拍水音，叩诊，心浊音区扩大为特征。慢性病例及早淘汰，种畜试用手术疗法，急性病例治宜抗菌消炎，强心。

【处方1】注射用青霉素钠400万IU、注射用链霉素500万IU、注射用水40 mL。用法：分别一次肌肉注射，每日2次，连用5 d。

【处方2】0.1%雷佛奴尔溶液1000 mL、注射用青霉素钠160万IU、0.25%普鲁卡因100 mL。

用法：心包穿刺排液后用雷佛奴尔液冲洗，注入青霉素普鲁卡因液。说明：用于化脓性心包炎，尚需配合抗菌消炎、强心等。注：疑铁器损伤先投服磁铁一枚，重症参照心力衰竭处方。

17. 牛羊心力衰竭

牛羊心力衰竭由使役过重，用药不当引起，或继发于某些疾病引起。临床表现精神沉郁，心跳加快，呼吸困难，胸前与腹下水肿。治宜消除病因，加强护理，减轻心脏负担，增加心脏收缩力。

【处方1】

（1）毛花强心丙（西地兰D）3 mL、25%葡萄糖注射液1000 mL、25%维生素C注射液20 mL、1% ATP（三磷酸腺苷）200 mL、辅酶A 500 IU、5%葡萄糖生理盐水1000 mL。用法：先静脉放血1000~2000 mL后一次静脉注射。说明：贫血动物不能放血。

（2）复方奎宁注射液15 mL。用法：一次肌肉注射。说明：用于急性心力衰竭。处方1用毒毛旋花子贰K 2.5 mg取代毛花强心丙后独立成方，用于慢性心衰，但不放血。

【处方2】0.1%肾上腺素注射液4 mL、25%葡萄糖注射液1000 mL。用法：一次静脉注射。说明：用于急救。

【处方3】参附汤（党参60 g、熟附子32 g、生姜60 g、大枣60 g）。用法：水煎，候温一次灌服。

【处方4】营养散（当归15 g、黄芪30 g、党参25 g、茯苓20 g、白术25 g、甘草15 g、白芍20 g、陈皮15 g、五味子25 g、远志15 g、红花15 g）。用法：研为末，开水冲，一次服。

18. 牛羊胸膜炎

牛羊胸膜炎由胸壁严重挫伤及刺伤感染，或某些传染性因素引起。临床表现弛张热型，胸腔积液，当积液多时叩诊呈水平浊音。治宜抗菌消炎，制止渗出，促进吸收。

【处方1】

（1）0.1%雷佛奴尔溶液1000 mL、注射用青霉素钠160万~240万IU、0.25%普鲁卡因注射液200~300 mL。用法：胸腔穿刺排除积液后，用雷佛奴尔冲洗，注入普鲁卡因青霉素溶液。

（2）松节油500 mL。用法：胸壁涂擦。

【处方2】

（1）12%复方磺胺-6-甲氧嘧啶注射液100 mL。用法：一次肌肉注射，每日2次，连用5 d，首次量加倍。说明：也可用林可霉素、青霉素、链霉素、庆大霉素等。

（2）5%氯化钙注射液150 mL、40%乌洛托品注射液40 mL、10%安钠咖注射液30 mL、25%葡萄糖注射液1000 mL。用法：一次静脉注射。

【处方3】归芍散（当归30 g、白芍30 g、桔梗20 g、贝母25 g、寸冬20 g、百合25 g、黄芩20 g、天花粉25 g、滑石30 g、木通25 g）。用法：研为细末，开水冲调，一次灌服。说明：热盛加双花、连翘、栀子，喘甚加杏仁、牛蒡子、枇杷叶，痰液多者加前胡、半夏、陈皮。

19. 牛羊肺坏疽

牛羊肺坏疽是由误咽食物或药物等异物入肺并感染腐败细菌引起的。以呼吸困难，鼻孔流出脓性、腐败性恶臭鼻液为特征。治宜抗菌消炎，迅速排除异物。

【处方1】
（1）1%盐酸毛果芸香碱注射液 20 mL。用法：牛一次肌肉注射，羊用 50 mg。
（2）注射用青霉素钠 80 万～160 万 IU、注射用链霉素 100 万～200 万 IU、0.25%普鲁卡因 50～200 mL。用法：一次气管内注射，每日 2 次。
（3）复方磺胺甲基异恶唑注射液 80 mL。用法：一次肌肉注射，每日 2 次，首次量加倍。
【处方2】芦根 250 g、桃仁 45 g、冬瓜子 45 g、桔梗 60 g、鱼腥草 60 g。用法：水煎取汁。

20. 牛羊大叶性肺炎

牛羊大叶性肺炎由传染性因素（如巴氏杆菌病）或非传染性因素（如变态反应性疾病）引起。以高热稽留，铁锈色鼻液及肺部广泛浊音区为特征。治宜消炎止咳，制止渗出，促进吸收，重症辅以强心补液。

【处方1】
（1）10%安钠咖注射液 20 mL。用法：一次皮下注射，30 min 后再用本处方（2）。
（2）新胂凡纳明（914）4～4.5 g、生理盐水 500 mL。用法：一次缓慢静脉注射。
【处方2】10%异丙嗪注射液 4 mL、30%安乃近注射液 40 mL。用法：一次分别肌肉注射。说明：有过敏者用异丙嗪，高热者用安乃近或复方氨基比林。
【处方3】【处方4】【处方5】同牛羊支气管炎处方 1、2、3。
【处方6】清瘟败毒散。

21. 牛羊支气管炎

牛羊支气管炎由特异性病原体引起。以弛张热型，呼吸频率增加，叩诊有散在浊音区，听诊有捻发音为特征。治宜消除病因，消炎镇咳，制止渗出，促进吸收。重症配以强心补液。

【处方1】氯化铵、复方甘草合剂。用法：一次分别口服。
【处方2】复方磺胺嘧啶注射液。用法：一次肌肉注射，说明：也可用青霉素和链霉素联合使用。
【处方3】95%酒精 300～500 mL、5%氯化钙注射液、40%乌洛托品注射液、10%安钠咖注射液、25%葡萄糖注射液。用法：一次静脉注射。说明：用于呼吸困难者。
【处方4】麻黄 15 g、杏仁 8 g、双花 30 g、连翘 30 g、知母 25 g、元参 25 g、麦冬 25 g、天花粉 25 g。用法：研为细末，开水冲调。
【处方5】银翘散加减金银花 40 g、连翘 45 g、杏仁 30 g、前胡 45 g、薄荷 40 g。用法：研为细末，开水冲调 一次灌服。

22. 牛羊支气管肺炎

牛羊支气管肺炎由受寒感冒、吸入刺激性气体或某些传染性、寄生虫性疾病引起。以咳嗽、流鼻液、不定型热为特征。治宜抗菌消炎，祛痰镇咳，抗过敏。

【处方1】
（1）氯化铵 20 g、复方樟脑 40 mL。用法：一次口服。
（2）10%异丙嗪注射液 4 mL。用法：一次肌肉注射。

（3）12%复方磺胺-5-甲氧嘧啶注射液 100 mL。用法：一次肌肉注射，每日 2 次，连用 5 d，首次量加倍。

【处方 2】
（1）酒石酸锑钾 3 g。用法：和水一次口服。
（2）复方甘草合剂 120 mL。用法：一次口服。
（3）一溴樟脑 4 g。用法：牛一次口服，羊用 1 g。

【处方 3】注射用青霉素钠 80 万 IU、0.25%普鲁卡因注射液 20～40 mL。用法：一次气管内注射。

【处方 4】桑菊银翘散（桑叶 25 g、杏仁 25 g、桔梗 25 g、薄荷 25 g、菊花 30 g、银花 30 g、连翘 30 g、生姜 20 g、甘草 15 g）。用法：研为细末，开水冲调，一次灌服。

23. 牛羊感冒

牛羊感冒由气候骤变机体受寒引起。以鼻流清涕，畏光流泪，呼吸增快，皮温不均为特征。有的体温升高。治宜解热镇痛，祛风散寒。重症抗菌消炎。

【处方 1】复方氨基比林注射液 40 mL、柴胡注射液 40 mL。用法：一次分别肌肉注射，每日 2 次，连用 3 d。

【处方 2】复方磺胺甲基异恶唑注射液 80 mL、30%安乃近注射液 40 mL。用法：一次分别肌肉注射，每日 2 次，连用 3 d，磺胺药首次量加倍。

【处方 3】荆防败毒散（荆芥 30 g、防风 30 g、羌活 25 g、柴胡 35 g、前胡 25 g、枳壳 25 g、桔梗 30 g、茯苓 45 g、甘草 15 g）。用法：研为细末，开水冲调，一次灌服。

【处方 4】双花 30 g、连翘 30 g、桔梗 25 g、荆芥 25 g、淡豆豉 25 g、竹叶 30 g、薄荷 15 g、牵牛子 25 g、芦根 60 g、甘草 15 g。用法：研为细末，开水冲调，一次灌服。

24. 牛急性实质性肝炎

牛急性实质性肝炎由传染病或中毒引起。主要表现消化障碍，黄疸及神经症状。治宜保肝利胆，清肠制酵，镇静解痉。

【处方 1】硫酸镁或硫酸钠 300 g、鱼石脂 20 g、酒精 50 mL。用法：鱼石脂溶于酒精中，泻盐配常水 3000 mL，然后两液混合，一次灌服。

【处方 2】2%肝泰乐溶液 100 mL、25%葡萄糖注射液 1000 mL、25%维生素 C 注射液 20 mL、5%葡萄糖生理盐水 3000 mL。用法：一次静脉注射。说明：也可配合维生素 150 mL 或维生素 K 3200 mg。

【处方 3】2.5%氯丙嗪注射液。用法：一次肌肉注射。说明：用于狂躁兴奋时，出现肝昏迷时可用 20%甘露醇静脉注射。有出血倾向的用 5%氯化钙也可配用地塞米松、氢化可的松等。

【处方 4】茵陈汤（茵陈 120 g、栀子 50 g、大黄 25 g、黄芩 40 g、板蓝根 120 g）。用法：水煎，候温一次灌服，每日一剂，连用 3～4 剂。

25. 牛腹膜炎

牛腹膜炎由细菌感染或邻近器官发炎蔓延引起。主要表现精神沉郁，反刍少，胸式呼吸，腹痛，呻吟，病初体温升高。治宜消除病因，抗菌消炎。

【处方 1】

（1）注射用青霉素钠 480 万 IU、0.25%普鲁卡因注射液 300 mL、注射用链霉素 300 万 IU、0.9%氯化钠注射液 1000 mL。用法：一次腹腔注射。

（2）庆大霉素注射液 100 万 IU、5%葡萄糖生理盐水 3000 mL、5%氯化钙注射液 120 mL、40%乌洛托品注射液 40 mL、1%地塞米松注射液 3 mL。用法：一次静脉注射。

26. 牛纤维蛋白膜性肠炎

牛纤维蛋白膜性肠炎由饲养管理不当或肠道菌群失调引起。以食欲废绝，消化障碍，排出灰白色或黄白色膜状管型或索状薪膜为特征。治宜抗过敏，清理胃肠。重症配以强心、补液。

【处方 1】

（1）苯海拉明 300 mg。用法：一次肌肉注射。

（2）石蜡油 500 mL、磺胺脒 40 g。用法：一次灌服，每日 1 次，连用 3 d。

【处方 2】

（1）10%盐酸异丙嗪 4 mL。用法：一次皮下注射。

（2）庆大霉素注射液 160 万 IU、10%葡萄糖酸钙注射液 400 mL、10%葡萄糖注射液 500 mL、5%葡萄糖生理盐水 3000 mL。用法：一次静脉注射，每天 1 次，连用 3 d。

【处方 3】藿香正气散（藿香 30 g、大腹皮 30 g、白芷 30 g、炒白术 30 g、半夏 30 只 g、车前子 30 g、厚朴 30 g、黄连 30 g、木香 30 g、陈皮 25 g、甘草 20 g、生姜 20 g）。用法：水煎，候温一次灌服，每日 1 剂，连服 4 剂。

27. 牛羊胃肠炎

牛羊胃肠炎由饲养管理不善引起或由传染病、寄生虫病继发。以体温升高，食欲废绝，腹泻为特征。治宜清肠制酵，抗菌消炎，强心补液。

【处方 1】

（1）硫酸镁 250 g、鱼石脂（加酒精 50 mL 溶解）15 g、棘酸蛋白 20 g、碳酸氢钠 40 g、常水 3000 mL。用法：一次灌服。

（2）磺胺甲基异恶唑 20 g。用法：一次口服，每日 2 次，首次量加倍，连用 3~5 d。

【处方 2】丁胺卡那霉素注射液 300 万 IU、10%氯化钾注射液 100 mL、5%葡萄糖生理盐水 4000 mL、5%碳酸氢钠注射液 500 mL、25%葡萄糖注射液 1 000 mL。用法：一次缓慢静脉注射。

【处方 3】庆大霉素注射液 160 万 IU。用法：一次瓣胃注射。说明：也可用土霉素粉 5 g，加常水混溶，瓣胃注射。配合强心补液用于顽固性腹泻。

【处方 4】白头翁汤加味（白头翁 72 g、黄柏 36 g、黄连 36 g、秦皮 36 g、黄芩 40 g、枳壳 45 g、芍药 40 g、猪苓 45 g）。用法：水煎取汁，一次灌服。注：也可用病菌净口服，或菌特灵注射液、恩诺沙星注射液肌肉或静脉注射。

28. 牛羊肠便秘

牛羊肠便秘由多种因素使肠道弛缓引起。临床表现腹痛，拱背，排不出粪便，或排少量硬核便。治宜润肠通便，强心补液。

【处方1】
（1）硫酸镁 500 mg、石蜡油 500 mL、常水 30000 mL。用法：一次灌服。
（2）0.1%新斯的明注射液 16 mL。用法：牛一次皮下注射，羊 2～4 mL，2 h 重复 1 次。说明：适用于水牛，加以适量运动。

【处方2】
（1）硫酸镁 300 g、石蜡油 500 mL、常水 2000～3000 mL。用法：一次瓣胃注射。
（2）25%维生素 C 注射液 20 mL、5%葡萄糖生理盐水 3000 mL、复方氯化钠注射液 2000 mL、10%安钠咖注射液 20 mL。用法：一次静脉注射。

【处方3】大承气汤加减[大黄 60 g、枳实 30 g、厚朴 30 g、木香 30 g、槟榔 30 g、山楂 60 g、神曲 60 g、芒硝（另包）120 g]。用法：水煎取汁，冲入芒硝，一次灌服。

29. 牛羊肠痉挛

牛羊肠痉挛由寒流侵袭、冬季暴饮冷水等因素引起。以急性腹痛，肠蠕动增加，不断排粪为特征。治宜镇痛解痉。

【处方1】30%安乃近注射液 40 mL。用法：一次肌肉注射。

【处方2】1%硫酸阿托品注射液 3 mL。用法：一次皮下注射。

【处方3】颠茄 30 mL、温水 3000 mL。用法：一次灌服。

【处方4】澄茄暖胃散（澄茄 90 g、小茴香 30 g、青皮 30 g、木香 30 g、川椒 20 g、茵陈 60 g、白芍 60 g、酒大黄 30 g、甘草 15 g）。用法：煎汤去渣，候温一次灌服。

30. 牛皱胃扭转

牛皱胃扭转由过食高蛋白日粮，消化不良或其他疾病使皱胃弛缓引起，奶牛多发。主要表现皱胃亚急性扩张、积液，腹痛，碱中毒和脱水等。治宜尽快手术切开皱胃排除积液，纠正变位，配合药物强心补液、纠正碱中毒。

【处方1】庆大霉素注射液 100 万 IU、25%维生素 C 注射液 20 mL、10%氯化钾注射液 100 mL、50%葡萄糖注射液 200 mL、10%安钠咖注射液 30 mL、复方氯化钠注射液 3000 mL、0.9%氯化钠注射液 50000 mL。用法：一次缓慢静脉注射。

【处方2】氯化钠与氯化铵各 80 g、氯化钾 50 g、灭菌注射用水 1000 mL。用法：混匀后一次缓慢静脉注射。

31. 牛皱胃变位

牛皱胃变位又称皱胃左方变位。由皱胃弛缓或皱胃机械性转移引起。多发于高产乳牛。主要表现食欲降低，食少许粗料，奶量下降。左侧 9～10 肋间肩关节水平线上下叩听结合有钢管音。治宜促其复位或手术整复，配合抗菌、强心、补液。

【处方1】风油精 2 瓶。用法：适量水稀释后一次灌服。说明：也可用薄荷油等量口服。

【处方2】黄芪 250 g、沙参 30 g、当归 60 g、白术 100 g、甘草 20 g、柴胡 30 g、升麻 20 g、陈皮 60 g、枳实 100 g、代储石 100 g、川楝子 30 g、沉香（另包）15 g。用法：代储石先煎 30 min 后，加入其他药同煎，出锅前 5 min 加沉香，取汁候温一次灌服。连用 2～3 剂。

32. 牛皱胃溃疡

牛皱胃溃疡由消化不良引起。主要表现消化障碍，腹痛，排松馏油样粪便等。治宜加强护理，镇静止痛，抗酸止酵，消炎止血。

【处方1】

（1）氧化镁 350 g、石蜡油 2000 mL。用法：一次胃管投服。

（2）磺胺二甲嘧啶 40 g。用法：一次口服，每日 2 次，连用 5 d，首次量加倍。

（3）2.5%氯丙嗪注射液 15 mL、10%止血敏注射液 20 mL。用法：分别一次肌肉注射，每天 1 次。

【处方2】

（1）氧化镁 80 g、长效磺胺 40 g、石蜡油 500 mL。用法：一次口服，每日 1 次，连用 3~5 d，磺胺片首次量加倍。

（2）30%安乃近注射液 25 mL。用法：一次肌肉注射。

（3）10%止血敏注射液 15 mL。用法：一次肌肉注射，每天 1 次，连用 3~5 次。说明：也可用 10%葡萄糖酸钙注射液 500 mL 或仙鹤草素 20 mL。

【处方3】 炒当归 60 g、赤芍 80 g、五灵脂 60 g、乌贼骨 45 g、蒲黄 60 g、香附 60 g、甘草 40 g。用法：水煎，一次灌服。说明：血虚加阿胶、枸杞，气虚加黄芪、白术，胃出血加白及。

33. 牛皱胃炎

牛皱胃炎由饲养管理不善引起。表现消化障碍，反刍减少，呕吐。治宜清理胃肠，消炎止痛，强心补液。

【处方1】

（1）石蜡油或植物油 500~1000 mL。用法：一次灌服。

（2）土霉素粉 5 g、0.9%氯化钠注射液 200 mL。用法：一次瓣胃注射。

【处方2】

（1）硫酸钠 500 g、黄连素 2~4 g、常水 3000 mL。用法：一次瓣胃注射。

（2）盐酸四环素 250 万~300 万 IU、10%安钠咖注射液 30 mL、4%乌洛托品注射液 40 mL、5%葡萄糖生理盐水 3000 mL。用法：一次灌服。

【处方3】焦三仙 120 g、莱菔子 30 g、鸡内金 18 g、焦槟榔 30 g、陈皮 30 g、延胡索 18 g、川楝子 30 g、厚朴 40 g、五灵脂 60 g、香附 60 g。用法：水煎，一次灌服。

34. 牛皱胃阻塞

牛皱胃阻塞由饲养管理不当或迷走神经调节机能紊乱引起。表现消化机能障碍，瘤胃积液，脱水，体中毒。重症手术治疗。轻症宜消食化滞，防腐止酵，促进内容物排出，防止脱水及自体中毒。

【处方1】

（1）胃蛋白酶 80 g、稀盐酸 40 mL、陈皮酊 40 mL、番木鳖酊 20 mL。用法：一次口服，每天 1 次，连用 3 次。

（2）0.9%氯化钠注射液 2000 mL。用法：一次皱胃注射。

（3）0.1%新斯的明注射液 20 mL。用法：一次皮下注射，2h 重复 1 次。

【处方 2】

（1）硫酸钠 400 g、植物油（或石蜡油）800 mL、鱼石脂 20 g、酒精 50 mL、常水 6000 mL。用法：一次灌服。

（2）10%磺胺-5-甲氧嘧啶注射液 120 mL。用法：一次肌肉注射，每日 2 次，连用 5 d，首次量加倍。

（3）10%氯化钠注射液 300 mL、5%氯化钙注射液 100 mL、10%安钠咖注射液 20 mL、40%乌洛托品注射液 40 mL、25%维生素 C 注射液 20 mL、5%葡萄糖生理盐水 4000 mL。用法：一次静脉注射。说明：前 3 种药先混合静脉注射。

【处方 3】大黄 100 g、厚朴 50 g、枳实 50 g、芒硝 200 g、滑石 100 g、木通 50 g、郁李仁 100 g、泡醋香附 50 g、山楂 50 g、麦芽 50 g、青皮 40 g、沙参 50 g、石斛 50 g、糖瓜蒌 2 个。用法：水煎加植物油 250 mL，一次灌服。

35. 牛羊瓣胃阻塞

牛羊瓣胃阻塞由吃食富含粗纤维饲料引起。表现瓣胃内容物积滞、干涸，瓣胃肌麻痹和小叶坏死。治疗以泻下和补液为主。严重病例可手术治疗。

【处方 1】

（1）硫酸镁 500 g、常水 2000 mL、石蜡油 500 mL。用法：一次瓣胃注射。

（2）10%氯化钠注射液 300 mL、5%氯化钙注射液 100 mL、10%安钠咖注射液 20 mL、复方氯化钠注射液 5000 mL。用法：一次静脉注射。说明：前三种药先混合后静脉注射。

【处方 2】

（1）硫酸钠 800 g、石蜡油 500 mL、常水 3000 mL。用法：一次灌服。

（2）0.1%新斯的明注射液 20 mL。用法：牛一次肌肉注射，也可半量 2 次肌肉注射，羊用 2~4 mL。说明：在无腹痛症状时应用。

（3）5%葡萄糖生理盐水 5000 mL、10%安钠咖注射液 30 mL。用法：一次静脉注射。

【处方 3】黎芦润燥汤（黎芦 60 g、常山 60 g、二丑 60 g、当归 100 g、川芎 60 g、滑石 90 g）。用法：水煎加麻油 1000 mL、蜂蜜 250 g 一次灌服。

36. 牛创伤性网胃腹膜炎

牛创伤性网胃腹膜炎是由金属异物刺入网胃引起网胃和腹膜的损伤及炎症。表现消化紊乱，网胃和腹膜疼痛，体温升高。治宜排除金属异物。配合抗菌消炎、制酵缓泻等。

【处方】

（1）注射用青霉素钠 400 万 IU、注射用链霉素 400 万 IU、注射用水 30 mL。用法：一次肌肉注射，每天 2 次，连用 5 d。

（2）石蜡油 500 mL、鱼石脂 15 g、95%酒精 40 mL。用法：待鱼石脂在酒精中溶解后，混于石蜡油中一次灌服。说明：排除金属异物可用投服磁铁吸除，无效者手术取出。

37. 牛羊瘤胃鼓气

牛羊瘤胃鼓气由采食了大量容易发酵的饲料，迅速产气引起。以瘤胃容积剧增，胃壁扩张，反刍、嗳气障碍为特征。治宜迅速排气和制止瘤胃内容物发酵。

【处方1】鱼石脂 15 g、95%酒精 30 mL。用法：瘤胃穿刺放气后注入，或胃管灌服。说明：用于非泡沫性鼓气。

【处方2】聚甲基硅油 4 g。用法：配成 2%～5%酒精或煤油溶液牛一次灌服，羊用 1 g。说明：用于泡沫性鼓气，也可用松节油。

【处方3】

（1）鱼石脂 15 g、松节油 30 mL、95%酒精 40 mL。用法：穿刺放气后瘤胃内注入。

（2）硫酸镁 800 g。用法：加常水 3000 mL 溶解后，一次灌服。说明：用于积食较多的泡沫性与非泡沫性鼓气。

【处方4】土霉素 50 万 IU、常水 50 mL。用法：牛穿刺放气后瘤胃内一次注入，羊用 5 万 IU。

【处方5】白萝卜 2500 g、大蒜 50 g。用法：榨汁加糖 150 g、醋 500 mL 灌服。

【处方6】莱菔子 90 g、芒硝 120 g、大黄 45 g、滑石 60 g。用法：研为细末，加食醋 500 mL、食油 500 mL 共调，一次灌服。

38. 牛过食豆谷综合征

牛过食豆谷综合征由牛过食大量豆谷类精料引起。以神经兴奋性增高，视觉紊乱，脱水，酸中毒为特征。治宜排除积食，镇静解痉，纠正脱水和酸中毒。

【处方】

（1）石蜡油或植物油 1500 mL、碳酸氢钠 150 g。用法：分别一次灌服。碳酸氢钠可装入纸袋中投服。

（2）0.1%新斯的明注射液 20 mL。用法：一次肌肉注射，2 h 重复 1 次。

（3）2.5%氯丙嗪注射液 15 mL。用法：一次肌肉注射。说明：也可用 25%硫酸镁注射液静注。

（4）5%碳酸氢钠注射液 750～1000 mL、1%地塞米松注射液 3 mL、25%维生素 C 注射液 40 mL、复方氯化钠注射液 8000 mL。用法：一次静脉注射。说明：碳酸氢钠单独注射。注：采食过量且发现早的宜手术治疗。

39. 牛羊瘤胃积食

牛羊瘤胃积食由采食大量难消化、易膨胀的饲料引起。以内容物积滞，容积增大，胃壁受压及神经麻痹为特征。治宜消除积滞，兴奋瘤胃，辅以强心、补液，纠正酸中毒。严重病例可用洗胃和手术疗法。

【处方1】

（1）硫酸镁 800 g、常水 4000 mL。用法：一次灌服。

（2）10%氯化钠注射液 500 mL、5%氯化钙注射液 150 mL、10%安钠咖注射液 30 mL。用法：一次静脉注射。

【处方2】

（1）石蜡油 1200 mL。用法：一次灌服。

（2）0.1%新斯的明注射液 20 mL。用法：牛一次皮下注射，

（3）5%碳酸氢钠注射液 500 mL、25%葡萄糖注射液 500 mL、25%维生素 C 注射液 20 mL、5%葡萄糖生理盐水 2000 mL、复方氯化钠注射液 2000 mL、10%安钠咖注射液 30 mL。用法：一次静脉注，射 2 h 后重复用药 1 次。说明：碳酸氢钠与维生素 C 分开静脉注射。

【处方 3】加味大承气汤（大黄 60 g、枳实 60 g、厚朴 79 g、槟榔 60 g、茯苓 60 g、白术 45 g、青皮 45 g、麦芽 60 g、山楂 120 g、甘草 30 g、木香 30 g、香附 45 g）。用法：研为末，开水冲，一次服。

40. 牛羊前胃弛缓

牛羊前胃弛缓由饲养管理失误，或某些寄生虫病、传染病或代谢性疾病引起。临床表现食欲减少，前胃蠕动减弱，缺乏反刍和嗳气。治宜兴奋瘤胃，制止异常发酵，并积极治疗原发病。

【处方 1】酒石酸锑钾 10～12 g、常水 500 mL。用法：溶解后一次灌服，每日 1 次，连用 2 次。

【处方 2】0.1%新斯的明注射液 16 mL。用法：牛一次皮下注射，羊用 2～4 mg，2 h 重复 1 次。

【处方 3】

（1）10%氯化钠注射液 300 mL、5%氯化钙注射液 100 mL、10%安钠咖注射液 30 mL、10%葡萄糖注射液 1000 mL。用法：一次静脉注射。

（2）胰岛素 200 IU。用法：一次皮下注射。

（3 松节油 30 mL、常水 500 mL。用法：一次灌服。说明：松节油可用鱼石脂 15 g 替代。

【处方 4】党参 30 g、白术 30 g、陈皮 30 g、茯苓 30 g、木香 30 g、麦芽 60 g、山楂 60 g、神曲 60 g、生姜 60 g、苍术 30 g、半夏 25 g、豆蔻 45 g、砂仁 30 g。用法：研为细末，开水冲调，一次灌服。说明：用于虚寒型。

【处方 5】党参 30 g、白术 30 g、陈皮 30 g、茯苓 30 g、木香 30 g、麦芽 60 g、山楂 60 g、神曲 60 g 佩兰 30 g、龙胆草 45 g、茵陈 45 g。用法：研为细末，开水冲调，一次灌服。说明：用于湿热型。

41. 奶牛产后血红蛋白尿

奶牛产后血红蛋白尿是奶牛产后发生的，以排出血红蛋白尿为特征的一种疾病，由于溶血而使红细胞大量破坏，因此病畜多伴有一定程度的贫血。由于该病发病急，病势发展迅速，治疗不及时或错误诊治，患牛通常在 2～3 d 死亡。

临床症状：①急性型：此型病牛在分娩后 1 周内发病，发病非常突然，分娩后病牛表现精神不振，食欲降低，反刍减弱，走路蹒跚，周身乏力，排尿由淡粉色逐渐变为酱油色，最后趴卧不起，饮食欲废绝，反刍停止。病牛体温降低，末梢感冷，肌肉震颤。体表常见出汗，心跳较弱，静脉压降低，瘤胃蠕动音弱乃至消失。可视黏膜重度苍白，如不予治疗，患牛在发病后 2～3 d 内死亡。②慢性型：发病是泌乳高峰之后，妊娠中后期。患牛逐渐呈现消化功能减弱，渐渐消瘦衰竭，起卧较为困难，运步缓慢，周身乏力，泌乳量明显下降，乳汁稀薄。呼吸喘粗，心音亢进加速，可视黏膜逐渐苍白，尿液颜色逐渐加深乃至酱油样，病程可达 1～2 周，如能及时确诊治疗，均可治愈。

诊断方法：根据临床症状及尿液检查不见红细胞，血液检查：红细胞数、血红蛋白、红细胞压积降低，血红蛋白由正常 50%～70%降到 20%～40%。血清无机磷检查：血磷降低，如由正常的 7 mL 降到 4 mL 或 3 mL，即可确诊为产后血红蛋白尿。

治疗措施：奶牛血红蛋白尿是因血磷过低而引起的红细胞大量溶解破坏，以机体迅速贫血、衰竭为主要变化。所以在治疗时既要根除病因，又要补充营养，促进红细胞的新生。

42. 牛血红蛋白尿

牛血红蛋白尿是由严寒与长期干旱为诱因及未知因素引起的一种营养代谢病，以低磷酸盐血症、血红蛋白尿及贫血为特征，常发生于产后 4 d 至 4 周的 3~6 胎高产母牛，病死率高达 50%。治宜补磷。

【处方 1】

（1）20%磷酸二氢钠溶液 400 mL。用法：一次静脉注射，1 天 2 次。

（2）次磷酸钙 1000 mL。用法：一次静脉注射，1 天 2 次。

（3）骨粉 250 g。用法：一次口服，每日 1 次，连用 5 d。

【处方 2】秦艽 30 g、蒲黄 25 g、瞿麦 25 g、当归 30 g、黄芩 25 g、栀子 25 g、车前子 30 g、天花粉 25 g、红花 15 g、大黄 15 g、赤芍 15 g、甘草 15 g。用法：共研细末，青竹叶煎汁同调，一次灌服。

43. 牛醋酮血病

牛醋酮血病是由血液中酮体（主要是羟丁酸、乙酰乙酸、丙酮）增高引起。以低血糖、酮血、酮尿、酮乳为特征。治宜增高血糖，缓解酸中毒

【处方 1】

（1）50%葡萄糖注射液 500 mL、1%地塞米松注射液 4 mL、5%碳酸氢钠注射液 500 mL、辅酶 A 500 IU。用法：一次静脉注射，连用 3 d。说明：也可用氢化可的松取代地塞米松。

（2）甘油或丙二醇 500 g。用法：一次口服，每天 2 次，连用 2 d，随后每天 250 g，再用 2 d。说明：也可口服氯化钾、硫酸钴、乳酸钱、丙酸钠等。

（3）去肾上腺皮质激素 200~600 IU。用法：肌注

（4）水和氯醛。用法：首次剂量为 30 g，以后用 7 g，1 天 2 次，连用 3~5 d，剂量较小时也可放入糖水中灌服。

【处方 2】

（1）10%葡萄糖酸钙注射液 300~500 mL、50%葡萄糖注射液 500 mL、10%安钠咖注射液 30 mL、5%葡萄糖注射液 1000 mL。用法：一次静脉注射。每日 1 次，连用 3~5 d。

（2）5%碳酸氢钠注射液 500~750 mL。用法：一次静脉注射。每日 1 次，连用 3~5 d。

（3）胰岛素 100~150 IU、5%葡萄糖注射液 1000 mL。用法：肌注。

（4）0.1%高锰酸钾溶液 500 mL。用法：一次口服，每天 3 次，连用 3~5 d。

（5）2.5%氯丙嗪注射液 12 mL。用法：一次肌肉注射。注：（2）用于病牛酸中毒、昏迷时，（5）用于有神经症状时。

44. 奶牛躺卧不起

"躺卧不起综合征"不是病名，而是一个征候群。病因本病常与生产瘫痪结合在一起。代

谢性分娩后血液中血钙、血磷、血钾、血镁任何一种元素过低都会引起躺卧不起，其中血钙含量是主要原因。

临床症状：奶牛"躺卧不起"综合征不像单纯肌肉、神经损伤、低镁、低钾、低磷血症有固有的症候群，奶牛"躺卧不起"综合征很不一致，主要是倒地不起，食欲正常或减退，体温正常或稍高，心率正常或增加，有时可见心律不齐，多数患牛频频试图站立，而后肢不能完全站立，只能爬行，有的患牛出现犬坐姿势。严重病牛呈侧卧姿势，表现为四肢抽搐，角弓反张，过度敏感紧张，食欲废绝。由于长期卧地不起，经常引起并发症如乳房炎、褥疮等。病程长短不一致，主要根据病变位置、病情性质与护理条件决定，如诊断治疗正确，50%病牛3 d内站立，如7 d内不能站立多为愈后不良。

治疗方法：当已确诊为各种损伤包括肌肉和韧带损伤时宜早淘汰，以减少经济损失。对于可望恢复的患牛宜对症治疗，可采用钙制剂、镁制剂、磷制剂、制剂等。

低血钙症继发躺卧不起：多发生于3~6胎的高产奶牛，因大量缺钙而引起。治疗 用10%葡萄糖酸钙或5%葡萄糖氯化钙800~1200 mL静脉注射。如果效果不佳，第二次可加入13%磷酸钠溶液200 mL以及适量的维生素B_1、维生素D。

酮病继发躺卧不起：常在产后几天或几周内出现。主要应调整饲料，增加日粮中碳水化合物的含量，同时用50%葡萄糖溶液500 mL静脉注射，每日2次，或者用地塞米松磷酸钠注射液10~20 mL静脉注射。

低血镁症继发躺卧不起：需及时调整日粮，并用25%硫酸镁溶液100 mL、10%氯化钙溶液200 mL、10%葡萄糖溶液200 mL，混合后一次性静脉注射。

低血钾症继发躺卧不起：常在分娩前后发生，有时伴有腹泻和前胃、真胃疾病。治疗用5~10 g氯化钾溶于1000 mL生理盐水中，缓慢静脉注射，以防止心脏骤停。若食欲正常，则可用1%~2%氯化钾溶液饮水，每次200~250 mL。

低磷又低钙导致躺卧不起：奶牛低磷多因草料中含磷量过低所致，应合理调整饲料，增加含磷量。药物治疗可用5%葡萄糖液配制3%次磷酸钙溶液1000 mL静脉注射。

产犊后瘫痪导致躺卧不起：多因头胎产犊或胎儿过大所致。治疗用地塞米松20~40 mg、阿司匹林15~30 g口服，每天2次，同时肌肉注射维生素E 1000 mg。

45. 牛蓖麻籽中毒

牛蓖麻籽中毒是由误食蓖麻籽引起的。表现食欲、反刍废绝，消化紊乱，下痢，脉搏快而弱，有的有神经症状。治宜解毒、排毒。

【处方1】0.1%~0.2%高锰酸钾溶液5000~10000 mL。用法：洗胃。

【处方2】活性炭100~200 g、硫酸镁500~1000 g、常水3000~5000 mL。用法：一次灌服。

【处方3】2.5%氯丙嗪注射液7~15 mL。用法：一次肌注。

【处方4】25%葡萄糖注射液1000 mL、40%乌洛托品注射液40~60 mL、25%维生素C注射液20~40 mL、复方氯化钠注射液5000 mL、10%安钠咖注射液20 mL。用法：静脉放血1500 mL后，一次静脉注射。

46. 牛霉烂甘薯中毒

牛霉烂甘薯中毒是由吃入一定量的病甘薯引起的。以呼吸困难，急性肺水肿及间质性肺气肿，后期皮下气肿为特征。治宜排毒，解毒，缓解呼吸困难。

【处方1】0.1%高锰酸钾溶液 1000~1500 mL。用法：一次灌服。

【处方2】硫酸镁 500~1000 g、人工盐 15 g、常水 3000~5000 mL。用法：一次灌服。

【处方3】5%酒精 250~500 mL、肠氯化钙注射液 100~150 mL、40%乌洛托品溶液 40~50 mL、10%安钠咖注射液 30 mL、10%葡萄糖溶液注射液 1000 mL、地塞米松注射液 3~5 mL。用法：前四药先静脉注射，后药接着静脉注射。

47. 牛羊尿素中毒

牛羊尿素中毒是由误食或饲料中添加过量尿素引起的。表现口鼻流泡沫，呼吸困难，肌肉震颤，步态不稳等。治宜解毒排毒。

【处方1】食醋 1000 mL、糖 1000 g、常水 2000 mL。用法：一次灌服。

【处方2】10%硫代硫酸钠溶液 150 mL、10%葡萄糖酸钙注射液 500 mL、10%葡萄糖注射液 2000 mL。用法：一次静脉注射。说明：适当配合镇静、制酵。

【处方3】葛根粉 250 g。用法：水冲服。

48. 牛羊有机汞农药中毒

牛羊有机汞农药中毒是由接触有机汞农药或吸入汞蒸气引起的。以咳嗽，流泪，流鼻涕，神经症状及急性肾炎综合征为特征。治宜解毒、排毒、镇静解痉。

【处方1】10%二巯基丙醇注射液 20 mL。用法：一次肌肉注射，首次量按 1 kg 体重 5 mg，以后减半重复用药。

【处方2】2.5%氯丙嗪注射液 15 mL。用法：一次肌肉注射。说明：经口中毒者可灌服适量蛋清、牛奶解毒。重症配以强心、补液及尿路消毒药（如乌洛托品）

49. 牛羊有机氯农药中毒

牛羊有机氯农药中毒是由摄入有机氯农药污染的草料引起的。临床以流涎，磨牙，兴奋不安，肌肉震颤为特征。治宜镇静解毒。

【处方1】25%硫酸镁注射液 120 mL。用法：一次静脉注射。说明：必要时配以高渗葡萄糖、维生素 C、地塞米松、安钠咖等，也可用氯丙嗪。

【处方2】碳酸氢钠粉 100~250 g、硫酸钠 600 g。用法：一次口服。说明：用于经口中毒者。经皮肤中毒者立即用碱水洗刷皮肤。有出血的可用维生素 K 或钙剂。

50. 牛羊有机磷中毒

牛羊有机磷中毒由接触或食入某种有机磷制剂引起。临床以流涎、流鼻涕、便血、拉稀及呼吸麻痹为特征。治宜解毒排毒。

【处方1】解磷定 8~20 g、0.9%氯化钠注射液 500 mL。用法：临用前配成 4%溶液一次静脉注射。按 1 kg 体重 20~50 mg、每 2 h 用药 1 次。说明：也可用氯磷定、双解磷。

【处方2】1%硫酸阿托品注射液 1~5 mL。用法：一次皮下注射。说明：阿托品可重复用至阿托品化（出汗、瞳孔散大、流涎停止）。

【处方3】活性炭 100~200 g。用法：牛一次口服，羊用 5~50 g。说明：用于口服中毒。可配合应用泻剂。

51. 牛羊食盐中毒

牛羊食盐中毒是由食入过多的食盐引起。表现口渴、呕吐、腹痛、腹泻，视觉障碍，共济失调。治宜镇静解痉，保护胃肠黏膜。

【处方1】25 肠硫酸镁注射液 120 mL、10%葡萄糖酸钙注射液 500 mL。用法：一次静脉注射。说明：也可用溴化钙、溴化钾镇静。重症配合强心补液。

【处方2】麻油 750 mL。用法：一次胃管投服。

52. 牛羊亚硝酸盐中毒

牛羊亚硝酸盐中毒由饲料青贮不当产生了亚硝酸盐后饲喂引起。以呼吸促迫，结膜发绀，角弓反张，流涎及血液凝固不良为特征。治宜特效解毒和对症治疗。

【处方1】1%亚甲蓝（美蓝）注射液 40 mL。用法：配成 1%溶液一次静脉注射。按 1 kg 体重 1~2 mg 用药。必要时 2 h 后重复用药 1 次。

【处方2】甲苯胺蓝 2 g。用法：配成 5%溶液静脉、肌肉或腹腔注射，按 1 kg 体重 5 mg 用药。注：配合使用维生素 C 和高渗葡萄糖可提高疗效。特别是无美蓝时，重用维生素 C 及高渗糖也可达治疗目的。

53. 牛羊氢氰酸中毒

牛羊氢氰酸中毒由采食含有氰甙的植物或误食氰化物引起。以呼吸困难、黏膜潮红，震颤及惊厥为特征。治宜解毒排毒。

【处方1】

（1）5%亚硝酸钠液 40 mL、5%~10%硫代硫酸钠溶液 200 mL。用法：牛一次先后静脉注射。5%~10%硫代硫酸钠，羊用 50 mL。说明：也可用亚硝酸钠 1~3 g、硫代硫酸钠 2.5~15 g、蒸馏水 50~200 mL 混合后一次静脉注射，羊用低量，牛用高量。也可用亚甲蓝，按 1 kg 体重 3~5 mg 用药。

（2）0.1%高锰酸钾溶液 10000~20000 mL。用法：牛洗胃。说明：用于口服中毒的初期，重症配以强心、补液。

【处方2】金银花 120 g、绿豆 500 g。用法：煎汤，候温一次灌服。

第二节　猪疾病

1. 猪红皮病

猪红皮病常发于夏至至立秋前后。以热不退，全身皮肤发红为特征。宜抗菌消炎，预防继发感染。

【处方1】

（1）注射用青霉素钠 100 万 IU、注射用水 5 mL。用法：一次肌肉注射，每天 2 次，连用 3~5 d。

（2）25%维生素 C 注射液 8~10 mL。用法：一次肌肉注射，每天 2 次，连用 3~5 d。

【处方2】银黄注射液或三黄注射液 10~15 mL。用法：同处方1。

【处方3】金银花 15 g、野菊花 15 g、石膏 30 g、连翘 15 g、柴胡 10 g、牛蒡子 10 g、陈皮 6 g、甘草 6 g。用法：煎汤去渣，一次灌服。

2. 新生仔猪低血糖症

新生仔猪低血糖症因新生仔猪新陈代谢紊乱，肝糖形成减少而发病。以突然倒地，肢软无力，头部后伸，四肢作游泳状，口流白沫，瞳孔散大等为特征。治宜补糖，镇静。

【处方1】

（1）50%葡萄糖注射液 20 mL。用法：一次静脉注射，每天 1 次。

（2）0.1%维生素 B_{12} 注射液 0.2~0.3 mL。用法：一次肌肉注射，每天 1 次。

【处方2】当归 20 g、黄芪 20 g、红糖 30 g。用法：当归、黄芪加水煎成 100 mL，加入红糖混匀后一次内服。说明：痉挛者加钩藤 20 g，四肢无力者加牛膝 20 g、木瓜 2 g。

【处方3】鸡血藤 50 g、食糖 25 g。用法：鸡血藤加水煎成 50 mL，加糖混匀，一次灌服，每天 3 次。

3. 僵猪症

僵猪症多由寄生虫病或营养不良等引起。以生长缓慢，食欲不振，被毛粗乱，体格瘦小等为特征。治宜驱虫，健胃。

【处方1】敌百虫。用法：一次内服，按 1 kg 体重 0.08 g 用药。

【处方2】（单位：g）何首乌 45、贯众 45、鸡内金 45、炒神曲 45、苍耳子 45、炒黄豆 45。用法：研为末，分成 15 份，每天早上取一份拌料饲喂。

【处方3】（单位：g）神曲 60、麦芽 60、当归 60、黄芪 60、山楂 90、使君子 90、槟榔 45、党参 20。用法：研为末，混饲，25 kg 猪 3 d 服完。

【处方4】（单位：g）制首乌 10、淮山药 10。用法：煎汤一次内服，每天 1 次，连用 10~15 d。

【处方5】（单位：g）苍术 15、侧柏叶 15。用法：研为细末，一次拌料饲喂。每天 1 次，连用数天。注：处方1、处方2、处方3 用于寄生虫病引起的僵猪，处方4、处方5 用于营养不良性僵猪。

4. 仔猪营养性贫血

仔猪营养性贫血因营养不良及微量元素缺乏所致。以食欲时好时坏，生长缓慢，被毛粗乱，皮肤干燥，缺乏弹力，喜卧，异嗜，拉稀，翻膜苍白，血液稀薄等为特征。治宜针对病因，加强营养。

【处方1】2.5%右旋糖酐铁注射液 2~3 mL。用法：一次肌肉注射。说明：也可用葡聚糖配铁、焦磷酸铁、牲血素、血多素等。

【处方2】硫酸亚铁 5 g、酵母粉（食母生）10 g。用法：混匀后，分成 10 包，每天 1 包，拌料内服。

【处方3】
（1）0.25%硫酸亚铁水溶液适量。用法：饮服。
（2）0.1%维生素 B_{12} 注射液 0.2～0.4 mL。用法：一次肌肉注射，每天 1 次，连用 3～5 d。

【处方4】硫酸亚铁 2.5 g、硫酸铜 1 g、氧化铝 2.5 g。用法：加水 1000 mL 溶解，每只猪每次用半匙，拌料或混在水中喂给。

【处方5】党参 10 g、白术 10 g、猪苓 10 g、神曲 10 g、熟地 10 g、厚朴 10 g、山楂 10 g。用法：煎汤一次内服。

5. 仔猪缺铁性贫血

哺乳仔猪生长每天需铁 7～8 mg，但仔猪每天从母乳中获得的铁不足 1 mg。因此，出生后 1 个月以内的仔猪仅靠从母乳中获得铁，就容易发生缺铁性贫血。正常情况下，仔猪有个生理性贫血期，若铁供应不足或不及时，则难以度过此期。夏秋青草旺盛期补饲青草的母猪及仔猪，可从青草中获得一定量的铁，而冬季及早春枯草期，青绿饲料严重不足，猪失去自然补铁的机会，也会发生严重的缺铁性贫血，导致死亡或生长发育不良。所以，冬春季节须严防仔猪缺铁性贫血。

预防措施：首先，加强哺乳母猪的饲养管理，多补给富含蛋白质、维生素、矿物质的饲料，要特别注意补给铁、铜、锌等微量元素。也可在猪圈内放些添加有红土或干燥的深层泥土的食盘，让仔猪自由舔食。其次，可通过注射铁制剂进行补铁。对于少数育种仔猪，可于 3 日龄时注射右旋糖酐铁或铁钴注射液。

治疗方法：① 口服补铁法：用硫酸亚铁 2.5 g、硫酸铜 1 g、水 1 kg 混合，让仔猪按每千克体重 0.25 mL 的量口服，每天服 1 次，连服两周。也可用硫酸亚铁 100 g、硫酸铜 20 g，研成细末拌入 5 kg 细沙或红土中撒入猪舍，让仔猪自由采食。② 注射补铁法：一般情况下，用右旋糖酐铁或铁钴注射液 2 mL，进行深部肌肉注射，一次即愈，必要时 1 周后再用半量肌肉注射 1 次。

6. 猪血尿症

猪血尿症多由膀胱炎、尿道炎或生殖器外伤引起。以尿中混有血液为特征。治宜止血、消炎。

【处方1】
（1）安络血注射液 4～6 mL。用法：一次肌肉注射，每天 1 次，连用 3～5 d。
（2）注射用青霉素钠 80 万 IU、注射用水 5 mL。用法：一次肌肉注射，每天 2 次，连用 3～5 d。
（3）25%维生素 C 注射液 8～10 mL。用法：一次肌肉注射，每天 2 次，连用 3～5 d。

【处方2】小蓟 15 g、藕节 15 g、蒲黄 15 g、木通 10 g、竹叶 15 g、生地 10 g、黑栀子 10 g、滑石 10 g、当归 10 g、甘草 10 g。用法：一次煎服，每天 1 剂。说明：尿血日久体虚，方减木通、滑石，加党参、黄芪、石斛、阿胶各 120 g。

7. 猪尿道炎

猪尿道炎由导尿不慎或交配等原因损伤尿道，或尿道结石及刺激性药物刺激尿道而引起。以尿频，尿量少，尿痛，尿中带有血液或脓液为特征。治宜消炎利尿

【处方 1】注射用青霉素钠 100 万 IU、注射用水 5 mL。用法：一次肌肉注射，每天 2 次，连用 3~5 d。

【处方 2】尿闭时用 1% 速尿注射液 5~10 mL。用法：一次肌肉注射。按 1 kg 体重 1~2 mg 用药，每天 2 次，连用 3~5 d。

【处方 3】明矾水或 0.1% 雷佛奴尔溶液适量。用法：冲洗尿道。

【处方 4】车前子 12 g、滑石 12 g、黄连 12 g、栀子 12 g、木通 10 g、甘草 10 g。用法：煎汤内服，每日一剂。

8. 猪支气管炎

猪支气管炎多由猪舍狭小潮湿不洁，猪群拥挤，气候剧变或多雨寒冷引起，仔猪多发。以发热，少食，咳嗽，气喘，流鼻液为特征。治宜清热宣肺，止咳。

【处方 1】硫酸卡那霉素注射液 50 万 IU。用法：一次肌肉注射，按 1 kg 体重 1 万 IU 用药。每天 2 次，连用 3~5 d。说明：也可用庆大霉素、青霉素或环丙沙星配合地塞米松治疗。

【处方 2】3% 盐酸麻黄素 1~2 mL。用法：一次肌肉注射，每天 1 次，连用 3~5 d。

【处方 3 复方甘草合剂 20~30 mL。用法：一次内服，每天 2~3 次，连用 3~5 d。

【处方 4】款冬花 15 g、马兜铃 15 g、知母 15 g、桔梗 20 g、贝母 15 g、杏仁 15 g、金银花 15 g。用法：水煎一次灌服，每天一剂。

【处方 5】紫苑 6 g、炙百部 8 g 桔梗 3 g、橘红 3 g、白前 9 g、甘草 3 g。用法：煎汁一次灌服，每天一剂。

9. 猪感冒

猪感冒多由早春或晚秋的气候急剧变化引起，以发热，怕冷，流鼻液，咳嗽等为特征。治宜清热宣肺，化痰止咳。

【处方 1】30% 安乃近注射液 3~5 mL。用法：一次肌肉注射，每天 2 次。

【处方 2】柴胡注射液 5~10 mL。用法：一次肌肉注射，每天 2 次，连用 3~5 d。

【处方 3】板蓝根注射液 5~10 mL。用法：同处方 2。

【处方 4】荆芥 20 g、防风 20 g、羌活 15 g、独活 15 g、柴胡 15 g、前胡 15 g、甘草 15 g。用法：煎汤去渣，一次灌服。说明：用于风寒感冒。

【处方 5】银翘散（金银花 20 g、连翘 20 g、荆芥 15 g、薄荷 15 g、牛蒡子 15 g、淡豆豉 15 g、竹叶 15 g、桔梗 15 g、芦根 40 g、甘草 10 g）。用法：煎汤去渣，一次灌服。说明：用于风热感冒。

10. 猪便秘

猪便秘多由长期饲喂含纤维过多或干硬的饲料，缺乏青饲料，饮水不足或运动不足及某

些疾病的继发病引起。以少食，贪饮，鼻镜干燥，腹痛，排少量干硬粪球，尿色深黄且量少等为特征。治宜除去病因，润肠通便为原则。

【处方1】硫酸钠6g、人工盐6g。用法：拌料内服，每天3次。说明：也可用大黄苏打片60片，分2次喂服。或用硫酸镁40g，分2次拌料内服。

【处方2】食盐 100~200 g、鱼石脂（酒精溶解）20~25 g。用法：加温水 8~10 kg，待食盐化开后，一次灌服。

【处方3】温肥皂水适量。用法：深部灌肠。

【处方4】醋蛋液40~50 mL。用法：加2~3倍的温开水，再加适量的蜂蜜或糖，每日喂服1次，连用10~15 d。说明：用于习惯性便秘。醋蛋液制法：取新鲜鸡蛋10只，用酒精消毒后盛入瓷容器中，再倒入9°醋或当地优质醋500 mL，密封48 h，待蛋壳软化，仅剩薄蛋皮包着胀大了的鸡蛋时，将鸡蛋皮捣破，使蛋清、蛋黄与醋混匀，再放置24 h。

【处方5】大黄800 g、甘遂400 g、木通600 g、阿胶600 g。用法：共研细末，按1 kg体重1 g，重症1.5 g加适量水调匀一次灌服。轻症每天1~2剂、重症1~3剂，连用2~6剂。

【处方6】槟榔6 g、枳实9 g、厚朴9 g、大黄15 g 芒硝30 g。用法：水煎成500~1000 mL，一次灌服。说明：也可使用木槟硝黄散（木香8 g、槟榔6 g、大黄15 g、芒硝30 g）。

【处方7】蜂蜜 100 g、麻油 100 mL。用法：加温水适量调匀，一次灌服。说明：用于瘦弱、怀孕后期的母猪。

11. 猪胃肠炎

猪胃肠炎多因喂给腐败变质、发霉、不清洁或冰冻饲料，或误食有毒植物或化学药物，或暴食、暴饮等刺激胃肠所致。以食少，异嗜，呕吐，腹痛，腹泻，粪便带血或混有白色黏膜等为特征。治宜抗菌消炎、清肠、止泻、补液、强心。门氏病

【处方1】

（1）氟苯尼考适量。用法：按1 kg体重10~15 mg拌料内服，每天2次，连用3~4 d。说明：也可注射磺胺嘧啶钠（0.1~0.15 g/kg）或10%增效磺胺嘧啶（0.2~0.3 mL/kg）。

（2）5%葡萄糖氯化钠注射液 100~300 mL、25%葡萄糖注射液 30~50 mL、5%碳酸氢钠注射液 30~50 mL。用法：一次静脉注射。

（3）次硝酸铋2~6 g。用法：一次内服。说明：也可用鞣酸蛋白2~5 g或木炭末或锅底灰 10~30 g 内服。

（4）10%安钠咖或樟脑磺酸钠注射液 5~10 mL。用法：一次肌肉注射。

（5）0.1%硫酸阿托品注射液2~4 mL。用法：一次皮下注射。

【处方2】郁金散加味（郁金15 g、诃子10 g、黄连6 g、黄芩10 g、黄柏10 g、栀子10 g、大黄15 g、白芍10 g、罂粟壳6 g、乌梅20 g）。用法：煎汁去渣，一次灌服。

【处方3】槐花12 g、地榆12 g、黄芩20 g、藿香20 g、青蒿20 g、茯苓12 g、车前草20 g。用法：煎汤去渣，一次灌服。说明：用于有便血症状时。

12. 仔猪注射疫苗过敏

临床症状：注射疫苗后5~10 min，仔猪呕吐，口吐白沫，打寒颤，抽搐，行走困难，气喘、呼吸加快，时常排粪便，全身肌肉发绀，体温一般在 40~41.5 °C。

急救方法（以 10~15 kg 体重仔猪为例）：每头仔猪肌注肾上腺素 2~3 mL，重症者在首次注射 6~8 h 后再用同剂量肌注一次；体温特别高时，用安乃近 4~6 mL，地塞米松 4~6 mL，肌肉注射；体温正常时，肌注维生素 C 1.5~2 g、地塞米松 4~6 mg。

13. 猪腹泻

猪腹泻在临床上是一种常见病，发病原因较复杂。有的是因为饲养管理不善，有的是因为细菌或病毒感染引起。冬季及初春时流行的猪腹泻，症状与猪流行性腹泻和猪传染性胃肠炎非常相似，对于养殖户来说，如果猪感染了这种病，短期内整个猪场都会发病，长达 1~2 个月才慢慢平息，会造成很大的经济损失。

临床症状：仔猪突然发生呕吐和急剧的水样腹泻，由于失水快，来不及治疗就死亡，猪越小死亡率越高。架子猪和肥猪多为急性水泻，呈喷射状，粪便为灰白色。猪口渴，不断饮水，少数会呕吐。由于严重失水，猪体重迅速下降。

治疗方法：

（1）根据病情禁食 1~2 顿，充分供给冷开水，加入适量食盐，让其自由饮用。

（2）中药方剂为：明矾 10 g、青黛 10 g、石膏 10 g、五倍子 5 g、滑石粉 5 g。研为细末，放在饮水中，或拌入少量精料饲喂，用量为每千克体重 0.8 g，以上剂量即为 1 只 50 kg 体重的猪剂量，喂服分上下午 2 次，连用 2 d。

（3）少数大便失禁、食欲废绝、极度消瘦、体温下降到 38 ℃以下的猪，应及时予以抢救。用含量为 5%的葡萄糖、0.9%的氯化钠溶液 250~1000、硫酸阿米卡星 20 万~60 万国际单位静脉滴注。昏睡、瞳孔反射减弱、有酸中毒症状者再加碳酸氢钠进行静脉滴注，以中和体内毒素，调节血液的 pH 值。症状改善后，再喂服中药。

（4）对于尚未出现腹泻的猪，中药剂量减半进行喂服，以防感染，这样可以在短期内迅速控制住猪群的疫情。

14. 猪锌缺乏症

猪锌缺乏又称猪皮肤角化不全，是由饲料中缺锌所引起的一种慢性、无热和非炎症性疾病。在临床上以生长缓慢、繁殖机能障碍、骨骼发育异常、皮肤角化不全和龟裂为特征。

病因：土壤与饲料中锌不足是引发本病的主要原因。据调查，每千克土壤中含锌低于 30 mg、每千克饲料内低于 20 mg 时就会发生本病。经国内外大量试验表明，高钙日粮可诱发本病。当饲料中植酸盐过多时，能与锌结合，形成不溶解和不吸收的化合物，使锌吸收减少。一般认为，动物性饲料中的锌比植物性饲料中的锌更能被猪体吸收利用。

临床症状和病理变化：食欲降低，消化机能减弱，腹泻，贫血，生长发育停滞。皮肤角化不全或角化过度。腹下、股内侧、大腿及背部等皮肤出现界线明显的红斑，由红斑发展成丘疹，很快表皮变厚，结痂和数厘米长的裂隙，这种病灶在大多数病猪能扩展至身体的大面积区域，有的扩展至整个体表，并呈对称性分布。病灶厚 5~7 mm，表面干燥、粗糙。此病理过程经 2~3 周时间，如果有外伤则很难愈合。有的病例在痂皮下有化脓灶，有的大片脱毛，轻度瘙痒。仔猪股骨变小，韧性降低。母猪产仔减少，公猪精液质量下降。本病除了皮肤的特征性变化外，内脏器官一般没有特征性的变化。病变部皮肤增厚，很难切割。

诊断：本病的诊断主要根据调查日粮中缺锌和（或）高钙的情况，病猪生长停滞，皮肤有特征性角化不全，骨骼发育异常，生殖机能障碍等特点而做出诊断。还可根据仔猪血清锌浓度和血清碱性磷酸酶活性降低、血清白蛋白下降等进行确诊。当锌缺乏时仔猪血清锌浓度从正常的 0.98 mg/mL 降到 0.22 mg/mL。

鉴别诊断：应与疥螨、渗出性皮炎相区别。疥螨病伴有剧烈的瘙痒，皮肤上有明显的摩擦伤痕，在皮肤刮取物中可发现螨虫，杀虫药治疗有效。渗出性皮炎主要见于未断奶仔猪，病变具有滑腻性质。

防治：要调整日粮结构，添加足够的锌，日粮高钙的要将钙降低。肌肉注射碳酸锌，每千克体重 2~4 mg，每天 1 次，10 d 为一疗程，一般一疗程即可见效。内服硫酸锌 0.2~0.5 g/头，对皮肤角化不全的在数日后可见效，数周后可愈合。日粮中加入 0.02%的硫酸锌、碳酸锌、氧化锌。对皮肤病变可涂擦 10%氧化锌软膏。

预防：为保证日粮有足够的锌，要适当限制钙的含量，一般钙、锌之比为 100∶1，当猪日粮钙达 0.4%~0.6%时，锌要达 50~60 mg/kg，才能满足其营养需要。

15. 哺乳仔猪腹泻

仔猪腹泻是造成仔猪生长缓慢、断奶体重减少和死亡率高的重要因素。发生腹泻后仅是简单地注射抗生素或者抗生素联合用药，效果难以令人满意。根据仔猪的生理特点，

治疗方法：采用维生素 B_1 联合抗生素（主要是氟哌酸注射液，价格低，使用方便）共同用药，对仔猪腹泻甚至是母猪或生猪腹泻都有疗效，并运用到预防中，亦取得满意效果。

具体方法：预防用量为仔猪出生后 3 d 到 1 周，即肌肉注射维生素 B_1 0.5 mL（25 mg）、氟哌酸注射液 1 mL，每天 2 次，连用 3 d；治疗用量为 2~5 kg 仔猪肌肉注射维生素 B_1 1 mL（50 mg）和氟哌酸注射液 2~3 mL，每日 2 次；5~15 kg 仔猪肌肉注射维生素 B_1 2 mL（100 mg）、氟哌酸注射液 5 mL，每日 2 次，连续用药 3 d，重症病畜用药 5 d，最多使用 7 d，基本都可以治愈。

16. 猪酒糟中毒

猪酒糟中毒由于饲喂的酒糟中的乙醇以及酸败形成的醋酸和霉菌引起。慢性表现消化不良，皮肤红肿，有水疱，溃疡，甚至脓肿、坏死；急性表现神经症状。治宜停喂酒糟，促进毒物排出，对症处理。

【处方 1】硫酸镁 50~100 g、大黄末 20~30 g。用法：加水溶解，一次灌服。

【处方 2】

（1）25%葡萄糖注射液 30~50 mL、10%氯化钙注射液 10~20 mL、10%安钠咖注射液 5~10 mL。用法：一次静脉注射。

（2）1%碳酸氢钠溶液 300~500 mL。用法：一次灌服。

【处方 3】葛根 150 g、甘草 20 g。用法：水煎取汁，一次灌服。注：局部病变进行外科处理。

【处方 4】金银花 15 g、野菊花 15 g、土茯苓 10 g、千里光 15 g、木通 5 g、紫花地丁 10 g。用法：水煎，每日分 2 次灌服，连服 3 剂。

17. 猪黄曲霉毒素中毒

猪黄曲霉毒素中毒是由采食了被黄曲霉污染的饲料而引起的以慢性肝损害为特征的中毒病。表现食少，衰弱，结膜苍白，黄染，粪便干燥，重症时会出现间歇性抽搐。治宜解毒保肝。

【处方1】茵陈20 g、栀子20 g、大黄20 g。用法：水煎去渣，待凉后加葡萄糖30 g~60 g、维生素C 0.1~05 g混合，一次灌服。说明：同时更换饲料，环境消毒

【处方2】防风15 g、甘草30 g、绿豆50只。用法：水煎取汁，加入白糖60 g，混匀后一次灌服。

第三节　兔疾病

1. 兔中暑

兔中暑由降温措施不当引起。表现身体过热，呼吸困难。治宜解暑降温，同时将兔移到阴凉处。

【处方1】十滴水2~3滴。用法：一次口服。说明：还可用人丹2~3粒口服。冰袋。

【处方2】针灸穴位：耳尖、尾尖、太阳。指针法：点刺放血。说明：配合补液效果更好。

2. 兔维生素E缺乏症

兔维生素E缺乏症是由饲料中维生素E不足、部分或全部破坏以及兔球虫病等造成的。主要表现肌肉僵直，进行性肌无力和萎缩，饲料消耗减少，体重下降，最后衰竭而死。治宜补充维生素E。

【处方】0.1%维生素E注射液1~2 mL。用法：一次肌肉注射。每日1次，连用2 d。说明：用花生油或其他植物油混饲也有治疗作用。

3. 兔维生素A缺乏症

兔维生素A缺乏症由饲料内维生素A原或维生素A不足或吸收机能障碍引起。临床上以生长迟缓、角膜角化、生殖机能低下为特征。治宜补充维生素A。

【处方】鱼肝油2 mL。用法：混匀于10 kg饲料中饲喂，可用于群体治疗。说明：补充胡萝卜素丰富的饲料如豆科绿叶、南瓜、胡萝卜和黄玉米等。重症病例可内服或肌肉注射鱼肝油制剂。

4. 兔佝偻病

兔佝偻病由饲料中钙或磷缺乏，体内钙、磷平衡失调所致。病兔表现腹部膨起，肌肉无力，肋骨、肋软骨接合处或四肢骨骨骺增大而造成胸骨和四肢骨畸形。治宜补充维生素D及钙剂。

【处方1】维生素A、D注射液0.5~1 mL。用法：一次肌肉注射。说明：也可用维生素DE胶性钙注射液1000~5000 IU一次肌肉注射。

【处方2】鱼肝油 1~2 g、磷酸钙 1 g、乳酸钙 0.5~2 g、骨粉 2~3 g。用法：一次内服。
【处方3】陈石灰 3 g、鸡蛋壳 15 g、黑豆 200 g。用法：共研细粉，每次喂 5 g，每天 1 次。

5. 兔传染性口炎

兔传染性口炎又称流涎病，是由病毒所致的急性传染病。特征是口腔勃膜水疱性炎症，溃疡，伴有大量口涎流出。

临诊症状：患兔口腔黏膜发炎，大量流涎，不时咂嘴，用前爪抓嘴。胸前和颈部及下颌大量被毛沾湿。病兔精神不振，食欲减退，消化不良发生腹泻，继而逐渐消瘦、虚弱而死亡。剖检尸体消瘦，拉稀，肛门粘有淡黄色粪便。典型病变为唇、舌和口腔黏膜发炎，形成糜烂和溃疡。喉头有泡沫样唾液聚集，肠黏膜卡他性炎，其他未见异常。

治疗：对病兔曾用抗生素与口腔涂布收敛剂未显效。笔者曾用 ST 片按 0.2~0.5 g/kg 体重，分两次喂服，虽症状有所缓和，但仍有部分兔流涎。后改用磺胺嘧啶钠注射液口腔喷注，用药一次，基本恢复正常，个别两次后痊愈。用法及用量：畜主一手抓兔颈背，一手托臀部，兔头侧向术者。术者手捏兔嘴，一手将含药液的注射器从兔口角处缓缓喷注。每兔用 20%磺胺嘧啶钠 1~1.5 mL 或 10%磺胺嘧啶钠 2~3 mL 即可。上午 10 时用药完毕，下午 3 时除 1 只母兔外，其他患兔已不再咂嘴流涎，食欲增加，精神恢复，胸颈部被毛变干。对母兔再行一次，第二天随访，已痊愈。

【处方1】
（1）2%硼酸溶液 15~30 mL、碘甘油 5 mL。用法：硼酸清洗口腔后涂以碘甘油。
（2）磺胺二甲基嘧啶 100~200 mg。用法：一次口服。首次量加倍，每日 1 次，连服 3~5 d。并配以苏打水饮水。

【处方2】青黛 10 g、黄连 10 g、黄芩 10 g、儿茶 6 g、冰片 6 g、桔梗 6 g。用法：共研末，每次内服 2~3 g，每日 3 次，连用 3~5 d。

【处方3】青黛 0.5 g、白及 1 g、白敛 1 g、甘草 1 g。用法：共研末，每次 0.2 g，吹入患处，每日 3 次，连用 3~5 d。

【处方4】大青叶 10 g、黄连 5 g、野菊花 15 g。用法：煎汤去渣，给 5 只兔灌服。

6. 兔食毛癖

兔食毛癖是养兔生产中的一种常见病，多发在深秋季节，以 1~4 月龄的幼兔最为常见，分自食和互食两种。其危害不但影响家兔生长、降低毛皮质量，还极易引起兔毛球病，有时还会造成死亡。

防治措施：
（1）保持兔舍通风透光，做到既要防潮又要保温。
（2）减少饲养密度，在兔群换毛期间及时清除兔毛，以免混入饲料、饮水中诱发食毛癖或引起毛球病。
（3）改进日粮配方，注意补充含硫量高的动植物蛋白质饲料，如骨粉、蚕蛹粉、豆饼、花生饼等；补充富含钠、钙的矿物质饲料和富含维生素的青绿饲料。
（4）药物治疗：给患兔每日服蛋氨酸（0.25 g/片）和胱氨酸（25 mg/片）各 1 片，连用 3~5 d；饲料中添加 0.5%的石膏粉，同时增喂青绿饲料，连喂 5~7 d。

7. 幼兔黏液性肠炎

出生 40～70 日龄的幼兔，若饲养管理不善，容易发生黏液性肠炎，又称黏液性肠病、黏液性下痢。如果防治不及时，死亡率高，损失惨重。

病原：由于肠道中的致病性的大肠杆菌，以及各种肠道细菌产生的各种毒素，毒害了家兔的植物性神经系统，扰乱了肠道的正常活动，改变了菌丛的正常平衡，因而引起本病的发生。

症状：消化道充满气体和液体，腹部特别鼓胀，剧烈腹泻，肛门和后肢的兔毛常被黏液或黄色水样稀粪沾污，粪便常带有很多明胶样黏液包住一些硬粪；如并发其他肠道疾病，则有黏膜坏死和脱落。因为腹泻严重脱水，以致体重很快减轻和消瘦，体温低于正常，四肢发冷，精神沉郁，不吃少动，被毛粗乱，最后极度瘦弱虚脱死亡。病程一般 7 d，甚至 2～3 d 即死。

剖检：病变主要在胃肠道。胃膨大，里面充满多量液体和气体，胃黏膜还附有黏稠的黏液；十二指肠充满气体和染有胆汁的液体；空肠扩张，内有半透明的水样液体；回肠内容物呈水样并有少量气体；直肠也充满黏胶液。

治疗：本病目前尚无特效药物，可试用下列几个治疗方法：

（1）应用抗菌药物以控制继发性细菌感染，可肌肉注射链霉素，每千克体重 2 万单位，每天 2 次，连续 3～5 d。也可在每千克精料中加 10 mg 金霉素和 0.001 mg 维生素 B_{12}，可以大大减少死亡。还可口服痢特灵，每千克体重 15 mg，每天两次，连续 2～3 d。或用半边莲 3 g、半枝莲 6 g、穿心莲 3 g，加水煎汁，供 5～10 只幼兔喂服 1 d，分两次服完，连服 3～4 d。

（2）对症治疗：减轻病状，减少死亡，可静脉注射生理盐水 50～100 mL 和 5%葡萄糖溶液 20～50 mL，每天 2 次，有防止脱水和补充能量的作用。也可内服有收敛、健胃药物。每千克体重喂服大黄苏打片 0.5 g、鞣酸蛋白 2～3 g、酵母片 0.5 g，每天两次，连服 3～4 d。

预防：首先，加强饲料管理和清洁消毒工作，以提高家兔的抗病力，消除病原体。其次，离乳前后的仔兔应特别留心饲养，若更换饲料要逐渐变换，不能突然改变，使在肠道生活的有益细菌有一个适应的过程。还有要严禁从发生本病的地方和兔场引进仔兔，以免带进病菌。再则，发现病兔应立即隔离治疗观察，兔舍、兔笼和用具要用 20%石灰水消毒。

8. 兔毛球病

常因饲养管理不当，饲料中营养不全或患有皮炎、螨病时，吃进兔毛而引起。表现食欲减退，便秘，渴欲增加，常伏卧、胃膨胀等症状，有时可触诊到毛球。治宜泻下，必要时手术处理。

【处方 1】

（1）蛋氨酸 0.5 g。用法：混于 1 kg 饲料中喂服，连服 7 d。

（2）蓖麻油 15～30 mL。用法：一次灌服。

【处方 2】多酶片 2～3 g。用法：每日内服 1 次，连服 5～7 d。

9. 兔胃肠炎

兔胃肠炎主要由管理不良、饲喂不洁饲料和饲草引起。主要表现下痢、粪便恶臭、脱水等症状。治宜抗菌消炎，对症处理。

【处方1】土霉素 150~250 mg、5%葡萄糖、生理盐水 20~40 mL。用法：一次耳静脉注射。

【处方2】

（1）口服补液盐适量。用法：自由饮服。

（2）氟哌酸 10~30 mg。用法：按 1 kg 体重 10 mg 一次内服，或按 100 kg 饲料 5 g 混饲。说明：也可用土霉素、磺胺脒和小苏打内服。口服补液盐配方：氯化钠 3.5 g、碳酸氢钠 2.5 g、葡萄糖 20 g，加凉开水至 1000 mL。

【处方3】马齿苋 10 g、鱼腥草 10 g、车前子 10 g。用法：水煎，一次内服。

10. 兔积食

兔积食主要由贪食豆科饲料、难消化饲料或霉败饲料引起。主要表现腹部膨胀、呼吸困难等症状。治宜健胃、消胀、通便。

【处方1】

（1）大蒜 6 g、香醋 15 mL。用法：大蒜捣烂加香醋混匀，一次灌服。

（2）10%安钠咖注射液 05 mL。用法：一次肌肉注射。

【处方2】水杨酸苯酯 0.3 g、姜酊 2 mL、大黄酊 1 mL。用法：加适量温水混匀后一次灌服。

【处方3】石菖蒲 6 g、青木香 6 g、山楂 6 g、橘皮 10 g、神曲 1 块。用法：水煎，一次内服。注：必要时可皮下注射新斯的明 0.1~0.25 mg；也可用植物油 20~25 mL 通便；或用 3~5 滴十滴水消胀。

11. 兔便秘

兔便秘常由精粗饲料搭配不当、饮水不足、缺乏运动、误食兔毛、过食等引起。表现粪量减少、粪球干小、腹部膨胀、食欲不振乃至废绝。治宜通便。

【处方1】

（1）果导 1 片。用法：一次内服。

（2）硫酸钠 5 g。用法：加适量水溶解后一次灌服。说明：也可用人工盐 5 g 或植物油 15~25 mL 或蜂蜜 10~20 mL。

【处方2】中性肥皂水 30~40 mL。用法：加热至 38 ℃后灌肠。

【处方3】大黄 5 g、芒硝 8 g、厚朴 4 g。用法：煎汤一次灌服。

第四节　禽疾病

1. 禽维生素 E 缺乏症

禽维生素 E 缺乏症主要由日粮中缺乏维生素 E 和硒引起。表现雏禽肌营养不良，渗出性素质，成禽生殖能力降低。治宜补充维生素 E。

【处方】维生素 E 300 IU。用法：一次喂服。说明：也可在饲料中添加 5%植物油。

2. 禽维生素 A 缺乏症

禽维生素 A 缺乏症是由饲料中缺乏维生素 A 与胡萝卜素或吸收障碍引起的。以眼炎为特征。雏禽共济失调，成禽夜盲。治宜补充维生素 A。

【处方1】鱼肝油 1~2 mL。用法：一次喂服或肌肉注射，每日 3 次，连用数日。说明：或投服浓缩鱼肝油 1 丸。

【处方2】维生素 A 注射液 0.25~0.5 mL。用法：一次肌肉注射，每日 1 次，连用数日。

【处方3】3%硼酸水溶液适量。用法：冲洗患眼，然后再涂上抗生素眼膏。说明：适用于维生素 A 缺乏所致的眼炎。

3. 鸡维生素 B_1 缺乏症

鸡维生素 B_1 缺乏症由饲料中维生素 B_1 缺乏或破坏引起。表现多发性神经炎、消化不良。治宜补充维生素 B。

【处方1】硫胺素片 1 片（5 mg）。用法：一次口服，每天 1 次，连用 3~5 d。

【处方2】1%维生素 B 注射液 0.1~0.5 mL。用法：一次肌肉注射，每日 1 次，连用 3~5 d。

4. 鸡维生素 B_2 缺乏症

鸡维生素 B_2 缺乏症由饲料中维生素残缺乏或破坏引起。以足趾向内蜷曲，飞节着地，瘫痪为特征。治宜补充维生素 B。

【处方1】0.5%维生素 B_2 注射液 0.2~0.5 mL。用法：一次肌肉注射，每日 1 次，连用 3~5 d。

【处方2】维生素 B_2 片 2 mg。用法：一次内服，连用 3~5 d。

5. 禽痛风

禽痛风是由蛋白饲料引起的代谢病。以关节囊、关节软骨、沉积为特征，临床表现运动迟缓，四肢关节肿胀，厌食，治疗。

【处方】阿托方（苯基喹啉羧酸）0.2~0.5 g。用法：一次口服，每天 2 次。注：治疗期间少喂高蛋白动物饲料，适当补充维生素 A。

6. 禽中暑

禽中暑由气温高、湿度大、禽舍通风不良、拥挤、缺水和鸭、鹅烈日下放牧等引起。表现张口伸颈喘气，呼吸迫促，翅膀张开下垂，口渴，体温升高，步态不稳，痉挛。治宜消除病因，加强管理。

【处方1】十滴水或风油精 1~2 滴。用法：鸡一次喂服。说明：也可用人丹 4~5 粒，内服。注：针刺破鸡冠顶或翅膀内侧血管放血。

【处方2】酸梅汤加冬瓜水或西瓜水适量。用法：让鹅自由饮服或灌服。

【处方3】甘草 3 份、薄荷 1 份、绿豆 10 份。用法：煎汤让鸭自由饮服。

【处方4】黄连 150 g、黄柏 150 g、黄芩 150 g、栀子 150 g、生石膏 200 g、甘草 200 g。用法：煎汤饮服，每次 3 mL，每日 1~2 次，连用数日。注：鸭、鹅放牧应避开烈日高温时段，走阴凉牧道，设立凉棚，发现中暑时及时赶入阴凉地，泼冷水降温，同时配合抗应激药物治疗。

7. 禽胃肠炎

禽胃肠炎由采食发霉变质饲料、不洁饮水或异物及食物中毒引起。以嗉囊积食、消化不良、呕吐、腹泻、下痢为特征。治宜消炎助消化。

【处方1】磺胺脒 0.1~0.3 g。用法：拌料一次内服，按 1 kg 体重 0.05~0.15 g 用药，每天 2 次，连用 2~3 d。

【处方2】乳酶生 0.5~1 g。用法：一次内服。说明：也可用酵母片 0.1 g 内服。

8. 禽嗉囊卡他

禽嗉囊卡他由采食硬而不易消化的饲料或发霉变质、易发酵饲料引起。以嗉囊显著膨胀、柔软为特征。治宜制酵消胀。

【处方1】0.5%高锰酸钾溶液适量。用法：用注射器经口注入嗉囊冲洗。

【处方2】磺胺脒 0.1~0.3 g。用法：拌料一次内服，每天 2 次，连服 2~3 d。

说明：上述治疗无效者，行嗉囊切开术。

9. 鸡锰缺乏症

鸡锰缺乏症由饲料搭配不当或锰缺乏引起。表现骨短粗症或滑腱症，跗关节粗大和变形，蛋壳硬度及蛋孵化率下降，鸡胚畸形。治宜补充锰。

【处方】硫酸锰 12~24 g。用法：混饲。拌入 100 kg 饲料中饲喂。说明：也可用 1∶3000 的高锰酸钾溶液饮水，饮 2 d，停 2 d，再饮，连用 1~2 周。

10. 笼养蛋鸡疲劳症

养蛋鸡疲劳症又称骨软化病。由日粮中维生素 D、钙磷不足或比例失调，母鸡为了形成蛋壳而动用自身组织钙引起。表现产蛋减少，软壳破壳蛋增加，有啄蛋癖，运动失调，蹲伏笼底。治宜补充钙和维生素 D。

【处方1】贝壳粉 8.6 kg。用法：混饲。拌入 100 kg 饲料中喂服，连用 2 周。

【处方2】维生素 D_3 注射液 1500 IU。用法：一次肌肉注射，连用 2 d。

11. 鸡佝偻病

鸡佝偻病由饲料中维生素 D 缺乏或钙、磷比例不当引起。以跛行、骨骼变形、异嗜癖为特长发育受阻，母鸡产蛋率下降。治宜灭虱。

【处方1】0.7%~1%的氟化钠水溶液 10~20 mL。用法：药浴。使鸡的羽毛彻底浸湿。最好在温暖天进行。

【处方2】5%马拉硫磷粉适量。用法：病鸡体表撒布。

【处方3】百部草 100 g。用法：加水 600 mL 煎煮 20 min 去渣，或加白酒 0.5 kg 浸泡 2 d，待药液呈黄色，用药液涂擦患处 1~2 次。

12. 鸡脂肪肝综合征

鸡脂肪肝综合征由长期饲喂含碳水化合物过高的高能日粮引起。表现超重、过肥，剖检体腔内有大量脂肪，肝呈土黄色，有出血，质脆易碎，心脏被脂肪覆盖。治宜消除病因，平衡日粮。

【处方1】氯化胆碱 0.1~0.2 g。用法：一次喂服，每天1次，连用10 d。

【处方2】维生素 E 1000 IU。用法：混饲。拌入100 kg饲料中喂服。说明：也可用维生素 B_1 12 mg、蛋氨酸50 g拌入100 kg饲料中喂服。

13. 鸡肌胃角质层炎

鸡肌胃角质层炎由采食存放过久的鱼粉或饲料中长期缺乏维生素 B_2、维生素 K 引起。表现为发育不良，羽毛蓬乱，粪便色暗黑，剖检肌胃角质层损伤出血。治宜消除病因，消炎。

【处方1】001%高锰酸钾溶液适量。用法：作饮水用。说明：也可用0.03%福尔马林溶液或0.2%硫酸铜溶液。

【处方2】磺胺二甲嘧啶 100~200 g。用法：混饲。拌入100 kg饲料中喂服。注：改喂含有复合维生素、氨基酸的全价日粮。

14. 鸡弧菌性肝炎

鸡弧菌性肝炎是由一种弧菌引起的慢性传染病。以肝脏肿大、充血、坏死为特征，治宜消除病原。

【处方1】链霉素 5万~10万 IU、注射用水适量。用法：一次肌肉注射，每日2次，连用3 d。

【处方2】六神丸6粒。用法：一次内服，每天早、晚各1次，连服2~3 d。

15. 鸡绿脓杆菌病

鸡绿脓杆菌病是由绿脓杆菌引起的雏鸡传染病。以拉稀、呼吸困难、皮下水肿为特征。治宜抗菌消炎

【处方1】庆大霉素粉 8000 IU。用法：一次饮服，连饮5~7 d。

【处方2】氟哌酸50 g。用法：混入饲料喂服，按100 kg饲料50 g用药，连用3~5 d。

16. 鸡传染性鼻炎

鸡传染性鼻炎是由鸡副嗜血杆菌引起的急性呼吸系统疾病。以流涕、流泪、面部水肿为特征。治宜抗菌消炎

【处方1】土霉素 20~80 g。用法：混饲。拌入100 kg饲料自由采食，连喂5~7 d。说明：也可用磺胺嘧啶25 g和磺胺二甲氧嘧啶25 g拌入100吨饲料中喂服，连喂3 d。

【处方2】链霉素5万~10万 IU、注射用水适量。用法：一次肌肉注射，每日2次，连用5 d。

【处方3】白芷 100 g、防风 100 g、益母草 100 g、乌梅 100 g、猪苓 100 g、诃子 100 g、泽泻 100 g、辛夷 80 g、桔梗 80 g、黄芩 80 g、半夏 80 g、生姜 80 g、牛蒡子 80 g、甘草 80 g。用法：共碾细末，每300只成鸡一次拌料喂服，每天1剂，连用5 d。

【处方4】白芷 25 g、双花 10 g、板蓝根 6 g、黄芩 6 g、防风 15 g、苍耳子 15 g、苍术 15 g、

甘草 8 g。用法：共碾细末，按每羽成鸡 1~1.5 g 拌料喂服，每天 2 次，连用 5 d。

【处方 5】预防：传染性鼻炎多价灭活油佐剂菌苗 0.5~1 mL。用法：一次肌肉注射。3~5 周龄和开产前各 1 次。

17. 鸭湿羽症

鸭湿羽症是由缺乏尼克酸、泛酸及生物素等引起的代谢病。主要表现湿羽、皮炎、慢性消化不良、生长停滞等。治宜补充营养。

【处方】乳酸钙 2 g、生物素 0.5 g、尼克酸 2 g、酵母片 40 片、维生素 C 20 片、氯化胆碱 50 g。用法：混饲，拌入 100 kg 饲料中饲喂，连喂 4~5 周。

18. 鸭啄食癖

鸭啄食癖是由饲养不当或饲料营养成分不全等引起。表现相互啄食，鸭群不安，鸭光背无毛，有的被啄伤、啄死。治宜对症处理，改善营养。

【处方】石膏粉适量。食盐适量 用法：混饲。石膏粉按每羽成鸭 1~3 g、雏鸭 0.5~1 g 用药，食盐按 2%~4% 比例拌料。说明：也可在饲料中加入 0.5% 的芥末连喂 3~5 d。外伤者隔离，常规外科处理。

19. 鸭消化不良

鸭消化不良由采食量过大或食入难消化、易发酵饲料引起。多见于育成鸭、雏鸭。表现食欲减退，懒动，粪稀薄恶臭，消瘦。治宜助消化。

【处方 1】干酵母粉或乳酶生 0.1~0.3 g。用法：一次口服，每日 2 次，连用 2~3 d。

【处方 2】白醋 2 mL。用法：灌服，每天 2 次。

20. 鸭感冒

鸭感冒由突然受寒引起。表现缩颈毛乍，鼻流清涕，

【处方 1】复方阿司匹林 0.2~0.3 g。用法：一次喂服，大群食欲尚好者可拌料喂给 少食懒动。治宜解热镇痛。每天 2 次，连喂 2 d。

【处方 2】注射用青霉素钠 1 万~2 万 IU、注射用链霉素 5 万~1 万 IU、注射用水 2 mL。用法：分别一次肌肉注射，每天 2 次，连用 2~3 d。说明：用于预防继发肺炎。

21. 鸭传染性浆膜炎

鸭传染性浆膜炎是由鸭疫巴氏杆菌引起的幼鸭急性或慢性传染病。表现鼻分泌物增多，排黄绿色稀粪，共济失调和头颈震颤，广泛的纤维素性炎。治宜抗菌消炎。

【处方 1】注射用青霉素钠 3 万~5 万 IU、注射用链霉素 3 万~5 万 IU、注射用水 2~3 mL。用法：分别一次肌肉注射，每日 2 次，连用 3~5 d。

【处方 2】预防鸭传染性浆膜炎油乳剂疫苗 0.5 mL。用法：一次皮下注射。

22. 鸽关节脓肿

鸽关节脓肿由长期笼饲或地面不平引起腿部皮肤损伤、细菌感染所致。表现关节局部红

肿或表皮增厚，行动困难。治宜切开排脓、抗菌消炎。

【处方】注射用青霉素钠 4 万～8 万 IU、注射用水 0.5～1 mL。用法：一次肌肉注射，连用 3 d。说明：同时对患部消毒，切开排脓，冲洗包扎。

23. 鸽眩晕症

鸽眩晕症常由缺乏维生素 B_1 而引起。表现行动不稳，头颈弯曲。治宜补充营养。

【处方 1】复方酵母片 14 片。用法：每次 1 片喂服，每天 2 次，连喂 1 周。

【处方 2】维生素 B_1 注射液 0.5～1.5 mL。用法：每次 5 mg 肌肉注射，每天 1 次，连用 3 d。

24. 鸽嗉囊病

哺乳母鸽常由雏鸽在出壳 1 周内死亡而引起嗉囊内的乳液积聚发酵，或采食过多不能排空所致。表现嗉囊膨大。治宜冲洗嗉囊。

【处方 1】2%硼酸溶液 100 mL。用法：倒挂鸽子，排尽嗉囊内容物。将胶皮管插入食道中，用注射器抽取硼酸溶液，连接胶皮管反复冲洗嗉囊。说明：冲洗后禁食 1 d，控食 1 周。

【处方 2】2%碳酸氢钠溶液 100 mL。用法：同处方 1。说明：同处方 1。

【处方 3】预防：鸽痘弱毒疫苗 1 头份。用法：腿肌或翅膀皮肤刺种。

25. 禽肉毒梭菌毒素中毒

禽肉毒梭菌毒素中毒由鸭、鹅摄食肉毒梭菌毒素污染的饲料引起。以急性肌肉麻痹，共济失调，迅速死亡为特征。治宜排毒解毒。

【处方 1】10%硫酸镁溶液 20～50 mL。用法：一次灌服。说明：也可用蓖麻油灌服。

【处方 2】C 型肉毒梭菌抗毒素 3～5 mL。用法：一次肌肉或腹腔注射。每 4～6 h 1 次，直至病情缓解。

26. 禽有机磷农药中毒

禽有机磷农药中毒由误食了喷洒过有机磷农药的作物和种子引起。表现流涎，呼吸困难，全身痉挛。治宜排毒解毒。

【处方 1】0.5%硫酸阿托品注射液 0.2～0.4 mL。用法：一次皮下注射。

【处方 2】2%解磷定注射液 0.2～0.5 mL。用法：一次肌肉注射。

【处方 3】1%～2%石灰水 5～7 mL。用法：一次灌服。说明：敌百虫中毒时禁用。

27. 禽食盐中毒

禽食盐中毒由误食含盐过多的饲料或缺水引起。表现运动失调，两脚无力或麻痹，食欲废绝，强烈口渴，下痢，呼吸困难。治宜消除病因，对症镇静解痉。

【处方 1】10%葡萄糖酸钙 1mL。用法：一次肌肉注射，雏鸡 0.2 mL、成鸡 1 mL。

【处方 2】鞣酸蛋白 0.2～1 g。用法：一次灌服。

【处方 3】生葛根 100 g、甘草 10 g、茶叶 20 g。用法：加水 1500 mL 煎煮 30 min，作饮水饮服。注：早期可进行嗉囊切开冲洗。

28. 鸡高锰酸钾中毒

鸡高锰酸钾中毒由饮用高浓度或未完全溶解的高锰酸钾液引起。表现口、舌和咽喉黏膜水肿，消化道腐蚀性和出血性病变。治宜排毒解毒。

【处方1】3%过氧化氢溶液 10 mL。用法：稀释后冲洗嗉囊。说明：也可用牛奶洗胃。

【处方2】硫酸镁适量。用法：灌服。

29. 鸭磷化锌中毒

鸭磷化锌中毒由误食灭鼠药磷化锌引起。表现惊厥，口渴，下痢，站立不稳，共济失调，严重者倒地痉挛，很快死亡。治宜解毒。

【处方1】0.1%~0.5%硫酸铜溶液 5~20 mL。用法：一次灌服或直接注入嗉囊内。说明：也可用 0.1%高锰酸钾溶液 5~10 mL 一次灌服或直接注入嗉囊，早期宜嗉囊切开冲洗。

【处方2】5%葡萄糖生理盐水 10~30 mL。用法：一次静脉或腹腔注射 1~5 g，一次内服。

第五节　犬疾病

1. 犬维生素 B_6 缺乏症

犬维生素 B_6 缺乏症是由维生素摄入不足或吸收不良所致。临床表现为皮炎、贫血和神经症状等。治疗宜加强饲养管理，并补充维生素 B。

【处方1】盐酸吡哆醇 15~45 mg。用法：一次口服，每天 2 次，连用 5 d。

【处方2】1%盐酸吡哆醇注射液 2~3 mL。用法：一次肌肉或皮下注射，每天 1 次，连用 5 d。

2. 犬维生素 E 缺乏症

犬维生素 E 缺乏症是由维生素 E 摄入不足所致。临床表现为肌肉变性、脂肪组织炎和不育不孕、腹泻等症状，多发生于幼犬。治疗宜补充富含维生素 E 的食物，少喂鱼肉，同时投给维生素 E。

【处方】醋酸生育酚注射液 0.1%~1.5%、碳酸精氨酸注射液 2.0~4.0 mL。用法：醋酸生育酚肌肉注射，碳酸精氨酸皮下注射。隔天 1 次，连用 5~7 d。

3. 犬维生素 B_1 缺乏症

犬维生素 B_1 缺乏症由维生素 B_1 摄入不足、吸收不良或遭到破坏所致。临床表现为食欲不振、呕吐、生长受阻，四肢肿胀，僵硬，神经症状等。治疗宜加强食物的营养搭配，并补充维生素 B。

【处方1】维生素 B_1 50~100 mg。用法：一次口服，每天 1 次，连用 5 d。

【处方2】1%丙舒硫胺注射液 0.5~10 mL。用法：一次肌肉注射，每天 1 次，连用 5 d。

4. 维生素 A 缺乏症

犬维生素 A 缺乏症由维生素 A 摄入不足或吸收不良所致。临床可见眼角膜干燥、皮肤角化和皮疹等症状，常见于幼犬。治疗宜增加富含维生素 A 的食物和补充维生素 A。

【处方 1】维生素 A 制剂 0.5 万～4 万单位。用法：一次口服，按 1 kg 体重 1000 单位用药，每天 1 次，连用 7～10 d；以后按 1 kg 体重 500 单位用药，每周 1 次，连用 3～4 周。

【处方 2】粉剂鱼肝油 1 g。用法：一次口服，每天 1 次，连用 1 个月。

5. 犬佝偻病和骨软症

佝偻病是由幼犬缺乏维生素 D 和钙所致。临床表现为异嗜和四肢弯曲等症状。骨软症是成年犬体内缺钙所致。治疗除加强饲养管理外，宜补充维生素 D 和钙制剂。

【处方 1】浓鱼肝油 5～15 mL、泛酸钙片 100～500 mg。用法：一次口服。钙片按 1 kg 体重 20～40 mg 用药，每天 2 次，连用 10～15 d。

【处方 2】维丁胶性钙注射液 2500～5000 单位。用法：一次肌肉或皮下注射。

【处方 3】维生素 A、D 注射液 1～2 mL。用法：一次肌肉或皮下注射。

6. 犬糖尿病

犬糖尿病由胰岛素分泌不足所致。临床可见多饮、多尿、多吃、消瘦等症状。治疗以纠正代谢紊乱为原则。

【处方 1】降糖灵 20～30 mg。用法：一次口服，每天 1 次，连喂数日，至尿糖含量下降后酌情减量。说明：不适用于胰岛素依赖型糖尿病。

【处方 2】胰岛素 4～10 单位。用法：一次皮下注射，每天 3 次。说明：胰岛素的使用量应根据当天血糖值和尿糖总量来计算，按每单位胰岛素能控制 2 g 葡萄糖来计算出 1 d 需要胰岛素的总量，然后分 3 次皮下注射。

7. 母犬低血糖症

母犬低血糖症由分娩前后受应激刺激（仔犬过多、营养缺乏等）引起血糖降低所致。临床可见肌肉痉挛、反射亢进等症状。治疗以提高血糖为主。

【处方 1】

（1）20%葡萄糖注射液 20～60 mL。用法：一次静脉滴注。每天 1 次，直到临床症状消失为止。

（2）口服葡萄糖 1.0～5.0 g。用法：注射 4 h 后一次口服。每天 1 次，直到临床症状消失为止。

【处方 2】

（1）20%葡萄糖注射液 20～60 mL。用法：一次静脉滴注。每天 1 次，直到临床症状消失为止。

（2）口服葡萄糖 1.0～5.0 g。用法：注射 4 h 后一次口服。每天 1 次，直到临床症状消失为止。

8. 犬癫痫

犬癫痫由大脑出现遗传性异常或功能性紊乱所致。临床可见突然发病、全身僵硬、意识丧失、口吐白沫等症状。治疗以控制或缓解症状为主。

【处方1】苯妥英钠 50~150 mg。用法：一次口服。按 1 kg 体重 10~15 mg 用药，每天 2 次，连用 5~7 d。

【处方2】扑米酮 0.125~1.0 g。用法：一次口服。按 1 kg 体重 55 mg 用药，每天 2 次，连用数日。在数日药量可以逐渐稍有增加，病情好转后再逐渐减少，可连用几个疗程。

【处方3】全蝎 1.5 g、胆南星 1.5 g、白僵蚕 1.5 g、天麻 1.5 g、川芎 2 g、当归 2 g、钩藤 2 g、朱砂 1.5 g（另研）。用法：煎汤冲入朱砂一次灌服，2 d 1 剂，连用 5 剂以上。说明：久病体弱者加服补中益气汤。

【处方4】清开灵 5~20 g。用法：一次口服，可配合扑米酮同时应用或先后应用。

9. 犬日射病和热射病

犬日射病和热射病由日光直接照射头部或环境过热所致。临床可见体温急剧升高、呕吐、呼吸急促、共济失调、昏迷等症状。治疗宜迅速降温、对症急救。

【处方1】0.9%氯化钠注射液 500~1000 mL、5%碳酸氢钠注射液 50~100 mL。用法：一次静脉滴注。

【处方2】2.5%氯丙嗪注射液 0.4~2 mL。用法：一次肌肉注射，按 1 kg 体重 1~2 mg 用药。

【处方3】5%葡萄糖生理盐水 250~500 mL、注射用氨苄青霉素 0.5~2.0 g、0.2%地塞米松注射液 2~5 mL。用法：一次静脉滴注。说明：氨苄青霉素用前要做皮试。

10. 犬尿石症

犬尿石症多由单纯饲喂高蛋白饲料、饮水不足、管理不当引起，以频尿和尿石为特征。治宜促进结石溶解排出，重症手术取出。

【处方】金钱草 140 g。用法：水煎成 140 mL 药液，每次服 10 mL，每日 2 次，连用 1 周，停药数日后，再服用 4~5 个疗程。

11. 犬尿道感染

犬尿道感染由尿道勃膜损伤感染所致。临床可见排尿痛苦，断续排尿等症状。治疗宜抗菌消炎。

【处方1】
（1）0.1%利凡诺溶液适量。用法：冲洗尿道。
（2）呋喃坦啶。用法：一次口服。

【处方2】乌洛托品 10 mg、10%氯化钠 500 mL。用法：加水混合，按 1 kg 体重 2~5 mg 用药，每天 2 次，连用 3~5 d。

12. 犬膀胱炎

犬膀胱炎是由感染所致膀胱勃膜下层的炎症。临床以排尿疼痛，尿中含有大量膀胱上皮为特征。治疗宜及早消除炎症。

【处方1】

（1）0.1%利凡诺溶液 100～200 mL。用法：先取 2/3 注入膀胱内，停留 10～20 min 放出，再注入剩余的 1/3。每天冲洗 1 次，连用 3～5 d。

（2）头孢拉丁 0.5～2.0 g、注射用水 5～l0 mL。用法：一次肌肉注射，每天 2 次，连用 3～5 d。

13. 犬肾炎

常出现肾区疼痛、口渴多饮、水肿、血尿和蛋白尿等症状。由于病因复杂，治疗应首先确定并消除病因、消炎利尿和对症处理。

【处方1】

（1）注射用氨苄青霉素 0.5～2.0 g、注射用水 5～10 mL。用法：混合后一次肌肉注射，每天 2 次，连用 2～3 d。

（2）呋塞米（速尿）10～20 mg。用法：一次肌肉注射。说明：用于少尿和水肿病例。

【处方2】5%葡萄糖生理盐水 250 mL、注射用氨节青霉素 0.5～2.0 g、0.2%地塞米松注射液 2～4 mL。用法：一次静脉滴注，每天 1～2 次，连用 3 d。说明：氨节青霉素用前要做皮试，地塞米松每天只用 1 次。

【处方3】石韦 10 g、黄柏 5 g、知母 5 g、栀子 5 g、车前子 5 g、甘草 3 g。用法：水煎去渣，一次口服，每天 1 剂，连用 2～3 d。

14. 犬肺炎

犬肺炎多由应激刺激、机体抵抗力下降时病毒、细菌等微生物感染所致。临床症状主要为体温上升、咳嗽和呼吸异常等。治疗以消除炎症，抑制感染为主。

【处方1】注射用先锋霉素 W 0.5～2.0 g、注射用水 3.0～5.0 mL。用法：一次肌肉注射，每天 2 次，连用 3 d。

【处方2】注射用先锋霉素 W 0.5～2.0 g、盐酸麻黄碱 5～15 g。用法：一次口服，每天 2 次，连用 3 d。

【处方3】复方甘草合剂 5～15 mL。用法：一次口服，每天 2 次，连用 3 d。

15. 犬支气管炎

犬支气管炎由微生物感染、寒冷刺激等因素所致。临床上可见呼吸加快、咳嗽和支气管啰音等症状。治疗以消除炎症、止咳祛痰为主。

【处方1】

（1）注射用氨苄青霉素 0.5～2.0 g、0.2%地塞米松注射液 1～2 mL、注射用水 3.0～5.0 mL。用法：一次肌肉或喉俞、身柱穴注射，每天 2 次，连用 3～4 d。

（2）氯化铵 0.2～1.0 g。用法：一次口服，每天 2 次，连用 3～4 d。

（3）10%磺胺嘧啶钠注射液。用法肌注或静注。说明：也可选用红霉素、氧氟沙星、环丙沙星及头孢菌素类抗菌素。

【处方2】碘化钾 0.2～1.0 g。用法：一次口服，每天 1～2 次，连用 5～7 d。说明：用于慢性支气管炎。

【处方3】芍药 10 g、百部 5 g、杏仁 5 g、麻黄 3 g、桔梗 5 g、石膏 10 g。用法：煎汤去渣，候温一次灌服，每天 1 剂，连服 2~3 d。

16. 犬喉炎

犬喉炎多由微生物感染和异物损伤所致。临床上以剧烈咳嗽、喉部肿胀疼痛敏感为主要症状。治疗以消炎止咳为原则。

【处方1】

（1）注射用青霉素钠 50 万~400 万 IU。用法：一次喉俞穴注射，每天 1 次，连用 3~5 d。说明：用前应做皮试。

（2）冰硼散适量。用法：喉腔内喷撒，每天 3 次，连用 3 d。

（3）氢化泼尼松 2.5~20 mg。用法：一次口服，每日 2 次，连用 3~5 d。

【处方2】金银花 15 g、当归 10 g、蒲公英 5 g、玄参 5 g。用法：煎汤去渣，候温一次灌服。

17. 犬鼻炎

犬鼻炎多由异物刺激、外伤和某些疾病继发感染所致。临床上有鼻黏膜充血、肿胀，打喷嚏和流鼻涕等症状。治疗以除去病因为主，同时对症治疗。

【处方1】

（1）注射用氨苄青霉素 0.5~1.0 g。用法：一次肌肉或皮下注射，每天 3 次，连用 3 d。说明：用前应做皮试。

（2）庆大霉素 4 万~8 万 IU、利多卡因 20~40 mg、地塞米松 2~4 mg。用法：分多次滴入鼻腔内，连用 3 d。

【处方2】0.1%高锰酸钾溶液 200 mL、复方碘甘油 50 mL。用法：令犬低头，先用 0.1%高锰酸钾溶液冲洗鼻腔，再用复方碘甘油喷涂，每天 1 次，连用 3~5 d。

18. 犬鼻出血

犬鼻出血由外伤或其他病继发所致。临床可见单侧或双侧鼻孔出血。鼻出血只是一个症状，不是一个独立的疾病。治疗以保持安静，止血为主。

【处方1】止血敏 50~400 mg、10%维生素 K3 注射液 0.5~3 mL。用法：分别一次肌肉注射。

【处方2】1∶1500 盐酸肾上腺素溶液适量。用法：滴入鼻腔。

【处方3】鲜紫苏叶适量。用法：洗净，捣烂，塞入鼻孔内。

19. 犬感冒

犬感冒由气候应激、病毒、感染等引起。临床可见咳嗽、流涕等症状。治疗宜解热镇痛、防止继发感染。

【处方1】复方氨基比林注射液 2 mL、柴胡注射液 5~10 mL。用法：分别一次肌肉注射，每天 2 次，连用 3~4 d。

【处方2】板蓝根冲剂或感冒清热冲剂 0.5~1.0 包。用法：一次口服，每日 2 次，连用 2~3 d。

20. 犬腹水

犬腹水是由多种疾病导致的腹腔内体液潴留。临床上可见下腹部对称性膨大，水平浊音和穿刺液为透明微黄色液体等症状。治疗应首先治疗原发病，然后进行对症治疗。

【处方】速尿 16~160 mg、抗醛固酮剂 20~160 mg。用法：一天内分 2 次口服。按 1 kg 体重速尿 2~5 mg，抗醛固酮剂 4 mg 用药。

21. 犬腹膜炎

犬腹膜炎多由外伤、细菌感染或化学药物刺激等所致。临床上可见体温升高、精神萎顿、食欲不振、多次呕吐、腹部隐痛、腹内渗出液体等症状。治疗以除去病因，控制感染和制止渗出为原则。

【处方1】林格氏液 500~1000 mL、0.2%地塞米松注射液 2~5 mL、25%维生素 C 注射液 2~4 mL、先锋霉素 1.0~2.0 g。用法：一次静脉滴注。每天 1 次，连用 2~3 d。

【处方2】

（1）0.2%普鲁卡因注射液 20 mL、注射用青霉素钠 160 万 IU。用法：腹腔穿刺放液后，两药混合一次注入。

（2）10%氯化钙注射液 20 mL、10%葡萄糖注射液 100~200 mL。用法：一次缓慢静脉注射。每天 1 次，连用 2~3 d。说明：用于腹腔渗出液过多病犬。

【处方3】大腹皮 20 g、桑白皮 2 g、陈皮 10 g、茯苓 15 g、白术 10 g、二丑 15 g。用法：用水煎成 90 mL，按 1 kg 体重 5 mL 深部灌肠，每天 1 次。

22. 犬急性胰腺炎

犬急性胰腺炎由微生物感染、中毒或饲喂高脂肪食物所致。临床可见突发性前腹部剧痛、休克和腹膜炎等症状。治疗以抑制胰腺分泌，镇痛解痉，抗休克和纠正水与电解质失衡为原则。

【处方1】5%葡萄糖注射液 250~500 mL、复方氯化钠注射液 250~500 mL、25%维生素 C 注射液 2~4 mL、5%维生素注射液 1~2 mL。用法：一次静脉滴注。每天 1 次，重症每天 2~3 次，连用 3~5 d。

【处方2】硫酸阿托品注射液 0.05~0.4 mg。用法：一次肌肉注射，按 1 kg 体重硫酸阿托品 0.01 mg 用药。每天 1 次，连用 2~3 d。

【处方3】卡那霉素 4 万~16 万 IU。用法：一次脾俞穴注射。每天 1 次，连用 2~4 d。

23. 犬肝脓肿

犬肝脓肿由各种化脓菌感染所致。临床可见渐进性消瘦、黄疸和肝区压痛等症状。治疗宜采用大量广谱抗生素消除病原，对于单发性脓肿可采取手术治疗。

【处方1】注射用氨苄青霉素 0.5~2.0 g、0.9%生理盐水注射液 100 mL。用法：一次静脉滴注，每天1次，连用3~5 d。

【处方2】头孢曲松钠1 g、0.9%生理盐水100 mL。用法：一次静脉滴注。每天1次，连用3~5 d。

第六节　猫疾病

1. 猫维生素E缺乏症

猫维生素E缺乏症由维生素E摄入不足引起。临床特征为肌肉萎缩、脂肪组织炎症和不孕。治宜补充维生素E。

【处方】10%维生素E注射液0.2~0.3 mL。用法：一次肌肉注射，隔日1次，连用数日。

2. 猫维生素A缺乏症

猫维生素A缺乏症由维生素A缺乏引起。主要表现干眼病，成猫影响繁殖力。治宜补充维生素A。

【处方】浓鱼肝油0.1~0.2 mL。用法：一次口服，每天2次，连用数日。

3. 猫B族维生素缺乏症

猫B族维生素缺乏由B族维生素缺乏引起。表现为溃疡性口炎、结膜炎和糙皮病、贫血等。治宜补充B族维生素。

【处方1】复合维生素B注射液0.5~l mL。用法：一次肌肉注射或口服，每日1次，连用5~7 d。

【处方2】维生素B 20 mg。用法：一次内服，每日2~3次，连用5~7 d。

4. 猫骨营养不良

猫骨营养不良由营养不良或矿物质吸收障碍引起。幼猫表现拘偻病，成猫表现软骨病。以骨骼发育不良、跛行，骨或关节变形为主症。治宜补充钙质。

【处方1】维丁胶性钙0.5~l mL。用法：一次肌肉注射或脾俞穴注射，每日1次，连用10 d以上。

【处方2】维生素AD注射液0.25万~0.5万IU。用法：一次肌肉注射或脾、俞穴注射，每日1次，连用5 d以上。

【处方2】10%葡萄糖酸钙注射液5~10 mL。用法：一次缓慢静脉注射，每日1次，连用3 d。

5. 猫营养性贫血

猫营养性贫血主要由营养不良等因素造成。表现为可视勃膜和舌质苍白、精神委顿、衰弱无力。除对因治疗外，通常宜补充铁质、钴和维生素。

【处方1】

（1）25%葡萄糖铁钴注射液0.5~l mL。用法：一次肌肉注射或脾俞穴注射，隔日1次，连用2~3次。

（2）1%葡萄糖钴注射液2 mL 用法。一次肌肉注射或脾俞穴注射，隔日1次。

【处方2】复合维生素B 2 mL 用法。一次肌肉注射或脾俞穴注射，每日1次。

6. 猫膀胱炎

猫膀胱炎由细菌感染引起。表现为尿频、尿痛、尿淋漓或血尿。治宜抗菌消炎。

【处方】

（1）注射用氨苄林钠0.25~1 g、注射用水3~5 mL。用法：一次肌肉注射或百会、后海穴注射，每日2次，连用3 d。

（2）安络血1~2 g。用法：一次肌肉注射，每日2次，连用2~3 d。说明：用于血尿病例。

（3）呋喃妥因25~50 g。用法：按1 kg体重5~10 mg一次口服，每日2次，连用5~7 d。

7. 猫上呼吸道感染

猫上呼吸道感染由病毒或细菌引起。以脓涕、咳嗽、发热为特征。治宜抗菌消炎、控制继发感染。

【处方】

（1）注射用氨苄西林钠0.5 g、注射用水3 mL、0.2%地塞米松注射液1~2 mL。用法：分别一次肌肉注射或大椎穴注射。每日1~2次，连用3~5 d。

（2）鱼腥草注射液1~2 mL。用法：一次肌肉注射或身柱穴注射，每日2次，连用3~5 d。说明：严重病例配合补液。

8. 猫便秘

猫便秘由饲料单纯、误食异物或继发于其他疾病所致。主要表现频频努责举尾而无便排出或仅排出少量带教液的干粪球，腹痛不安，触诊可感到肠内有硬粪团。治宜泻下通便。

【处方1】液体石蜡油5~10 mL。用法：一次灌服或与水混合灌肠。

【处方2】口服补液盐1袋。用法：溶于500 mL水中直肠内滴入，然后按摩腹部。必要时宜重复多次。

9. 猫胃肠炎

猫胃肠炎由胃肠道感染引起，以呕吐、腹泻、腹痛、便中带血为特征，宜消炎和对症治疗。

【处方1】

（1）硫酸庆大霉素注射液4万~8万IU、0.2%地塞米松注射液1~2 mL。用法：一次肌肉注射或后海穴注射。每日1~2次，连用3~5 d。

（2）5%维生素注射液0.5~1 mL、25%维生素C注射液0.5~1 mL。用法：一次肌肉注射或后海穴注射。每日1~2次，连用3~5 d。

（3）云南白药1瓶、复方新诺明0.25~0.5 g。用法：一半喂服，另一半混入50 mL温开水中深部灌肠。说明：严重病例配合补液。

【处方2】庆大霉素注射液4万~8万IU。用法：用注射器灌服，每日2次，连用2~3 d。

10. 猫胃炎

猫胃炎由饲喂不当、饲料变质、误食异物或刺激性药物所致。以呕吐、流涎、腹痛为主要特征。治宜温胃止呕，并积极治疗原发病。

【处方1】
（1）爱茂尔注射液 0.5 mL、5%维生素 B6 注射液 1 mL。用法：分别一次肌肉注射或三焦、脾俞穴注射。

（2）硫酸庆大霉素注射液 4万~8万 IU。用法：一次口服或脾俞穴注射。

【处方2】姜皮 0.5 g、大枣 3 g。用法：水煎一次喂服。

【处方3】藿香 5 g、半夏 5 g、代储石 5 g、生姜 2 g。用法：水煎一次喂服，小猫酌减。

【处方4】砂仁 5 g、乌药 6 g、甘草 5 g。用法：共研细末，一次口服。

11. 猫消化不良

猫消化不良主要由过食或食滞损伤胃肠引起。表现为少食、腹胀、腹泻、呕吐等。治宜消食健胃助消化。

【处方1】酵母片 4 g、健脾糕片 2 g、吗丁啉片 0.5 g。用法：研碎后内服。

【处方2】乌药 50 g、木香 50 g。用法：加水煎成 100 mL。

12. 猫咽炎

猫咽炎主要由咽部损伤感染引起。以流涎、吞咽困难为特征。治宜消炎和对症治疗。

【处方1】注射用青霉素钠 20万~40万 IU、0.5%盐酸普鲁卡因溶液 10 mL。用法：咽部周围皮下注射。

【处方2】冰硼散（冰片 5 g、朱砂 6 g、硼砂 50 g、玄明粉 50 g）。用法：共研细末，混匀装瓶备用。每取适量，吹入咽喉部，每日 2~3 次。

【处方3】金银花 5 g、蒲公英 4 g、当归 5 g、元参 4 g、乌药 4 g。用法：水煎服，每日 1 剂，连用 2~3 剂。

13. 猫鼠药中毒

猫鼠药中毒由误食鼠药、被鼠药毒死的老鼠而引起。鼠药包括安妥、磷化锌、有机氟化物、杀鼠灵等。共同症状是突然发生呼吸困难、呕吐或拉稀带血，很快死亡。轻症可解毒救治。

【处方1】维生素 K_3 注射液 5~10 mg。用法：一次肌肉注射，每天 2~3 次，连用 3~5 d。说明：用于杀鼠灵中毒时止血。

【处方1】5%葡萄糖注射液 20 mL、25%维生素 C 注射液 1~2 mL。用法：一次静脉滴注。说明：用于安妥中毒时治疗肺水肿、保肝。

【处方3】0.2%~0.5%硫酸铜溶液 10~30 mL。用法：一次灌服。说明：用于磷化锌中毒时诱吐排毒。

【处方4】1%硫代硫酸钠注射液 2~3 mL、5%葡萄糖注射液 50~100 mL。用法：一次静脉滴注。说明：用于安妥中毒。

【处方5】20%甘露醇注射液 50~100 mL。用法：一次静脉滴注。说明：用于中毒时肺水肿。

【处方6】乙酰胺 0.2 g。用法：分 2 次肌肉注射，每日 1 次。说明：用于有机氟化物中毒解毒。

【处方7】0.9%氯化钠注射液 100 mL、10%乳酸钠注射液 10 mL。用法：一次静脉滴注。说明：于磷化锌中毒发生酸中毒时应用。

【处方8】高度白酒 5~15 mL。用法：一日内分 2~3 次口服。说明：用于氟乙酰胺中毒

【处方9】甘草 5 g。用法：研末，水调，一次灌服，每日 2 次，连用 2~3 d。

第十章　兽医外科学

第一节　外科感染

一、概　述

1. 外科感染的特征

① 主要是由外伤所引起；② 有明显的局部症状且常呈急性经过；③ 常由 2~3 种致病菌引起的混合感染；④ 损伤的组织或器官常发生化脓和坏死过程，治愈后局部常形成瘢痕。

2. 影响外科感染的因素

在外科感染的发生发展过程中，始终存在着两种相互制约的因素：有机体的防卫机能；在动物的被毛、皮肤或黏膜的表面经常存在着包括致病菌在内的各种微生物。促进外科感染发生发展的因素包括致病菌的致病作用，如致病菌的毒力、数量；单一感染还是混合感染；有利于感染的体内外因素；患病动物神经系统是否正常等。

3. 外科感染诊断与防治

（1）外科感染诊断　局部症状：红、肿、热、痛和机能障碍是化脓性感染的五个典型症状；全身症状：轻重不一，感染轻微的可无全身症状；感染较重的有发热、心跳和呼吸加快、精神沉郁、食欲减退等症状；实验室检查：一般均有白细胞计数增加，甚至核左移；免疫功能低下的患者病动物，也可表现类似情况。

（2）治疗措施　局部治疗：治疗局部化脓灶的目的，是使化脓感染局限化，减少组织坏死和毒素的吸收。休息和患部制动、外部用药、物理疗法、手术治疗。全身治疗：抗菌药物：合理适当应用抗菌药物，是治疗外科感染的重要措施。支持治疗：患病动物严重感染，导致脱水和酸碱平衡紊乱，应及时补充水、电解质及碳酸氢钠。对症疗法：根据患畜（禽）具体情况进行必要的对症治疗，如强心、利尿、解毒。

二、局部外科感染

（1）脓肿　组织或器官内形成外有脓肿包膜，内有脓汁潴留于局限性脓腔时称为脓肿。
（2）蜂窝织炎　在疏松结缔组织内发生的急性弥漫性化脓性炎症，称为蜂窝织炎。
（3）厌气性和腐败性感染　厌气性感染的主要致病菌，有产气荚膜梭菌、恶性水肿梭菌、溶组织杆菌、水肿杆菌及腐败弧菌。临床上常见的厌气性感染，有厌气性坏疽、厌气性蜂窝织炎、恶性水肿及厌气性败血症；腐败性感染的主要致病菌，有变形杆菌、产芽孢杆菌、腐败杆菌、大肠杆菌及某些球菌。其临床特点是局部组织坏死，溃烂呈黏泥样，褐绿色或巧克力色，恶臭。

三、全身化脓性感染

全身化脓性感染包括败血症和脓血症。前者指致病菌侵入血循环，迅速繁殖，产生大量毒素及组织分解产物而引起的全身性感染；后者指局部化脓灶的细菌栓子或脱落的感染血栓，间歇进入血液循环，并在机体其他组织器官形成转移性脓肿。

第二节　损　伤

一、软组织开放性损伤——创伤

组织或器官的机械性开放损伤称创伤。此时皮肤和黏膜的完整性被破坏，同时与其他组织断离或发生部分缺损。一般的创伤均由创口、创缘、创壁、创腔、创底、创面组成。

创伤的分类：创伤按伤后经过的时间分为新鲜创和陈旧创；按创伤有无感染可分为无菌创、污染创和感染创；按致伤物体的性状可分为刺创、切创和裂创；根据致创物性质可分为挤压创、火器创、咬创和毒创。创伤的愈合：创伤愈合分为第一愈合期、第二愈合期和痂皮下愈合。创伤的治疗：① 消除主要感染和中毒的来源，改善创伤 pH 环境，增强机体的生物学免疫机能，是动物对感染有较强的抵抗力；② 促进创伤局部的神经营养障碍和血液循环恢复正常；③ 促进再生能力、保护再生机能。

二、软组织非开放性损伤

在外务作用下，使机体软组织受到破坏，但皮肤或黏膜并未破损，这类损伤称为软组织非开放性损伤。包括挫伤、血肿和淋巴外渗。血肿是由于外力作用引起局部血管破裂，溢出的血液分离周围组织，形成充满血液的腔洞。挫伤是机体在诸如马踢、棒击、车撞、跌倒或坠落等钝性外力直接作用下，引起组织非开放性损伤。淋巴外渗是在钝性外力作用下，使皮肤或筋膜与下部组织分离，淋巴管破裂，淋巴液聚积在组织内的一种非开放性损伤，常发于淋巴管丰富的皮下结缔组织。

三、烧伤与烫伤

一切超生理耐受范围的固体、液体、气体高温及腐蚀性化学物质等作用于动物体表组织所引起的损伤，称为烧伤。由高温液体、高温固体或高温蒸汽等所致损伤称为烫伤。烫伤按其程度分三度：一度烫伤（红斑性，皮肤变红，并有火辣的刺痛感）；二度烫伤（水疱性，患处产生水疱）；三度烫伤（坏死性，皮肤剥落）。

四、损伤并发症

（1）皮肤或黏膜上久不愈合的病理性肉芽创称为溃疡，临床上以下几种溃疡：单纯性溃疡、炎症性溃疡、坏疽性溃疡、水肿性溃疡、神经营养性溃疡等。

（2）窦道和窦管都是狭窄不易愈合的病理管道，其表面被覆上皮或肉芽组织。窦道和窦管不同的是，前者可发生于机体的任何部位，借助管道使深在组织有脓窦与体表相通，其管道一般呈盲管状；而后者可借助管道与体表相通或使空腔互相交通，其管道的两边开口。

（3）坏疽是组织坏死后，受到外界环境影响和不同程度的腐败菌感染而产生的形态学变化。坏疽分类：凝固性坏死、液化性坏死、干性坏疽、湿性坏疽。

（4）休克不是一种独立的疾病，而是神经、内分泌、循环、代谢等发生严重障碍时在临床上表现出的症候群。其中，以循环血量锐减，微循环障碍为特征的急性循环不全，是一种组织灌注不良，导致组织缺氧和器官损害的综合征。临床上按病因将休克分为低血容量性休克、创伤性休克、中毒性休克、心源性休克和过敏性休克。

第三节 术前准备

一、手术器械

外科手术器械是施行手术必需的工具。熟练地掌握这些手术器械的使用方法，对于保证手术基本操作的正确性关系很大，它是外科手术的基本功。

1. 软组织手术器械

的软组织手术器械有手术刀、手术剪、手术镊、持针钳、缝针、创巾钳、肠钳和牵开器等。

（1）手术刀类

① 手术刀　由刀片和刀柄两部分组成，用时将刀片安装在刀柄上。正确的持刀方式有四种：指压式、执笔式、全卧式、反挑式。

② 高频电刀　又称高频手术器，是一种取代传统手术刀进行组织切割的电手术器械。

（2）手术剪　手术剪可分为两种：一种是沿组织间隙分离和剪断组织的，叫组织剪；另一种是用于剪断缝线，叫做剪线剪。

（3）手术镊　主要用于夹持、稳定或提起组织，以利于切开及缝合。

（4）止血钳　止血钳主要用于夹住出血部位的血管或出血点，以达到直接钳夹止血，有时也用于分离组织，牵引缝线。

（5）持针钳　持针钳用于夹持缝合组织。行针钳分为握式持针钳和钳式钳两种。

（6）缝合针　缝合针用于闭合组织或穿结扎。缝合针规格分为直型、1/2 弧形、3/8 弧形和半弯形。缝合针的尖端分为圆锥形和三角形。直型圆针用于胃肠、子宫、膀胱等缝合。弯针有一定弧度，操作方便，不需要较大空间，适用于深部组织缝合。三角针适用于皮肤、腱及瘢痕组织缝合。

2. 骨科手术器械

常规手术器械中除一部分常见的器械外，还有一些骨科专用器械。包括骨膜剥离器、骨凿、骨剪和咬骨钳、骨锔、骨钻等。

3. 手术器械的消毒

在外科手术中，常用的消毒方法有煮沸灭菌法、高压蒸汽灭菌法和化学药品消毒法等。施术时可根据消毒的对象、器械、物品的种类及用途来选用。

二、手术人员的准备与消毒

人员在任何情况下，都应该遵循共同的无菌术的基本原则，努力创造条件去完成手术任务。手术人员在术前应做好以下准备：更衣；手、臂的消毒；手术服和手套的穿戴

三、手术人员的分工

手术是一项集体活动，术前要有良好的分工，以便在手术期间各尽其职，有条不紊地工作。一般可做如下分工：术者、助手、麻醉助手、器械助手、保定助手。

四、手术动物的术前准备

前对施术的对象应有一个基本的了解。因此，对患病动物进行术前检查是外科手术工作的基本要求之一。首先应了解动物的病史；其次进行必要的临床检查；三是进行必要的实验室检查和影像学检查；四是动物禁食 12～24 h；五是术部除毛、术部消毒和术部隔离。

五、手术室的准备

手术室的消毒最简单的方法是，使用 5%石炭酸或 3%来苏儿溶液喷洒，可以收到一定效果。在消毒手术室之前，应先对手术室进行清洁卫生扫除，再进行消毒。常用的消毒方法有以下几种：紫外线灯照射消毒、化学药物熏蒸消毒。手术急救药物主要有：肾上腺素、咖啡因、安钠咖注射液、尼可刹米和阿托品。

六、手术的基本操作

1. 组织切开

（1）软组织切开技术　组织切开：适宜的切口应该符合下列要求，切口需接近病变部位，最好能直接到达手术区，并能根据手术需要，便于延长扩大；切口在体侧、颈侧以垂直地面

或斜行的切口为好，体背颈背的腹下沿体正中线或靠近正中线的矢状线的纵向切口比较合理；切口避免损伤大血管、神经和腺体的输出管，以免影响术部组织或器官的机能；切口应该有利于创液的排出，特别是脓汁的排出；二次手术时，应该避免在瘢痕上切开，因为瘢痕组织再生力弱，易发生弥漫性出血。组织分离：分离是显露深部组织和游离病变组织的重要步骤。分离的范围，应根据手术的需要进行，按照正常组织间隙的解剖平面进行分离。分离分为钝性分离和锐性分离两种。

（2）硬组织的分离技术　骨组织的分割，首先应分离骨膜，然后再分离骨组织。蹄和角质的分离属于硬组织的分离，对于蹄角质可用蹄刀、蹄刮挖除，浸软的蹄壁可用柳叶刀切开。闭全蹄壁上的裂口可用骨钻、锔子钳和锔子。截断牛羊角时查用骨锯或断角器。

2. 止　血

全身预防性止血法是手术前给家畜注射增高血液凝固性的药物和同类型血液，借以提高机体抗出血的能力，减少手术过程中的出血。局部预防性止血法是应用肾上腺素作局部预防性止血，常配合局部麻醉进行，但此方法一般不用于体腔出血的止血，以防内出血。

止血带止血适用于四肢、阴茎和尾部手术。手术过程中的止血方法很多，常用机械止血法（压迫止血、钳夹止血、钳夹扭转止血、钳夹结扎止血、创内留钳止血、填塞止血），电凝及烧烙止血法（电凝止血和烧烙止血），局部化学及生物止血法（麻黄素、肾上腺素止血，止血明胶海绵止血，活组织填塞止血和骨蜡止血）。

3. 缝　合

（1）缝合的基本原则　严格遵守无菌操作；缝合前必须彻底止血，清除凝血块、异物及无生机的组织；为了使创缘均匀接近，在两针孔之间要有相当距离，以防拉穿组织；缝针刺入和穿出部位应彼此相对，针距相等，否则易使创伤形成皱襞和裂隙；凡无菌手术创或非污染的新鲜创经外科常规处理后，可作对合密闭缝合。

（2）缝合材料　按照在动物体内吸收的情况，分为吸收性缝合材料和非吸收性缝合材料。缝合材料按照其材料来源，分为天然缝合材料和人造缝合材料。主要有肠线、丝线、为锈钢丝、尼龙缝线、组织黏合剂等。

（3）缝合方法

①结节缝合　双称单纯间断缝合。用于皮肤、皮下组织、筋膜、黏膜、血管、神经和胃肠道缝合。

②单纯连续缝合　是用一根长的缝线自始至终连续地缝合一个创口，最后打结。用于皮肤、皮下组织、筋膜、血管和胃肠道缝合。

③表皮下缝合　是适用于小动物的表皮下缝合。

④压挤缝合　用于肠管吻合的单层间断缝合法。犬、猫肠管吻合的临床观察认为，该法是很好的吻合缝合法，也用于大动物的肠管吻合。

⑤十字缝合　是第一针开始，缝针从一侧到另一侧作结节缝合，第二针平行第一针从一侧到另一侧穿过切口，缝线的两端在切口上交叉形成 X 形，拉紧打结。用于张力较大的皮肤缝合。

⑥连续锁边缝合法　与单纯连续缝合基本相似,在缝合时每次将缝线交锁。

⑦内翻缝合　用于胃肠、子宫、膀胱等空腔器官的缝合。

⑧库兴氏缝合法　又称连续水平褥式内翻缝合法,这种缝合法是从伦勃特氏连续缝合演变来的。

⑨骨缝合　是应用不锈钢丝或其他金属丝进行全环扎术和半环扎术。

(4)打结　常用的结有方结、三叠结和外科结。常用的打结方法有三种,即单手打结、双手打结和器械打结。

(5)拆线　拆线是指拆除皮肤缝线。缝线拆除的时间,一般是在手术后7~8 d进行,凡营养不良、贫血、老龄动物、缝合部位活动性较大、创缘呈紧张状态等,应延长拆线时间,但创伤已化脓或创缘已被缝线撕断不起缝合作用时,可根据创伤治疗需要随时拆除全部或部分缝线。拆线方法为:用布什酊消毒创口中、缝线及创口周围皮肤后,将线结用镊子轻轻提起,剪刀插入线结下,紧贴针眼将线剪断,拉出缝线;拉线方向应向拆结的一侧,动作要轻巧,如强行向对侧硬拉,则可能将伤口拉开。过后再次用碘酊消毒创口周围皮肤。

4. 引流与包扎

(1)引流　引流用于治疗,其适宜征为:皮肤和皮下组织切口严重污染,经过清创处理后仍不需要控制感染时,在切口内放置引流物,使切口内渗出液排出,以免蓄留发生感染,一般需要引流24~72 h。脓肿切开排脓后,放置引流物,可使继续形成的脓液或分泌物不断排出。使脓腔逐渐缩小而治愈。引流可分为纱布引流和胶管引流。

(2)包扎法　包扎法是利用敷料,卷轴绷带、复绷带、夹板绷带、支架绷带及石膏绷带等材料包扎止血,保护创面,防止自我损伤,吸收创液,限制活动,使创伤保持安静,促进受伤组织的愈合。包扎法的类型:根据敷料、绷带性质及其不同用法,包扎法有以下几类:

干绷带法:又称干敷法,是临床上最常用的包扎法。

湿敷法:对于严重感染、脓汁多和组织水肿的创伤,可用湿敷法。

生物学敷法:指皮肤移植。

硬绷带法:指夹板和石膏绷带等。

包扎材料及其应用:常用敷料有纱布、海绵纱布及棉花等。

基本包扎法:卷轴绷带的基本包扎有环形包扎法、螺旋形包扎法、折转包扎法、蛇形包扎法和8字形包扎法等。

复绷带:按畜体一定部位的形状而缝制,具有一定结构、大小的双层盖布,在盖布上缝合若干布条以便打结固定。

夹板绷带:借助于夹板保持患畜安静,避免加重损伤、移位和使伤部进一步复杂化的制动作用的绷带,可分为临时夹板绷带和预制夹板绷带两种,前者常用于骨折、关节脱位时的紧急救治;后者可作为较长时期的制动。

石膏绷带:在淀粉液浆制过的大网眼纱布上加上煅制石膏粉制成。这种绷带用水浸后质地柔软,可塑制成任何形状敷于伤肢,一般十几分钟后开始硬化,干燥后成为坚固的石膏夹。石膏绷带应用于整后的骨折,脱位的外固定或矫形都可收到满意的效果。

第四节　常见兽医外科疾病

一、风湿病

风湿病特点胶复结缔组织发生纤维蛋白变性及骨骼肌、心肌和关节囊中的结组织出现非化脓性局限性炎症。该病常侵害对称的肌肉或肌群和关节，有时也侵害心脏。它常见于马、牛、羊、猪、家兔及鸡。病理分期：按发病过程分三期：变性渗出期、增殖期、硬化期。

临床特点：动物风湿病的主要临床特点和症状，是发病的肌群、关节及蹄的疼痛和机能障碍。疼痛表现时轻时重，部位可以固定或不固定。具有突发性、疼痛性、游走性、对称性、复发性和活动后疼痛减轻等特点。

风湿性疾病多发于冬春季节，是由溶血性链球菌感染或风、寒、湿的侵袭引起肌肉、肌腱、关节以及心脏等部位的病变，常有反复发作的急性或慢性并呈现疼痛的一种疾病。本病是胶原性结缔组织发生纤维蛋白变性、骨骼肌、心肌和关节囊中的结缔组织出现非化脓性、局限性炎症。其特征是反复突然发作，肌肉或关节游走性疼痛，肢体运动障碍，是一种抗原-抗体反应所致的变态反应性炎症。

本病归属于中兽医痹症范畴，包括风湿性关节炎、类风湿关节炎、痛风及各部位神经炎等，为风寒湿挟热，或日久化热，气血循行受阻，故出现关节红肿热痛、活动障碍。

临床症状：病牛往往突然发病，体温升高，呻吟，食欲减退，患部肌肉或关节疼痛，背腰强拘，跛行，呈黏着步态，缓慢短步，步样强拘，并随适当运动而暂时减轻，病牛喜卧，不愿走动。

治疗原则：在治疗过程中，西药或中药单独使用，疗效较差。治疗风湿病的原则是祛风除湿、通经活络、解热镇痛、加强护理、改善饲养管理以增强机体抵抗力。在中药治疗上，宜清热疏风散邪。

1. 西医疗法

以解热镇痛、消炎抗过敏为主，可用含糖盐水 1000 mL、复方氯化钠 1000 mL、10%水杨酸钠注射液 200 mL、40%乌洛托品 80 mL、10%葡萄糖酸钙 60~100 mL、氢化可的松注射液 120 mL（孕畜禁用），一次分别静脉注射，每日一次，连用 3~5 d（说明：10%葡萄糖酸钙只注射一次即可，不注射葡萄糖酸钙时，加入 10%安钠咖 30 mL）。

2. 中医疗法

以祛风除湿、通经活络为主。

（1）独活寄生散：独活 30 g、桑寄生 45 g、秦艽 15 g、熟地 15 g、防风 15 g、灼白芍 15 g、全当归 15 g、川芎 15 g、党参 15 g、杜仲 20 g、牛膝 20 g、桂心 20 g、甘草 10 g、细辛 5 g。用法：上述各药共研为末，开水冲，白酒 150 mL 为引，一次灌服，每日一剂，连用 4~5 剂。

（2）桂枝白虎汤：二花 100 g、防己 80 g、生石膏 150 g、秦艽 50 g、生地 50 g、黄柏 50 g、薏苡仁 80 g、木通 50 g、桂枝 70 g、苍术 50 g、滑石 100 g、泽泻 80 g、竹叶 60 g、赤芍 70 g、

丹皮 50 g、猪苓 80 g、茯苓 60 g。用法是上述各药共煎水，每日一剂，共服 4 剂。方中用防己、秦艽、桂枝通络祛风，用猪苓、茯苓利水湿，石膏、二花、黄柏清热解毒，并配合清热凉血的生地、赤芍，利用渗湿的薏苡仁、苍术，若配合西药清热、抗炎，常取得令人满意的疗效。

犬风湿症：治疗以消炎镇痛为主。

【处方 1】0.1%注射用水杨酸钠 1~2 mL、0.9%氯化钠注射液 100 mL。用法：一次静脉滴注。每天 1 次，连用 3~5 d。

【处方 2】阿司匹林 0.12~1 g。用法：一次口服。按 1 kg 体重 25 mg 用药，每天 3 次，连用 5~7 d，效果不显时可适当加大剂量，但不超过 1 kg 体重 50 mg。

【处方 3】强的松龙 10~20 mg。用法：初期按 1 kg 体重 1~2 mg 肌肉或穴位注射（前躯：身柱、肩井、六缝，后躯：百会、阳陵、六缝）每天 1 次，连用 2~3 d。

二、角膜炎

角膜炎主要由外伤或异物误入眼内而引起。另外，细菌感染、营养障碍、邻近组织病变的蔓延等均可诱发本病。还有，某些传染病和浑睛虫病时能并发角膜炎。角膜炎的共同症状是畏光、流泪、疼痛、眼睑闭合、角膜混浊、角膜缺损或溃疡、角膜周围形成新生血管或睫状体充血。犬角膜炎治疗以除去病因、抑菌消炎为原则。

【处方 1】甘汞粉 0.5 g、注射用葡萄糖粉 25 g。用法：混匀，分成数包，每次吹入眼内 1 包，每天 2 次，连用 10 d。说明：使用于角膜混浊病犬。

【处方 2】妥布霉素、氧氟沙星眼药水和红霉素、金霉素眼膏点眼。

【处方 3】注射用青霉素钠 5 万 IU　0.5%普鲁卡因注射液 0.5~1 mL、氢化可的松注射液 0.5 mL。用法：混合，结膜、眼底或太阳穴一次注射，或滴眼。

三、结膜炎

共同症状：畏光、流泪、结膜充血、结膜浮肿、眼睑痉挛、渗出物及白细胞浸润。卡他性结膜炎临床上最常见的病型，结膜潮红、肿胀、充血、流浆液、黏液或黏液脓性分泌物。化脓性结膜炎常由眼内流出多量脓性分泌物，上、下粘连在一起。化脓性结膜炎常波及角膜而形成溃疡，具有传染性。

治疗方法：①设法去除引起结膜炎的病因。②将患病动物放在光线暗淡的房间内或装眼绷带，但分泌物量多时不可装置眼绷带。③3%硼酸液冲洗患眼。④家畜的急性卡他性结膜炎。充血显著时，初期冷敷；分泌物变为黏液时，则改为温敷，再用 0.5%~1%硝酸银溶液点眼，并在点眼后 10 min 用生理盐水冲洗。若分泌物已见减少，可改用收敛药，如 0.5%~2%硫酸锌溶液，或 2%~5%蛋白银溶液、0.5%~1%明矾溶液、2%黄降汞眼膏。还可用 0.5%盐酸普鲁卡因液 2~3 mL，溶解青霉素或氨苄青霉素 5 万~10 万 IU，再加入氢化可的松 2 mL 或地塞米松磷酸钠注射液 1 mL，做球结膜下注射或眼睑皮下注射，每天或隔天 1 次。⑤慢性结膜炎，发刺激温敷为主。局部可用较浓的硫酸锌或硝酸银溶液，或用硫酸铜棒轻擦上、下眼睑，擦后立即用硼酸水冲洗，然后再进行温敷。也可用2%黄降汞眼膏涂于结膜囊内。中药川贝母1.5 g、枯矾6 g、防风9 g，煎后过滤，洗眼效果良好。⑥病毒性结膜炎，用5%乙酰磺胺钠眼膏涂布眼内。

四、外耳炎

外耳炎是外耳道内排出不同颜色、带臭味、数量不等的分泌物，常浸渍耳郭周边皮肤发炎，甚至形成溃疡。耳内分泌物可引起耳部瘙痒，大动物常在树干或墙壁摩擦耳部，小动物常用爪搔耳抓痒，剧烈甩头，严重时可导致耳郭皮下出血甚至耳郭血肿。指压耳根部动物疼痛、敏感。慢性外耳炎时，分泌物浓稠，外耳道上皮肥大、增生，可堵塞外耳道，使动物听力减弱。

治疗方法：

（1）对因耳部疼痛而高度敏感的动物，可在处置前向外耳道内注入可卡因甘油。

（2）剪去耳廓及外耳道入口处的被毛，用温灭菌生理盐水或0.1%新洁尔清洗耳道，彻底去除耳垢及其分泌物，为防止清洗液进入中耳，可用小镊子缠卷湿棉擦拭清除，大块的耳垢或其他异物可用耳匙轻轻刮除；分泌物较深时，可用3%双氧水洗耳，最后用干脱脂棉球吸干。

（3）大多数外用药为抗生素、抗真菌药及抗寄生虫药的复合剂。

（4）对于急性外耳炎和化脓性外耳炎，可在局部清洗后，每天1~2次，局部涂布抗生素软膏和皮质类固醇软膏，也可涂布氧化锌软膏，有助于保护收敛，也可用抗生素液滴耳；对寄生虫性外耳炎，可用于耳内滴入杀螨剂；对顽固性马拉色霉菌感染应给予抗真菌药物，如酮唑康，每千克体重5~10 mg，口服，每天1次。

五、犬中耳炎

犬中耳炎多由病原菌感染或其他炎症蔓延所致。临床可见抓耳摇头等症状。治疗以抗菌消炎为主。

【处方1】

抗生素点耳液适量。用法：用双氧水清洗后滴入数滴，每天2次，连用3~4 d。

【处方2】

庆大霉素8万~16万IU、0.5%奴夫卡因注射液2 mL。用法：耳根穴注射。每天1次，连用2~3 d。

六、疝

疝是腹部的内脏从自然孔道或病理性破裂孔脱皮至皮下或其他解剖腔的一种常见病。各种家畜均可发生，但以猪、马、牛、羊更为常见，小动物犬、猫少见。野生动物的疝也有报道。疝的组成：疝由疝孔（疝轮）、疝囊和疝内容物组成。疝的分类：根据发病的解剖部位，可分为脐疝、腹股沟阴囊疝、腹壁疝、会阴疝、闭孔疝和网膜内疝等。脐疝各种家畜均可发生，但以仔猪、犊牛为多见，幼驹也不少。一般以先天性原因为主，可见于初生时，或者出生后数天或数周。发生原因是脐孔发育不全、没有闭锁、脐部化脓或腹壁发育缺陷等。

临床症状：脐部呈现局限性球形肿胀，质地柔软，也有的紧张，但缺乏红、痛、热等炎性反应。病初多数能在挤压疝囊或改变体位时疝内容物还纳到腹腔，并可摸到疝轮，仔猪和仔犬在饱腹或挣扎时脐疝可增大。听诊可听到肠蠕动音。

治疗方法：

（1）保守疗法　适用于疝轮较小、年龄小的动物。可用疝带（皮带或复绷带）、强刺激剂（幼驹用赤色碘化汞软膏，犊牛用重铬酸钾软膏）等促使局部炎性丧生闭合疝口。

（2）手术疗法　术前禁食，按常规无菌技术施行手术。全身麻醉或局部浸润麻醉，仰卧保定或半仰卧保定，切口在疝囊底部，呈梭形。皱襞切开疝囊皮肤，仔细切开疝囊壁，以防伤及疝囊内脏器。认真检查疝内容物有无粘连和变性、坏死。仔细剥离粘连的肠管，若有肠管坏死，需行肠部分切除术。若无粘连和坏死，可将疝内容物直接还纳腹腔内，然后缝合疝轮。若疝轮较小，可做荷包缝合，或纽孔缝合，如果病程较长，疝轮的边缘变厚变硬，此时一方面需要切割疝轮，形成新鲜创面，进行纽孔状缝合；另一方面在闭合疝轮后，需要分离囊壁形成左右两个纤维组织瓣，将一侧纤维组织瓣缝在对侧疝轮外缘上，然后将另一侧的组织缝合在对侧组织瓣的表面上。修整皮肤创缘，皮肤作结节缝合。

七、巨结肠症

巨结肠症是一种结肠和直肠先天缺陷引起的肠道发育畸形。可引起肠运动机能紊乱，形成慢性部分肠梗阻，粪便不能顺利排出，淤积于结肠内，以致结肠容积增大、肠壁扩张和肥厚。多发生于直肠和后段结肠，但有时可累及全结肠和整个消化道。老龄猫发生率高。

临床症状：先天性巨结肠症患病动物在生后2~3周出现症状。症状轻重依结肠阻塞程度而异，有的数月或常年持续便秘。便秘时仅能排出少量浆液性或带血丝的黏液性粪便。患病动物腹围膨隆似桶状，有些病例因粪便蓄积，刺激结肠黏膜发炎，引起腹泻。

诊断：主要依据腹部触诊摸到集结粪便的粗大结肠。

八、直肠脱

直肠脱是指直肠一部分、甚至大部分向外翻转脱出肛门。严重的病理在发生直肠脱的同时并发肠套叠或直肠疝。本病多见于猪和犬，均以幼龄动物易发。

临床症状：轻者直肠在患病动物卧地或排粪后部分脱出，即直肠部分性或黏膜性脱垂。在发生黏膜性脱垂时，直肠黏膜的皱襞往往在一定的时间内不能自行复位，若此现象经常出现，则脱出的黏膜发炎，很快地黏膜下层形成高度水肿，失去自行复原的能力。随着炎症和水肿的发展，则直肠壁全层脱出，即直肠完全脱垂。此时，患病动物常伴有全身症状，体温升高，食欲减退，精神沉郁，并且频频努责，做排粪姿势。

治疗原则：病初及时治疗便秘、下痢和阴道脱等。并注意饲予青草和软干草，充分饮水。对脱出的直肠，则根据具体情况，参照下述方法及早进行治疗。

1. 整 复

适用于发病初期或黏膜性脱垂的病例。整复应尽可能在直肠壁及肠周围蜂窝组织未发生水肿以前施行。方法是先用 0.25%温热的高锰酸钾溶液或 1%明矾溶液清洗患部，除去污物或坏死黏膜，然后用手指谨慎地将脱出的直肠管还纳原位。在肠管还纳复原后，可在肛门处给予温敷以防再脱。

2. 黏膜剪除法

我国民间传统治疗家畜直肠脱的方法，适用于脱出时间较长，水肿严重，黏膜干裂或坏死的病例。先用温水洗净患部，继以温防风汤冲洗患部。之后，用剪刀剪除或用手指剥除干裂坏死的黏膜，再用消毒纱布兜住肠管，撒上适量明矾粉末揉擦，挤出水肿液，用温生理盐水冲洗后，涂 1%～2%的碘石蜡油润滑，然后从肠腔口开始，谨慎地将脱出的肠管向内翻入肛门内。

3. 固定法

在整复后仍然脱出的病例，则需考虑将肛门周围予以缝合，缩小肛门孔，防止再脱出。方法是距肛门孔 1～3 cm 处，做一肛门周围的荷包缝合，收紧缝线，保留 1～2 指大小的排粪口（牛 2～3 指），打成活结，以便根据具体情况调整肛门口的松紧度，经 7～10 d 患病动物不再努责时，则将缝线拆除。

4. 直肠周围注射酒精或明矾液

本法是在整复的基础上进行的。其目的是利用药物使直肠周围结缔组织增生，借以固定直肠。临床上常用 70%酒精溶液或 10%明矾溶液注入直肠周围结缔组织中。

5. 直肠部分截除术

手术切除用于脱出过多、整复有困难、脱出的直肠发生坏死、穿孔或有套叠而不能复位的病例。① 麻醉：行荐尾间隙硬膜外腔麻醉或局部浸润麻醉。② 手术方法：常用的有两种方法，一种是直肠部分切除术；一种是黏膜下层切除术。

6. 普鲁卡因溶液盆腔器官封闭

用于猪直肠脱，效果良好。

【处方 1】0.1%高锰酸钾水溶液 500 mL 或 1%温明矾水 300 mL 用法：保持动物前低后高，清洗脱出的黏膜，然后整入腹腔。

【处方 2】固定。

（1）整复肛门缝合（烟包缝合）。

（2）针灸穴位：后海、阴俞、肛脱穴。针法：电针或水针。水针注入 95%酒精，每穴 2 mL。

【处方 3】补中益气汤（党参 30 g、黄芪 3 g、白术 30 g、柴胡 20 g、升麻 30 g、当归 20 g、陈皮 20 g、甘草 15 g）。用法：水煎或研末开水冲调，一次灌服。每天 1 剂，连用 2～3 剂。说明：整复、固定后服用。

九、犬舌下腺囊肿

治疗方法：定期抽吸囊肿内的液体，或者在麻醉条件下，大量切除囊肿壁，排出内容物，用硝酸盐、氯化铁酊剂或5%碘酊等腐蚀其内壁；或者切除舌下囊肿前壁，用金属线将其边缘与舌基部口腔黏膜缝合，建立永久性引流通道。上述疗法无效时，可采用腺体摘除术，单纯做舌下腺切除是困难的，往往同时切除颌下腺和舌下腺。

十、食道梗阻

食道梗阻是食道的一段被食团或异物阻塞所引起的急症，若不及时做出正确的诊断和给予合理的治疗，常会导致完全阻塞致患病动物窒息死亡；不完全阻塞可能会使孕畜流产、患病动物死亡。此病常发生于反刍动物，反刍动物由于采脱离群众速度较快，摄取的食物往往不经充分咀嚼便行吞咽，临床发生食道梗阻的较多。最常见的病因是被硬物阻塞，尤其当动物采食甘薯、胡萝卜、甜菜等块根类饲料时受到驱赶、惊吓，更易发生食道阻塞。

治疗方法：包括掏取法、挤压法和推入法。

（1）掏取法 这是一种最为常用且疗效确实可靠的主要疗法。适用于咽及食道起始部的固体梗阻物。先股内注射麻醉药，一助手保定动物头部，另一助手在颈部向咽腔方向挤住梗阻物。如果是大动物，术者可直接入手进咽腔、入食道、用手抓住梗阻物向口腔外拉出；如果是小动物，术者可借助手术器械将梗阻物向口腔外拉出。

（2）挤压法 适用于较易移动的颈部食道阻塞，保定方法同前，先灌入0.5%盐酸普鲁卡因、液体石蜡。双手沿食道沟由下向上把阻塞物逐渐挤压到咽部，再徒手或用器械取出。

（3）推入法 这是传统的方法，适用于饲料颗粒、柔软饲草及横径较小的块根块茎类饲料或其他较小异物的阻塞，且阻塞物位于颈中部食道内的病例。方法是：将患病动物保定后，把胃管插入食道抵住阻塞物，将另一端接在灌肠器或打气筒上，不断向胃管内打水或打气；也可用质度较硬的胃管或麻绳直接往下推送梗阻物。

十一、犬食道异物

食道异物是指如骨骼、块根食物、小孩玩具及其他铁丝、鱼钩、塑料制品等滞留在狗的食道内。

临床症状：完全阻塞时，动物表现不安，头颈不时伸直，流涎、不食，有饮欲但饮水时不见水量减少，可见有少量的泡沫从口角双侧流于水盆中，不完全阻塞时，可表现出进食中只能将流体食物通过而固体食物不能通过。可见食物反流现象，动物表现有强烈的饥饿感。随时间的延长，患病动物表现日渐消瘦，体重减轻。

临床诊断：根据临床症状及主诉；食道探诊；X射线拍片诊断。

治疗方法：选择肌松效果好的麻醉剂，给予全身麻醉；有条件的动物医院，用内窥镜引导，然后用长臂钳将异物取出；对于阻塞物小、表面光滑的异物，可用胃管将异物捅入胃中；对于金属物，采用手术切开食道取出，根据金属物阻塞的部位来确定手术通路；术后护理；绝食3~5d，采用营养疗法，可静脉补充葡萄糖、氨基酸、电解质及抗生素，5d以后可喂服流食。

十二、咽 炎

咽炎是咽黏膜及其深层组织的一种炎症。临床上以吞咽障碍、流涎、咽部肿胀为特征。原发性咽炎为机械性刺所致，另外，也可由邻近组织器官的炎症蔓延造成。

临床症状：发病初期，采食缓慢，随着病情的发展，采食困难或不食，若咽部炎症十分明显，可见狗欲食而不敢采食，流涎，并可出现全身症状，精神不振，体温升高，咳嗽。咽部触诊敏感，颌下淋巴结肿胀，口腔检查见咽喉部红肿，扁桃体肿大。

治疗方法：①除去病因：若是异物存在，应在全身麻醉的情况下打开口腔，将异物取出；②全身给予抗生素疗法，如青霉素、地塞米松肌肉注射，可用氨苄青霉素加地塞米松和2%的普鲁卡因做咽部封闭；③补液疗法：静脉滴注5%葡萄糖盐水。

十三、猫湿疹

猫湿疹由过敏反应引起。表现为皮肤出现粟粒型疹块/瘙痒，病猫抓擦或啃咬患部，抓久被毛脱落，皮肤增厚，形成痂皮。治宜脱敏及对症治疗。

【处方1】
（1）盐酸苯海拉明注射液0.2~0.4 mL（2~4 mg）。用法：一次肌肉注射，每天1次，连用3 d以上。
（2）3%硼酸溶液适量、3%龙胆紫溶液适量。用法：患部先用硼酸溶液冲洗干净，再涂擦龙胆紫溶液。

【处方2】蛇床子30 g、苦参60 g、花椒15 g、白矾15 g。用法：水煎取汁，涂于患部。

十四、犬过敏性皮炎

犬过敏性皮炎由接触过敏原（花粉、尘埃、寄生虫等）或内在因素（遗传、过敏性素质等）所致。临床可见皮肤红肿、剧烈瘙痒等症状。治疗宜除去病因、脱敏止痒为主。

【处方1】苯海拉明20~60 mg。用法：按1 kg体重2~4 mg一次口服，每天2次，连用1~2 d。

【处方2】0.1%肾上腺素注射液0.1~1.0 mL。用法：一次皮下注射。每天2次，连用1~2 d。

【处方3】10%葡萄糖酸钙注射液、10~5%葡萄糖生理盐水250 mL。用法：一次静脉滴注。每天1次，连用2~3 d。

十五、犬皮炎

犬皮炎由多种病因（物理、化学、微生物等）所致。临床可见皮肤红肿、结痂、脱屑、疹痒等症状。治疗宜除去病因，对症处理。

【处方1】硫黄水杨酸软膏（硫黄10份、水杨酸2份、氧化锌30份、凡士林50份）适量。用法：涂抹患处，每天2次，连用5 d。

【处方2】苯唑卡因油膏（苯唑卡因1 g、硼酸2 g、无水羊毛脂10 g）适量。用法：涂抹患处，每天2次，连用5 d。

【处方3】0.2%地塞米松注射液1~4 mL、头孢拉啶0.5~2.0 g、注射用水5~10 mL。用法：一次肌肉注射，每天1次，连用3~5 d。

【处方4】百部、苦参、地肤子、黄柏、蛇床子、花椒、明矾各等份。用法：水煎去渣。浓缩成每毫升含1 g生药的药液涂擦患处。

十六、犬毒蛇咬伤

临床可见咬伤处发热、肿胀、全身痉挛等症状。治疗宜中和毒素、对症处理为主。

【处方1】抗蛇毒素血清15~30 mL。用法：一次皮下注射。每隔2~3天1次，连用2~3次。

【处方2】季德胜蛇药4~12片。用法：一次口服。每天2次，连用2~3 d。

【处方3】季德胜蛇药适量。用法：醋调糊状敷于患处。

【处方4】金银花12 g、黄连6 g、黄柏9 g、白芷6 g、甘草3 g。用法：煎汤去渣，候温一次灌服。每日1剂，连用2~3 d。

十七、兔足皮炎

兔足皮炎由足部创伤感染或足部皮肤压迫性坏死引起。特征是足部皮肤有溃疡区，上面覆盖干性痂皮。治宜抗菌消炎。

【处方】

（1）氧化锌软膏1支。用法：清除坏死组织后涂以软膏。

（2）注射用青霉素钠20万~40万 IU、注射用水2 mL。用法：一次肌肉注射。每日2次，连用3 d。

十八、犬唇炎

唇炎是狗唇或唇皱的一种急性或慢性炎症。

发病原因：啃咬异物、被咬伤等引发感染，也可能是口炎或牙病的蔓延。有时也因寄生虫感染、自体免疫缺陷或肿瘤造成。而唇皱皮炎则是一种慢性分泌性皮炎。

临床症状：病狗搔抓、摩擦唇部，呼气自带臭味，有时流涎，食欲不佳。当唇皱有慢性炎症时，唇皱部被毛变色，有黄色或褐色带臭味的分泌物附着。除去分泌物后，可见皮肤充血，甚至溃疡。

治疗方法：除去患部被毛和分泌物，用0.1%高锰酸钾溶液清洗患部。有细菌感染时则局部应用抗生素，或配合全身应用抗生素。局部化脓的可用 3%双氧水涂擦患部，有严重皮肤缺损时，应予适度缝合。

十九、犬口炎

口炎包括口腔黏膜、牙齿、牙龈和舌部的炎症。发病，也可能是继发或营养病。临床上常见口腔黏膜溃疡、黑舌病、齿龈炎等。

发病原因：①病毒性的见于犬瘟热病狗、口腔乳头状瘤病毒感染；②细菌性的，梭菌、螺旋体导致的坏死性溃疡性齿龈炎、口炎，钩端螺旋体引起的口腔感染；③物理性的，如异物扎伤、刺伤、电线灼伤；④营养性的，如烟酸缺乏症引起的黑舌病；⑤代谢性的，如糖尿病、肾炎引起的口炎；⑥激素性的，如甲状腺及甲状旁腺机能减退；⑦免疫性的，如寻常天疱疮、全身性红斑狼疮；⑧普通病引起的，如慢性胃炎、尿毒症所致的口炎和溃疡。

临床症状：特异性症状是狗有饥饿感，想吃食又不敢吃食，当食物进入口腔后，刺激到炎症部位引起疼痛，患狗突然嚎叫、躲避性逃跑。口腔流涎，有的将舌伸于口外，病程较长的病狗逐渐消瘦。患病狗抗拒口腔检查，需要安全保定，以防被咬伤或抓伤。当打开口腔时，可见口腔黏膜、舌、软腭、硬腭及齿龈上有不同程度的红肿、溃疡或肉芽增生。

治疗方法：①用 0.2%洗必泰冲洗口腔，然后口腔涂布碘甘油。②抗菌素加激素混合后肌内注射，也可口服甲硝唑片。③维生素疗法：口服或肌内注射复合维生素 B、维生素 E 或口服烟酸。④食物中给予富含维生素类的食物和蔬菜，避免动物偏食。

二十、獭兔脚皮炎

獭兔脚皮炎是獭兔养殖中最常见的疾病之一，它虽然不至于立即导致兔死亡，但它发病率高，危害大，一旦发病将给养兔场（户）造成极大的经济损失。獭兔患脚皮炎后，食欲减退，日渐消瘦，皮毛无光泽、质次，种兔则影响其种用价值，商品兔则影响其毛皮质量，从而带来严重的经济损失，危害极大。

临床症状：患兔不愿活动，食欲减退，日渐消瘦，行动轻缓，下肢不敢承重，四肢频频交换支持体重，有时拱背卧笼。检查患兔脚掌，出现脱毛。红斑、化脓，破溃后形成经久不愈易出血的溃炎并结痂。有的溃炎上皮的真皮可发生继发性细菌感染。

预防措施：①加强饲养管理，注意兔笼的清洁卫生，清扫笼底要彻底干净，定期用 0.3%过氧乙酸喷雾消毒；②兔笼笼底最好以竹板制成。笼底要平整、钉子无突起、笼内无锐利物；③免疫注射葡萄球菌苗，每只兔 2 mL，1 年免疫 2 次。

治疗方法：先将患兔放在铺有干燥、柔软垫草（或其他铺垫材料）的笼内。①用橡皮膏围病灶做重复缠绕（尽量放松缠绕），然后用手轻握压。压实重叠橡皮膏，20~30 d 可自愈。②总部剪毛并消毒，清除坏死组织，3%过氧乙酸清洗后，涂擦磺胺嘧啶、土霉素软膏等，当溃炎开始愈合时，可涂擦 5%龙胆紫溶液，每天 1 次。③重者外用消毒纱布包扎好，同时注射青、链霉素各 10 万单位，每天早晚各 1 次，直至痊愈。④严重病例立即淘汰。

第十一章 兽医产科学

第一节 动物激素

在哺乳动物，几乎所有激素都与生殖机能有关。有的直接影响某些生殖环节的生理活动；有的则是间接影响生殖机能，其作用主要是维持全身的生长、发育及代谢，间接保证生殖机能的顺利进行。

一、丘脑下部激素

丘脑下部激素是指由丘脑下部神经元合成，通过神经轴突输送到神经末梢释放入血循环中（包括垂体门脉和体循环）的一类以肽类为主的激素。目前鉴定出的与生殖密切相关的丘脑下部主要有促性腺激素释放激素、促乳素释放因子、促乳素释放抑制因子等。

促性腺激素释放激素的来源：是在下丘脑促垂体区有肽类神经元，主要是在弓状核和正中隆起部合成，贮存于正中隆起处。此外，松果体和人的胎盘也能合成促性腺激素释放激素，在其他脑区和脑外组织也有类似促性腺激素释放激素的物质存在。

促性腺激素释放激素的生理作用：促性腺激素释放激素对于动物的生理作用没有种间特异性，对牛、羊、猪、兔、大鼠、鱼、鸟类和灵长类均有生物学活性。

促性腺激素释放激素的临床应用：① 诱导母畜产后发情；② 提高母畜情期受胎率；③ 提高超数排卵效果；④ 治疗公畜不育；⑤ 用于抱窝母鸡催醒等。

二、垂体激素

哺乳动物的性腺功能主要由垂体激素调控。垂体激素与卵巢和睾丸上特定受体结合，从而调节甾体激素和配子的产生。垂体可分为腺垂体和神经垂体两部分。已经从腺垂体分离的激素主要包括促甲状腺素、其中促卵泡素和促黄体素是调控性腺机能的主要激素，合称垂体促性腺激素。

促卵泡素（FSH）的生理作用：① 刺激卵泡的生长发育；② 与 LH 配合使卵泡产生雌激素；③ 与 LH 在血中达一定浓度且成一定比例时引起排卵；④ 刺激卵巢生长，增加卵巢重量；⑤ 刺激曲细精管上皮和次级精母细胞的发育；⑥ 在 LH 和雄激素的协同作用下使精子发育成熟；⑦ 促进足细胞中的精细胞释放。

促卵泡素（FSH）和促黄体素（LH）的临床应用：① 提早家畜性成熟；② 诱导泌乳乏性期的母畜发情；③ 诱导排卵和超数排卵；④ 治疗不育；⑤ 预防流产。

催产素（OT）的临床应用：① 诱发同期分娩；② 提高配种受胎率；③ 终止误配妊娠；

④ 治疗产科病和母畜科疾病。

三、性腺激素

性腺激素即卵巢和睾丸产生的激素。卵巢产生的主要是雌激素、孕酮和松弛素；睾丸产生的主要是雄激素。应当注意的是，母畜能产生少量雄激素，公畜也能产生少量雌激素；性腺激素包括两大类：一类为固醇，又称为甾体激素；另一类属于蛋白质或多肽。

1. 雌激素（动情素）的临床应用

① 催情；② 治疗子宫疾病；③ 诱导泌乳；④ 化学去势。

2. 孕酮（黄体酮）的临床应用

① 同期发情；② 超数排卵；③ 判断繁殖状态；④ 妊娠诊断；⑤ 预防孕酮不足性流产。

3. 雄激素有家畜繁殖上的应用

① 用雄激素长期处理的母牛具有似公牛的性行为，可用作试情牛；② 利用睾酮和雄烯二酮免疫绵羊，可增加绵羊排卵率，增加产羔数。

四、胎盘激素

胎盘促性腺激素也称绒毛膜促性腺激素（CG），是由胎盘产生的。主要有两种，其一是马绒毛膜促性腺激素，亦称孕马血清促性腺激素；另一种是人绒毛膜促性腺激素。

第二节 发 情

母畜发育到一定年龄，开始出现发情，发生性欲和性兴奋，并使生殖道为受精提供条件，最后卵泡破裂排卵，这样才能交配受孕，繁殖后代。本次发情如未受孕，过一段时间就又再发情。

一、母畜生殖的发展阶段

母畜的生殖机能是一个从发生、发展到衰退的生物学过程，可以概括分为初情期、性成熟期及繁殖机能停止期（绝情期）。

1. 初情期

初情期是指母畜开始出现发情现象或排卵的时期。这时母畜出现了性行为，但表现还不充分，发情周期往往不规律，生殖器官的生长发育也尚未完成。它们虽已具有繁殖机能，但任何母畜在初情期中繁殖效率都很低。

动物初情期的年龄是：牛：6~12月龄，马12月龄，驴12月龄，绵羊6~8月龄，山羊4~6月龄，猪3~7月龄，兔3~4月龄，犬8~10月龄，猫7~9月龄。

2. 性成熟

母畜生长到一定年龄，生殖器官已经发育完全，具备了繁殖能力，称为性成熟。

各种母畜的性成熟期是：牛12（8~14）月龄，水牛15~23月龄，马18月龄，驴15月龄，羊10~12月龄，猪6~8月龄。

3. 体成熟

体成熟是母畜身体已发育完全具有了雌性成年动物固有的外貌。母畜达到体成熟时，应进行配种。开始配种时的体重应为其成年体重的70%左右。

母畜始配年龄是：黑白花奶牛18月龄（16~22月龄，体重350~400 kg），羊1~1.5岁，猪8~12月龄。

二、发情周期

母畜达到初情期以后，其生殖器官及性行为发生一系列周期性变化，这种变化周而复始，一直到绝情期为止。只有母畜怀孕或非繁殖季节内，此种循环暂时停止，分娩后经过一定时期，又重新开始。这种周期性变化过程，称为发情周期。发情周期通常指从某一次发情开始起，至下一次发情开始之前一天这一段时间。各种家畜的发情周期是：牛、水牛、猪、山羊、马、驴均为21 d左右，绵羊16~17 d，犬、猫15~21 d。犬的生殖生理活动与其他家畜不同，两次发情间隔为7个月左右。根据发情周期的表现形式，可将动物分为三类：①单次发情动物，这类动物一年中只有一个发情周期，如犬和大多数野生动物；②多次发情动物，这类动物在一年中大部分时间都有发情周期循环，如牛和猪；③季节多次性发情动物，这类动物的发情局限在一年中特定的季节，在该季节又出现多次发情，如马和绵羊。

1. 发情周期的分期

（1）四期分法：根据母畜在发情周期中生殖器官所发生的形态学变化将发情周期分为发情前期、发情期、发情后期和发情间期。

（2）三期分法：根据母畜发情周期中生殖器官和性行为的变化，将发情周期分为兴奋期、抑制期和均衡期。

（3）二期分法：根据母畜发情周期中卵巢上卵泡和黄体的交替存在，可将发情周期分为卵泡期和黄体期。

2. 发情周期中卵巢的变化

母畜在发情周期中，卵巢经历卵泡的生长、发育、成熟、排卵、黄体的形成和退化等一系列变化。一般在发情开始前3~4 d，卵巢上的卵泡开始生长，至发情前2~3 d卵泡迅速发育，至发情症状消失时卵泡发育成熟、排卵。

（1）卵泡发育：成年家畜的卵泡群中有两种卵泡，一种是生长发育中的少量卵泡，另一种是作为贮备的大量原始卵泡。从原始卵泡发育成为能够排卵的成熟卵泡，要经过一个复杂的过程：① 原始卵泡；② 初级卵泡；③ 次级卵泡；④ 三级卵泡；⑤ 格拉夫氏卵泡。

（2）卵子生成　卵子是通过减数分裂形成的，第一次减数分裂在卵巢内完成，经过排卵过程，即将次级卵母细胞及外周的透明带和放射冠排出，倘若次级卵母细胞遇到精子，在结合过程中进行减数第二次分裂，成为真正意义上的卵子。

（3）排卵　排卵是指卵泡发育成熟后，突出于卵巢表面的卵泡破裂，卵子随同其周围的粒膜细胞和卵泡液排出的生理现象。初情期前，卵泡的生长一直在进行，但只有达到初情期，适宜的激素平衡建立起来，同时LH出现排卵峰后，经过一定时间（绵羊约26 h，牛30 h，猪40 h）发生排卵。动物按其排卵方式可以分为自发性排卵和诱导排卵两大类。

（4）黄体　排卵后，卵泡壁塌陷皱缩，在促黄体素（LH）的作用下，粒膜细胞逐渐肥大，同时产生黄色类脂物质—黄素，成为粒膜黄素细胞，构成黄体的主体部分。卵巢鞘膜内层细胞变圆，也成为黄素细胞，位于黄体的周围。黄体是一个暂时的激素器官，产生孕酮，能够抑制垂体促卵泡素（FSH）的分泌，同时也能抑制母畜发情。

3. 发情周期的调节

母畜自初情期开始到衰老期为止，生殖器官及性行为有规律地发生周期性变化，是受以下各种因素调节的。

（1）内在因素　主要是与生殖有关的激素及神经系统，同时也包括遗传因素。发情周期的规律性循环，主要是卵巢机能变化的反映，而卵巢机能则与激素、神经系统及整个机体具有密切关系。① 激素作用；② 神经作用。

（2）外界因素　家畜的生理现象是与生活环境相适应，发情这一生理机能也以外界因素为条件二发生相应的变化。① 季节；② 幼畜吮乳；③ 饲养管理；④ 公畜。

4. 主要动物的发情特点及发情鉴定

（1）奶牛和黄牛　在饲料管理条件良好时，特别在温暖地区，为全年多次发情。发情的季节性变化不明显。发情周期平均21 d。排卵发生在发情开始后28～32 h。

（2）绵羊和山羊　羊属于季节性多次发情的动物，8～9月份最为集中。绵羊的发情周期平均为17 d，山羊平均为21 d。绵羊排卵发生在发情开始后24～27 h；山羊排卵发生在发情开始后30～36 h。排卵时，两卵排出的间隔时间平均为2 h。

（3）猪　猪的发情无明显的季节性，发情周期一般为21 d，发情期为2～3 d，排卵发生在发情开始后20～36 h。产后第一次发情的时间与仔猪吸乳有关，一般是在断乳后3～9 d发情。

（4）马和驴　马（驴）是季节性多次发情的家畜，发情从3～4月份开始，至深秋季节停止。在繁殖季节初期，排卵通常滞后于发情表现，因此配种时的受精率较低。马的发情周期平均为21 d，驴的发情周期平均为23 d。

（5）犬　犬为季节性单次或双次发情的动物，一般多在春季3～5月或秋季9～11月各发情一次。家犬25%一年发情一次，65%发情两次；野犬和狼犬一般一年一次发情。母犬的发情期分为4个期，即发情前期、发情期、间情期及乏情期。

（6）猫　家猫通常于7～9月龄达到初情期。猫是季节性多次发情的动物。

三、配　种

母畜配种时机的确定：在母畜发情阶段中最适应的时间，准确地把适量精液送到母畜生殖道中最适当的部位，是获得较高受胎率的一个关键技术措施。通过发情鉴定了解排卵时间是确定输精时间的根据。在生产中，不同动物排卵时间的确定主要通过试情、观察发情行为、检查阴道及其分泌物，大家畜还可以通过直肠检查触摸卵巢来判断。

四、精液的保存与质量鉴定

1. 精液的保存

（1）精液稀释液　对精液进行稀释的目的一是扩大精液容量；二是更长时间地维持精子的受精能力；三是便于精液的保存和运输。

（2）精液的液体保存　液体精液一般在两种温度间内保存：常温保存（15～25 ℃）和低温保存（0～5 ℃）。低温保存的时间长于常温。但猪的全精适于15～20 ℃保存。

（3）精液的冷却保存　① 精液的冻前处理：一是精液的稀释；二是冻前平衡和降温。② 精液的冷冻与保存　目前广泛采用的剂型有细管型、颗粒型，于干冰制冷后放入液氮中贮存。

2. 精液品质检查

精液品质的检查和评定可以从以下四个方面进行：外观检查、显微镜检查、生物化学检查和精子对环境变化的抵抗力检查。

五、人工授精技术

人工授精是指采用人为的措施将一定量的公畜精液输入母畜生殖道的一定部位而使母畜受孕的方法，是迄今为止应用最广泛并最有效的繁殖技术。人工授精主要包括公畜的管理和采精、精液的稀释和保存、输精等关键性技术环节。人工授精受胎率的高低主要取决于精液品质、输精时间、输精技术和输入的有效精子数。

第三节　妊　娠

一、妊娠识别

1. 妊娠识别的含义

从免疫学上来讲，妊娠识别即母体的子宫环境受到调节，是胚胎能够存活下来而不被排斥掉。从内分泌学来说，妊娠识别是指孕体产生信号，阻止黄体退化，使其继续维持并分泌孕激素，从而使妊娠能够确定并维持下去的一种生理机制。

孕体和母体之间产生了信息传递和反应后，双方的联系和互相作用已通过激素的媒介和其他生理因素而固定下来，从而确定开始妊娠，这叫作妊娠的建立。

2. 妊娠识别的机理

黄体的存在和它的内分泌机能是正常妊娠的先决条件。黄体功能延长超过正常发情周期是母体妊娠识别时出现的典型的变化，虽然各种动物孕酮合成的机制有一定差别，但总的来说，都应在正常发情周期黄体未退化之前。

二、胎膜及胎盘

妊娠早期，受精卵是悬浮在子宫腔内的。发育至胚胎阶段则有一伸展期，在此期间，其外胚膜发育成胎膜并向外生长，占据子宫腔，和子宫内膜连接。

1. 胎膜组成

胎膜是胚胎生长必不可少的辅助器官，胎膜的容积很大，包围着胚胎，所以也叫胚胎外膜。胎儿就是通过胎膜上的胎盘从母体内吸取营养，又通过它将胎儿代谢产生的废物运走，并能进行酶和激素的合成，它是维持胚胎发育并保护其安全的一个重要的暂时性器官，产后即被摒弃。胎膜是由胚胎外的三个基本胚层形成的卵黄囊、羊膜、尿膜和绒毛构成的。胚胎周围由内而外被羊膜囊和绒毛膜囊包着，二囊之间，根据胚胎发育阶段的不同，存在着有卵黄囊和尿囊。

卵黄囊：哺乳动物在胚胎发育早期有一个较大的卵黄囊，囊壁由内胚层、脏中胚层和滋养层构成，脏中胚层上有稠密的血管网，形成完整的卵囊血液循环系统，起着原始胎盘的作用，从子宫乳中吸取营养，因此，在此阶段它是主要的营养器官。

羊膜囊：卵黄囊相当发育以后，才开始出现羊膜囊。羊膜囊是一个外胚层囊，如同一双壁层的袋，除脐带外，它将胎儿整个包围起来。囊内充盈羊水，胎儿悬浮其中，对胎儿起着机械性保护作用。

尿膜囊：是沿着脐带并靠近卵黄囊由后肠而来的一个外囊。它生长在绒毛膜囊之内，其内面是羊膜囊，尿膜囊则位于绒毛膜和羊膜之间。

绒毛膜囊：胚胎滋养层形成后，和胚外体壁中胚层融合共同构成体壁层，最后则形成胎膜最外面的一层膜，即绒毛膜。

脐带：脐带是由包着卵黄囊残迹的两个胎囊及卵黄管延伸发育而成，是连接胎儿和胎盘的纽带，其外膜的羊膜形成羊膜鞘，内含脐动脉、脐静脉、脐尿管、卵黄囊的遗迹和黏液组织。血管壁很厚，动脉弹性强，静脉弹性弱。

2. 胎盘的类型及功能

胚泡附植后，在附植处逐步发育为胎盘，胎盘通常是尿膜绒毛膜的绒毛部分为胎儿胎盘，子宫黏膜部分为母体胎盘。胎盘是母体与胎儿之间联系的纽带，它不仅是母、之间进行物质和气体交换场所，而且还是一个具有多种功能的器官。按照胎盘形态可分为四种：

（1）弥散型胎盘　许多种动物的胎盘是弥散型的，诸如：猪、马、骆驼、鼹鼠、鲸、海豚、袋鼠和鼬。

（2）子叶型胎盘　又称复合型胎盘，见于牛、绵羊、山羊和鹿。
（3）带状胎盘　食肉动物的胎盘都是带状胎盘。
（4）盘状胎盘　哺乳动物中的小鼠、大鼠、兔、蝙蝠、猴和人等灵长类及啮齿类均为盘状胎盘。

三、妊娠诊断

1. 动物的妊娠期

妊娠期是指胎生动物胚胎和胎儿在子宫内完成生长发育的时期。通常从最后一次配种之日算起，直至分娩为止所经历的一段时间。

主要动物的妊娠期：

牛、平均天数：282 d，范围：276～290 d；

绵羊、平均天数：150 d，范围：146～157 d；

马、平均天数：340 d，范围：300～412 d；

驴、平均天数：360 d，范围 340～380 d；

兔、平均天数：30 d，范围 28～32 d；

猪、平均天数：114 d，范围：102～140 d；

狗、平均天数：62 d，范围：59～65 d；

猫、平均天数：58 d，范围：55～60 d。

2. 早期妊娠诊断

在配种之后为及时掌握母畜是否妊娠、妊娠的时间及胎儿和生殖器官的异常情况，采用临床和实验室的方法进行检查，谓之妊娠诊断。妊娠诊断的方法，基本上分为两大类，临床检查法和实验室诊断法。

（1）临床检查法　① 外部检查法；② 直肠检查法；③ 阴道检查法；④ 超声波诊断法。

（2）实验室诊断法　① 孕酮含量测定法；② 早孕因子检测法。

第四节　分　娩

妊娠期满，胎儿发育成熟，母体将胎儿及其附属物从子宫排出体外，这一个生理过程称为分娩。这是一个复杂的生理过程，涉及产前预兆、分娩过程及产后期的一系列变化。

一、分娩的预兆

随着胎儿的发育成熟和分娩期逐渐接近，畜母的生殖器官及骨盆部发生一系列变化，以适应排出胎儿及哺育仔畜的需要；畜母的精神状态及全身状况也有所改变。通常把这些变化称为分娩前征或分娩预兆。

二、分娩的启动

在胎儿充分成熟并对生后的生存做好准备以前,胎儿支配着妊娠输卵管和子宫的活动,胎儿在分娩启动上起着主导作用。胎儿的成熟与分娩的启动是统一的,身体各种机能的成熟对于新生仔畜的成活都很重要。一般认为,分娩的发生不是由某一特殊因素引起的,而是由内分泌、机械性、神经性及免疫等多种因素之间复杂的相互作用、彼此协调所促成的。

三、决定分娩的要素

分娩过程是否正常,主要取决于三个因素,即产力、产道及胎儿。如果这三个因素正常,能够互相适应,分娩就顺利,否则可能造成难产。

1. 产力的组成及特点

将胎儿从子宫中排出的力量,称为产力,由子宫肌及腹肌有节律的收缩共同构成。子宫肌的收缩,称为阵缩,是分娩过程中的主要动力。腹壁肌和膈肌的收缩,称为努责,它在分娩中与子宫收缩协同,对胎儿的产出起着十分重要的作用。

2. 产道的组成及特点

产道是胎儿产出的必经之路,其大小、形状、是否松弛等,能够影响分娩的过程。产道由软产道及硬产道共同构成。软产道指由子宫颈、阴道、前庭及阴门这些软组织构成的管道。硬产道就是骨盆。

3. 胎儿与母体产道的关系

分娩过程正常与否,和胎儿与盆腔之间以及胎儿本身各部分之间的相互关系十分密切。产科上常用的说明胎儿与母体骨盆的正常与反常相互关系的术语:

(1) 胎向 即胎儿的方向,也就是胎儿身体纵轴与母体身体纵轴的关系。胎向有三种。

纵向:是胎儿的纵轴与母体身体纵轴互相平行。习惯上又将纵向分为两种。正生是胎儿的方向和母体的方向相反,倒生是胎儿的方向和母体的方向相同,后腿或臀部先进入或靠近盆腔。

横向:是胎儿横卧于子宫内,胎儿的纵国,轴与母体的纵轴呈十字形的垂直。背部向着产道称为背部前置的横向(背横向),腹壁向着产道(四肢伸入产道)称为腹部前置的横向(腹横向)。

竖向:是胎儿的纵轴向上与母体的纵轴垂直。有的背部向着产道,称为背竖向,有的腹部向着产道,称为腹竖向。

(2) 胎位 即胎儿的位置,也就是胎儿的背部和母体的背部或腹部的关系。胎位也有三种。

上位(背荐位):是胎儿伏卧在子宫内,背部在上,接近母体的背部及荐部。

下位(背耻位):是胎儿仰卧在子宫内,背部在下,接近母体的腹部及耻部。

侧位(背髂位):是胎儿侧卧于子宫内,背部位于一侧,接近母体左或右侧腹壁及髂骨。

上位是正常的,下位和侧位是反常的。

（3）胎势　即胎儿的姿势，也就是胎儿各部分是伸直的或屈曲的。

（4）前置　是指胎儿的某些部分和产道的关系，哪一部分向着产道，就叫哪一部分前置，在胎儿性难产，常用"前置"这一术语说明胎儿的反常情况。

四、分娩的过程

整个分娩期是从子宫开始出现阵缩起，至胎衣排出为止。分娩是一个连续的完整过程，为叙述方便起见，人为地将它分成三个时期，即开口期、产出期及胎衣排出期。

五、接　产

接产的目的在于对母畜和胎儿进行观察，并在必要时加以帮助，避免胎儿和母体受到损伤，达到母子安全。

1. 接产的准备工作

为使接产能顺利进行，必须做好必要的准备，其中包括产房、用品和药械以及接产人员。

2. 用品和药械

在产房里，接产用具及药械应齐备，并放在一定的地方。

3. 新生仔畜的处理

① 擦干羊水；② 处理脐带；③ 帮助哺乳。

六、产后期

从胎衣排出到生殖器官恢复状的一段时间，称为产后期。

1. 子宫复旧

产后期生殖器官中变化最大的是子宫。怀孕期中子宫所发生的各种改变，在产后期中都要恢复原来的状态，这称为复旧。

2. 恶　露

母畜分娩后，子宫黏膜发生再生现象，再生过程中变性脱落的母体胎盘，残留在子宫内的血液、胎水以及子宫腺的分泌物被排出来，称为恶露。恶露最初是呈红褐色，内有白色、分解的母体胎盘碎屑。以后颜色逐渐变淡，血液减少，大部分为子宫颈及阴道分泌物。最后变为无色透明，停止排出。母牛分娩后，恶露排出时间 10~12 d，母猪产后恶露很少，在产后 2~3 d 即停止排出。

第五节　动物主要产科疾病

一、流　产

流产是指由于胎儿或母体异常而导致妊娠的生理过程发生紊乱，或它们之间的正常关系受到破坏而导致的妊娠中断。如果母体在怀孕期满前排出未成熟胎儿，可称为早产；如果在分娩时排出死亡的胎儿，可称为死产。

病因：流产的原因极为复杂，可分为三类：即普通流产、传染性流产和寄生虫性流产。① 普通流产，包括自发性流产和症状性流产。② 传染性流产，是由传染病所引起的流产。③ 寄生虫性流产，是由寄生虫病引起的流产。

治疗：首先应当确定属于何种流产以及妊娠是否能继续进行，在此基础上再确定治疗原则。如果孕畜出现腹痛、起卧不安、呼吸和脉搏加快等临床症状，即可能发生流产。处理的原则为安胎，使用抑制子宫收缩药，可采用如下措施：① 肌内注射孕酮；② 给以镇静剂，如溴剂、氯丙嗪等。③ 进行阴道检查，尽量控制直肠检查，以免刺激母畜。

犬流产：多种原因（感染、维生素或矿物质缺乏、内分泌失调等）引起的妊娠中断。治疗以安胎、保胎为原则。

【处方1】1%黄体酮 0.5~1 mL。用法：一次肌肉注射。每周 1~3 次。

【处方2】1%持续型孕酮制剂 2.5 mL。用法：一次肌肉注射。每周 1 次，连用几周。说明：用于黄体激素缺乏病例。

二、胎衣不下

母畜分娩出胎儿后，如果胎衣在正常的时限内不排出，就叫胎衣不下或胎膜滞留。各种家畜排出胎衣的正常时间为：马 1~1.5 h，羊 4 h，牛 12 h。如果超过以上时间，则表示异常。

发病原因：主要和产后子宫收缩无力及胎盘未成熟或老化、充血、水肿、发炎、胎盘构造等有关。

临床症状：

（1）牛发生胎衣不下时，常常表现拱背和努责，如努责剧烈，可能发生子宫脱出。胎衣在产后 1 d 之内就开始变性分解，从阴道排出污红色恶臭液体，患畜卧下时排出量较多。胎衣部分不下通常仅在恶露排出时间延长时才被发现，所排恶露的性质与胎衣完全不下时相同，仅排出量较少。

（2）羊发生胎衣不下时，一般在产后超过半天就会出现全身症状，病程发展很快，临床症状严重，有明显的发热反应。

（3）猪的胎衣不下多为部分不下，并且多位于子宫角最前端，触诊不易发现。患猪表现不安，体温升高，食欲降低，泌乳减少，喜喝水，阴门内流出红褐色液体，内含胎衣碎片。

（4）犬很少发生胎衣不下，偶尔见于小品种犬。

防治方法：尽早采取治疗措施，防止胎衣腐败吸收，促进子宫收缩，局部和全身抗菌消炎，在条件适合时可剥离胎衣。胎衣不下的治疗方法很多，概括起来可以分为药物疗法和手术疗法两大类。

（1）药物疗法 在确诊胎衣不下之后要尽早进行药物治疗。

①子宫腔内投药 向子宫腔内投放抗菌药物，起到防止腐败、延缓溶解的作用，然后等胎衣自行排出。

②肌内注射抗生素 在胎衣不下的早期阶段，常常采用肌内注射抗生素的方法。

③促进子宫收缩 加快排出子宫内已腐败分解的胎衣碎片和液体，可先肌内注射苯甲酸雌二醇，1 h 后肌内或皮下注射催产素。

（2）手术疗法 即徒手剥离胎衣。采用手术剥离的原则是：容易剥则坚持，否则不可强剥，患急性子宫内膜炎或体温升高者，不可剥离。

预防措施：给怀孕母畜饲喂富含多种矿物质和维生素的饲料。舍饲奶牛要有一定的运动时间和干奶期。产前 1 周要减少精料，搞好产房的卫生消毒工作。分娩后，特别是在难产后应立即注射催产素或钙制剂，避免使产畜饮用冷水。

三、奶牛生产瘫痪

奶牛生产瘫痪亦称乳热症或低钙血症，是奶牛分娩前后突然发生的一种严重的代谢性疾病。其特征是低血钙、全身肌肉无力、知觉丧失及四肢瘫痪。生产瘫痪主要发生于饲养良好的高产奶牛，而且出现于一生中产奶量最高时期，但第 2～11 胎也有发生。初产母牛几乎不发生此病。大多数发生在顺产后的 3 d 内，少数则在分娩过程中或分娩前数小时发病，极少数在分娩数周或妊娠末期发病。

发病原因：分娩前后血钙浓度急剧降低是本病发生的主要原因，也可能是由于大脑皮质缺氧所致。

临床症状：牛发生生产瘫痪时，表现的症状不尽相同，有典型的与非典型两种。

（1）典型症状 病程发展很快，从开始发病至出现典型症状，整个过程不超过程 12 h。病初通常是食欲减退或废绝，反刍、瘤胃蠕动及排尿停止，泌乳时降低；精神沉郁，表现轻度不安；不愿走动，后肢交替负重，后躯摇摆，好似站立不稳，四肢（有时是身体其他部分）肌肉震颤。有些病例则出现惊慌、哞叫、目光凝视等兴奋和敏感症状；头部及四肢肌肉痉挛，不能保持平衡，出现意识抑制和知觉丧失的特征。病牛昏睡，眼睑反射微弱或消失，瞳孔散大，对光线照射无反应，皮肤对疼痛刺激也无反应。肛门松弛、反射消失。有时发生喉头及舌麻痹，舌伸出口外不能自行缩回，病畜四肢屈于躯干下，头向后弯到胸部一侧。体温降低也是生产瘫痪的特征之一。病初体温可能仍在正常范围之内，但随着病程发展，体温逐渐下降，最低可降至 35～36 ℃。

（2）非典型症状 呈现非典型症状的病例较多，产前及产后较长时间发生的生产瘫痪多表现为非典型症状，其症状除瘫痪外，主要特征是头颈姿势不自然，由头部至臀部轻度的 S 状弯曲。病牛精神极度沉郁，但不昏睡，食欲废绝。各种反射减弱，但不完全消失。病牛有时能勉强站立，但站立不稳，且行动困难，步态摇摆。体温一般正常或不低于 37 ℃。

防治方法：静脉注射钙剂或乳房送风是治疗生产瘫痪最有效的常用疗法，治疗越早，疗效越高。

（1）静脉注射钙剂　最常用的是葡萄糖酸钙溶液。

（2）乳房送风疗法　向乳房内打入空气需用乳房送风器，使用之前应将送风器的金属筒消毒并在其中放置干燥消毒棉花，以便滤过空气，防止感染。没有乳房送风器时，也可利用大号连续注射器或普通打气筒，但过滤空气和以上感染比较困难。打入空气之前，使牛侧卧，挤净乳房中的积奶并给乳头消毒，然后消过毒而且在尖端涂有少许润滑剂的乳导管插入乳头管内，注入青霉素 10 万 IU 及链霉素 0.25 g。

（3）其他疗法　用钙剂治疗疗效不明显或无效时，可考虑应用胰岛素和肾上腺皮质激素，同时配合应用高糖和 2%~5% 碳酸氢钠注射液。对怀疑血磷及血镁也降低的病例，在补钙的同时静脉注射 40% 葡萄糖溶液和 15% 磷酸钠溶液各 200 mL 及 25% 硫酸硫酸镁溶液 50~100 mL。

预防措施：在干奶期中，最迟从产前 2 周开始，给母牛饲喂低钙高磷饲料，减少从日粮中摄取的钙量，是预防生产瘫痪的一种有效方法。应用维生素 D 制剂也可有效地预防生产瘫痪。

四、奶牛产后出血

奶牛产后出血，发病率在 3% 左右，多以阴道流血为主要特征。阴道流血量大时，则易引发奶牛贫血症，危害大，不可忽视。为防止失血过多，须及时止血，以预防牛的贫血症。

【处方 1】脑垂体后叶素 5 mL~10 mL。用法：肌肉或皮下注射。静脉注射时，可加葡萄糖溶液或生理盐水，缓慢注入。也可用麦角新碱，一般用一次即可，一次用量为 5~10 mL。多用于子宫收缩无力及子宫出血等，但不易多次使用。胎盘没排出前禁用。

【处方 2】如为血管因素致出血，可用维生素 C、安络血、止血敏、皮质激素等，以降低毛细血管通透性。因纤维蛋白溶解亢进性出血时，可用 6-氨基乙酸、羟基苄胺、止血环胺等抗纤维蛋白溶解药物治疗。

【处方 3】止血散（地榆 200 g，棕炭 150 g，艾叶炭、益母草、阿胶、黄芪各 50 g）。用法：研为细末，用开水冲，冷后服用。

【处方 4】灌注宫腔可用：干制紫珠草叶 205 g。用法：加水煎煮成 200 mL~300 mL，过滤、冷凉后，用水球或大注射针管灌注宫腔，一般灌注 2~3 次即可止血。

【处方 5】治疗子宫炎症：对患有子宫炎的产后出血的牛，在用止血药的同时，还要注重消炎，可肌肉注射抗生素，宫内局部投用磺胺粉等药物，以消除子宫炎症。

【处方 5】补充体液：母牛产后大出血时，除及时止血外，还要进行糖盐水大量补液，必要时可饮用口服液，配方为盐 3.5 g、小苏打 2.5 g、氯化钾 1.5 g、糖 20 g，溶解于 1000 mL 水中，当水饮用，效果好，以免牛贫血症的发生。

五、奶牛乳腺增生症

乳腺增生症多发于青年奶牛，常有乳房胀痛现象，乳房部位有较硬的肿块，也叫乳腺瘤，俗称奶疙瘩。患病奶牛精神沉郁，烦躁不安，易受惊吓。奶牛乳腺增生症可采用以下方法治疗。

（1）乳房保健　保持奶牛乳房清洁，坚持适当的运动，保持环境安静。慎用含激素的药品和添加剂。限制动物性脂肪和含糖多的饲料喂量，不喂辛辣刺激性饲料，宜喂青绿多汁饲料。

（2）定时按摩　发现奶牛乳腺增生后，除正常按摩挤奶外，每天夜间饲喂后，在乳房两侧下部进行定时按摩乳房各50次，有助于促进乳房部血液及淋巴的回流，以降低乳腺细胞的活性。

（3）热敷疗法　病到后期，为促进痊愈，可进行热敷，促进组织血液循环，提高牛体抵抗力，使炎症消散，病变局限化，减轻局部肿块疼痛。

（4）喂中成药　可选用人用的乳康片，每次每头奶牛喂30片，每天3次；或用乳核散结片，每次40粒，拌入少量饲料中喂给，每天3次；也可用乳增宁片，每次20片，每天喂服3次；还可用乳癖消胶囊，每次40粒，每天服用3次。坚持连用至乳房肿块消退。

（5）饮食疗法　①喂黑芝麻糊粥。取粳米500 g，加水3 kg煮成粥，加适量白糖，再加入炒热研碎的黑芝麻200 g，调入粥内喂给，每天2次，连用数天。②用海带300 g、大头菜150 g，洗净切成丝喂牛。③取核桃、八角茴香各10个，取核桃仁，与八角茴香一起，在牛喂料前半小时喂下，每天3次，连用数天。

（6）手术疗法　采取以上措施，患牛一般都能逐渐好转，必要时也可采取手术疗法。在局部常规消毒和麻醉后进行乳腺瘤摘除。对于浅表的乳腺瘤，可做放射状切口，切开后把乳房和腹肌分开，在乳房基底部位，切开乳房组织，把瘤摘除，也可在包膜外剥离后摘除，但要摘净，并注意做好消毒工作，防止病菌感染。

六、乳腺炎

1. 奶牛乳腺炎

（1）临床性乳腺炎

临床性乳腺炎的病牛有的表现轻微，没有全身性症状；有的表现剧烈，并且有全身性症状。对前一种类型的病牛可注射催乳激素治疗，乳区开始泌乳，不给奶牛注射任何类型的抗生素，这种治疗方案的优势是患有乳房炎奶牛的各乳区都没有含有感染性细菌的牛奶滞留。对于后一种类型的病牛，每两小时挤去各乳区中的牛乳。许多表现轻微的临床性乳房炎病牛也可以通过接受这种治疗方案得到满意的效果。

用抗生素向有乳房炎的乳区灌药，对临床性乳房炎有清除乳区乳房炎症状的作用，采取这种治疗方式，体细胞数（SCC）可能保持上升趋势。

对于同链球菌和葡萄球菌引起的有全身症状的急性乳房炎，需要更细致的治疗方案，经常使用广谱抗菌药进行治疗，大剂量的阿司匹林或者氟可欣通常都是有效的。

对于急性乳房炎应该注射催乳激素治疗，这有助于乳房排空内部的毒素。

有些急性感染的奶牛也许不能站立，在这种情况下，兽医应对其慢速静脉输钙治疗。将钙剂量液体进行稀释会比较安全。如果对静脉输钙不进行稀释或者输液速度过快都会导致奶牛心脏骤停。

对于严重感染的病牛应该在兽医的监督下得到悉心的照料。对严重感染的病牛使用可的松类药物，如地塞米松，这通常都会起到较好的效果。不要忘记地塞米松不能用于妊娠后期的母牛治疗。

中药方用仙方活命饮：金银花60 g、当归45 g、陈皮30 g、防风20 g、白芷20 g、甘草

15 g、浙贝母 25 g、天花粉 30 g、乳香 25 g、没药 25 g、皂角刺 20 g、赤芍 30 g、穿山甲（蛤粉炒）30 g、黄酒 150 mL 为引。共研末，开水冲，候温加黄酒 150 mL 灌服，1 剂/天，视病情连服数剂或者隔天 1 剂。乳汁不通者加木通、通草、王不留行、路路通；体温升高者加蒲公英、连翘；痛不甚者可减乳香、没药；乳汁带血者方中加侧柏叶、白茅根、地榆、生地等；体质虚弱者加党参、黄芪、白术、山药；乳汁多脓者加重黄芪用量。西药用生理盐水 100 mL，红霉素 90 万 IU，地塞米松 10 mg，乳房缓慢注射，视病情 1～2 次/天。水肿严重者，为促进吸收，用 10%～20% 硫酸镁溶液热敷或冷敷。

方中金银花清热解毒，是治疗疮痈的要药，为主药；防风、白芷活血散瘀，消肿止痛为辅药；天花粉、贝母散结消肿；陈皮理气行带以助消肿，直达病所，而溃痛破坚；甘草以清热解毒、调和诸药，解疮毒；加酒助药势，增强活血通络作用，使药力速达病所。综观全方有清热解毒、活血祛瘀，消肿散结止痛之功效。

（2）隐性乳房炎

隐性乳房炎虽然不会威胁到生命，但是，除非得到适当的治疗，否则患有亚临床性乳房炎的奶牛常常会因为生产优质奶低下而被送往屠宰场。制定一个控制亚临床性乳房炎的计划是非常重要的，而在泌乳期间对患病奶牛进行治疗的费用是可变的。只有当体细胞数（SCC）显著下降的时候，治疗才有效。

干奶期是治疗亚临床型乳房炎的最佳时期，因为这个时期能够降低重新感染的机率。由于干奶牛乳房炎药的作用时间较长，因此治愈率相当高。损坏组织在再次开始泌乳之前有充足的时间再生。此外，干奶时不用担心乳中的抗生素残留，干奶期采用过干奶治疗的牛，在分娩时都要测定牛奶中抗生素的残留。如果患牛将要被屠宰，而不是成为干奶牛，必须严格控制抗生素的停药时间。

无论被治疗的是临床性乳房炎还是隐性乳房炎，许多牛场主对体细胞数（SCC）并不随着牛奶外观正常化而迅速降低感到失望。事实上，体细胞数下降需要在治愈后两周甚至几个月的时间才能实现。

2. 乳痈（称乳房炎）

乳痈多见哺乳母猪，是瘀血毒气凝结于乳房而成痈肿的一种疾病。本病多发生在泌乳期，多由于圈舍潮湿，湿热上蒸，侵入乳房所致，又因仔猪哺乳时伤害乳头，毒气乘伤而入或因乳孔闭塞，乳汁不能流出而蓄积，阻碍血液流行，亦可致成本病。

临床症状　患部发生硬肿块，皮肤变红，发热疼痛，不让仔猪哺乳，有时蔓延到整个乳房，精神沉郁，体温升高，食欲减少。

治疗方法　治宜抗菌消炎，活血化淤。

【处方 1】青霉素 40 万～80 万 IU、0.25% 奴夫卡因注射液 20～40 mL。用法：乳房周围分点注射封闭。

【处方 2】注射用青霉素钠 80 万 IU、注射用链霉素 50 万～100 万 IU、注射用水 5～10 mL。用法：分别一次肌肉注射，每天 1～2 次，连用 3 d。

【处方 3】蒲公英 15 g、金银花 12 g、连翘 9 g、丝瓜络 15 g、通草 9 g、穿山甲 9 g、芙蓉花 9 g。用法：研为末，开水冲调，候温一次灌服。

【处方 3】通草 10 g、青皮 10 g、山甲 15 g、芙蓉花 10 g、当归 20 g、连翘 15 g、双花 10 g、

黄柏20 g、牛蒡子15 g、皂角刺20 g。用法：研为末，白酒150 mL灌服。方解通草、山甲、芙蓉花消肿化积乳，青皮、当归理气，活血，消瘀，其余药物清热解毒，消痛。

3. 兔乳房炎

母兔泌乳不足或分娩前后由饲喂过多精料和多汁饲料，使乳汁分泌过多、过稠或仔兔不能将乳汁吸完或外伤感染引起。以乳房局部或全部红肿、发热或颜色变青、化脓为特征。治宜消炎消肿。

【处方1】
（1）鱼石脂软膏或氧化锌软膏适量。用法：乳房外涂擦。
（2）注射用青霉素钠40万~80万IU、注射用水5~10 mL。用法：炎症部位一次分点注射，每日2次，连用3~5 d。说明：如形成脓肿，可切开排脓后再肌注青霉素。

【处方2】蒲公英3 g、金银花3 g、紫花地丁3 g、连翘3 g、玄参3 g、黄芩3 g。用法：水煎取汁，分早、晚2次灌服，连服2~3 d。

【处方3】蒲公英、紫花地丁、菊花、金银花、芙蓉花各等份。用法：用鲜药适量捣烂，敷患处。

4. 猫乳房炎

由乳腺损伤或乳汁长时间积滞引起。表现为乳房充血、红肿、热痛。治宜抗菌消炎。

【处方1】注射用青霉素钠40万~80万IU、0.5%盐酸普鲁卡因5~10 mL。用法：混匀，乳房基部封闭性一次注射。

【处方2】金银花6 g、蒲公英7 g、败酱草7 g、芦根5 g、葛根3 g、柴胡1 g。用法：水煎，一次灌服，每日1剂，连用2~3剂。

【处方3】如意金黄散适量 用法：醋或蜜调成糊状敷于患处

5. 藏獒乳房炎

乳房炎是由链球菌、葡萄球菌和绿脓杆菌等细菌侵入乳腺引起。乳头被仔犬抓伤或咬伤，细菌侵入创口，引起炎症。进入创伤的病菌可能被局限化而形成脓肿，或扩散而导致蜂窝织炎。乳房炎也容易发生于仔犬断奶，母犬突然停止哺乳，乳房中有积乳，乳房肿胀而发生乳房炎。大多数情况下，细菌感染乳腺的方式，不是通过乳头开口，而是通过乳房外的伤口或创面。对患有乳房炎的母犬，应停止哺乳，但必须经常少量挤奶。为了减少泌乳，可肌内注射长效乙烯雌酚0.2~0.5 mg/只，每天1次，连续注射5 d。可选用抗生素以逐渐缓解并治疗病症。对已形成脓肿的乳房炎，应视炎症程度，必要时应切开脓肿排脓，并用防腐液冲洗，同时采取适当的全身治疗。

七、产后无乳或少乳症

1. 母藏獒无乳或少乳症

无论是母犬产后无乳还是少乳，都会严重影响到新生仔犬的生长发育，必须针对症状，迅速采取措施，一边拯救幼犬，一边诊治母犬。藏獒具有幼年期生长发育快的特点，新生仔犬在初生后的 1～5 d 中，日增重可以达到 30～70 g。如果母犬发生无乳症或少乳症，后果就很严重。无乳症是母犬年龄较大，产后丘脑下部释放催产素不足，乳腺腺泡及腺导管周围平滑肌没有收缩或收缩力太弱，以致乳房胀满而乳汁却不能排出。对症可采取肌内或皮下注射催产素 0.2～1 单位，可促进母犬放乳。

母藏獒产后少乳相当普遍。发生少乳的原因，可能是母犬内分泌不足，或乳房发育不充分，也可能是由于遗传。但少乳最主要的原因还是母犬营养不良。如果母犬在妊娠后期得不到全价的食料，在胚胎快速发育中，母犬体内养分动用或消耗过多，几无贮备，则产后母犬往往难以负担哺乳的强大压力，体况日下，出现少乳。所以，要防止母犬发生少乳症，首先应注重对产后母犬的护理，加强饲养管理，保证营养供给。泌乳中应保持环境安静，避免外界干扰。对泌乳力下降较大、严重泌乳不足的母犬，可使用促乳素注射，每日 2 单位，可促进并能维持泌乳，但必须以加强母犬营养为基础。对家族性少乳母犬，应结合母犬的产仔能力（活产仔数、断奶成活数）综合评定，表现不良者要坚决淘汰。

2. 母兔产后无乳

母兔产后无乳或缺乳，是母兔的产后常发病。主要病因是母兔在妊娠和哺乳期间饲养管理不当或营养不全。另外，也有因遗传缺陷、配种过早、年龄过大和某些病的影响而引起。也可能因母兔乳汁郁滞不畅所致。采用中药验方，配合口服补液盐的方法治疗本病，可获良好效果。

【处方】

（1）地龙 20 g，王不留行 15 g，黄芪、党参、通草各 10 g，蒲公英 20 g。用法：水煎汁拌料或灌服，连用 3～5 d。

（2）鸡蛋 2 个、红糖 20 g、白酒 2 g。用法：将鸡蛋加红糖煮熟后，再加白酒，混在料内，每日分 2 次喂兔，连用 3～4 d。

（3）芝麻 10 g、花生米 15 g、酵母片 5～8 片。用法：共捣碎拌精料喂兔，每日 1～2 次，连用 3～5 d。

（4）口服补液盐（氯化钠 3.5 g、氯化钾 1.5 g、碳酸氢钠 2.5 g、葡萄糖 20 g，加水 1000 mL）。用法：溶解后加温供母兔自由饮用，每日 2～3 次，连用 2～3 d。

3. 猪产后缺乳

由体衰、乳房炎、血淤等引起。表现乳汁减少或无乳。治宜通乳消炎。

【处方 1】党参 60 g、黄芪 50 g、当归 5 g、王不留行 50 g、穿山甲 20 g、通草 25 g、白术 25 g、白芍 25 g、天花粉 25 g、木通 25 g、厚朴 25 g、陈皮 25 g、甘草 25 g。用法：研粗末，纱布包裹，煎汤一次饮服。

【处方 2】王不留行 10 g、穿山甲 10 g、木通 9 g、通草 9 g、老母鸡 1 只或猪蹄 500 g。用法：水煎至肉烂，一次喂服，每天 1 剂，连服 3 剂。

【处方 3】当归 25 g、王不留行 15 g、木通 15 g、山甲 10 g、通草 10 g、川芎 10 g。连服 3～5 d。

【处方 4】当归 25 g、川芎 10 g、黄芪 15 g、党参 15 g、白术 10 g、熟地 10 g、山甲 10 g、通草 10 g。连服 3～5 d。

八、猪产后败血症

猪产后败血症由产后产道感染所致。以高热、萎靡、阴门流出带血恶臭液体为特征。治宜抗菌消炎

【处方】 同子宫炎处方 1，也可用其他抗生素和磺胺药。并根据病情补液强心。

九、兔子宫脱出

常因分娩引起。表现子宫外翻脱出，阴道流血。治宜整复固定，预防感染。
【处方】
（1）3%温明矾水溶液适量。用法：清洗脱出子宫后整复入腹腔。
（2）注射用青霉素钠 40 万 IU、注射用水 2 mL。用法：一次肌肉注射，每日 2 次，连用 3~5 d。

十、母猪产后子宫脱出

母猪产后子宫脱出由体瘦、生产努责等原因引起。以子宫部分或整个子宫角脱出阴门外为特征。治疗原则：整复固定。

子宫不全脱出时，可用 0.1%高锰酸钾或生理盐水 500~1000 mL 注入母猪子宫腔，借助液体的压力使子宫复原。

子宫全脱者，要先除去附在黏膜上的粪便，用 0.1%高锰酸钾或 1%食盐水洗涤；严重水肿者，用 3%白矾水洗涤。整复时，2 人托起子宫与阴道等高，1 人用左手握子宫角，右手拇指从子宫角端进行整复。再把手握成锥状像翻肠子一样，在猪不努责时用力按压，依次内翻。用此法将两子宫角推入子宫体，同时将子宫体推入骨盆腔及腹腔。整复完毕，阴门用粗丝线缝合 2 针，以防再脱出。必要时予以麻醉。整复后注射抗菌药物消炎。

注：猪子宫全脱出整复较困难，可在腹胁部切开，从腹腔内牵拉整复，无生产价值的母猪，可行子宫切除术。

十一、猪难产

猪难产由体瘦子宫收缩无力或胎位不正等原因引起。人工助产，必要时行剖腹产。治宜矫正胎位后促进子宫收缩。

【处方 1】垂体后叶素或催产素注射液 30~50 IU。
【处方 2】当归 15 g、川芎 10 g、桃仁 10 g、益母草 6 g、炮姜 6 g。用法：分 3 次灌服，连用 3~5 d。

十二、猪胎动不安

妊娠母猪由营养不良、热性病或驱赶惊吓等引起。表现腹痛不安，阴道流出浊液或血水。

治宜养血、凉血、安胎。

【处方1】1%黄体酮注射液 2~4 mL。用法：一次肌肉注射，每天 2 次。

【处方2】保产安胎汤（党参 15 g、黄芪 15 g、黄芩 15 g、杜仲 15 g、白芍 15 g、菟丝子 12 g、桑寄生 10 g、木香 10 g、甘草 10 g）。用法：煎汤去渣，候温灌服。

十三、猪子宫炎

猪子宫炎由难产、胎衣不下、子宫脱出等原因造成子宫感染引起。以阴门排出不洁分泌物为特征。治宜抗菌消炎。

【处方1】0.05%新洁尔灭溶液适量、注射用青霉素钠 200 万 IU、注射用链霉素 200 万 IU、1%己烯雌酚注射液 1 mL、催产素注射液 10 IU。用法：先肌肉注射己烯雌酚，然后倒卧保定，用输精管插入子宫，接注射器注入新洁尔灭液，然后抽出，反复冲洗干净，排尽洗液后注入稀释的 40 万青霉素，剩余青霉素、链霉素一并肌肉注射，1 h 后再肌肉注射催产素。次日和第 5 天再重复 1 次。说明：冲洗子宫也可用新洁尔灭或 0.1%高锰酸钾或青霉素等。抗生素也可用金霉素、四环素、磺胺嘧啶、甲硝唑等。

【处方2】益母草 15 g、野菊花 15 g、白扁豆 10 g、蒲公英 10 g、白鸡冠花 10 g、玉米须 10 g。用法：加水煎汁，加红糖 200 g，一次灌服。注：奶牛子宫内膜炎也可用氯前列烯醇肌肉注射。

十四、猪卵巢机能减退

猪卵巢机能减退由营养或子宫疾患等原因引起。以久不发情为特征。治宜消除病因，催情促孕为原则。

【处方1】绒毛膜促性腺激素 500~1000 IU。用法：一次肌肉注射，间隔 1~2 d 再用 1 次。

【处方2】健康孕马血清或全血 10~15 mL。用法：一次皮下注射，次日或隔日再注射一次。

【处方3】催情散（淫羊藿 6 g、阳起石 6 g、当归 5 g、香附 5 g、菟丝子 3 g、益母草 6 g）。用法：煎汤灌服，每天 1 次，连用 2~3 剂。

十五、母猪产后不食

母猪产后不食多是因产后消化系统紊乱导致的以食欲减退为主的综合征，它不是一种单独的疾病，而是由多种因素引起的疾病。它是生产母猪常见的现象，发生后，如果不及时治愈，往往会影响仔猪正常生长（如发生黄、白痢），甚至导致母猪死亡或被淘汰，影响正常生产的持续，给养猪业带来一定的经济损失，需引起重视。

发病原因：① 产前喂食过多精料，尤其是豆饼含量过多，饲料缺少矿物质和维生素，加重胃肠负担，引起消化不良。② 产后患有阴道炎、子宫炎、尿道炎引起不食，以及隐性感染蓝耳病。③ 因分娩困难、产程过长，致使母猪过度劳累引起感冒、高烧致使母猪产后不食。

预防措施：应加强饲养管理，合理搭配饲料，供给母猪易消化、营养丰富的饲料及青绿多汁饲料。加强怀孕母猪的饲养管理，如果条件允许，应让其适当运动。及时治疗母猪各种原发疾病，如阴道炎、子宫炎、尿道炎、蓝耳病等。细心观察母猪精神状态，勤查体温，保持产床清洁卫生。在母猪产前产后的饲料中添加小苏打（每吨饲料中加 3 kg）。

诊疗方法：母猪产后一旦表现食欲减退或废绝，应立即查明原因，做到对症治疗。

（1）因产后母猪衰竭引起不食，体温一般正常或偏低，四肢末梢处发凉，可视黏膜苍白，卧多立少，不愿走动，精神状态差，如不及时治疗有可能导致死亡。

【处方】氢化可的松 7~10 mL，50%的葡萄糖溶液 100 mL，维生素 C 20 mL，1 支新必妥，一次静脉注射。

（2）产后母猪大量泌乳，血液中葡萄糖、钙的浓度降低导致母猪产后不食。

【处方】10%的葡萄糖酸钙 100~150 mL，10%~35%的葡萄糖溶液 500 mL，维生素 C 20 mL，1 支新必妥，静脉注射，连注 2~3 d。

（3）因母猪分娩时栏舍消毒不严格、助产消毒不严格，病原菌乘虚而入引起泌尿系统疾病，导致猪产后不食。

【处方】青霉素 480 万国际单位，10%的安钠咖 10~20 mL，维生素 C 20 mL，1 支新必妥，5%的葡萄糖生理盐水 500 mL，一次静脉注射，每天 2 次，连注 2~3 d。如果病原体侵入子宫，可用消毒剂冲洗母猪子宫。

（4）母猪因感冒、高烧引起产后不食，常常表现为体温高，呼吸、心跳加快，四肢、耳尖发冷，乳房收缩，泌乳减少。

【处方】庆大霉素 25 mL，安乃近 20 mL，维生素 C 20 mL，1 支新必妥，安钠咖 10 mL，5%的葡萄糖生理盐水 500 mL 静脉注射，每天注射 2 次。

（5）对隐性感染蓝耳病，造成母猪免疫力低下而不食。

【处方】10%的安钠咖 10~20 mL，维生素 C 20 mL，1 支新必妥，5%的葡萄糖生理盐水 500 mL，青霉素 480 万国际单位，链霉素 200 万国际单位，一次静脉注射。

（6）中药治疗：黄芩 60 g，黄连 50 g，银花、陈皮、厚朴各 40 g，车前草、夏枯草各 80 g，地丁草 100 g，猪苦胆 1 个，加醋 200 mL，共煎沸后加入稀饭中 1 次喂给。每天 1 次，连喂 3 d，可增进食欲。

十六、母猪产后便秘

母猪产后便秘是一种常见的疾病。临床常用的治疗方法：
（1）加喂青绿饲料；
（2）增加饮水量并加入人工补液盐；
（3）葡萄糖盐水 500~1000 mL，维生素 C 10 mL 3 支，一次静脉注射；
（4）复合维生素 B_1 5 mL，青霉素 240 万单位，安痛定 30 mL，分别肌注；
（5）酵母、大黄苏打片、多酶片、乳酶生各 40 片，研为细末，分 4 次给母猪内服；
（6）日喂小苏打（碳酸氢钠）25 g，饮水喂服，分 2~3 次喂给。

十七、犬产后惊痫

犬产后惊痫由于分娩后母犬血钙浓度下降所致。临床可见肌肉强直性或间歇性痉挛以及体温升高等症状。治疗以补充血钙为主。

【处方1】10%葡萄糖酸钙注射液 10~30 mL、5%葡萄糖生理盐水 250~500 mL。用法：一次缓慢静脉注射。

【处方2】维丁胶钙注射液 3 mL。用法：一次肌肉注射或脾俞穴注射。

十八、犬子宫内膜炎

犬子宫内膜炎由感染、流产或胎儿滞留等所致。临床可见阴门流出污秽、腥臭分泌物。治疗以抗菌消炎为主。

【处方1】0.02%呋喃西林溶液 100~300 mL。用法：一次冲洗子宫。每天1次，连用2~4 d。

【处方2】垂体后叶素注射液 2~15 g、头孢拉啶 0.5~2.0 g 注射用水 5~10 mL。用法：分别一次肌肉注射或二眼、后海穴注射。每天1次，连用3~5 d。

【处方3】新型促孕灌注液 5~20 mL。用法：一次子宫内灌注。隔天1次，连用3次。

【处方4】益母草膏 5~20 mL。用法：一次口服。每天1次，连用10 d。

十九、猫难产

猫难产指子宫收缩无力性难产。主要表现为母猫阵缩无力，超过4~6 h 仍娩不出胎儿。治宜诱发阵缩，增加产力。

【处方】催产素 2~5 单位。用法：一次皮下或肌肉注射。说明：配合人工助产，无效者行剖腹产。

二十、母藏獒产后出血

母藏獒产后大量出血现象较少，但有产后长期排出血样恶露，有时甚至有血凝块出现。分娩时造成外伤性损伤，或胎盘不下，或子宫复位不全等，都有可能造成产后出血。

治疗方法：单纯性产后出血可给犬肌内注射止血敏，用量为 2~4 mL/次；或按 2 mg/kg 体重的剂量，皮下注射醋酸甲烃孕酮。一般注射后 24 h 即可发现母犬出血量减少，血色淡红，3 d 后，出血可基本停止。也可按 10~30 mg/kg 体重的剂量，用醋酚氯地孕酮来止血。

二十一、藏獒产后败血症

母藏獒由于妊娠期饲养管理不当，疾病防治不力，分娩时缺乏必要的消毒措施和护理等，在母犬产后发生这样或那样的一系列问题，处理不当，会严重损害母犬健康，同时更可能危害到初生仔犬。生产中，加强对产后母犬的护理是十分重要的。

由于产窝消毒不彻底，特别是母犬自身的污染，在分娩过程中子宫和阴道受到损伤，出现局部感染和炎症后，未得到及时治疗和处理。溶血性链球菌、金黄色葡萄球菌和大肠杆菌等病原微生物由子宫和阴道的损伤处进入血液，引起母犬全身性的严重感染。母犬发病后，出现全身症状，体温可升高到 40 ℃ 以上，呈稽留热，恶寒战栗，脉搏细数，呼吸快而浅。食欲废绝，贪饮，停止泌乳，并常伴发腹泻、血便和腹膜炎等。子宫松弛，排出有恶臭气味的褐色液体，阴道黏膜干燥。母犬病程短，发病快，需及时治疗，以挽救其生命。

治疗方法：对产后败血症，以采取局部处理和抗生素注射并行的方法进行治疗。对子宫或阴道的局部感染，应排除脓液，清洗创面，消毒，外敷软膏或药物。对子宫内渗出物，可应用子宫收缩药物促进子宫内容物的排出，并随后向子宫中注入抗生素。针对全身性症状，可应用补液、强心和抗酸中毒及抗生素注射等方法，使母犬病情得到缓解，杀灭病原菌并治愈。

二十二、藏獒难产

难产是指母犬在分娩过程中，因为种种原因，超过了正常的分娩时间而不能将胎儿娩出的现象。就生活在青藏高原的藏獒而言，难产率并不高，通常可达到 1.3% 左右。主要发生在大龄或老龄的母藏獒。由于年龄较大，体质纤弱，体内生殖激素的分泌不正常，临产时骨盆开张不够，产道狭窄，或母体子宫收缩力度不够，不能推动胎儿按时通过产道，终而造成难产。也有部分母藏獒，由于发育较差，年龄太小，或体况过肥等也易出现难产。在我国其他地区，藏獒在圈养条件下，由于场地面积小、饲养密度大或限制活动等原因，使妊娠母犬很难达到应有的活动量或自由游走的时间与区域，难产情况发生较多。据报道和统计，母藏獒难产率平均已达到了 11.3%。这个现象也说明，藏獒到达新地区后，从生活适应达到生理适应还需要一定的过程。在藏獒未能完全适应新地区的环境，包括饲料、饲养和人文等条件以前，不宜急于配种。而在母犬妊娠期间更应特别加强饲养管理和护理，避免或减少难产发生的可能性。

1. 母藏獒难产的类型

根据造成母藏獒难产的原因，可将难产划分为以下几种类型。

（1）母体性难产

① 原发性子宫无力　该种类型难产特点是母犬产道正常，胎儿体积大小适宜，但母犬子宫的阵发性收缩和腹部努责力减弱，母犬分娩力不足，造成难产。这种类型的难产，尤以老年母藏獒和过度肥胖的母藏獒为多。母犬妊娠中缺乏运动或怀胎过多，体积过大以及羊水过多，引起母犬子宫过度扩张时，都会发生原发性难产。由于子宫收缩较弱，努责次数少，无分娩动作或分娩动作不明显，胎儿产出过程延长，乃至胎儿不能产出，或产出几个胎儿后，母犬子宫收缩力衰竭，最终形成难产。

② 继发性难产　继发性难产是指母体或胎儿出现异常情况，使分娩受阻而导致母犬子宫肌肉停止收缩。诸如子宫扭转（少见）、腹股沟疝、子宫破裂、子宫颈扩张不全、阴道脱出等都可使子宫失去努责和收缩的能力而发生难产。据研究，腹股沟疝是一类具有隐性遗传特点的遗传疾病，但在生产中，藏族牧民对该类病尚缺乏认识，在选择藏獒时往往忽视对该类病犬的淘汰，使得藏獒中腹股沟疝隐性基因存在的频率较高，由该病所造成的难产也较多。母藏獒在发生腹股沟疝时，子宫或子宫与个别胎儿一起漏入腹腔，形成难产。藏獒是一大型犬品种，在胚胎发育过程中多出现胎儿体积过大与母犬骨盆比例失调而引起难产。胎儿体积过大多见于初产的藏獒母犬，由于怀胎数目少，甚至是单胎，胎儿发育过大，母犬无法自行娩

出，形成难产。母犬产道狭窄性难产母犬产道和骨盆狭窄多见于未成熟母犬。由于营养、疾病各种原因，使藏獒生长发育受阻，形成诸如子宫颈狭窄、阴道及阴门狭窄、骨盆骨狭窄等造成胎儿不能顺利进入和通过产道，分娩时形成难产。

（2）胎儿性难产

母藏獒在胎儿性难产中极少见到因怪胎所引起的难产，但可见到因胎势胎位异常、胎儿先天性佝偻病和胎儿畸形所引起的难产。

① 两个胎儿同时进入产道　当两个胎儿从两侧子宫角同时进入产道时，由于产道狭窄，胎儿互相妨碍，不能同时娩出，造成难产。在这种情况下，助产人员可借助一定的器械，将被卡在母犬骨盆入口处的胎儿引出，解除难产。

② 胎儿异常　该种难产主要包括胎儿过大、双胎难产（两胎同时进入产道）、畸形胎、气肿胎和胎位不正（如横腹位、横背位、侧胎位）等，诸如横向胎位，胎儿横卧在子宫里。这种情况多见于初产母犬，由于发情不正常，或受胎不及时，只怀有1~2个胎儿，得到了充分发育，胎儿特别大，横卧于子宫内，分娩时被骨盆卡住，不能进入产道，形成难产。

③ 胎势胎位异常　母藏獒由于过于激烈活动、扑打和撕咬等多种原因，可能出现胎势胎位异常的情况，特别是在正向和倒向时都可能发生上述异常。

a. 头颈侧弯　尽管新生藏獒头颈很短，但其头颈侧弯或下弯的现象仍然较多，特别是最后一个分娩的胎儿非常容易发生头颈侧弯，形成了胎势不正。如果母犬年龄较大或体质较差，分娩中子宫收缩无力，就有可能形成难产。在胎儿发生头颈侧弯难产时，应在母犬每次努责间歇中借助一定的器械矫正胎位，将胎儿头颈摆直，便于借助母犬的继续努责将胎儿顺利娩出。或者将胎儿推回子宫，让胎儿在母犬子宫自发性、节律性收缩和努责中自动调整胎势，摆正头颈，顺利通过产道。对年龄较大的母藏獒，可配合手术矫正胎位，注射一定的催产药物，一般能解除难产。

b. 四肢屈曲　四肢屈曲是指母藏獒分娩时，胎儿四肢关节部位发生脱臼、扭曲，造成胎儿四肢分娩姿势不正而导致难产。多发生于死亡的胎儿或体积过大的胎儿。如果胎儿较小，即使发生前肢屈曲，一般也会安全产出。但如果胎儿过大，就必须先对胎儿进行姿势矫正，帮助母犬安全分娩。

2. 难产的处理

对由于母犬子宫阵缩及努责无力所引起的难产，助产原则是促进子宫收缩，应用药物催产。最常用的药物是催产素、乙烯雌酚，或垂体后叶素等。采用皮下或肌内注射的方法，促进子宫收缩，同时可以配合按压腹壁。

应用药物催产，必须等待母犬子宫颈完全扩张后才可施用。在子宫颈尚未完全扩张时，必须禁止使用垂体后叶素和催产素，但可使用乙烯雌酚。乙烯雌酚不但可促进子宫收缩，而且还促进子宫颈再扩张。催产药物的使用必须严格按规定剂量控制。剂量过大，往往引起子宫强直性收缩，对胎儿排出更加不利。在有技术条件的情况下，对因努责无力引起难产的母犬，也可采用静脉注射葡萄糖补充能量的方法，以增强母犬的体力，恢复母犬腹壁的收缩和努责能力。对因产道狭窄、胎儿过大、产道或子宫异常等原因所形成的难产，应尽快手术。可以采取牵引、阴门侧切、截胎或剖腹产等多种方法，力争保证母子平安，或者以保活母犬为前提，再考虑救助胎儿。

二十三、藏獒的流产

流产即妊娠中断,是由于母藏獒受体内外各种因素的影响,破坏了母体与胎儿正常的孕育关系所致。

1. 母藏獒出现流产的原因

在藏獒产区,流产发生较少。母犬在秋后配种,食物来源非常广泛,时令正值牧区冬季屠宰,有丰富的牛羊内脏、残肉、畜骨可食。母犬膘情稳定,体况良好,胚胎得到良好的营养供应,保证了正常的生长发育。青藏高原是高海拔、强辐射的地区,此阶段虽然日照渐短,天气渐冷,开始封冻,但是疫病较少发生。母犬四处觅食,活动量大,体质结实,不易受到疾病侵袭。但对于饲养于其他省、市、自治区的藏獒,流产却时有发生,特别是隐性流产,对藏獒的繁育影响很大。分析造成母藏獒流产的原因,防患于未然是十分重要的。

(1)营养不良性流产 母藏獒只有在营养极端匮乏,食物不能维持自身基本生命活动时,才有可能终止或中断与胚胎的联系而发生流产。发生这种营养不良性流产的母犬一般长期饥饿,食料单一,饲料中严重缺乏母犬自身和胚胎发育所必需的蛋白质、能量、维生素和矿物质。特别是缺乏各种必需氨基酸、维生素 A、维生素 E 和维生素 D,缺乏矿物质钙、磷、钠及微量元素铜、铁、锌、硒时,母犬自身的营养贮备已消耗殆尽,为了维系自身的生命,只有中断胚胎的营养供应。这亦是藏獒在青藏高原严酷生活条件下,经几千年的陶冶所形成的一种自我保护以延续生命的适应能力。

(2)机械损伤性流产 此种流产可以发生在母犬怀孕后的任何阶段。一方面与机械作用的力度有关,如母犬妊娠期间打架、跳跃、碰撞、压迫等,作用于孕犬腹壁,均有可能造成创伤或流产;另一方面,机械性流产发生的可能性也与母犬的妊娠阶段或胚胎发育的阶段有直接的关系。同样的机械力度,在胚胎发育的前期、后期的危险性较大。胚胎发育前期,胚珠移行到子宫角的初期,尚未与母体建立牢固的联系,受到较剧烈的外力作用,非常容易发生流产;在母犬妊娠的后期,胎儿增长较快,母犬负担较重,体质下降,行动不便,在受到外力作用时也容易发生流产。因此,母藏獒在怀孕初期和后期,应精心管理,避免过于剧烈的运动,杜绝引起机械损伤性流产的发生。

(3)错误用药造成的流产 为了确保妊娠母藏獒的安全,在妊娠期间应尽量少投药。迫不得已用药时,切忌使用具有麻醉、驱虫、腹泻、呕吐、利尿、发汗等功效的药物。诸如呕吐药,在促使母犬消化道逆向蠕动时,几乎会使每只处于妊娠早期的母犬发生流产。同样,对妊娠母犬施以驱虫药亦非常危险。对妊娠母犬用药是一项十分慎重的工作,必须由专业人员实施。

(4)生殖器官疾病引起的流产 有许多病原微生物侵袭犬体后,会引起母犬发生疾病,特别是生殖器官疾病。患病母犬不仅有不同的病理表现,如体温高,精神沉郁,食欲减少甚至废绝,而且大多数犬有生殖器官的病变,如子宫、输卵管、卵巢的炎症、囊肿,引起孕犬出现流产、胚胎早期死亡、死胎、弱胎和新生仔犬死亡等。一般应在确诊病原微生物后,选用相应药物进行治疗,有条件时还可以作药物敏感试验,以选用最有效的药物对症治疗。

(5)并发性流产 母藏獒的心、肝、肺及肠胃道疾病都可能直接影响胚胎的营养、氧气的供应,影响胚胎新陈代谢的正常进行,进而影响胚胎的生长和发育。母犬的其他疾病,例如某些传染病、寄生虫病、中毒症等，都可能使犬体发生一定病变的同时，并发流产。母犬发病中出现流产，不仅反映病症严重已波及胚胎，母犬的胚胎防御体系（母犬效应体系）已崩溃，无法有效地保护胚胎发育的安全和稳定，也体现了母犬的自我保护能力。母犬在病程较重的情况下，只有放弃胎儿，才能减轻负担，以求保存生命。所以，当母犬发生一些较严重的全身性疾病时，往往会并发流产，而流产出现也可作为母犬病程分析的依据。

（6）其他原因造成的流产　怀孕母犬流产比较重要的原因还有母犬内分泌失调，体内雌激素过多而孕激素不足引起流产；甲状腺功能减退使细胞氧化过程发生障碍，处于强烈生长阶段的胚胎组织与细胞的氧化受阻导致胚胎死亡；由于近交或其他原因，使胚胎发育不良，生活力弱，发生早期死亡；胎水过多，胎膜水肿，胎盘异常，使胎儿的营养供应发生障碍，发生死亡。凡此种种，不一一列举。总结母犬发生流产的原因，防患于未然，在藏獒养殖中十分关键。

2. 流产的类型及治疗

母犬发生流产，就临床症状而言，有隐性流产、早产和胎儿干尸化几种主要类型。应根据不同的症状分析诊断并采取相应措施。

（1）隐性流产　隐性流产多发生在胚胎发育的早期，或妊娠早期，如胚胎发育的胚期或胎前期，胚胎尚未形成胎儿，胚体较小，死亡后易被母体逐渐吸收，或者同胎的胚胎中只有某一胚珠死亡，其他胚胎仍正常发育，死亡胚胎即被母体吸收，这种现象发生较多，概称隐性流产。隐性流产不易为主人观察或察觉，对母犬只需加强饲养管理，保持体况稳定和体质健康即可。

（2）早产　早产也属流产，即母犬产出不足月的胎儿。妊娠母藏獒早产如果发生在妊娠的56 d以前，产下的胎儿多不能存活。如果发生在临近分娩7 d以内（妊娠56 d后），产下的胎儿可能是活的。发生早产多数原因还是饲养管理不善所致，特别是受到机械力的撞击，或吃了有毒霉变的食物，或饮用寒冰水，刺激消化道过于剧烈的蠕动，带动了"胎气"。发生早产时，母犬首先要出现阵痛、不安、不食、不饮，起卧不宁，并从阴门流出胎水，说明母犬已开始早产，或者说发生了流产。所以，对怀孕后期的母犬安胎保胎，加强饲养管理是工作的中心。如果发现母犬有早产或流产症状，应及早采取安胎、保胎措施，可肌内注射黄体酮，每天1次，连用3～5 d，辅助治疗中毒、泻痢等病变，会有较好的效果。

（3）排出死胎或胎儿干尸化　妊娠母藏獒发生隐性流产或早产，死亡胎儿如果正好位于子宫临近产道端，母犬可能将死胎和胎膜一并排出体外。但多数情况下，在妊娠中断后，母犬会继续将胎儿遗留在子宫内。如果没有腐败细菌侵入，死亡胎儿组织中的水分被逐渐吸收，胎儿变干，体积缩小，呈干尸样，有人称之木乃伊化。干尸化的死胎会与其他胎儿并存于妊娠母藏獒子宫内直至分娩，与其他胎儿一并被排出。其对母犬不会产生影响，母犬也不会出现不良反应，只是影响了活产仔数。

二十四、公藏獒的不育

1. 公藏獒不育的原因

原因很多，但绝大部分是后天性的。通过加强营养、调整体况适量运动乃至药物调整可逐渐恢复。

（1）营养不良　公犬长期营养不良，或营养不平衡，饲料蛋白质品质较差，蛋白质的生物学价值低，缺乏维生素 E、维生素 A 或维生素 D，缺乏矿物质元素钙、磷、铜、硒、锌、铁、钠盐等，钙、磷比例失调，诸多的原因都可能造成公犬精液品质差、精子数量少、活力差、畸形精子多，精液量减少，进而严重影响配种效果。

（2）环境性不育　大龄公藏獒对环境的改变，包括迁离居住地，更换新主人，改变饲养管理方式，以及交配时有陌生人在场等都会影响公犬的情绪。公犬因思念旧居住地，怀念老主人，加之身体尚未适应，性欲发生反射性抑制，对母犬不感兴趣。如果用药物催情，就会严重伤害公犬的性机能，出现精液稀薄，精子无活力或出现畸形，造成不育。

（3）疾病性不育　某些传染病、寄生虫病、内科病、外科病、生殖器官的疾病都会引起公犬不育。例如，睾丸发育不全、隐梁、睾丸萎缩、睾丸炎、副性腺炎症、包茎、阳痿等，都会使公藏獒缺乏性欲拒绝交配，或对母犬不感兴趣，不愿交配，或者精液品质不良，造成不育。引起公犬不育的原因是极其复杂的。为了防止不育，首先必须弄清不育的原因，对公犬生殖系统各个器官进行认真的检查和诊断，必要时可采取理疗调理、中药治理、抗生素消除炎症以及加强活动锻炼等各种综合措施。注意改善和加强饲养管理，调整犬只的营养水平和体况，保持足够的运动或散放自由活动，使犬只各组织器官的结构与功能达到有机的协调和统一，进而使公藏獒的生殖系统能发挥其正常生理活动，发挥其配种能力。

2. 公藏獒的繁殖学检查

在开展藏獒品种资源保护，加强对藏獒选种选配中，首先要对种公犬的配种能力或繁殖力做出评价，特别是在需要引进种公犬时，对预购公犬进行全面的繁殖学检查是必不可少的程序之一。

（1）公犬的病史　查阅公藏獒的病史资料是为了了解该公犬以往的患病情况，特别是有关繁殖疾病的发生和治疗情况、状态及水平。种公犬的病史资料应包括有关公犬的年龄、体重、体质类型、生长发育状况、饲养管理条件、预防接种的疫苗种类和时间、预防接种的效果、曾患疾病的种类与治疗情况等一般性的常规资料。但更重要的是必须记录公犬历年的配种资料，包括与配母犬的受胎率、产仔率和断奶成活率；公犬的繁殖疾病、治疗方案及治疗效果。如果被检查公犬确实存在久配不孕或虽可怀孕，但窝产仔数少，则应同时了解该母犬的繁殖历史和饲养管理情况，以便对公犬的繁殖能力做出较科学的评价和诊断。

（2）公犬的阴囊　无论一只公藏獒外形条件如何理想，在确定其种用之前都应首先检查该犬的阴囊，包括阴囊的体积大小、温度状况和阴囊的结构等。一般而言，公藏獒阴囊的围径在 15～18 cm。低于 12 cm 则过小，该种表现大多数是由于睾丸没有下降到阴囊内，会使睾丸温度偏高，严重影响精液的活力和品质，造成不育。阴囊围径大于 18 cm 则又可能是阴囊内部有炎症，发生感染或出现了肿瘤。如果是阴囊偏大，往往伴有阴囊温度升高，有触痛和红肿，公犬体温也会升高，精神委靡不振，一般愈后也已不育。

（3）睾丸　种公藏獒的睾丸应发育均匀，左右大小一致，阴囊紧包有弹性。种公犬的睾丸发育不正常，或者是先天性的，或者是生后发生了不测。无论是什么原因，都会使公犬的种用价值受到重大影响，生产中对此必须引起高度注意。

① 隐睾　隐睾是指公犬发育到性成熟阶段后，睾丸未能正常地进入阴囊而位于腹腔或腹

股沟管的现象。多数公藏獒所患隐睾是先天性的，也是遗传性的。公藏獒发生隐睾时，由于睾丸处于腹腔或腹股沟相对较高的温度区域或温度条件下，使公犬精子的生成受阻，精子死亡率大大提高。因此，公犬发生两侧隐睾时无生育能力，发生单侧隐睾时生育能力会明显下降。公藏獒在患有隐睾时发生足细胞瘤或精原细胞瘤的可能性非常高。由于隐睾多有遗传性，有人认为对确定是隐睾的公犬不宜留作种用，应采取淘汰或去势的措施。隐睾可能发生在一侧，也可能发生在两侧，有时位于腹腔，有时则位于腹股沟管。据统计，公藏獒中右侧隐睾比率高于左侧达1倍之多。对公藏獒进行常规阴囊检查时，对右侧阴囊睾丸位置必须首先仔细检查。

② 睾丸炎　在藏獒原产地之一的甘肃省甘南藏族自治州，公藏獒发生睾丸炎的比率很高。究其原因，一方面与牧民对藏獒的养殖方式有关，各家的藏獒在夜间是放开的，在繁殖季节各犬只之间自由交配，发生交叉感染的可能性很大。一旦与配犬中有生殖道感染，疾病会很快传播，可能引发睾丸炎。另一方面，在牧区多有布鲁氏菌病发生。该病传染性极强，人、兽共患，一旦犬受到感染，发生睾丸炎在所难免。公藏獒患有睾丸炎时，一侧或两侧的睾丸体积会增大，睾丸发热，有触痛感，公犬会拒绝主人检查，设法躲避，说明公犬的睾丸正在发炎，应及时诊治不可拖延，否则急性会转成慢性。患慢性睾丸炎时睾丸体积会变小，质地变硬，治疗很困难。公藏獒患睾丸炎时应作血清学检查，以确诊是否发生布氏杆菌病。

③ 肿瘤　公藏獒发生生殖系统肿瘤现象亦较普遍，特别是公犬在7岁以后发生间质细胞瘤、足细胞瘤和精原细胞瘤相当普遍，其中足细胞瘤和精原细胞瘤在藏獒3~5岁时也多有发生。据调查，成年公藏獒睾丸肿瘤的发生率达到15.7%，其中隐睾犬发生肿瘤的概率比睾丸正常的犬高13.6倍。间质细胞瘤的病理变化是睾丸间质细胞体积增大，但失去了功能。足细胞瘤会使公藏獒出现雌性化症状，进而一反常态，能吸引公犬，引起其他公犬的嗅闻和追逐，但患病公犬却对母犬失去性欲，并出现对侧未发生肿瘤的睾丸发生萎缩的症状。如果肿瘤细胞未发生转移，则对公犬进行手术处理后2~6周，雌性化症状会逐渐消失。

（4）阴茎　在构造上，公藏獒阴茎长约12 cm。正中有阴茎中隔分开，中隔的前方为阴茎骨。公藏獒阴茎常见的问题主要是外伤，由于相互撕咬、扑打或在交配中意外感染，都可能造成公犬的阴茎损伤。因此，对公藏獒阴茎例行检查的内容主要是指阴茎的外观变化，检查阴茎有无损伤和感染。个别公犬由于损伤和治疗不及时，在散放饲养条件下阴茎感染也在所难免。检查中时常可以见到公藏獒阴茎受到感染而出现红肿，出现脓性分泌物乃至溃烂，伴随引发体温升高或其他继发性感染，公犬也因此失去配种能力。严重者，甚至引发败血症。对公藏獒阴茎损伤应尽可能及早处理，清洁创面，同时局部或全身应用抗生素治疗。

（5）龟头和包皮　公藏獒在春秋季节时有龟头与包皮的感染。在青藏高原，在每年4~5月份以后，天气转暖，但蚊蝇开始孳生，疫病也开始流行起来。在经过了长达半年的严冬折磨后，公藏獒体况较差，体质较弱，精力不足，喜欢随地而卧，时常栖息在牛羊栏边或粪堆旁，熟睡时，外露的龟头免不了受到蚊蝇的叮咬和舔吮而发生感染；秋季配种季节，公藏獒在频繁的交配中，极易使阴茎特别是龟头受到损伤，乃至感染。实际中多见到公藏獒患有龟头包皮炎，外观表现在包皮出口有脓液排出，龟头尖有脓痂，龟头红肿公犬时常回头舔舐。对此，应首先挤出脓液，再向包皮内注入2%硫酸铜溶液，或0.5%高锰酸钾溶液，或2%来苏儿溶液，反复冲洗；亦可直接使用经稀释的抗生素溶液冲洗，配合进行肌内注射抗生素类药物治疗。

（6）前列腺　公藏獒的前列腺位于耻骨前缘，呈球形环绕在膀胱颈及尿道的起始部，有一正中沟将腺体分成2叶。成年公藏獒前列腺体积约为2.5 cm×1.9 cm×1.4 cm，富有弹性。老龄的公藏獒，有时前列腺会显著增大。实践中，可以通过腹壁触诊或直肠触诊检查犬的前列腺是否发生了感染、肥大、囊肿或肿瘤，其中尤以前列腺肥大、前列腺炎和前列腺结石最为多见，患犬一般已失去生育能力。

二十五、母藏獒不育

1. 藏獒疾病性不育

母藏獒因疾病而导致不育的情况很多，一类是生殖器官非传染性疾病而导致的不孕不育。如母犬发生卵巢、输卵管、子宫、子宫颈或阴道疾病。另一类则是由传染性疾病所引起的不孕，如布鲁氏菌病、结核杆菌病、李氏杆菌病、弓形虫病、钩端螺旋体病等，均能影响母犬受孕。无论在藏獒原产地，还是在国内其他地区，因母犬疾病而致不孕的现象十分普遍。因此，认识疾病性不育的种类和特征，防患于未然，是十分必要的。

（1）非传染性疾病导致的母藏獒不孕

①卵巢囊肿　在母藏獒中，卵巢囊肿的发病率约占卵巢疾病的36.1%。在母藏獒卵巢组织中未破裂的卵泡或黄体，因其本身成分发生变性和萎缩，形成空腔即为囊肿。有卵泡囊肿、黄体囊肿及卵巢实质囊肿三种类型。一般认为，卵巢囊肿的形成与脑下垂体分泌促黄体激素不足有关，饲料中缺乏维生素A、维生素E，运动不足，继发性子宫炎，输卵管和卵巢的炎症，以及不适量地注射孕马血清、促性腺激素或雌激素等，都可能造成卵巢囊肿。母藏獒出现卵巢囊肿的比率极高，各年龄犬都可能发病，但随着年龄的增长，发病率相应提高。出现卵泡囊肿时，由于分泌过多的卵泡素，而引起"慕雄狂"。母犬表现性欲亢进，持续发情，阴门红肿，偶尔有血样分泌物，神经敏感，性情凶猛，爬跨其他犬，但却拒绝交配。而出现黄体囊肿时，则母犬不发情。通常对患有卵巢囊肿的母藏獒，可以根据病因，在使用抗生素控制炎症的同时，加强饲养管理，科学配合营养，正确地使用黄体酮、促黄体激素等给予治疗。

②子宫蓄脓　子宫蓄脓指母犬子宫内蓄积大量脓性渗出物不能排出，又称子宫内膜囊肿性增生，或子宫积脓综合征。该综合征的病因目前尚不清楚，据分析认为可能与母犬子宫受到孕酮类或雌激素类药物的过度刺激有关。实验结果，对母藏獒注射外源性孕酮或孕酮与雌激素一起使用会诱发该综合征。该综合征常见于5岁以上的母藏獒，发病的表现以母犬子宫内膜腺的囊肿性增生为特征，多发生于黄体期，主要是子宫壁及子宫颈增生肥厚，致使子宫颈狭窄或阻塞，子宫内的渗出物不能排出，蓄积于子宫内导致慢性化脓性子宫内膜炎，或胎儿死在子宫内发生腐败分解产生脓液，发生子宫蓄脓。据报道，慢性化脓性子宫内膜炎的发生也与卵巢机能障碍和孕酮分泌增加及该类激素在母犬子宫组织中的代谢异常有关。患有子宫蓄脓的母藏獒表现出精神沉郁，食欲不振，呕吐，多尿，体温有时升高等。腹部膨大，触诊疼痛，有时伴有顽固性腹泻几阴门肿大，排出一种难闻的脓液。如不及时治疗，可能造成脓毒败血症。对该类病犬，可注射乙烯雌酚，促进子宫收缩排脓，同时应用抗生素。

③阴道炎　原发性阴道炎常发生于第一次发情前，以母犬阴道排出黏稠的灰色或黄绿色分泌物，并黏附到阴门周围的皮毛上为特征。这种阴道炎基本不需治疗，在发情期过后病症

也即自行消失。通常母藏獒所患阴道炎是由于阴道及前庭黏膜受损或感染所引起的炎症，是母藏獒在交配、分娩、难产及阴道检查时，阴道受到创伤而发生，也可继发于异物侵入或阴道肿瘤。患有阴道炎的母藏獒时常舔阴门，并散发出一种吸引公犬的气味。阴道黏膜出现肿胀，并不断排出炎性分泌物，即可确诊。阴道炎的治疗可采取冲洗阴道、涂布药膏和注射抗生素的方法，亦可给母犬注射乙烯雌酚，促进子宫收缩以排出分泌物的方法加以治疗。最有效的方法是使用温和的消毒防腐剂，例如1%弱化碘溶液温热后用于冲洗阴道。对发生原发性阴道炎的母藏獒，可选用雌激素类药物治疗，但应防止发生副作用。例如，可每日口服0.5～1 mg 乙烯雌酚，连服 5 d；或肌内注射 0.25 mg 环戊丙酸雌二醇（ECP）。如发生感染，可使用抗生素。

④ 肿瘤　肿瘤可以发生在母犬生殖系统各器官和部位。包括卵巢肿瘤、颗粒细胞瘤和囊肿性腺瘤。卵巢肿瘤常伴有子宫内膜增生、阴道恶露、腹水及皮肤上对称性脱毛。如果早期诊断并手术可以治愈。常见的还有阴门或阴道肿瘤，属平滑肌瘤和纤维瘤。这些肿瘤发生的原因可能与卵巢囊肿及子宫内膜增生有关。患子宫瘤的母藏獒，常伴有阴道恶露、腹水、呕吐、食欲下降、体重减轻等症状。无疑，母犬生殖系统肿瘤，无论发生在什么部位，都将造成母犬不孕、不育，应早期诊断并手术切除。发生在母犬阴门、阴道和公犬包皮及阴茎上的一些肿瘤，可通过交配而传播，造成受感染犬只生殖器官长期流血甚至排尿困难，对犬群的发展会造成巨大损失必须注意防治。

2. 藏獒功能性不育

该类型不育与卵巢或生殖系统内分泌功能低下、性激素分泌紊乱等有关。表现形式包括初情期推迟、乏情期延长、发情前期和发情期延长等。

（1）初情期推迟　初情期推迟指母藏獒发育到发情年龄后，始终不发情。造成初情期推迟的原因可能是母犬生长发育不足，特别是犬只在幼年期和青年期营养不良、营养不平衡和饲养管理不善，使犬的体质外形和组织器官发育受阻。及至成年，外观上体躯结构表现出短、浅、窄，犬体内部的各种器官及其机能也未得到相应的发育，以至于藏獒生殖系统的各种组织与器官性激素的分泌功能低下，难以调动和保证犬只按时进入相应的生殖状态，表现出发情期推迟或不发情。

（2）乏情期延长　乏情期延长是指母犬经过 1 次或几次妊娠后，在某一较长时间段（超过 10 个月）不再发情。其中有些母犬虽无发情表现，但卵巢上有卵泡发育成熟，可以排卵并交配受孕。这种情况称为安静发情或暗发情，发情表现很弱，容易被忽视而错过配种机会。显然对适龄的母藏獒而言，如果身体健康无病，一般都能在每年固定的月份甚至日期发情。如果母犬进入发情季节而未发情，最直接的原因还是内分泌系统生殖激素分泌紊乱所致，也不排除母犬在完成上一个繁殖周期中曾经受到生殖感染。暗发情的情况多见于大龄母犬，特别是年龄在 8 岁以上的母藏獒多见。由于年龄偏大，卵巢机能逐渐退化，内分泌不足，发情症状不明显，外观上难以见到阴门有血样分泌物，外阴部红肿也不明显。对该类母犬最好予以淘汰。对暗发情的母犬，由于发情症状不明显，阴门分泌物稀少，交配欲望低，并且往往蔑视在犬群中处于低序位的公犬，所以，应选取最强壮的青年公犬与其配种，并采取必要的人工辅助措施。

（3）发情前期延长　另一种功能性不育的表现是母犬发情前期延长，母犬阴门不断有血样分泌物排出，并能接受公犬交配，但一般不能受孕。这种情况一般在发育较差的初情期母藏獒较为多见。由于初情期母藏獒尚处于机体发育阶段，生殖系统器官机能还未达到完备或成熟的程度，生殖激素的分泌欠协调，导致发情周期的发展不规律，母犬发情断断续续，不能正常排卵或产生成熟的卵子，即使交配也不会受孕。同理，发情前期延长的不育现象在体况较差的老龄母藏獒或疫病感染的藏獒亦间有发生。实践中应以加强饲养管理、疫病防治和激素调节的综合措施，对犬只进行诊治，会取得较好效果。

（4）发情期延长　发情期延长在我国内地圈养条件下比较多见。母藏獒表现出阴门水肿，分泌物有黏性，常伴有阴门瘙痒和脱毛，可长达 6 个月。此种情况也可能伴有卵巢囊肿，母犬不能正常排卵，使发情期延长，形成不育。有材料报道，如果母藏獒患有卵巢颗粒细胞瘤时，由于颗粒细胞不断地分泌雌激素和孕酮，母犬的发情期可持续 9 个月之久。功能性不育的原因，大体可分为两类。一类是先天性的，多见于性染色体异常。这类母藏獒极其少见，确诊后应予淘汰。另一类不育，或者是饲养管理不善，营养不平衡，影响了母犬生殖系统的发育，或者是内分泌系统功能失调，性激素分泌紊乱所致。对于这一类不育，首先应从改善饲养管理人员，加强营养补充和适当的药物调理，一般可以治愈。其次，对于内分泌系统激素分泌紊乱所造成的不育，一般应采用激素和抗生素类药物综合治疗的方法。这类治疗，都应当由专门的兽医人员治疗或处理。

3. 藏獒环境变化引起的不孕

母藏獒的生殖机能，包括发情、配种、妊娠等一系列过程，与其产区环境条件形成了高度的协调与统一。或者说藏獒品种形成，品种的种质特性都具有产区生态环境影响的印记。母藏獒的生殖机能与产区的日照、气温、湿度、降雨，以及植被和食料等均有直接的关系。在藏獒群中，个体间的差异总是存在的。部分体质类型属于多血质的母犬，对环境的变化就比较敏感。当发生诸如迁移、转群、转场等情况，或出现海拔、光照、气温、饲料、主人更换等生活条件与环境变化时，较敏感的母藏獒往往短时间内难以适应。特别是一些大龄母犬，很难通过自己的短期调整，使各种组织和器官之间、犬机体与外界环境之间形成较好的协调与平衡。包括生殖系统在内的各种组织器官，都要进行逐步的调整，才能与各种环境因子形成新的协调和统一。在这种协调性未建立之前，有些母犬表现不发情，或发情不排卵。

为此，在进行迁移、转群、场地改换时，应尽量减轻环境变化的影响。例如，饲料的转变不要太突然，主人或饲养员变换不要太频繁，特别是应尽可能地妥善安排迁移季节。青藏高原天气凉爽，光照强烈，海拔高，是藏獒生长、生存和生产的最佳环境。从青藏高原向内地沿海气温较高的地区迁移，应安排藏獒在冬季到达。此时内地气温相对较低，降雨不多，与藏獒产地的气候差别不大。藏獒到达后，有较充足的时间逐渐适应，恢复体况，增强体质，保持健康，安全度过炎热的夏季。并在新地区第一个繁殖季节到来时，能自然地调动生殖系统机能，正常进入发情期。

参考文献

[1] 蔡宝祥. 家畜传染病学[M]. 北京：中国农业出版社，2001.
[2] 郭年丰，田永军，赵志敏. 动物检疫技术手册[M]. 北京：中国广播电视出版社，2005.
[3] 李同洲. 养猪与猪病防治[M]. 北京：中国农业大学出版社，2012.
[4] 徐百万. 动物疫病防治员[M]. 北京：中国农业出版社，2014.
[5] 田树军，等. 养羊与羊病防治[M]. 北京：中国农业大学出版社，2000.
[6] 杨汉春. 动物免疫学[M]. 北京：中国农业大学出版社，1996.
[7] 高作信. 兽医学[M]. 3 版. 北京：中国农业大学出版社，2001.
[8] 刘钟杰，许剑琴. 中兽医学[M]. 3 版. 北京：中国农业出版社，2002.

附录 兽医兽药法律法规及规定

附录 A 中华人民共和国动物防疫法

（1997年7月3日第八届全国人民代表大会常务委员会第二十六次会议通过 2007年8月30日第十届全国人民代表大会常务委员会第二十九次会议修订）

第一章 总 则

第一条 为了加强对动物防疫活动的管理，预防、控制和扑灭动物疫病，促进养殖业发展，保护人体健康，维护公共卫生安全，制定本法。

第二条第二条 本法适用于在中华人民共和国领域内的动物防疫及其监督管理活动。进出境动物、动物产品的检疫，适用《中华人民共和国进出境动植物检疫法》。

第三条 本法所称动物，是指家畜家禽和人工饲养、合法捕获的其他动物。

本法所称动物产品，是指动物的肉、生皮、原毛、绒、脏器、脂、血液、精液、卵、胚胎、骨、蹄、头、角、筋以及可能传播动物疫病的奶、蛋等。本法所称动物疫病，是指动物传染病、寄生虫病。

本法所称动物防疫，是指动物疫病的预防、控制、扑灭和动物、动物产品的检疫。

第四条 根据动物疫病对养殖业生产和人体健康的危害程度，本法规定管理的动物疫病分为下列三类：

（一）一类疫病，是指对人与动物危害严重，需要采取紧急、严厉的强制预防、控制、扑灭等措施的；

（二）二类疫病，是指可能造成重大经济损失，需要采取严格控制、扑灭等措施，防止扩散的；

（三）三类疫病，是指常见多发、可能造成重大经济损失，需要控制和净化的。

前款一、二、三类动物疫病具体病种名录由国务院兽医主管部门制定并公布。

第五条 国家对动物疫病实行预防为主的方针。

第六条 县级以上人民政府应当加强对动物防疫工作的统一领导，加强基层动物防疫队伍建设，建立健全动物防疫体系，制定并组织实施动物疫病防治规划。

乡级人民政府、城市街道办事处应当组织群众协助做好本管辖区域内的动物疫病预防与控制工作。

第七条 国务院兽医主管部门主管全国的动物防疫工作。

县级以上地方人民政府兽医主管部门主管本行政区域内的动物防疫工作。

县级以上人民政府其他部门在各自的职责范围内做好动物防疫工作。

军队和武装警察部队动物卫生监督职能部门分别负责军队和武装警察部队现役动物及饲

养自用动物的防疫工作。

第八条　县级以上地方人民政府设立的动物卫生监督机构依照本法规定，负责动物、动物产品的检疫工作和其他有关动物防疫的监督管理执法工作。

第九条　县级以上人民政府按照国务院的规定，根据统筹规划、合理布局、综合设置的原则建立动物疫病预防控制机构，承担动物疫病的监测、检测、诊断、流行病学调查、疫情报告以及其他预防、控制等技术工作。

第十条　国家支持和鼓励开展动物疫病的科学研究以及国际合作与交流，推广先进适用的科学研究成果，普及动物防疫科学知识，提高动物疫病防治的科学技术水平。

第十一条　对在动物防疫工作、动物防疫科学研究中做出成绩和贡献的单位和个人，各级人民政府及有关部门给予奖励。

第二章　动物疫病的预防

第十二条　国务院兽医主管部门对动物疫病状况进行风险评估，根据评估结果制定相应的动物疫病预防、控制措施。

国务院兽医主管部门根据国内外动物疫情和保护养殖业生产及人体健康的需要，及时制定并公布动物疫病预防、控制技术规范。

第十三条　国家对严重危害养殖业生产和人体健康的动物疫病实施强制免疫。国务院兽医主管部门确定强制免疫的动物疫病病种和区域，并会同国务院有关部门制定国家动物疫病强制免疫计划。省、自治区、直辖市人民政府兽医主管部门根据国家动物疫病强制免疫计划，制订本行政区域的强制免疫计划；并可以根据本行政区域内动物疫病流行情况增加实施强制免疫的动物疫病病种和区域，报本级人民政府批准后执行，并报国务院兽医主管部门备案。

第十四条　县级以上地方人民政府兽医主管部门组织实施动物疫病强制免疫计划。乡级人民政府、城市街道办事处应当组织本管辖区域内饲养动物的单位和个人做好强制免疫工作。饲养动物的单位和个人应当依法履行动物疫病强制免疫义务，按照兽医主管部门的要求做好强制免疫工作。经强制免疫的动物，应当按照国务院兽医主管部门的规定建立免疫档案，加施畜禽标识，实施可追溯管理。

第十五条　县级以上人民政府应当建立健全动物疫情监测网络，加强动物疫情监测。

兽医主管部门应当制定国家动物疫病监测计划。省、自治区、直辖市人民政府兽医主管部门应当根据国家动物疫病监测计划，制定本行政区域的动物疫病监测计划。

动物疫病预防控制机构应当按照国务院兽医主管部门的规定，对动物疫病的发生、流行等情况进行监测；从事动物饲养、屠宰、经营、隔离、运输以及动物产品生产、经营、加工、贮藏等活动的单位和个人不得拒绝或者阻碍。

第十六条　国务院兽医主管部门和省、自治区、直辖市人民政府兽医主管部门应当根据对动物疫病发生、流行趋势的预测，及时发出动物疫情预警。地方各级人民政府接到动物疫情预警后，应当采取相应的预防、控制措施。

第十七条　从事动物饲养、屠宰、经营、隔离、运输以及动物产品生产、经营、加工、贮藏等活动的单位和个人，应当依照本法和国务院兽医主管部门的规定，做好免疫、消毒等动物疫病预防工作。

第十八条　种用、乳用动物和宠物应当符合国务院兽医主管部门规定的健康标准。

种用、乳用动物应当接受动物疫病预防控制机构的定期检测；检测不合格的，应当按照国务院兽医主管部门的规定予以处理。

第十九条　动物饲养场（养殖小区）和隔离场所，动物屠宰加工场所，以及动物和动物产品无害化处理场所，应当符合下列动物防疫条件：

（一）场所的位置与居民生活区、生活饮用水源地、学校、医院等公共场所的距离符合国务院兽医主管部门规定的标准；

（二）生产区封闭隔离，工程设计和工艺流程符合动物防疫要求；

（三）有相应的污水、污物、病死动物、染疫动物产品的无害化处理设施设备和清洗消毒设施设备；

（四）有为其服务的动物防疫技术人员；

（五）有完善的动物防疫制度；

（六）具备国务院兽医主管部门规定的其他动物防疫条件。

第二十条　兴办动物饲养场（养殖小区）和隔离场所，动物屠宰加工场所，以及动物和动物产品无害化处理场所，应当向县级以上地方人民政府兽医主管部门提出申请，并附具相关材料。受理申请的兽医主管部门应当依照本法和《中华人民共和国行政许可法》的规定进行审查。经审查合格的，发给动物防疫条件合格证；不合格的，应当通知申请人并说明理由。需要办理工商登记的，申请人凭动物防疫条件合格证向工商行政管理部门申请办理登记注册手续。

动物防疫条件合格证应当载明申请人的名称、场（厂）址等事项。经营动物、动物产品的集贸市场应当具备国务院兽医主管部门规定的动物防疫条件，并接受动物卫生监督机构的监督检查。

第二十一条　动物、动物产品的运载工具、垫料、包装物、容器等应当符合国务院兽医主管部门规定的动物防疫要求。

染疫动物及其排泄物、染疫动物产品，病死或者死因不明的动物尸体，运载工具中的动物排泄物以及垫料、包装物、容器等污染物，应当按照国务院兽医主管部门的规定处理，不得随意处置。

第二十二条　采集、保存、运输动物病料或者病原微生物以及从事病原微生物研究、教学、检测、诊断等活动，应当遵守国家有关病原微生物实验室管理的规定。

第二十三条　患有人畜共患传染病的人员不得直接从事动物诊疗以及易感染动物的饲养、屠宰、经营、隔离、运输等活动。

人畜共患传染病名录由国务院兽医主管部门会同国务院卫生主管部门制定并公布。

第二十四条　国家对动物疫病实行区域化管理，逐步建立无规定动物疫病区。无规定动物疫病区应当符合国务院兽医主管部门规定的标准，经国务院兽医主管部门验收合格予以公布。

本法所称无规定动物疫病区，是指具有天然屏障或者采取人工措施，在一定期限内没有发生规定的一种或者几种动物疫病，并经验收合格的区域。

第二十五条　禁止屠宰、经营、运输下列动物和生产、经营、加工、贮藏、运输下列动物产品：

（一）封锁疫区内与所发生动物疫病有关的；

（二）疫区内易感染的；

（三）依法应当检疫而未经检疫或者检疫不合格的；
（四）染疫或者疑似染疫的；
（五）病死或者死因不明的；
（六）其他不符合国务院兽医主管部门有关动物防疫规定的。

第三章 动物疫情的报告、通报和公布

第二十六条 从事动物疫情监测、检验检疫、疫病研究与诊疗以及动物饲养、屠宰、经营、隔离、运输等活动的单位和个人，发现动物染疫或者疑似染疫的，应当立即向当地兽医主管部门、动物卫生监督机构或者动物疫病预防控制机构报告，并采取隔离等控制措施，防止动物疫情扩散。其他单位和个人发现动物染疫或者疑似染疫的，应当及时报告。

接到动物疫情报告的单位，应当及时采取必要的控制处理措施，并按照国家规定的程序上报。

第二十七条 动物疫情由县级以上人民政府兽医主管部门认定；其中重大动物疫情由省、自治区、直辖市人民政府兽医主管部门认定，必要时报国务院兽医主管部门认定。

第二十八条 国务院兽医主管部门应当及时向国务院有关部门和军队有关部门以及省、自治区、直辖市人民政府兽医主管部门通报重大动物疫情的发生和处理情况；发生人畜共患传染病的，县级以上人民政府兽医主管部门与同级卫生主管部门应当及时相互通报。

国务院兽医主管部门应当依照我国缔结或者参加的条约、协定，及时向有关国际组织或者贸易方通报重大动物疫情的发生和处理情况。

第二十九条 国务院兽医主管部门负责向社会及时公布全国动物疫情，也可以根据需要授权省、自治区、直辖市人民政府兽医主管部门公布本行政区域内的动物疫情。其他单位和个人不得发布动物疫情。

第三十条 任何单位和个人不得瞒报、谎报、迟报、漏报动物疫情，不得授意他人瞒报、谎报、迟报动物疫情，不得阻碍他人报告动物疫情。

第四章 动物疫病的控制和扑灭

第三十一条 发生一类动物疫病时，应当采取下列控制和扑灭措施：

（一）当地县级以上地方人民政府兽医主管部门应当立即派人到现场，划定疫点、疫区、受威胁区，调查疫源，及时报请本级人民政府对疫区实行封锁。疫区范围涉及两个以上行政区域的，由有关行政区域共同的上一级人民政府对疫区实行封锁，或者由各有关行政区域的上一级人民政府共同对疫区实行封锁。必要时，上级人民政府可以责成下级人民政府对疫区实行封锁。

（二）县级以上地方人民政府应当立即组织有关部门和单位采取封锁、隔离、扑杀、销毁、消毒、无害化处理、紧急免疫接种等强制性措施，迅速扑灭疫病。

（三）在封锁期间，禁止染疫、疑似染疫和易感染的动物、动物产品流出疫区，禁止非疫区的易感染动物进入疫区，并根据扑灭动物疫病的需要对出入疫区的人员、运输工具及有关物品采取消毒和其他限制性措施。

第三十二条 发生二类动物疫病时，应当采取下列控制和扑灭措施：

（一）当地县级以上地方人民政府兽医主管部门应当划定疫点、疫区、受威胁区。

（二）县级以上地方人民政府根据需要组织有关部门和单位采取隔离、扑杀、销毁、消毒、无害化处理、紧急免疫接种、限制易感染的动物和动物产品及有关物品出入等控制、扑灭措施。

第三十三条　疫点、疫区、受威胁区的撤销和疫区封锁的解除，按照国务院兽医主管部门规定的标准和程序评估后，由原决定机关决定并宣布。

第三十四条　发生三类动物疫病时，当地县级、乡级人民政府应当按照国务院兽医主管部门的规定组织防治和净化。

第三十五条　二、三类动物疫病呈暴发性流行时，按照一类动物疫病处理。

第三十六条　为控制、扑灭动物疫病，动物卫生监督机构应当派人在当地依法设立的现有检查站执行监督检查任务；必要时，经省、自治区、直辖市人民政府批准，可以设立临时性的动物卫生监督检查站，执行监督检查任务。

第三十七条　发生人畜共患传染病时，卫生主管部门应当组织对疫区易感染的人群进行监测，并采取相应的预防、控制措施。

第三十八条　疫区内有关单位和个人，应当遵守县级以上人民政府及其兽医主管部门依法作出的有关控制、扑灭动物疫病的规定。

任何单位和个人不得藏匿、转移、盗掘已被依法隔离、封存、处理的动物和动物产品。

第三十九条　发生动物疫情时，航空、铁路、公路、水路等运输部门应当优先组织运送控制、扑灭疫病的人员和有关物资。

第四十条　一、二、三类动物疫病突然发生，迅速传播，给养殖业生产安全造成严重威胁、危害，以及可能对公众身体健康与生命安全造成危害，构成重大动物疫情的，依照法律和国务院的规定采取应急处理措施。

第五章　动物和动物产品的检疫

第四十一条　动物卫生监督机构依照本法和国务院兽医主管部门的规定对动物、动物产品实施检疫。

动物卫生监督机构的官方兽医具体实施动物、动物产品检疫。官方兽医应当具备规定的资格条件，取得国务院兽医主管部门颁发的资格证书，具体办法由国务院兽医主管部门会同国务院人事行政部门制定。

本法所称官方兽医，是指具备规定的资格条件并经兽医主管部门任命的，负责出具检疫等证明的国家兽医工作人员。

第四十二条　屠宰、出售或者运输动物以及出售或者运输动物产品前，货主应当按照国务院兽医主管部门的规定向当地动物卫生监督机构申报检疫。

动物卫生监督机构接到检疫申报后，应当及时指派官方兽医对动物、动物产品实施现场检疫；检疫合格的，出具检疫证明、加施检疫标志。实施现场检疫的官方兽医应当在检疫证明、检疫标志上签字或者盖章，并对检疫结论负责。

第四十三条　屠宰、经营、运输以及参加展览、演出和比赛的动物，应当附有检疫证明；经营和运输的动物产品，应当附有检疫证明、检疫标志。

对前款规定的动物、动物产品，动物卫生监督机构可以查验检疫证明、检疫标志，进行监督抽查，但不得重复检疫收费。

第四十四条　经铁路、公路、水路、航空运输动物和动物产品的，托运人托运时应当提供检疫证明；没有检疫证明的，承运人不得承运。运载工具在装载前和卸载后应当及时清洗、消毒。

第四十五条 输入到无规定动物疫病区的动物、动物产品，货主应当按照国务院兽医主管部门的规定向无规定动物疫病区所在地动物卫生监督机构申报检疫，经检疫合格的，方可进入；检疫所需费用纳入无规定动物疫病区所在地地方人民政府财政预算。

第四十六条 跨省、自治区、直辖市引进乳用动物、种用动物及其精液、胚胎、种蛋的，应当向输入地省、自治区、直辖市动物卫生监督机构申请办理审批手续，并依照本法第四十二条的规定取得检疫证明。跨省、自治区、直辖市引进的乳用动物、种用动物到达输入地后，货主应当按照国务院兽医主管部门的规定对引进的乳用动物、种用动物进行隔离观察。

第四十七条 人工捕获的可能传播动物疫病的野生动物，应当报经捕获地动物卫生监督机构检疫，经检疫合格的，方可饲养、经营和运输。

第四十八条 经检疫不合格的动物、动物产品，货主应当在动物卫生监督机构监督下按照国务院兽医主管部门的规定处理，处理费用由货主承担。

第四十九条 依法进行检疫需要收取费用的，其项目和标准由国务院财政部门、物价主管部门规定。

第六章 动物诊疗

第五十条 从事动物诊疗活动的机构，应当具备下列条件：
（一）有与动物诊疗活动相适应并符合动物防疫条件的场所；
（二）有与动物诊疗活动相适应的执业兽医；
（三）有与动物诊疗活动相适应的兽医器械和设备；
（四）有完善的管理制度。

第五十一条 设立从事动物诊疗活动的机构，应当向县级以上地方人民政府兽医主管部门申请动物诊疗许可证。受理申请的兽医主管部门应当依照本法和《中华人民共和国行政许可法》的规定进行审查。经审查合格的，发给动物诊疗许可证；不合格的，应当通知申请人并说明理由。申请人凭动物诊疗许可证向工商行政管理部门申请办理登记注册手续，取得营业执照后，方可从事动物诊疗活动。

第五十二条 动物诊疗许可证应当载明诊疗机构名称、诊疗活动范围、从业地点和法定代表人（负责人）等事项。

动物诊疗许可证载明事项变更的，应当申请变更或者换发动物诊疗许可证，并依法办理工商变更登记手续。

第五十三条 动物诊疗机构应当按照国务院兽医主管部门的规定，做好诊疗活动中的卫生安全防护、消毒、隔离和诊疗废弃物处置等工作。

第五十四条 国家实行执业兽医资格考试制度。具有兽医相关专业大学专科以上学历的，可以申请参加执业兽医资格考试；考试合格的，由国务院兽医主管部门颁发执业兽医资格证书；从事动物诊疗的，还应当向当地县级人民政府兽医主管部门申请注册。执业兽医资格考试和注册办法由国务院兽医主管部门商国务院人事行政部门制定。

本法所称执业兽医，是指从事动物诊疗和动物保健等经营活动的兽医。

第五十五条 经注册的执业兽医，方可从事动物诊疗、开具兽药处方等活动。但是，本法第五十七条对乡村兽医服务人员另有规定的，从其规定。

执业兽医、乡村兽医服务人员应当按照当地人民政府或者兽医主管部门的要求，参加预防、控制和扑灭动物疫病的活动。

第五十六条　从事动物诊疗活动，应当遵守有关动物诊疗的操作技术规范，使用符合国家规定的兽药和兽医器械。

第五十七条　乡村兽医服务人员可以在乡村从事动物诊疗服务活动，具体管理办法由国务院兽医主管部门制定。

第七章　监督管理

第五十八条　动物卫生监督机构依照本法规定，对动物饲养、屠宰、经营、隔离、运输以及动物产品生产、经营、加工、贮藏、运输等活动中的动物防疫实施监督管理。

第五十九条　动物卫生监督机构执行监督检查任务，可以采取下列措施，有关单位和个人不得拒绝或者阻碍：

（一）对动物、动物产品按照规定采样、留验、抽检；

（二）对染疫或者疑似染疫的动物、动物产品及相关物品进行隔离、查封、扣押和处理；

（三）对依法应当检疫而未经检疫的动物实施补检；

（四）对依法应当检疫而未经检疫的动物产品，具备补检条件的实施补检，不具备补检条件的予以没收销毁；

（五）查验检疫证明、检疫标志和畜禽标识；

（六）进入有关场所调查取证，查阅、复制与动物防疫有关的资料。

动物卫生监督机构根据动物疫病预防、控制需要，经当地县级以上地方人民政府批准，可以在车站、港口、机场等相关场所派驻官方兽医。

第六十条　官方兽医执行动物防疫监督检查任务，应当出示行政执法证件，佩戴统一标志。

动物卫生监督机构及其工作人员不得从事与动物防疫有关的经营性活动，进行监督检查不得收取任何费用。

第六十一条　禁止转让、伪造或者变造检疫证明、检疫标志或者畜禽标识。

检疫证明、检疫标志的管理办法，由国务院兽医主管部门制定。

第八章　保障措施

第六十二条　县级以上人民政府应当将动物防疫纳入本级国民经济和社会发展规划及年度计划。

第六十三条　县级人民政府和乡级人民政府应当采取有效措施，加强村级防疫员队伍建设。

县级人民政府兽医主管部门可以根据动物防疫工作需要，向乡、镇或者特定区域派驻兽医机构。

第六十四条　县级以上人民政府按照本级政府职责，将动物疫病预防、控制、扑灭、检疫和监督管理所需经费纳入本级财政预算。

第六十五条　县级以上人民政府应当储备动物疫情应急处理工作所需的防疫物资。

第六十六条　对在动物疫病预防和控制、扑灭过程中强制扑杀的动物、销毁的动物产品和相关物品，县级以上人民政府应当给予补偿。具体补偿标准和办法由国务院财政部门会同有关部门制定。

因依法实施强制免疫造成动物应激死亡的，给予补偿。具体补偿标准和办法由国务院财政部门会同有关部门制定。

第六十七条　对从事动物疫病预防、检疫、监督检查、现场处理疫情以及在工作中接触动物疫病病原体的人员，有关单位应当按照国家规定采取有效的卫生防护措施和医疗保健措施。

第九章　法律责任

第六十八条　地方各级人民政府及其工作人员未依照本法规定履行职责的，对直接负责的主管人员和其他直接责任人员依法给予处分。

第六十九条　县级以上人民政府兽医主管部门及其工作人员违反本法规定，有下列行为之一的，由本级人民政府责令改正，通报批评；对直接负责的主管人员和其他直接责任人员依法给予处分：

（一）未及时采取预防、控制、扑灭等措施的；

（二）对不符合条件的颁发动物防疫条件合格证、动物诊疗许可证，或者对符合条件的拒不颁发动物防疫条件合格证、动物诊疗许可证的；

（三）其他未依照本法规定履行职责的行为。

第七十条　动物卫生监督机构及其工作人员违反本法规定，有下列行为之一的，由本级人民政府或者兽医主管部门责令改正，通报批评；对直接负责的主管人员和其他直接责任人员依法给予处分：

（一）对未经现场检疫或者检疫不合格的动物、动物产品出具检疫证明、加施检疫标志，或者对检疫合格的动物、动物产品拒不出具检疫证明、加施检疫标志的；

（二）对附有检疫证明、检疫标志的动物、动物产品重复检疫的；

（三）从事与动物防疫有关的经营性活动，或者在国务院财政部门、物价主管部门规定外加收费用、重复收费的；

（四）其他未依照本法规定履行职责的行为。

第七十一条　动物疫病预防控制机构及其工作人员违反本法规定，有下列行为之一的，由本级人民政府或者兽医主管部门责令改正，通报批评；对直接负责的主管人员和其他直接责任人员依法给予处分：

（一）未履行动物疫病监测、检测职责或者伪造监测、检测结果的；

（二）发生动物疫情时未及时进行诊断、调查的；

（三）其他未依照本法规定履行职责的行为。

第七十二条　地方各级人民政府、有关部门及其工作人员瞒报、谎报、迟报、漏报或者授意他人瞒报、谎报、迟报动物疫情，或者阻碍他人报告动物疫情的，由上级人民政府或者有关部门责令改正，通报批评；对直接负责的主管人员和其他直接责任人员依法给予处分。

第七十三条　违反本法规定，有下列行为之一的，由动物卫生监督机构责令改正，给予警告；拒不改正的，由动物卫生监督机构代作处理，所需处理费用由违法行为人承担，可以处一千元以下罚款：

（一）对饲养的动物不按照动物疫病强制免疫计划进行免疫接种的；

（二）种用、乳用动物未经检测或者经检测不合格而不按照规定处理的；

（三）动物、动物产品的运载工具在装载前和卸载后没有及时清洗、消毒的。

第七十四条 违反本法规定，对经强制免疫的动物未按照国务院兽医主管部门规定建立免疫档案、加施畜禽标识的，依照《中华人民共和国畜牧法》的有关规定处罚。

第七十五条 违反本法规定，不按照国务院兽医主管部门规定处置染疫动物及其排泄物、染疫动物产品，病死或者死因不明的动物尸体，运载工具中的动物排泄物以及垫料、包装物、容器等污染物以及其他经检疫不合格的动物、动物产品的，由动物卫生监督机构责令无害化处理，所需处理费用由违法行为人承担，可以处三千元以下罚款。

第七十六条 违反本法第二十五条规定，屠宰、经营、运输动物或者生产、经营、加工、贮藏、运输动物产品的，由动物卫生监督机构责令改正、采取补救措施，没收违法所得和动物、动物产品，并处同类检疫合格动物、动物产品货值金额一倍以上五倍以下罚款；其中依法应当检疫而未检疫的，依照本法第七十八条的规定处罚。

第七十七条 违反本法规定，有下列行为之一的，由动物卫生监督机构责令改正，处一千元以上一万元以下罚款；情节严重的，处一万元以上十万元以下罚款：

（一）兴办动物饲养场（养殖小区）和隔离场所，动物屠宰加工场所，以及动物和动物产品无害化处理场所，未取得动物防疫条件合格证的；

（二）未办理审批手续，跨省、自治区、直辖市引进乳用动物、种用动物及其精液、胚胎、种蛋的；

（三）未经检疫，向无规定动物疫病区输入动物、动物产品的。

第七十八条 违反本法规定，屠宰、经营、运输的动物未附有检疫证明，经营和运输的动物产品未附有检疫证明、检疫标志的，由动物卫生监督机构责令改正，处同类检疫合格动物、动物产品货值金额百分之十以上百分之五十以下罚款；对货主以外的承运人处运输费用一倍以上三倍以下罚款。

违反本法规定，参加展览、演出和比赛的动物未附有检疫证明的，由动物卫生监督机构责令改正，处一千元以上三千元以下罚款。

第七十九条 违反本法规定，转让、伪造或者变造检疫证明、检疫标志或者畜禽标识的，由动物卫生监督机构没收违法所得，收缴检疫证明、检疫标志或者畜禽标识，并处三千元以上三万元以下罚款。

第八十条 违反本法规定，有下列行为之一的，由动物卫生监督机构责令改正，处一千元以上一万元以下罚款：

（一）不遵守县级以上人民政府及其兽医主管部门依法作出的有关控制、扑灭动物疫病规定的；

（二）藏匿、转移、盗掘已被依法隔离、封存、处理的动物和动物产品的；

（三）发布动物疫情的。

第八十一条 违反本法规定，未取得动物诊疗许可证从事动物诊疗活动的，由动物卫生监督机构责令停止诊疗活动，没收违法所得；违法所得在三万元以上的，并处违法所得一倍以上三倍以下罚款；没有违法所得或者违法所得不足三万元的，并处三千元以上三万元以下罚款。

动物诊疗机构违反本法规定，造成动物疫病扩散的，由动物卫生监督机构责令改正，处一万元以上五万元以下罚款；情节严重的，由发证机关吊销动物诊疗许可证。

第八十二条 违反本法规定，未经兽医执业注册从事动物诊疗活动的，由动物卫生监督机构责令停止动物诊疗活动，没收违法所得，并处一千元以上一万元以下罚款。

执业兽医有下列行为之一的，由动物卫生监督机构给予警告，责令暂停六个月以上一年以下动物诊疗活动；情节严重的，由发证机关吊销注册证书：

（一）违反有关动物诊疗的操作技术规范，造成或者可能造成动物疫病传播、流行的；

（二）使用不符合国家规定的兽药和兽医器械的；

（三）不按照当地人民政府或者兽医主管部门要求参加动物疫病预防、控制和扑灭活动的。

第八十三条 违反本法规定，从事动物疫病研究与诊疗和动物饲养、屠宰、经营、隔离、运输，以及动物产品生产、经营、加工、贮藏等活动的单位和个人，有下列行为之一的，由动物卫生监督机构责令改正；拒不改正的，对违法行为单位处一千元以上一万元以下罚款，对违法行为个人可以处五百元以下罚款：

（一）不履行动物疫情报告义务的；

（二）不如实提供与动物防疫活动有关资料的；

（三）拒绝动物卫生监督机构进行监督检查的；

（四）拒绝动物疫病预防控制机构进行动物疫病监测、检测的。

第八十四条 违反本法规定，构成犯罪的，依法追究刑事责任。

违反本法规定，导致动物疫病传播、流行等，给他人人身、财产造成损害的，依法承担民事责任。

第十章 附 则

第八十五条 本法自 2008 年 1 月 1 日起施行。

附录 B 兽药管理条例

（2004 年 3 月 24 日国务院第 45 次常务会议通过，现予公布，自 2004 年 11 月 1 日起施行）

第一章 总 则

第一条 为了加强兽药管理，保证兽药质量，防治动物疾病，促进养殖业的发展，维护人体健康，制定本条例。

第二条 在中华人民共和国境内从事兽药的研制、生产、经营、进出口、使用和监督管理，应当遵守本条例。

第三条 国务院兽医行政管理部门负责全国的兽药监督管理工作。

县级以上地方人民政府兽医行政管理部门负责本行政区域内的兽药监督管理工作。

第四条 国家实行兽用处方药和非处方药分类管理制度。兽用处方药和非处方药分类管理的办法和具体实施步骤，由国务院兽医行政管理部门规定。

第五条 国家实行兽药储备制度。

发生重大动物疫情、灾情或者其他突发事件时，国务院兽医行政管理部门可以紧急调用国家储备的兽药；必要时，也可以调用国家储备以外的兽药。

第二章　新兽药研制

第六条　国家鼓励研制新兽药，依法保护研制者的合法权益。

第七条　研制新兽药，应当具有与研制相适应的场所、仪器设备、专业技术人员、安全管理规范和措施。

研制新兽药，应当进行安全性评价。从事兽药安全性评价的单位，应当经国务院兽医行政管理部门认定，并遵守兽药非临床研究质量管理规范和兽药临床试验质量管理规范。

第八条　研制新兽药，应当在临床试验前向省、自治区、直辖市人民政府兽医行政管理部门提出申请，并附具该新兽药实验室阶段安全性评价报告及其他临床前研究资料；省、自治区、直辖市人民政府兽医行政管理部门应当自收到申请之日起60个工作日内将审查结果书面通知申请人。

研制的新兽药属于生物制品的，应当在临床试验前向国务院兽医行政管理部门提出申请，国务院兽医行政管理部门应当自收到申请之日起60个工作日内将审查结果书面通知申请人。

研制新兽药需要使用一类病原微生物的，还应当具备国务院兽医行政管理部门规定的条件，并在实验室阶段前报国务院兽医行政管理部门批准。

第九条　临床试验完成后，新兽药研制者向国务院兽医行政管理部门提出新兽药注册申请时，应当提交该新兽药的样品和下列资料：

（一）名称、主要成分、理化性质；

（二）（二）研制方法、生产工艺、质量标准和检测方法；

（三）药理和毒理试验结果、临床试验报告和稳定性试验报告（四）环境影响报告和污染防治措施。

研制的新兽药属于生物制品的，还应当提供菌（毒、虫）种、细胞等有关材料和资料。菌（毒、虫）种、细胞由国务院兽医行政管理部门指定的机构保藏。

研制用于食用动物的新兽药，还应当按照国务院兽医行政管理部门的规定进行兽药残留试验并提供休药期、最高残留限量标准、残留检测方法及其制定依据等资料。

国务院兽医行政管理部门应当自收到申请之日起10个工作日内，将决定受理的新兽药资料送其设立的兽药评审机构进行评审，将新兽药样品送其指定的检验机构复核检验，并自收到评审和复核检验结论之日起60个工作日内完成审查。审查合格的，发给新兽药注册证书，并发布该兽药的质量标准；不合格的，应当书面通知申请人。

第十条　国家对依法获得注册的、含有新化合物的兽药的申请人提交的其自己所取得且未披露的试验数据和其他数据实施保护。

自注册之日起6年内，对其他申请人未经已获得注册兽药的申请人同意，使用前款规定的数据申请兽药注册的，兽药注册机关不予注册；但是，其他申请人提交其自己所取得的数据的除外。

除下列情况外，兽药注册机关不得披露本条第一款规定的数据（一）公共利益需要；

（二）已采取措施确保该类信息不会被不正当地进行商业使用。

第三章 兽药生产

第十一条 设立兽药生产企业，应当符合国家兽药行业发展规划和产业政策，并具备下列条件：

（一）与所生产的兽药相适应的兽医学、药学或者相关专业的技术人员；

（二）与所生产的兽药相适应的厂房、设施；

（三）与所生产的兽药相适应的兽药质量管理和质量检验的机构、人员、仪器设备；

（四）符合安全、卫生要求的生产环境；

（五）兽药生产质量管理规范规定的其他生产条件。

符合前款规定条件的，申请人方可向省、自治区、直辖市人民政府兽医行政管理部门提出申请，并附具符合前款规定条件的证明材料；省、自治区、直辖市人民政府兽医行政管理部门应当自收到申请之日起20个工作日内，将审核意见和有关材料报送国务院兽医行政管理部门。

国务院兽医行政管理部门，应当自收到审核意见和有关材料之日起40个工作日内完成审查。经审查合格的，发给兽药生产许可证；不合格的，应当书面通知申请人。申请人凭兽药生产许可证办理工商登记手续。

第十二条 兽药生产许可证应当载明生产范围、生产地点、有效期和法定代表人姓名、住址等事项。

兽药生产许可证有效期为5年。有效期届满，需要继续生产兽药的，应当在许可证有效期届满前6个月到原发证机关申请换发兽药生产许可证。

第十三条 兽药生产企业变更生产范围、生产地点的，应当依照本条例第十一条的规定申请换发兽药生产许可证，申请人凭换发的兽药生产许可证办理工商变更登记手续；变更企业名称、法定代表人的，应当在办理工商变更登记手续后15个工作日内，到原发证机关申请换发兽药生产许可证。

第十四条 兽药生产企业应当按照国务院兽医行政管理部门制定的兽药生产质量管理规范组织生产。

国务院兽医行政管理部门，应当对兽药生产企业是否符合兽药生产质量管理规范的要求进行监督检查，并公布检查结果。

第十五条 兽药生产企业生产兽药，应当取得国务院兽医行政管理部门核发的产品批准文号，产品批准文号的有效期为5年。兽药产品批准文号的核发办法由国务院兽医行政管理部门制定。

第十六条 兽药生产企业应当按照兽药国家标准和国务院兽医行政管理部门批准的生产工艺进行生产。兽药生产企业改变影响兽药质量的生产工艺的，应当报原批准部门审核批准。

兽药生产企业应当建立生产记录，生产记录应当完整、准确。

第十七条 生产兽药所需的原料、辅料，应当符合国家标准或者所生产兽药的质量要求。直接接触兽药的包装材料和容器应当符合药用要求。

第十八条 兽药出厂前应当经过质量检验，不符合质量标准的不得出厂。

兽药出厂应当附有产品质量合格证。

禁止生产假、劣兽药。

第十九条　兽药生产企业生产的每批兽用生物制品，在出厂前应当由国务院兽医行政管理部门指定的检验机构审查核对，并在必要时进行抽查检验；未经审查核对或者抽查检验不合格的，不得销售。

强制免疫所需兽用生物制品，由国务院兽医行政管理部门指定的企业生产。

第二十条　兽药包装应当按照规定印有或者贴有标签，附具说明书，并在显著位置注明"兽用"字样。

兽药的标签和说明书经国务院兽医行政管理部门批准并公布后，方可使用。

兽药的标签或者说明书，应当以中文注明兽药的通用名称、成分及其含量、规格、生产企业、产品批准文号（进口兽药注册证号）、产品批号、生产日期、有效期、适应症或者功能主治、用法、用量、休药期、禁忌、不良反应、注意事项、运输贮存保管条件及其他应当说明的内容。有商品名称的，还应当注明商品名称。

除前款规定的内容外，兽用处方药的标签或者说明书还应当印有国务院兽医行政管理部门规定的警示内容，其中兽用麻醉药品、精神药品、毒性药品和放射性药品还应当印有国务院兽医行政管理部门规定的特殊标志；兽用非处方药的标签或者说明书还应当印有国务院兽医行政管理部门规定的非处方药标志。

第二十一条　国务院兽医行政管理部门，根据保证动物产品质量安全和人体健康的需要，可以对新兽药设立不超过 5 年的监测期；在监测期内，不得批准其他企业生产或者进口该新兽药。生产企业应当在监测期内收集该新兽药的疗效、不良反应等资料，并及时报送国务院兽医行政管理部门。

第四章　兽药经营

第二十二条　经营兽药的企业，应当具备下列条件：
（一）与所经营的兽药相适应的兽药技术人员；
（二）与所经营的兽药相适应的营业场所、设备、仓库设施；
（三）与所经营的兽药相适应的质量管理机构或者人员；
（四）兽药经营质量管理规范规定的其他经营条件。

符合前款规定条件的，申请人方可向市、县人民政府兽医行政管理部门提出申请，并附具符合前款规定条件的证明材料；经营兽用生物制品的，应当向省、自治区、直辖市人民政府兽医行政管理部门提出申请，并附具符合前款规定条件的证明材料。

县级以上地方人民政府兽医行政管理部门，应当自收到申请之日起 30 个工作日内完成审查。审查合格的，发给兽药经营许可证；不合格的，应当书面通知申请人。申请人凭兽药经营许可证办理工商登记手续。

第二十三条　兽药经营许可证应当载明经营范围、经营地点、有效期和法定代表人姓名、住址等事项。

兽药经营许可证有效期为 5 年。有效期届满，需要继续经营兽药的，应当在许可证有效期届满前 6 个月到原发证机关申请换发兽药经营许可证。

第二十四条　兽药经营企业变更经营范围、经营地点的，应当依照本条例第二十二条的规定申请换发兽药经营许可证，申请人凭换发的兽药经营许可证办理工商变更登记手续；变更企业名称、法定代表人的，应当在办理工商变更登记手续后 15 个工作日内，到原发证机关申请换发兽药经营许可证。

第二十五条 兽药经营企业，应当遵守国务院兽医行政管理部门制定的兽药经营质量管理规范。

县级以上地方人民政府兽医行政管理部门，应当对兽药经营企业是否符合兽药经营质量管理规范的要求进行监督检查，并公布检查结果。

第二十六条 兽药经营企业购进兽药，应当将兽药产品与产品标签或者说明书、产品质量合格证核对无误。

第二十七条 兽药经营企业，应当向购买者说明兽药的功能主治、用法、用量和注意事项。销售兽用处方药的，应当遵守兽用处方药管理办法。

兽药经营企业销售兽用中药材的，应当注明产地。

禁止兽药经营企业经营人用药品和假、劣兽药。

第二十八条 兽药经营企业购销兽药，应当建立购销记录。购销记录应当载明兽药的商品名称、通用名称、剂型、规格、批号、有效期、生产厂商、购销单位、购销数量、购销日期和国务院兽医行政管理部门规定的其他事项。

第二十九条 兽药经营企业，应当建立兽药保管制度，采取必要的冷藏、防冻、防潮、防虫、防鼠等措施，保持所经营兽药的质量。

兽药入库、出库，应当执行检查验收制度，并有准确记录。

第三十条 强制免疫所需兽用生物制品的经营，应当符合国务院兽医行政管理部门的规定。

第三十一条 兽药广告的内容应当与兽药说明书内容相一致，在全国重点媒体发布兽药广告的，应当经国务院兽医行政管理部门审查批准，取得兽药广告审查批准文号。在地方媒体发布兽药广告的，应当经省、自治区、直辖市人民政府兽医行政管理部门审查批准，取得兽药广告审查批准文号；未经批准的，不得发布。

第五章 兽药进出口

第三十二条 首次向中国出口的兽药，由出口方驻中国境内的办事机构或者其委托的中国境内代理机构向国务院兽医行政管理部门申请注册，并提交下列资料和物品：

（一）生产企业所在国家（地区）兽药管理部门批准生产、销售的证明文件；

（二）生产企业所在国家（地区）兽药管理部门颁发的符合兽药生产质量管理规范的证明文件；

（三）兽药的制造方法、生产工艺、质量标准、检测方法、药理和毒理试验结果、临床试验报告、稳定性试验报告及其他相关资料；用于食用动物的兽药的休药期、最高残留限量标准、残留检测方法及其制定依据等资料；

（四）兽药的标签和说明书样本；

（五）兽药的样品、对照品、标准品；

（六）环境影响报告和污染防治措施；

（七）涉及兽药安全性的其他资料。

申请向中国出口兽用生物制品的，还应当提供菌（毒、虫）种、细胞等有关材料和资料。

第三十三条 国务院兽医行政管理部门，应当自收到申请之日起10个工作日内组织初步审查。经初步审查合格的，应当将决定受理的兽药资料送其设立的兽药评审机构进行评审，将该兽药样品送其指定的检验机构复核检验，并自收到评审和复核检验结论之日起 60 个工作日内完成审查。经审查合格的，发给进口兽药注册证书，并发布该兽药的质量标准；不合格的，应当书面通知申请人。

在审查过程中，国务院兽医行政管理部门可以对向中国出口兽药的企业是否符合兽药生产质量管理规范的要求进行考查，并有权要求该企业在国务院兽医行政管理部门指定的机构进行该兽药的安全性和有效性试验。

国内急需兽药、少量科研用兽药或者注册兽药的样品、对照品、标准品的进口，按照国务院兽医行政管理部门的规定办理。

第三十四条　进口兽药注册证书的有效期为 5 年。有效期届满，需要继续向中国出口兽药的，应当在有效期届满前 6 个月到原发证机关申请再注册。

第三十五条　境外企业不得在中国直接销售兽药。境外企业在中国销售兽药，应当依法在中国境内设立销售机构或者委托符合条件的中国境内代理机构。

进口在中国已取得进口兽药注册证书的兽用生物制品的，中国境内代理机构应当向国务院兽医行政管理部门申请允许进口兽用生物制品证明文件，凭允许进口兽用生物制品证明文件到口岸所在地人民政府兽医行政管理部门办理进口兽药通关单；进口在中国已取得进口兽药注册证书的其他兽药的，凭进口兽药注册证书到口岸所在地人民政府兽医行政管理部门办理进口兽药通关单。海关凭进口兽药通关单放行。兽药进口管理办法由国务院兽医行政管理部门会同海关总署制定。

兽用生物制品进口后，应当依照本条例第十九条的规定进行审查核对和抽查检验。其他兽药进口后，由当地兽医行政管理部门通知兽药检验机构进行抽查检验。

第三十六条　禁止进口下列兽药：

（一）药效不确定、不良反应大以及可能对养殖业、人体健康造成危害或者存在潜在风险的；

（二）来自疫区可能造成疫病在中国境内传播的兽用生物制品；

（三）经考查生产条件不符合规定的；

（四）国务院兽医行政管理部门禁止生产、经营和使用的。

第三十七条　向中国境外出口兽药，进口方要求提供兽药出口证明文件的，国务院兽医行政管理部门或者企业所在地的省、自治区、直辖市人民政府兽医行政管理部门可以出具出口兽药证明文件。

国内防疫急需的疫苗，国务院兽医行政管理部门可以限制或者禁止出口。

第六章　兽药使用

第三十八条　兽药使用单位，应当遵守国务院兽医行政管理部门制定的兽药安全使用规定，并建立用药记录。

第三十九条　禁止使用假、劣兽药以及国务院兽医行政管理部门规定禁止使用的药品和其他化合物。禁止使用的药品和其他化合物目录由国务院兽医行政管理部门制定公布。

第四十条　有休药期规定的兽药用于食用动物时，饲养者应当向购买者或者屠宰者提供准确、真实的用药记录；购买者或者屠宰者应当确保动物及其产品在用药期、休药期内不被用于食品消费。

第四十一条 国务院兽医行政管理部门，负责制定公布在饲料中允许添加的药物饲料添加剂品种目录。

禁止在饲料和动物饮用水中添加激素类药品和国务院兽医行政管理部门规定的其他禁用药品。

经批准可以在饲料中添加的兽药，应当由兽药生产企业制成药物饲料添加剂后方可添加。禁止将原料药直接添加到饲料及动物饮用水中或者直接饲喂动物。

禁止将人用药品用于动物。

第四十二条 国务院兽医行政管理部门，应当制定并组织实施国家动物及动物产品兽药残留监控计划。

县级以上人民政府兽医行政管理部门，负责组织对动物产品中兽药残留量的检测。兽药残留检测结果，由国务院兽医行政管理部门或者省、自治区、直辖市人民政府兽医行政管理部门按照权限予以公布。

动物产品的生产者、销售者对检测结果有异议的，可以自收到检测结果之日起7个工作日内向组织实施兽药残留检测的兽医行政管理部门或者其上级兽医行政管理部门提出申请，由受理申请的兽医行政管理部门指定检验机构进行复检。

兽药残留限量标准和残留检测方法，由国务院兽医行政管理部门制定发布。

第四十三条 禁止销售含有违禁药物或者兽药残留量超过标准的食用动物产品。

第七章　兽药监督管理

第四十四条 县级以上人民政府兽医行政管理部门行使兽药监督管理权。

兽药检验工作由国务院兽医行政管理部门和省、自治区、直辖市人民政府兽医行政管理部门设立的兽药检验机构承担。国务院兽医行政管理部门，可以根据需要认定其他检验机构承担兽药检验工作。

当事人对兽药检验结果有异议的，可以自收到检验结果之日起7个工作日内向实施检验的机构或者上级兽医行政管理部门设立的检验机构申请复检。

第四十五条 兽药应当符合兽药国家标准。

国家兽药典委员会拟定的、国务院兽医行政管理部门发布的《中华人民共和国兽药典》和国务院兽医行政管理部门发布的其他兽药质量标准为兽药国家标准。

兽药国家标准的标准品和对照品的标定工作由国务院兽医行政管理部门设立的兽药检验机构负责。

第四十六条 兽医行政管理部门依法进行监督检查时，对有证据证明可能是假、劣兽药的，应当采取查封、扣押的行政强制措施，并自采取行政强制措施之日起7个工作日内作出是否立案的决定；需要检验的，应当自检验报告书发出之日起15个工作日内作出是否立案的决定；不符合立案条件的，应当解除行政强制措施；需要暂停生产、经营和使用的，由国务院兽医行政管理部门或者省、自治区、直辖市人民政府兽医行政管理部门按照权限作出决定。

未经行政强制措施决定机关或者其上级机关批准，不得擅自转移、使用、销毁、销售被查封或者扣押的兽药及有关材料。

第四十七条 有下列情形之一的，为假兽药：

（一）以非兽药冒充兽药或者以他种兽药冒充此种兽药的；

（二）兽药所含成分的种类、名称与兽药国家标准不符合的。

有下列情形之一的，按照假兽药处理：

（一）国务院兽医行政管理部门规定禁止使用的；

（二）依照本条例规定应当经审查批准而未经审查批准即生产、进口的，或者依照本条例规定应当经抽查检验、审查核对而未经抽查检验、审查核对即销售、进口的；

（三）变质的；

（四）被污染的；

（五）所标明的适应症或者功能主治超出规定范围的。

第四十八条 有下列情形之一的，为劣兽药：

（一）成分含量不符合兽药国家标准或者不标明有效成分的；

（二）不标明或者更改有效期或者超过有效期的；

（三）不标明或者更改产品批号的；

（四）其他不符合兽药国家标准，但不属于假兽药的。

第四十九条 禁止将兽用原料药拆零销售或者销售给兽药生产企业以外的单位和个人。

禁止未经兽医开具处方销售、购买、使用国务院兽医行政管理部门规定实行处方药管理的兽药。

第五十条 国家实行兽药不良反应报告制度。

兽药生产企业、经营企业、兽药使用单位和开具处方的兽医人员发现可能与兽药使用有关的严重不良反应，应当立即向所在地人民政府兽医行政管理部门报告。

第五十一条 兽药生产企业、经营企业停止生产、经营超过6个月或者关闭的，由原发证机关责令其交回兽药生产许可证、兽药经营许可证，并由工商行政管理部门变更或者注销其工商登记。

第五十二条 禁止买卖、出租、出借兽药生产许可证、兽药经营许可证和兽药批准证明文件。

第五十三条 兽药评审检验的收费项目和标准，由国务院财政部门会同国务院价格主管部门制定，并予以公告。

第五十四条 各级兽医行政管理部门、兽药检验机构及其工作人员，不得参与兽药生产、经营活动，不得以其名义推荐或者监制、监销兽药。

第八章 法律责任

第五十五条 兽医行政管理部门及其工作人员利用职务上的便利收取他人财物或者谋取其他利益，对不符合法定条件的单位和个人核发许可证、签署审查同意意见，不履行监督职责，或者发现违法行为不予查处，造成严重后果，构成犯罪的，依法追究刑事责任；尚不构成犯罪的，依法给予行政处分。

第五十六条 违反本条例规定，无兽药生产许可证、兽药经营许可证生产、经营兽药的，或者虽有兽药生产许可证、兽药经营许可证，生产、经营假、劣兽药的，或者兽药经营企业经营人用药品的，责令其停止生产、经营，没收用于违法生产的原料、辅料、包装材料及生产、经营的兽药和违法所得，并处违法生产、经营的兽药（包括已出售的和未出售的兽药，下同）货值金额2倍以上5倍以下罚款，货值金额无法查证核实的，处10万元以上20万元以下罚款；无兽药生产许可证生产兽药，情节严重的，没收其生产设备；生产、经营假、劣兽药，情节严重的，吊销兽药生产许可证、兽药经营许可证；构成犯罪的，依法追究刑事责任；给他人造成损失的，依法承担赔偿责任。生产、经营企业的主要负责人和直接负责的主管人员终身不得从事兽药的生产、经营活动。

擅自生产强制免疫所需兽用生物制品的，按照无兽药生产许可证生产兽药处罚。

第五十七条 违反本条例规定，提供虚假的资料、样品或者采取其他欺骗手段取得兽药生产许可证、兽药经营许可证或者兽药批准证明文件的，吊销兽药生产许可证、兽药经营许可证或者撤销兽药批准证明文件，并处5万元以上10万元以下罚款；给他人造成损失的，依法承担赔偿责任。其主要负责人和直接负责的主管人员终身不得从事兽药的生产、经营和进出口活动。

第五十八条 买卖、出租、出借兽药生产许可证、兽药经营许可证和兽药批准证明文件的，没收违法所得，并处1万元以上10万元以下罚款；情节严重的，吊销兽药生产许可证、兽药经营许可证或者撤销兽药批准证明文件；构成犯罪的，依法追究刑事责任；给他人造成损失的，依法承担赔偿责任。

第五十九条 违反本条例规定，兽药安全性评价单位、临床试验单位、生产和经营企业未按照规定实施兽药研究试验、生产、经营质量管理规范的，给予警告，责令其限期改正；逾期不改正的，责令停止兽药研究试验、生产、经营活动，并处5万元以下罚款；情节严重的，吊销兽药生产许可证、兽药经营许可证；给他人造成损失的，依法承担赔偿责任。

违反本条例规定，研制新兽药不具备规定的条件擅自使用一类病原微生物或者在实验室阶段前未经批准的，责令其停止实验，并处5万元以上10万元以下罚款；构成犯罪的，依法追究刑事责任；给他人造成损失的，依法承担赔偿责任。

第六十条 违反本条例规定，兽药的标签和说明书未经批准的，责令其限期改正；逾期不改正的，按照生产、经营假兽药处罚；有兽药产品批准文号的，撤销兽药产品批准文号；给他人造成损失的，依法承担赔偿责任。

兽药包装上未附有标签和说明书，或者标签和说明书与批准的内容不一致的，责令其限期改正；情节严重的，依照前款规定处罚。

第六十一条 违反本条例规定，境外企业在中国直接销售兽药的，责令其限期改正，没收直接销售的兽药和违法所得，并处5万元以上10万元以下罚款；情节严重的，吊销进口兽药注册证书；给他人造成损失的，依法承担赔偿责任。

第六十二条 违反本条例规定，未按照国家有关兽药安全使用规定使用兽药的、未建立用药记录或者记录不完整真实的，或者使用禁止使用的药品和其他化合物的，或者将人用药品用于动物的，责令其立即改正，并对饲喂了违禁药物及其他化合物的动物及其产品进行无害化处理；对违法单位处1万元以上5万元以下罚款；给他人造成损失的，依法承担赔偿责任。

第六十三条 违反本条例规定，销售尚在用药期、休药期内的动物及其产品用于食品消费的，或者销售含有违禁药物和兽药残留超标的动物产品用于食品消费的，责令其对含有违禁药物和兽药残留超标的动物产品进行无害化处理，没收违法所得，并处3万元以上10万元以下罚款；构成犯罪的，依法追究刑事责任；给他人造成损失的，依法承担赔偿责任。

第六十四条 违反本条例规定，擅自转移、使用、销毁、销售被查封或者扣押的兽药及有关材料的，责令其停止违法行为，给予警告，并处5万元以上10万元以下罚款。

第六十五条 违反本条例规定，兽药生产企业、经营企业、兽药使用单位和开具处方的兽医人员发现可能与兽药使用有关的严重不良反应，不向所在地人民政府兽医行政管理部门报告的，给予警告，并处 5000 元以上 1 万元以下罚款。

生产企业在新兽药监测期内不收集或者不及时报送该新兽药的疗效、不良反应等资料的，责令其限期改正，并处 1 万元以上 5 万元以下罚款；情节严重的，撤销该新兽药的产品批准文号。

第六十六条 违反本条例规定，未经兽医开具处方销售、购买、使用兽用处方药的，责令其限期改正，没收违法所得，并处 5 万元以下罚款；给他人造成损失的，依法承担赔偿责任。

第六十七条 违反本条例规定，兽药生产、经营企业把原料药销售给兽药生产企业以外的单位和个人的，或者兽药经营企业拆零销售原料药的，责令其立即改正，给予警告，没收违法所得，并处 2 万元以上 5 万元以下罚款；情节严重的，吊销兽药生产许可证、兽药经营许可证；给他人造成损失的，依法承担赔偿责任。

第六十八条 违反本条例规定，在饲料和动物饮用水中添加激素类药品和国务院兽医行政管理部门规定的其他禁用药品，依照《饲料和饲料添加剂管理条例》的有关规定处罚；直接将原料药添加到饲料及动物饮用水中，或者饲喂动物的，责令其立即改正，并处 1 万元以上 3 万元以下罚款；给他人造成损失的，依法承担赔偿责任。

第六十九条 有下列情形之一的，撤销兽药的产品批准文号或者吊销进口兽药注册证书：

（一）抽查检验连续 2 次不合格的；

（二）药效不确定、不良反应大以及可能对养殖业、人体健康造成危害或者存在潜在风险的；

（三）国务院兽医行政管理部门禁止生产、经营和使用的兽药。

被撤销产品批准文号或者被吊销进口兽药注册证书的兽药，不得继续生产、进口、经营和使用。已经生产、进口的，由所在地兽医行政管理部门监督销毁，所需费用由违法行为人承担；给他人造成损失的，依法承担赔偿责任。

第七十条 本条例规定的行政处罚由县级以上人民政府兽医行政管理部门决定；其中吊销兽药生产许可证、兽药经营许可证、撤销兽药批准证明文件或者责令停止兽药研究试验的，由原发证、批准部门决定。

上级兽医行政管理部门对下级兽医行政管理部门违反本条例的行政行为，应当责令限期改正；逾期不改正的，有权予以改变或者撤销。

第七十一条 本条例规定的货值金额以违法生产、经营兽药的标价计算；没有标价的，按照同类兽药的市场价格计算。

第九章 附 则

第七十二条 本条例下列用语的含义是：

（一）兽药，是指用于预防、治疗、诊断动物疾病或者有目的地调节动物生理机能的物质（含药物饲料添加剂），主要包括：血清制品、疫苗、诊断制品、微生态制品、中药材、中成药、化学药品、抗生素、生化药品、放射性药品及外用杀虫剂、消毒剂等。

（二）兽用处方药，是指凭兽医处方才可购买和使用的兽药。

（三）兽用非处方药，是指由国务院兽医行政管理部门公布的、不需要凭兽医处方就可以自行购买并按照说明书使用的兽药。

（四）兽药生产企业，是指专门生产兽药的企业和兼产兽药的企业，包括从事兽药分装的企业。

（五）兽药经营企业，是指经营兽药的专营企业或者兼营企业。

（六）新兽药，是指未曾在中国境内上市销售的兽用药品。

（七）兽药批准证明文件，是指兽药产品批准文号、进口兽药注册证书、允许进口兽用生物制品证明文件、出口兽药证明文件、新兽药注册证书等文件。

第七十三条　兽用麻醉药品、精神药品、毒性药品和放射性药品等特殊药品，依照国家有关规定管理。

第七十四条　水产养殖中的兽药使用、兽药残留检测和监督管理以及水产养殖过程中违法用药的行政处罚，由县级以上人民政府渔业主管部门及其所属的渔政监督管理机构负责。

第七十五条　本条例自 2004 年 11 月 1 日起施行。

附录C　动物诊疗机构管理办法

（中华人民共和国农业部令第 19 号）《动物诊疗机构管理办法》已经 2008 年 11 月 4 日农业部第 8 次常务会议审议通过，现予发布，自 2009 年 1 月 1 日起施行。

部　长　孙政才
二〇〇八年十一月二十六日

第一章　总　则

第一条　为了加强动物诊疗机构管理，规范动物诊疗行为，保障公共卫生安全，根据《中华人民共和国动物防疫法》，制定本办法。

第二条　在中华人民共和国境内从事动物诊疗活动的机构，应当遵守本办法。

本办法所称动物诊疗，是指动物疾病的预防、诊断、治疗和动物绝育手术等经营性活动。

第三条　农业部负责全国动物诊疗机构的监督管理。

县级以上地方人民政府兽医主管部门负责本行政区域内动物诊疗机构的管理。

县级以上地方人民政府设立的动物卫生监督机构负责本行政区域内动物诊疗机构的监督执法工作。

第二章　诊疗许可

第四条　国家实行动物诊疗许可制度。从事动物诊疗活动的机构，应当取得动物诊疗许可证，并在规定的诊疗活动范围内开展动物诊疗活动。

第五条　申请设立动物诊疗机构的，应当具备下列条件：

（一）有固定的动物诊疗场所，且动物诊疗场所使用面积符合省、自治区、直辖市人民政府兽医主管部门的规定；

（二）动物诊疗场所选址距离畜禽养殖场、屠宰加工场、动物交易场所不少于 200 米；

（三）动物诊疗场所设有独立的出入口，出入口不得设在居民住宅楼内或者院内，不得与同一建筑物的其他用户共用通道；
　　（四）具有布局合理的诊疗室、手术室、药房等设施；
　　（五）具有诊断、手术、消毒、冷藏、常规化验、污水处理等器械设备；
　　（六）具有1名以上取得执业兽医师资格证书的人员；
　　（七）具有完善的诊疗服务、疫情报告、卫生消毒、兽药处方、药物和无害化处理等管理制度。
　　第六条　动物诊疗机构从事动物颅腔、胸腔和腹腔手术的，除具备本办法第五条规定的条件外，还应当具备以下条件：
　　（一）具有手术台、X光机或者B超等器械设备；
　　（二）具有3名以上取得执业兽医师资格证书的人员。
　　第七条　设立动物诊疗机构，应当向动物诊疗场所所在地的发证机关提出申请，并提交下列材料：
　　（一）动物诊疗许可证申请表；
　　（二）动物诊疗场所地理方位图、室内平面图和各功能区布局图；
　　（三）动物诊疗场所使用权证明；
　　（四）法定代表人（负责人）身份证明；
　　（五）执业兽医师资格证书原件及复印件；
　　（六）设施设备清单；
　　（七）管理制度文本；
　　（八）执业兽医和服务人员的健康证明材料。
　　申请材料不齐全或者不符合规定条件的，发证机关应当自收到申请材料之日起5个工作日内一次告知申请人需补正的内容。
　　第八条　动物诊疗机构应当使用规范的名称。不具备从事动物颅腔、胸腔和腹腔手术能力的，不得使用"动物医院"的名称。
　　动物诊疗机构名称应当经工商行政管理机关预先核准。
　　第九条　发证机关受理申请后，应当在20个工作日内完成对申请材料的审核和对动物诊疗场所的实地考察。符合规定条件的，发证机关应当向申请人颁发动物诊疗许可证；不符合条件的，书面通知申请人，并说明理由。
　　专门从事水生动物疫病诊疗的，发证机关在核发动物诊疗许可证时，应当征求同级渔业行政主管部门的意见。
　　第十条　动物诊疗许可证应当载明诊疗机构名称、诊疗活动范围、从业地点和法定代表人（负责人）等事项。
　　动物诊疗许可证格式由农业部统一规定。
　　第十一条　申请人凭动物诊疗许可证到动物诊疗场所所在地工商行政管理部门办理登记注册手续。
　　第十二条　动物诊疗机构设立分支机构的，应当按照本办法的规定另行办理动物诊疗许可证。
　　第十三条　动物诊疗机构变更名称或者法定代表人（负责人）的，应当在办理工商变更登记手续后15个工作日内，向原发证机关申请办理变更手续。

动物诊疗机构变更从业地点、诊疗活动范围的，应当按照本办法规定重新办理动物诊疗许可手续，申请换发动物诊疗许可证，并依法办理工商变更登记手续。

第十四条　动物诊疗许可证不得伪造、变造、转让、出租、出借。

动物诊疗许可证遗失的，应当及时向原发证机关申请补发。

第十五条　发证机关办理动物诊疗许可证，不得向申请人收取费用。

第三章　诊疗活动管理

第十六条　动物诊疗机构应当依法从事动物诊疗活动，建立健全内部管理制度，在诊疗场所的显著位置悬挂动物诊疗许可证和公示从业人员基本情况。

第十七条　动物诊疗机构应当按照国家兽药管理的规定使用兽药，不得使用假劣兽药和农业部规定禁止使用的药品及其他化合物。

第十八条　动物诊疗机构兼营宠物用品、宠物食品、宠物美容等项目的，兼营区域与动物诊疗区域应当分别独立设置。

第十九条　动物诊疗机构应当使用规范的病历、处方笺，病历、处方笺应当印有动物诊疗机构名称。病历档案应当保存3年以上。

第二十条　动物诊疗机构安装、使用具有放射性的诊疗设备的，应当依法经环境保护部门批准。

第二十一条　动物诊疗机构发现动物染疫或者疑似染疫的，应当按照国家规定立即向当地兽医主管部门、动物卫生监督机构或者动物疫病预防控制机构报告，并采取隔离等控制措施，防止动物疫情扩散。

动物诊疗机构发现动物患有或者疑似患有国家规定应当扑杀的疫病时，不得擅自进行治疗。

第二十二条　动物诊疗机构应当按照农业部规定处理病死动物和动物病理组织。

动物诊疗机构应当参照《医疗废弃物管理条例》的有关规定处理医疗废弃物。

第二十三条　动物诊疗机构的执业兽医应当按照当地人民政府或者兽医主管部门的要求，参加预防、控制和扑灭动物疫病活动。

第二十四条　动物诊疗机构应当配合兽医主管部门、动物卫生监督机构、动物疫病预防控制机构进行有关法律法规宣传、流行病学调查和监测工作。

第二十五条　动物诊疗机构不得随意抛弃病死动物、动物病理组织和医疗废弃物，不得排放未经无害化处理或者处理不达标的诊疗废水。

第二十六条　动物诊疗机构应当定期对本单位工作人员进行专业知识和相关政策、法规培训。

第二十七条　动物诊疗机构应当于每年3月底前将上年度动物诊疗活动情况向发证机关报告。

第二十八条　动物卫生监督机构应当建立健全日常监管制度，对辖区内动物诊疗机构和人员执行法律、法规、规章的情况进行监督检查。

兽医主管部门应当设立动物诊疗违法行为举报电话，并向社会公示。

第四章　罚　则

第二十九条　违反本办法规定，动物诊疗机构有下列情形之一的，由动物卫生监督机构按照《中华人民共和国动物防疫法》第八十一条第一款的规定予以处罚；情节严重的，并报原发证机关收回、注销其动物诊疗许可证：

（一）超出动物诊疗许可证核定的诊疗活动范围从事动物诊疗活动的；

（二）变更从业地点、诊疗活动范围未重新办理动物诊疗许可证的。

第三十条 使用伪造、变造、受让、租用、借用的动物诊疗许可证的，动物卫生监督机构应当依法收缴，并按照《中华人民共和国动物防疫法》第八十一条第一款的规定予以处罚。

出让、出租、出借动物诊疗许可证的，原发证机关应当收回、注销其动物诊疗许可证。

第三十一条 动物诊疗场所不再具备本办法第五条、第六条规定条件的，由动物卫生监督机构给予警告，责令限期改正；逾期仍达不到规定条件的，由原发证机关收回、注销其动物诊疗许可证。

第三十二条 动物诊疗机构连续停业两年以上的，或者连续两年未向发证机关报告动物诊疗活动情况，拒不改正的，由原发证机关收回、注销其动物诊疗许可证。

第三十三条 违反本办法规定，动物诊疗机构有下列情形之一的，由动物卫生监督机构给予警告，责令限期改正；拒不改正或者再次出现同类违法行为的，处以1000元以下罚款：

（一）变更机构名称或者法定代表人未办理变更手续的；

（二）未在诊疗场所悬挂动物诊疗许可证或者公示从业人员基本情况的；

（三）不使用病历，或者应当开具处方未开具处方的；

（四）使用不规范的病历、处方笺的。

第三十四条 动物诊疗机构在动物诊疗活动中，违法使用兽药的，或者违法处理医疗废弃物的，依照有关法律、行政法规的规定予以处罚。

第三十五条 动物诊疗机构违反本办法第二十五条规定的，由动物卫生监督机构按照《中华人民共和国动物防疫法》第七十五条的规定予以处罚。

第三十六条 兽医主管部门依法吊销、注销动物诊疗许可证的，应当及时通报工商行政管理部门。

第三十七条 发证机关及其动物卫生监督机构不依法履行审查和监督管理职责，玩忽职守、滥用职权或者徇私舞弊的，依照有关规定给予处分；构成犯罪的，依法追究刑事责任。

第五章 附 则

第三十八条 乡村兽医在乡村从事动物诊疗活动的具体管理办法由农业部另行规定。

第三十九条 本办法所称发证机关，是指县（市辖区）级人民政府兽医主管部门；市辖区未设立兽医主管部门的，发证机关为上一级兽医主管部门。

第四十条 本办法自2009年1月1日起施行。

本办法施行前已开办的动物诊疗机构，应当自本办法施行之日起12个月内，依照本办法的规定，办理动物诊疗许可证。

附录D 执业兽医管理办法

（中华人民共和国农业部令第18号）《执业兽医管理办法》已经2008年11月4日农业部

第 8 次常务会议审议通过，现予发布，自 2009 年 1 月 1 日起施行。

部　长　孙政才
二〇〇八年十一月二十六日

第一章　总　则

第一条　为了规范执业兽医执业行为，提高执业兽医业务素质和职业道德水平，保障执业兽医合法权益，保护动物健康和公共卫生安全，根据《中华人民共和国动物防疫法》，制定本办法。

第二条　在中华人民共和国境内从事动物诊疗和动物保健活动的兽医人员适用本办法。

第三条　本办法所称执业兽医，包括执业兽医师和执业助理兽医师。

第四条　农业部主管全国执业兽医管理工作。

县级以上地方人民政府兽医主管部门主管本行政区域内的执业兽医管理工作。

县级以上地方人民政府设立的动物卫生监督机构负责执业兽医的监督执法工作。

第五条　县级以上人民政府兽医主管部门应当对在预防、控制和扑灭动物疫病工作中做出突出贡献的执业兽医，按照国家有关规定给予表彰和奖励。

第六条　执业兽医应当具备良好的职业道德，按照有关动物防疫、动物诊疗和兽药管理等法律、行政法规和技术规范的要求，依法执业。

执业兽医应当定期参加兽医专业知识和相关政策法规教育培训，不断提高业务素质。

第七条　执业兽医依法履行职责，其权益受法律保护。

鼓励成立兽医行业协会，实行行业自律，规范从业行为，提高服务水平。

第二章　资格考试

第八条　国家实行执业兽医资格考试制度。执业兽医资格考试由农业部组织，全国统一大纲、统一命题、统一考试。

第九条　具有兽医、畜牧兽医、中兽医（民族兽医）或者水产养殖专业大学专科以上学历的人员，可以参加执业兽医资格考试。

第十条　执业兽医资格考试内容包括兽医综合知识和临床技能两部分。

第十一条　农业部组织成立全国执业兽医资格考试委员会。考试委员会负责审定考试科目、考试大纲、考试试题，对考试工作进行监督、指导和确定合格标准。

第十二条　农业部执业兽医管理办公室承担考试委员会的日常工作，负责拟订考试科目、编写考试大纲、建立考试题库、组织考试命题，并提出考试合格标准建议等。

第十三条　执业兽医资格考试成绩符合执业兽医师标准的，取得执业兽医师资格证书；符合执业助理兽医师资格标准的，取得执业助理兽医师资格证书。

执业兽医师资格证书和执业助理兽医师资格证书由农业部颁发。

第三章　执业注册和备案

第十四条　取得执业兽医师资格证书，从事动物诊疗活动的，应当向注册机关申请兽医执业注册；取得执业助理兽医师资格证书，从事动物诊疗辅助活动的，应当向注册机关备案。

第十五条　申请兽医执业注册或者备案的，应当向注册机关提交下列材料：

（一）注册申请表或者备案表。

（二）执业兽医资格证书及其复印件。

（三）医疗机构出具的 6 个月内的健康体检证明。

（四）身份证明原件及其复印件。

（五）动物诊疗机构聘用证明及其复印件；申请人是动物诊疗机构法定代表人（负责人）的，提供动物诊疗许可证复印件。

第十六条　注册机关收到执业兽医师注册申请后，应当在 20 个工作日内完成对申请材料的审核。经审核合格的，发给兽医师执业证书；不合格的，书面通知申请人，并说明理由。

注册机关收到执业助理兽医师备案材料后，应当及时对备案材料进行审查，材料齐全、真实的，应当发给助理兽医师执业证书。

第十七条　兽医师执业证书和助理兽医师执业证书应当载明姓名、执业范围、受聘动物诊疗机构名称等事项。

兽医师执业证书和助理兽医师执业证书的格式由农业部规定，由省、自治区、直辖市人民政府兽医主管部门统一印制。

第十八条　有下列情形之一的，不予发放兽医师执业证书或者助理兽医师执业证书：

（一）不具有完全民事行为能力的；

（二）被吊销兽医师执业证书或者助理兽医师执业证书不满 2 年的；

（三）患有国家规定不得从事动物诊疗活动的人畜共患传染病的。

第十九条　执业兽医变更受聘的动物诊疗机构的，应当按照本办法的规定重新办理注册或者备案手续。

第二十条　县级以上地方人民政府兽医主管部门应当将注册和备案的执业兽医名单逐级汇总报农业部。

第四章　执业活动管理

第二十一条　执业兽医不得同时在两个或者两个以上动物诊疗机构执业，但动物诊疗机构间的会诊、支援、应邀出诊、急救除外。

第二十二条　执业兽医师可以从事动物疾病的预防、诊断、治疗和开具处方、填写诊断书、出具有关证明文件等活动。

第二十三条　执业助理兽医师在执业兽医师指导下协助开展兽医执业活动，但不得开具处方、填写诊断书、出具有关证明文件。

第二十四条　兽医、畜牧兽医、中兽医（民族兽医）、水产养殖专业的学生可以在执业兽医师指导下进行专业实习。

第二十五条　经注册和备案专门从事水生动物疫病诊疗的执业兽医师和执业助理兽医师，不得从事其他动物疫病诊疗。

第二十六条　执业兽医在执业活动中应当履行下列义务：

（一）遵守法律、法规、规章和有关管理规定；

（二）按照技术操作规范从事动物诊疗和动物诊疗辅助活动；

（三）遵守职业道德，履行兽医职责；

（四）爱护动物，宣传动物保健知识和动物福利。

第二十七条 执业兽医师应当使用规范的处方笺、病历册，并在处方笺、病历册上签名。未经亲自诊断、治疗，不得开具处方药、填写诊断书、出具有关证明文件。

执业兽医师不得伪造诊断结果，出具虚假证明文件。

第二十八条 执业兽医在动物诊疗活动中发现动物染疫或者疑似染疫的，应当按照国家规定立即向当地兽医主管部门、动物卫生监督机构或者动物疫病预防控制机构报告，并采取隔离等控制措施，防止动物疫情扩散。

执业兽医在动物诊疗活动中发现动物患有或者疑似患有国家规定应当扑杀的疫病时，不得擅自进行治疗。

第二十九条 执业兽医应当按照国家有关规定合理用药，不得使用假劣兽药和农业部规定禁止使用的药品及其他化合物。

执业兽医师发现可能与兽药使用有关的严重不良反应的，应当立即向所在地人民政府兽医主管部门报告。

第三十条 执业兽医应当按照当地人民政府或者兽医主管部门的要求，参加预防、控制和扑灭动物疫病活动，其所在单位不得阻碍、拒绝。

第三十一条 执业兽医应当于每年3月底前将上年度兽医执业活动情况向注册机关报告。

第五章 罚 则

第三十二条 违反本办法规定，执业兽医有下列情形之一的，由动物卫生监督机构按照《中华人民共和国动物防疫法》第八十二条第一款的规定予以处罚；情节严重的，并报原注册机关收回、注销兽医师执业证书或者助理兽医师执业证书：

（一）超出注册机关核定的执业范围从事动物诊疗活动的；

（二）变更受聘的动物诊疗机构未重新办理注册或者备案的。

第三十三条 使用伪造、变造、受让、租用、借用的兽医师执业证书或者助理兽医师执业证书的，动物卫生监督机构应当依法收缴，并按照《中华人民共和国动物防疫法》第八十二条第一款的规定予以处罚。

第三十四条 执业兽医有下列情形之一的，原注册机关应当收回、注销兽医师执业证书或者助理兽医师执业证书：

（一）死亡或者被宣告失踪的；

（二）中止兽医执业活动满2年的；

（三）被吊销兽医师执业证书或者助理兽医师执业证书的；

（四）连续2年没有将兽医执业活动情况向注册机关报告，且拒不改正的；

（五）出让、出租、出借兽医师执业证书或者助理兽医师执业证书的。

第三十五条 执业兽医师在动物诊疗活动中有下列情形之一的，由动物卫生监督机构给予警告，责令限期改正；拒不改正或者再次出现同类违法行为的，处1000元以下罚款：

（一）不使用病历，或者应当开具处方未开具处方的；

（二）使用不规范的处方笺、病历册，或者未在处方笺、病历册上签名的；

（三）未经亲自诊断、治疗，开具处方药、填写诊断书、出具有关证明文件的；

（四）伪造诊断结果，出具虚假证明文件的。

第三十六条 执业兽医在动物诊疗活动中，违法使用兽药的，依照有关法律、行政法规的规定予以处罚。

第三十七条 注册机关及动物卫生监督机构不依法履行审查和监督管理职责，玩忽职守、滥用职权或者徇私舞弊的，对直接负责的主管人员和其他直接责任人员，依照有关规定给予处分；构成犯罪的，依法追究刑事责任。

第六章 附 则

第三十八条 本办法施行前，不具有大学专科以上学历，但已取得兽医师以上专业技术职称，经县级以上地方人民政府兽医主管部门考核合格的，可以参加执业兽医资格考试。

第三十九条 本办法施行前，具有兽医、水产养殖本科以上学历，从事兽医临床教学或者动物诊疗活动，并取得高级兽医师、水产养殖高级工程师以上专业技术职称或者具有同等专业技术职称，经省、自治区、直辖市人民政府兽医主管部门考核合格，报农业部审核批准后颁发执业兽医师资格证书。

第四十条 动物饲养场（养殖小区）聘用的取得执业兽医师资格证书和执业助理兽医师资格证书的兽医人员，可以凭聘用合同申请兽医执业注册或者备案，但不得对外开展兽医执业活动。

第四十一条 乡村兽医的具体管理办法由农业部另行规定。

第四十二条 外国人和香港、澳门、台湾居民申请执业兽医资格考试、注册和备案的具体办法另行制定。

第四十三条 本办法所称注册机关，是指县（市辖区）级人民政府兽医主管部门；市辖区未设立兽医主管部门的，注册机关为上一级兽医主管部门。

第四十四条 本办法自 2009 年 1 月 1 日起施行。

附录 E 乡村兽医管理办法

（中华人民共和国农业部令第 17 号）《乡村兽医管理办法》已经 2008 年 11 月 4 日农业部第 8 次常务会议审议通过，现予发布，自 2009 年 1 月 1 日起施行。

部长：孙政才

二〇〇八年十一月二十六日

第一条 为了加强乡村兽医从业管理，提高乡村兽医业务素质和职业道德水平，保障乡村兽医合法权益，保护动物健康和公共卫生安全，根据《中华人民共和国动物防疫法》，制定本办法。

第二条 乡村兽医在乡村从事动物诊疗服务活动的，应当遵守本办法。

第三条 本办法所称乡村兽医，是指尚未取得执业兽医资格，经登记在乡村从事动物诊疗服务活动的人员。

第四条 农业部主管全国乡村兽医管理工作。

县级以上地方人民政府兽医主管部门主管本行政区域内乡村兽医管理工作。

县级以上地方人民政府设立的动物卫生监督机构负责本行政区域内乡村兽医监督执法工作。

第五条　国家鼓励符合条件的乡村兽医参加执业兽医资格考试，鼓励取得执业兽医资格的人员到乡村从事动物诊疗服务活动。

第六条　国家实行乡村兽医登记制度。符合下列条件之一的，可以向县级人民政府兽医主管部门申请乡村兽医登记：

（一）取得中等以上兽医、畜牧（畜牧兽医）、中兽医（民族兽医）或水产养殖专业学历的；

（二）取得中级以上动物疫病防治员、水生动物病害防治员职业技能鉴定证书的；

（三）在乡村从事动物诊疗服务连续5年以上的；

（四）经县级人民政府兽医主管部门培训合格的。

第七条　申请乡村兽医登记的，应当提交下列材料：

（一）乡村兽医登记申请表；

（二）学历证明、职业技能鉴定证书、培训合格证书或者乡镇畜牧兽医站出具的从业年限证明；

（三）申请人身份证明和复印件。

第八条　县级人民政府兽医主管部门应当在收到申请材料之日起20个工作日内完成审核。审核合格的，予以登记，并颁发乡村兽医登记证；不合格的，书面通知申请人，并说明理由。

乡村兽医登记证应当载明乡村兽医姓名、从业区域、有效期等事项。

乡村兽医登记证有效期五年，有效期届满需要继续从事动物诊疗服务活动的，应当在有效期届满三个月前申请续展。

第九条　乡村兽医登记证格式由农业部规定，各省、自治区、直辖市人民政府兽医主管部门统一印制。

县级人民政府兽医主管部门办理乡村兽医登记，不得收取任何费用。

第十条　县级人民政府兽医主管部门应当将登记的乡村兽医名单逐级汇总报省、自治区、直辖市人民政府兽医主管部门备案。

第十一条　乡村兽医只能在本乡镇从事动物诊疗服务活动，不得在城区从业。

第十二条　乡村兽医在乡村从事动物诊疗服务活动的，应当有固定的从业场所和必要的兽医器械。

第十三条　乡村兽医应当按照《兽药管理条例》和农业部的规定使用兽药，并如实记录用药情况。

第十四条　乡村兽医在动物诊疗服务活动中，应当按照规定处理使用过的兽医器械和医疗废弃物。

第十五条　乡村兽医在动物诊疗服务活动中发现动物染疫或者疑似染疫的，应当按照国家规定立即报告，并采取隔离等控制措施，防止动物疫情扩散。

乡村兽医在动物诊疗服务活动中发现动物患有或者疑似患有国家规定应当扑杀的疫病时，不得擅自进行治疗。

第十六条　发生突发动物疫情时，乡村兽医应当参加当地人民政府或者有关部门组织的预防、控制和扑灭工作，不得拒绝和阻碍。

第十七条　省、自治区、直辖市人民政府兽医主管部门应当制定乡村兽医培训规划，保证乡村兽医至少每两年接受一次培训。县级人民政府兽医主管部门应当根据培训规划制定本地区乡村兽医培训计划。

第十八条　县级人民政府兽医主管部门和乡（镇）人民政府应当按照《中华人民共和国动物防疫法》的规定，优先确定乡村兽医作为村级动物防疫员。

第十九条　乡村兽医有下列行为之一的，由动物卫生监督机构给予警告，责令暂停六个月以上一年以下动物诊疗服务活动；情节严重的，由原登记机关收回、注销乡村兽医登记证：

（一）不按照规定区域从业的；

（二）不按照当地人民政府或者有关部门的要求参加动物疫病预防、控制和扑灭活动的。

第二十条　乡村兽医有下列情形之一的，原登记机关应当收回、注销乡村兽医登记证：

（一）死亡或者被宣告失踪的；

（二）中止兽医服务活动满二年的。

第二十一条　乡村兽医在动物诊疗服务活动中，违法使用兽药的，依照有关法律、行政法规的规定予以处罚。

第二十二条　从事水生动物疫病防治的乡村兽医由县级人民政府渔业行政主管部门依照本办法的规定进行登记和监管。

县级人民政府渔业行政主管部门应当将登记的从事水生动物疫病防治的乡村兽医信息汇总通报同级兽医主管部门。

第二十三条　本办法自2009年1月1日起施行。

附录F　兽用处方药和非处方药管理办法

第一条　为加强兽药监督管理，促进兽医临床合理用药，保障动物产品安全，根据《兽药管理条例》，制定本办法。

第二条　国家对兽药实行分类管理，根据兽药的安全性和使用风险程度，将兽药分为兽用处方药和非处方药。兽用处方药是指凭兽医处方笺方可购买和使用的兽药。兽用非处方药是指不需要兽医处方笺即可自行购买并按照说明书使用的兽药。兽用处方药目录由农业部制定并公布。兽用处方药目录以外的兽药为兽用非处方药。

第三条　农业部主管全国兽用处方药和非处方药管理工作。县级以上地方人民政府兽医行政管理部门负责本行政区域内兽用处方药和非处方药的监督管理，具体工作可以委托所属执法机构承担。

第四条　兽用处方药的标签和说明书应当标注"兽用处方药"字样，兽用非处方药的标签和说明书应当标注"兽用非处方药"字样。前款字样应当在标签和说明书的右上角以宋体红色标注，背景应当为白色，字体大小根据实际需要设定，但必须醒目、清晰。

第五条　兽药生产企业应当跟踪本企业所生产兽药的安全性和有效性，发现不适合按兽用非处方药管理的，应当及时向农业部报告。兽药经营者、动物诊疗机构、行业协会或者其他组织和个人发现兽用非处方药有前款规定情形的，应当向当地兽医行政管理部门报告。

第六条　兽药经营者应当在经营场所显著位置悬挂或者张贴"兽用处方药必须凭兽医处方购买"的提示语。兽药经营者对兽用处方药、兽用非处方药应当分区或分柜摆放。兽用处方药不得采用开架自选方式销售。

第七条 兽用处方药凭兽医处方笺方可买卖,但下列情形除外:

(一)进出口兽用处方药的;

(二)向动物诊疗机构、科研单位、动物疫病预防控制机构和其他兽药生产企业、经营者销售兽用处方药的;

(三)向聘有依照《执业兽医管理办法》规定注册的专职执业兽医的动物饲养场(养殖小区)、动物园、实验动物饲育场等销售兽用处方药的。

第八条 兽医处方笺由依法注册的执业兽医按照其注册的执业范围开具。

第九条 兽医处方笺应当记载下列事项:

(一)畜主姓名或动物饲养场名称;

(二)动物种类、年(日)龄、体重及数量;

(三)诊断结果;

(四)兽药通用名称、规格、数量、用法、用量及休药期;

(五)开具处方日期及开具处方执业兽医注册号和签章。

处方笺一式三联,第一联由开具处方药的动物诊疗机构或执业兽医保存,第二联由兽药经营者保存,第三联由畜主或动物饲养场保存。动物饲养场(养殖小区)、动物园、实验动物饲育场等单位专职执业兽医开具的处方签由专职执业兽医所在单位保存。处方笺应当保存二年以上。

第十条 兽药经营者应当对兽医处方笺进行查验,单独建立兽用处方药的购销记录,并保存二年以上。

第十一条 兽用处方药应当依照处方笺所载事项使用。

第十二条 乡村兽医应当按照农业部制定、公布的《乡村兽医基本用药目录》使用兽药。

第十三条 兽用麻醉药品、精神药品、毒性药品等特殊药品的生产、销售和使用,还应当遵守国家有关规定。

第十四条 违反本办法第四条规定的,依照《兽药管理条例》第六十条第二款的规定进行处罚。

第十五条 违反本办法规定,未经注册执业兽医开具处方销售、购买、使用兽用处方药的,依照《兽药管理条例》第六十六条的规定进行处罚。

第十六条 违反本办法规定,有下列情形之一的,依照《兽药管理条例》第五十九条第一款的规定进行处罚:

(一)兽药经营者未在经营场所明显位置悬挂或者张贴提示语的;

(二)兽用处方药与兽用非处方药未分区或分柜摆放的;

(三)兽用处方药采用开架自选方式销售的;

(四)兽医处方笺和兽用处方药购销记录未按规定保存的。

第十七条 违反本办法其他规定的,依照《中华人民共和国动物防疫法》、《兽药管理条例》有关规定进行处罚。

第十八条 本办法自 2014 年 3 月 1 日起施行。

附录 G　兽药经营质量管理规范

（中华人民共和国农业部令 2010 年 第 3 号）《兽药经营质量管理规范》已于 2010 年 1 月 4 日经农业部第 1 次常务会议审议通过，现予发布，自 2010 年 3 月 1 日起施行。

二〇一〇年一月十五日

第一章　总　则

第一条　为加强兽药经营质量管理，保证兽药质量，根据《兽药管理条例》，制定本规范。

第二条　本规范适用于中华人民共和国境内的兽药经营企业。

第二章　场所与设施

第三条　兽药经营企业应当具有固定的经营场所和仓库，其面积应当符合省、自治区、直辖市人民政府兽医行政管理部门的规定。经营场所和仓库应当布局合理，相对独立。

经营场所的面积、设施和设备应当与经营的兽药品种、经营规模相适应。兽药经营区域与生活区域、动物诊疗区域应当分别独立设置，避免交叉污染。

第四条　兽药经营企业的经营地点应当与《兽药经营许可证》载明的地点一致。《兽药经营许可证》应当悬挂在经营场所的显著位置。

变更经营地点的，应当申请换发兽药经营许可证。

变更经营场所面积的，应当在变更后 30 个工作日内向发证机关备案。

第五条　兽药经营企业应当具有与经营的兽药品种、经营规模适应并能够保证兽药质量的常温库、阴凉库（柜）、冷库（柜）等仓库和相关设施、设备。

仓库面积和相关设施、设备应当满足合格兽药区、不合格兽药区、待验兽药区、退货兽药区等不同区域划分和不同兽药品种分区、分类保管、储存的要求。

变更仓库位置，增加、减少仓库数量、面积以及相关设施、设备的，应当在变更后 30 个工作日内向发证机关备案。

第六条　兽药直营连锁经营企业在同一县（市）内有多家经营门店的，可以统一配置仓储和相关设施、设备。

第七条　兽药经营企业的经营场所和仓库的地面、墙壁、顶棚等应当平整、光洁，门、窗应当严密、易清洁。

第八条　兽药经营企业的经营场所和仓库应当具有下列设施、设备：

（一）与经营兽药相适应的货架、柜台；

（二）避光、通风、照明的设施、设备；

（三）与储存兽药相适应的控制温度、湿度的设施、设备；

（四）防尘、防潮、防霉、防污染和防虫、防鼠、防鸟的设施、设备；

（五）进行卫生清洁的设施、设备等。

第九条　兽药经营企业经营场所和仓库的设施、设备应当齐备、整洁、完好，并根据兽药品种、类别、用途等设立醒目标志。

第三章　机构与人员

第十条　兽药经营企业直接负责的主管人员应当熟悉兽药管理法律、法规及政策规定，具备相应兽药专业知识。

第十一条　兽药经营企业应当配备与经营兽药相适应的质量管理人员。有条件的，可以建立质量管理机构。

第十二条　兽药经营企业主管质量的负责人和质量管理机构的负责人应当具备相应兽药专业知识，且其专业学历或技术职称应当符合省、自治区、直辖市人民政府兽医行政管理部门的规定。

兽药质量管理人员应当具有兽药、兽医等相关专业中专以上学历，或者具有兽药、兽医等相关专业初级以上专业技术职称。经营兽用生物制品的，兽药质量管理人员应当具有兽药、兽医等相关专业大专以上学历，或者具有兽药、兽医等相关专业中级以上专业技术职称，并具备兽用生物制品专业知识。

兽药质量管理人员不得在本企业以外的其他单位兼职。

主管质量的负责人、质量管理机构的负责人、质量管理人员发生变更的，应当在变更后30个工作日内向发证机关备案。

第十三条　兽药经营企业从事兽药采购、保管、销售、技术服务等工作的人员，应当具有高中以上学历，并具有相应兽药、兽医等专业知识，熟悉兽药管理法律、法规及政策规定。

第十四条　兽药经营企业应当制定培训计划，定期对员工进行兽药管理法律、法规、政策规定和相关专业知识、职业道德培训、考核，并建立培训、考核档案。

第四章　规章制度

第十五条　兽药经营企业应当建立质量管理体系，制定管理制度、操作程序等质量管理文件。

质量管理文件应当包括下列内容：

（一）企业质量管理目标；
（二）企业组织机构、岗位和人员职责；
（三）对供货单位和所购兽药的质量评估制度；
（四）兽药采购、验收、入库、陈列、储存、运输、销售、出库等环节的管理制度；
（五）环境卫生的管理制度；
（六）兽药不良反应报告制度；
（七）不合格兽药和退货兽药的管理制度；
（八）质量事故、质量查询和质量投诉的管理制度；
（九）企业记录、档案和凭证的管理制度；
（十）质量管理培训、考核制度。

第十六条　兽药经营企业应当建立下列记录：

（一）人员培训、考核记录；

（二）控制温度、湿度的设施、设备的维护、保养、清洁、运行状态记录；

（三）兽药质量评估记录；

（四）兽药采购、验收、入库、储存、销售、出库等记录；

（五）兽药清查记录；

（六）兽药质量投诉、质量纠纷、质量事故、不良反应等记录；

（七）不合格兽药和退货兽药的处理记录；

（八）兽医行政管理部门的监督检查情况记录。

记录应当真实、准确、完整、清晰，不得随意涂改、伪造和变造。确需修改的，应当签名、注明日期，原数据应当清晰可辨。

第十七条　兽药经营企业应当建立兽药质量管理档案，设置档案管理室或者档案柜，并由专人负责。

质量管理档案应当包括：

（一）人员档案、培训档案、设备设施档案、供应商质量评估档案、产品质量档案；

（二）开具的处方、进货及销售凭证；

（三）购销记录及本规范规定的其他记录。

质量管理档案不得涂改，保存期限不得少于 2 年；购销等记录和凭证应当保存至产品有效期后一年。

第五章　采购与入库

第十八条　兽药经营企业应当采购合法兽药产品。兽药经营企业应当对供货单位的资质、质量保证能力、质量信誉和产品批准证明文件进行审核，并与供货单位签订采购合同。

第十九条　兽药经营企业购进兽药时，应当依照国家兽药管理规定、兽药标准和合同约定，对每批兽药的包装、标签、说明书、质量合格证等内容进行检查，符合要求的方可购进。必要时，应当对购进兽药进行检验或者委托兽药检验机构进行检验，检验报告应当与产品质量档案一起保存。

兽药经营企业应当保存采购兽药的有效凭证，建立真实、完整的采购记录，做到有效凭证、账、货相符。采购记录应当载明兽药的通用名称、商品名称、批准文号、批号、剂型、规格、有效期、生产单位、供货单位、购入数量、购入日期、经手人或者负责人等内容。

第二十条　兽药入库时，应当进行检查验收，并做好记录。

有下列情形之一的兽药，不得入库：

（一）与进货单不符的；

（二）内、外包装破损可能影响产品质量的；

（三）没有标识或者标识模糊不清的；

（四）质量异常的；

（五）其他不符合规定的。

兽用生物制品入库，应当由两人以上进行检查验收。

第六章　陈列与储存

第二十一条　陈列、储存兽药应当符合下列要求：

（一）按照品种、类别、用途以及温度、湿度等储存要求，分类、分区或者专库存放；

（二）按照兽药外包装图示标志的要求搬运和存放；

（三）与仓库地面、墙、顶等之间保持一定间距；

（四）内用兽药与外用兽药分开存放，兽用处方药与非处方药分开存放；易串味兽药、危险药品等特殊兽药与其他兽药分库存放；

（五）待验兽药、合格兽药、不合格兽药、退货兽药分区存放；

（六）同一企业的同一批号的产品集中存放。

第二十二条　不同区域、不同类型的兽药应当具有明显的识别标识。标识应当放置准确、字迹清楚。

不合格兽药以红色字体标识；待验和退货兽药以黄色字体标识；合格兽药以绿色字体标识。

第二十三条　兽药经营企业应当定期对兽药及其陈列、储存的条件和设施、设备的运行状态进行检查，并做好记录。

第二十四条　兽药经营企业应当及时清查兽医行政管理部门公布的假劣兽药，并做好记录。

第七章　销售与运输

第二十五条　兽药经营企业销售兽药，应当遵循先产先出和按批号出库的原则。兽药出库时，应当进行检查、核对，建立出库记录。兽药出库记录应当包括兽药通用名称、商品名称、批号、剂型、规格、生产厂商、数量、日期、经手人或者负责人等内容。

有下列情形之一的兽药，不得出库销售：

（一）标识模糊不清或者脱落的；

（二）外包装出现破损、封口不牢、封条严重损坏的；

（三）超出有效期限的；

（四）其他不符合规定的。

第二十六条　兽药经营企业应当建立销售记录。销售记录应当载明兽药通用名称、商品名称、批准文号、批号、有效期、剂型、规格、生产厂商、购货单位、销售数量、销售日期、经手人或者负责人等内容。

第二十七条　兽药经营企业销售兽药，应当开具有效凭证，做到有效凭证、账、货、记录相符。

第二十八条　兽药经营企业销售兽用处方药的，应当遵守兽用处方药管理规定；销售兽用中药材、中药饮片的，应当注明产地。

第二十九条　兽药拆零销售时，不得拆开最小销售单元。

第三十条　兽药经营企业应当按照兽药外包装图示标志的要求运输兽药。有温度控制要求的兽药，在运输时应当采取必要的温度控制措施，并建立详细记录。

第八章　售后服务

第三十一条　兽药经营企业应当按照兽医行政管理部门批准的兽药标签、说明书及其他规定进行宣传，不得误导购买者。

第三十二条　兽药经营企业应当向购买者提供技术咨询服务，在经营场所明示服务公约和质量承诺，指导购买者科学、安全、合理使用兽药。

第三十三条 兽药经营企业应当注意收集兽药使用信息，发现假、劣兽药和质量可疑兽药以及严重兽药不良反应时，应当及时向所在地兽医行政管理部门报告，并根据规定做好相关工作。

第九章 附 则

第三十四条 兽药经营企业经营兽用麻醉药品、精神药品、易制毒化学药品、毒性药品、放射性药品等特殊药品，还应当遵守国家其他有关规定。

第三十五条 动物防疫机构依法从事兽药经营活动的，应当遵守本规范。

第三十六条 各省、自治区、直辖市人民政府兽医行政管理部门可以根据本规范，结合本地实际，制定实施细则，并报农业部备案。

第三十七条 本规范自 2010 年 3 月 1 日起施行。

本规范施行前已开办的兽药经营企业，应当自本规范施行之日起 24 个月内达到本规范的要求，并依法申领兽药经营许可证。

附录 H 兽医处方格式及应用规范

一、基本要求

1. 本规范所称兽医处方，是指执业兽医师在动物诊疗活动中开具的，作为动物用药凭证的文书。

2. 执业兽医师根据动物诊疗活动的需要，按照兽药使用规范，遵循安全、有效、经济的原则开具兽医处方。

3. 执业兽医师在注册单位签名留样或者专用签章备案后，方可开具处方。兽医处方经执业兽医师签名或者盖章后有效。

4. 执业兽医师利用计算机开具、传递兽医处方时，应当同时打印出纸质处方，其格式与手写处方一致；打印的纸质处方经执业兽医师签名或盖章后有效。

5. 兽医处方限于当次诊疗结果用药，开具当日有效。特殊情况下需延长有效期的，由开具兽医处方的执业兽医师注明有效期限，但有效期最长不得超过 3 d。

6. 除兽用麻醉药品、精神药品、毒性药品和放射性药品外，动物诊疗机构和执业兽医师不得限制动物主人持处方到兽药经营企业购药。

二、处方笺格式

兽医处方笺规格和样式（见附件）由农业部规定，从事动物诊疗活动的单位应当按照规定的规格和样式印制兽医处方笺或者设计电子处方笺。兽医处方笺规格如下：

1. 兽医处方笺一式三联，可以使用同一种颜色纸张，也可以使用三种不同颜色纸张。

2. 兽医处方笺分为两种规格，小规格为：长 210 mm、宽 148 mm；大规格为：长 296 mm、宽 210 mm。

三、处方笺内容

兽医处方笺内容包括前记、正文、后记三部分，要符合以下标准：

1. 前记：对个体动物进行诊疗的，至少包括动物主人姓名或者动物饲养单位名称、档案号、开具日期和动物的种类、性别、体重、年（日）龄。

对群体动物进行诊疗的，至少包括饲养单位名称、档案号、开具日期和动物的种类、数量、年（日）龄。

2. 正文：包括初步诊断情况和 Rp（拉丁文 Recipe"请取"的缩写）。Rp 应当分列兽药名称、规格、数量、用法、用量等内容；对于食品动物还应当注明休药期。

3. 后记：至少包括执业兽医师签名或盖章和注册号、发药人签名或盖章。

四、处方书写要求

兽医处方书写应当符合下列要求：

1. 动物基本信息、临床诊断情况应当填写清晰、完整，并与病历记载一致。

2. 字迹清楚，原则上不得涂改；如需修改，应当在修改处签名或盖章，并注明修改日期。

3. 兽药名称应当以兽药国家标准载明的名称为准。兽药名称简写或者缩写应当符合国内通用写法，不得自行编制兽药缩写名或者使用代号。

4. 书写兽药规格、数量、用法、用量及休药期要准确规范。

5. 兽医处方中包含兽用化学药品、生物制品、中成药的，每种兽药应当另起一行。

6. 兽药剂量与数量用阿拉伯数字书写。剂量应当使用法定计量单位：质量以千克（kg）、克（g）、毫克（mg）、微克（μg）、纳克（ng）为单位；容量以升（l）、毫升（mL）为单位；有效量单位以国际单位（IU）、单位（U）为单位。

7. 片剂、丸剂、胶囊剂以及单剂量包装的散剂、颗粒剂分别以片、丸、粒、袋为单位；多剂量包装的散剂、颗粒剂以 g 或 kg 为单位；单剂量包装的溶液剂以支、瓶为单位，多剂量包装的溶液剂以 mL 或 l 为单位；软膏及乳膏剂以支、盒为单位；单剂量包装的注射剂以支、瓶为单位，多剂量包装的注射剂以 mL 或 l 或 g 或 kg 为单位，应当注明含量；兽用中药自拟方应当以剂为单位。

8. 开具处方后的空白处应当划一斜线，以示处方完毕。

9. 执业兽医师注册号可采用印刷或盖章方式填写。

五、处方保存

1. 兽医处方开具后，第一联由从事动物诊疗活动的单位留存，第二联由药房或者兽药经营企业留存，第三联由动物主人或者饲养单位留存。

2. 兽医处方由处方开具、兽药核发单位妥善保存二年以上。保存期满后，经所在单位主要负责人批准、登记备案，方可销毁。

附录Ⅰ 禁止在饲料和动物饮用水中使用的药物品种目录

一、肾上腺素受体激动剂

1、盐酸克仑特罗：中华人民共和国药典（以下简称药典）2000 年二部 P605。β2 肾上腺素受体激动药。

2、沙丁胺醇：药典 2000 年二部 P316。β2 肾上腺素受体激动药。

3、硫酸沙丁胺醇：药典2000年二部P870。β2肾上腺素受体激动药。

4、莱克多巴胺：一种β兴奋剂，美国食品和药物管理局（FDA）已批准，中国未批准。

5、盐酸多巴胺：药典2000年二部P591。多巴胺受体激动药。

6、西巴特罗：美国氰胺公司开发的产品，一种β兴奋剂，FDA未批准。

7、硫酸特布他林：药典2000年二部P890。β2肾上腺受体激动药。

二、性激素

8、已烯雌酚：药典2000年二部P42。雌激素类药。

9、雌二醇：药典2000年二部P1005。雌激素类药。

10、戊酸雌二醇：药典2000年二部P124。雌激素类药。

11、苯甲酸雌二醇：药典2000年二部P369。雌激素类药。中华人民共和国兽药典（以下简称兽药典）2000年版一部P109。雌激素类药。用于发情不明显动物的催情及胎衣滞留、死胎的排除。

12、氯烯雌醚：药典2000年二部P919。

13、炔诺醇：药典2000年二部P422。

14、炔诺醚：药典2000年二部P424。

15、醋酸氯地孕酮：药典2000年二部P1037。

16、左炔诺孕酮：药典2000年二部P107。

17、炔诺酮：药典2000年二部P420。

18、绒毛膜促性腺激素（绒促性素）：药典2000年二部P534。促性腺激素药。兽药典2000年版一部P146。激素类药。用于性功能障碍、习惯性流产及卵巢囊肿等。

19、促卵泡生长激素（尿促性素主要含卵泡刺激FSHT和黄体生成素L：药典2000年二部P321。促性腺激素类药。

三、蛋白同化激素

20、碘化酪蛋白：蛋白同化激素类，为甲状腺素的前驱物质，具有类似甲状腺素的生理作用。

21、苯丙酸诺龙及苯丙酸诺龙注射液 药典2000年二部P365。

四、精神药品

22、（盐酸）氯丙嗪：药典2000年二部P676。抗精神病药。兽药典2000年版一部P177。镇静药。用于强化麻醉以及使动物安静等。

23、盐酸异丙嗪：药典2000年二部P602。抗组胺药。兽药典2000年版一部P164。抗胺药。用于变态反应性疾病，如荨麻疹、血清病等。

24、安定（地西泮）：药典2000年二部P214。抗焦虑药、抗惊厥药。兽药典2000年版一部P61。镇静药、抗惊厥药。

25、苯巴比妥：药典2000年二部P362。镇静催眠药、抗惊厥药。兽药典2000年版一部P103。巴比妥类药。缓解脑炎、破伤风、士的宁中毒所致的惊厥。

26、苯巴比妥钠：兽药典2000年版一部P105。巴比妥类药。缓解脑炎、破伤风、士的宁中毒所致的惊厥。

27、巴比妥：兽药典2000年版二部P27。中枢抑制和增强解热镇痛。

28、异戊巴比妥：药典2000年二部P252。催眠药、抗惊厥药。

29、异戊巴比妥钠：兽药典 2000 年版一部 P82。巴比妥类药。用于小动物的镇静、抗惊厥和麻醉。

30、利血平：药典 2000 年二部 P304。抗高血压药。

31、艾司唑仑。

32、甲丙氨脂。

33、咪达唑仑。

34、硝西泮。

35、奥沙西泮。

36、匹莫林。

37、三唑仑。

38、唑吡旦。

39、其他国家管制的精神药品。

五、各种抗生素滤渣

40、抗生素滤渣：该类物质是抗生素类产品生产过程中产生的工业三废，因含有微量抗生素成分，在饲料和饲养过程中使用后对动物有一定的促生长作用。但对养殖业的危害很大，一是容易引起耐药性，二是由于未做安全性试验，存在各种安全隐患。

附录 J 食品动物禁用的兽药及其他化合物清单

（2002 年 3 月 5 日中华人民共和国农业部第 193 号发布）

为保证动物源性食品安全，维护人民身体健康，根据《兽药管理条例》的规定，我部制定了《食品动物禁用的兽药及其他化合物清单》（以下简称《禁用清单》），现公告如下：

一、《禁用清单》序号 1 至 18 所列品种的原料药及其单方、复方制剂产品停止生产，已在兽药国家标准、农业部专业标准及兽药地方标准中收载的品种，废止其质量标准，撤销其产品批准文号；已在我国注册登记的进口兽药，废止其进口兽药质量标准，注销其《进口兽药登记许可证》。

序号　兽药及其他化合物名称　禁止用途　禁用动物

1　β-兴奋剂类：克伦特罗 Clenbuterol、沙丁胺醇 Salbutamol、西马特罗 Cimaterol 及其盐、酯及制剂　所有用途　所有食品动物

2 性激素类：己烯雌酚 Diethylstilbestrol 及其盐、酯及制剂　所有用途　所有食品动物

3 具有雌激素样作用的物质：玉米赤霉醇 Zeranol、去甲雄三烯醇酮 Trenbolone、醋酸甲孕酮 Mengestrol Acetate 及制剂　所有用途　所有食品动物

4 氯霉素 Chloramphenicol 及其盐、酯（包括：琥珀氯霉素 Chloramphenicol Succinate）及制剂所有用途　所有食品动物

5 氨苯砜 Dapsoneey 及制剂　所有用途　所有食品动物

6 硝基呋喃类：呋喃唑酮 Furazolidone、呋喃它酮 Furaltadone、呋喃苯烯酸钠 Nifurstyrenate sodium 及制剂　所有用途　所有食品动物

7 硝基化合物：硝基酚钠 Sodium nitrophenolate、硝呋烯腙 Nitrovin 及制剂　所有用途所

有食品动物

    8 催眠、镇静类：安眠酮 Methaqualone 及制剂　所有用途　所有食品动物

    9 林丹（丙体六六六）Lindane　杀虫剂　水生食品动物

    10 毒杀芬（氯化烯）Camahechlor　杀虫剂、清塘剂　水生食品动物

    11 呋喃丹（克百威）Carbofuran 杀虫剂　水生食品动物

    12 杀虫脒（克死螨）Chlordimeforn　杀虫剂　水生食品动物

    13 双甲脒 Amitraz　杀虫剂　水生食品动物

    14 酒石酸锑钾 Antimony potassium tartrate　杀虫剂　水生食品动物

    15 锥虫胂胺 Tryparsamide 杀虫剂　水生食品动物

    16 孔雀石绿 Malachite green　抗菌、杀虫剂　水生食品动物

    17 五氯酚酸钠 Pentachlorophenol sodium　杀螺剂　水生食品动物

    18 各种汞制剂

    包括：氯化亚汞（甘汞）Calomel、硝酸亚汞 Mercurous nitrate、醋酸汞 Mercurous acetate、吡啶基醋酸汞 Pyridyl mercurous acetate　杀虫剂　所有食品动物

    19 性激素类：甲基睾丸酮 Methyltestosterone、丙酸睾酮 Testosterone Propionate 苯丙酸诺龙 Nandrolone Phenylpropionate、苯甲酸雌二醇 Estradiol Benzoate 及其盐、酯及制剂　促生长所有食品动物

    20 催眠、镇静类：氯丙嗪 Chlorpromazine、地西泮（安定）Diazepam 及其盐、酯及制剂 促生长　所有食品动物

    21 硝基咪唑类：甲硝唑 Metronidazole、地美硝唑 Dimetronidazole 及其盐、酯及制剂　促生长所有食品动物

    注：食品动物是指各种供人食用或其产品供人食用的动物。

    二、截至 2002 年 5 月 15 日，《禁用清单》序号 1 至 18 所列品种的原料药及其单方、复方制剂产品停止经营和使用。

    三、《禁用清单》序号 19 至 21 所列品种的原料药及其单方、复方制剂产品不准以抗应激、提高饲料报酬、促进动物生长为目的在食品动物饲养过程中使用。

附录 K　兽用处方药品种目录

一、抗微生物药

抗生素类

    1. β-内酰胺类：注射用青霉素钠、注射用青霉素钾、氨苄西林混悬注射液、氨苄西林可溶性粉、注射用氨苄西林钠、注射用氯唑西林钠、阿莫西林注射液、注射用阿莫西林钠、阿莫西林片、阿莫西林可溶性粉、阿莫西林克拉维酸钾注射液、阿莫西林硫酸黏菌素注射液、注射用苯唑西林钠、注射用普鲁卡因青霉素、普鲁卡因青霉素注射液、注射用苄星青霉素。

    2. 头孢菌素类：注射用头孢噻呋、盐酸头孢噻呋注射液、注射用头孢噻呋钠、头孢氨苄注射液、硫酸头孢喹肟注射液。

    3. 氨基糖苷类：注射用硫酸链霉素、注射用硫酸双氢链霉素、硫酸双氢链霉素注射液、

硫酸卡那霉素注射液、注射用硫酸卡那霉素、硫酸庆大霉素注射液、硫酸安普霉素注射液、硫酸安普霉素可溶性粉、硫酸安普霉素预混剂、硫酸新霉素溶液、硫酸新霉素粉、硫酸新霉素预混剂、硫酸新霉素可溶性粉、盐酸大观霉素可溶性粉、盐酸大观霉素盐酸林可霉素可溶性粉。

4. 四环素类：土霉素注射液、长效土霉素注射液、盐酸土霉素注射液、注射用盐酸土霉素、长效盐酸土霉素注射液、四环素片、注射用盐酸四环素、盐酸多西环素粉、盐酸多西环素可溶性粉、盐酸多西环素片、盐酸多西环素注射液。

5. 大环内酯类：红霉素片、注射用乳糖酸红霉素、硫氰酸红霉素可溶性粉、泰乐菌素注射液、注射用酒石酸泰乐菌素、酒石酸泰乐菌素可溶性粉、酒石酸泰乐菌素磺胺二甲嘧啶可溶性粉、磷酸泰乐菌素磺胺二甲嘧啶预混剂、替米考星注射液、替米考星可溶性粉、替米考星预混剂、替米考星溶液、磷酸替米考星预混剂、酒石酸吉他霉素可溶性粉。

6. 酰胺醇类：氟苯尼考粉、氟苯尼考粉、氟苯尼考注射液、氟苯尼考可溶性粉、氟苯尼考预混剂、氟苯尼考预混剂、甲砜霉素注射液、甲砜霉素粉、甲砜霉素粉、甲砜霉素可溶性粉、甲砜霉素片、甲砜霉素颗粒。

7. 林可胺类：盐酸林可霉素注射液、盐酸林可霉素片、盐酸林可霉素可溶性粉、盐酸林可霉素预混剂、盐酸林可霉素硫酸大观霉素预混剂。

8. 其他：延胡索酸泰妙菌素可溶性粉。

合成抗菌药

1. 磺胺类药：复方磺胺嘧啶预混剂、复方磺胺嘧啶粉、磺胺对甲氧嘧啶二甲氧苄啶预混剂、复方磺胺对甲氧嘧啶粉、磺胺间甲氧嘧啶粉、磺胺间甲氧嘧啶预混剂、复方磺胺间甲氧嘧啶可溶性粉、复方磺胺间甲氧嘧啶预混剂、磺胺间甲氧嘧啶钠粉、磺胺间甲氧嘧啶钠可溶性粉、复方磺胺间甲氧嘧啶钠粉、复方磺胺间甲氧嘧啶钠可溶性粉、复方磺胺二甲嘧啶粉、复方磺胺二甲嘧啶可溶性粉、复方磺胺甲噁唑粉、复方磺胺甲噁唑粉、复方磺胺氯达嗪钠粉、磺胺氯吡嗪钠可溶性粉、复方磺胺氯吡嗪钠预混剂、磺胺喹噁啉二甲氧苄啶预混剂、磺胺喹啉钠可溶性粉。

2. 喹诺酮类药：恩诺沙星注射液、恩诺沙星粉、恩诺沙星片、恩诺沙星溶液、恩诺沙星可溶性粉、恩诺沙星混悬液、盐酸恩诺沙星可溶性粉、乳酸环丙沙星可溶性粉、乳酸环丙沙星注射液、盐酸环丙沙星注射液、盐酸环丙沙星可溶性粉、盐酸环丙沙星盐酸小檗碱预混剂、维生素C磷酸酯镁盐酸环丙沙星预混剂、盐酸沙拉沙星注射液、盐酸沙拉沙星片、盐酸沙拉沙星可溶性粉、盐酸沙拉沙星溶液、甲磺酸达氟沙星注射液、甲磺酸达氟沙星溶液、甲磺酸达氟沙星粉、甲磺酸培氟沙星可溶性粉、甲磺酸培氟沙星注射液、甲磺酸培氟沙星颗粒、盐酸二氟沙星片、盐酸二氟沙星注射液、盐酸二氟沙星粉、盐酸二氟沙星溶液、诺氟沙星粉、诺氟沙星盐酸小檗碱预混剂、乳酸诺氟沙星可溶性粉、乳酸诺氟沙星注射液、烟酸诺氟沙星注射液、烟酸诺氟沙星可溶性粉、烟酸诺氟沙星溶液、烟酸诺氟沙星预混剂、噁喹酸散、噁喹酸混悬液、噁喹酸溶液、氟甲喹可溶性粉、氟甲喹粉、盐酸洛美沙星片、盐酸洛美沙星可溶性粉、盐酸洛美沙星注射液、氧氟沙星片、氧氟沙星可溶性粉、氧氟沙星注射液、氧氟沙星溶液、氧氟沙星溶液。

3. 其他：乙酰甲喹片、乙酰甲喹注射液。

二、抗寄生虫药

抗蠕虫药：阿苯达唑硝氯酚片、甲苯咪唑溶液、硝氯酚伊维菌素片、阿维菌素注射液、碘硝酚注射液、精制敌百虫片、精制敌百虫粉。

抗原虫药：注射用三氮脒、注射用喹嘧胺、盐酸吖啶黄注射液、甲硝唑片、地美硝唑预混剂。

杀虫药：辛硫磷溶液、氯氰菊酯溶液、溴氰菊酯溶液。

三、中枢神经系统药物

中枢兴奋药：安钠咖注射液、尼可刹米注射液、樟脑磺酸钠注射液、硝酸士的宁注射液、盐酸苯噁唑注射液。

镇静药与抗惊厥药：盐酸氯丙嗪片、盐酸氯丙嗪注射液、地西泮片、地西泮注射液、苯巴比妥片、注射用苯巴比妥钠。

麻醉性镇痛药：盐酸吗啡注射液、盐酸哌替啶注射液。

全身麻醉药与化学保定药：注射用硫喷妥钠、注射用异戊巴比妥钠、盐酸氯胺酮注射液、复方氯胺酮注射液、盐酸赛拉嗪注射液、盐酸赛拉唑注射液、氯化琥珀胆碱注射液。

四、外周神经系统药物

拟胆碱药：氯化氨甲酰甲胆碱注射液、甲硫酸新斯的明注射液。

抗胆碱药：硫酸阿托品片、硫酸阿托品注射液、氢溴酸东莨菪碱注射液。拟肾上腺素药：重酒石酸去甲肾上腺素注射液、盐酸肾上腺素注射液。

局部麻醉药：盐酸普鲁卡因注射液、盐酸利多卡因注射液。

五、抗炎药
氢化可的松注射液、醋酸可的松注射液、醋酸氢化可的松注射液、醋酸泼尼松片、地塞米松磷酸钠注射液、醋酸地塞米松片、倍他米松片。

六、泌尿生殖系统药物
丙酸睾酮注射液、苯丙酸诺龙注射液、苯甲酸雌二醇注射液、黄体酮注射液、注射用促黄体释放激素 A2、注射用促黄体释放激素 A3、注射用复方鲑鱼促性腺激素释放激素类似物、注射用复方绒促性素 A 型、注射用复方绒促性素 B 型。

七、抗过敏药
盐酸苯海拉明注射液、盐酸异丙嗪注射液、马来酸氯苯那敏注射液。

八、局部用药物
注射用氯唑西林钠、头孢氨苄乳剂、苄星氯唑西林注射液、氯唑西林钠氨苄西林钠乳剂、氨苄西林氯唑西林钠乳房注入液、盐酸林可霉素硫酸新霉素乳房注入剂、盐酸林可霉素乳房注入剂、盐酸吡利霉素乳房注入剂。

九、解毒药
金属络合剂：二巯丙醇注射液、二巯丙磺钠注射液。胆碱酯酶复活剂：碘解磷定注射液。高铁血红蛋白还原剂：亚甲蓝注射液。氰化物解毒剂：亚硝酸钠注射液。其他解毒剂：乙酰胺注射液。

附录 L 乡村兽医基本用药目录

一、兽用非处方药所有品种
二、兽用处方药品种目录（第一批）中有关品种
（一）抗微生物药
1. 抗生素类
（1）β-内酰胺类：注射用青霉素钠、注射用青霉素钾、氨苄西林混悬注射液、氨苄西林可溶性粉、注射用氨苄西林钠、注射用氯唑西林钠、阿莫西林注射液、注射用阿莫西林钠、阿

莫西林片、阿莫西林可溶性粉、阿莫西林克拉维酸钾注射液、阿莫西林硫酸黏菌素注射液、注射用苯唑西林钠、注射用普鲁卡因青霉素、普鲁卡因青霉素注射液、注射用苄星青霉素。

（2）头孢菌素类：注射用头孢噻呋、盐酸头孢噻呋注射液、注射用头孢噻呋钠。

（3）氨基糖苷类：注射用硫酸链霉素、注射用硫酸双氢链霉素、硫酸双氢链霉素注射液、硫酸卡那霉素注射液、注射用硫酸卡那霉素、硫酸庆大霉素注射液、硫酸安普霉素注射液、硫酸安普霉素可溶性粉、硫酸新霉素溶液、硫酸新霉素粉（水产用）、硫酸新霉素可溶性粉、盐酸大观霉素可溶性粉、盐酸大观霉素盐酸林可霉素可溶性粉。

（4）四环素类：土霉素注射液、盐酸土霉素注射液、注射用盐酸土霉素、四环素片、注射用盐酸四环素、盐酸多西环素粉（水产用）、盐酸多西环素可溶性粉、盐酸多西环素片、盐酸多西环素注射液。

（5）大环内酯类：红霉素片、注射用乳糖酸红霉素、硫氰酸红霉素可溶性粉、泰乐菌素注射液、注射用酒石酸泰乐菌素、酒石酸泰乐菌素可溶性粉、酒石酸泰乐菌素磺胺二甲嘧啶可溶性粉、替米考星注射液、替米考星可溶性粉、替米考星溶液、酒石酸吉他霉素可溶性粉。

（6）酰胺醇类：氟苯尼考粉、氟苯尼考粉（水产用）、氟苯尼考注射液、氟苯尼考可溶性粉、甲砜霉素注射液、甲砜霉素粉、甲砜霉素粉（水产用）、甲砜霉素可溶性粉、甲砜霉素片、甲砜霉素颗粒。

（7）林可胺类：盐酸林可霉素注射液、盐酸林可霉素片、盐酸林可霉素可溶性粉。

（8）其他：延胡索酸泰妙菌素可溶性粉。

2. 合成抗菌药

（1）磺胺类药：复方磺胺嘧啶粉（水产用）、复方磺胺对甲氧嘧啶粉、磺胺间甲氧嘧啶粉、复方磺胺间甲氧嘧啶可溶性粉、磺胺间甲氧嘧啶钠粉（水产用）、磺胺间甲氧嘧啶钠可溶性粉、复方磺胺间甲氧嘧啶钠粉、复方磺胺间甲氧嘧啶钠可溶性粉、复方磺胺二甲嘧啶粉（水产用）、复方磺胺二甲嘧啶可溶性粉、复方磺胺氯达嗪钠粉、磺胺氯吡嗪钠可溶性粉、磺胺喹恶啉钠可溶性粉。

（2）喹诺酮类药：恩诺沙星注射液、恩诺沙星粉（水产用）、恩诺沙星片、恩诺沙星溶液、恩诺沙星可溶性粉、恩诺沙星混悬液、盐酸恩诺沙星可溶性粉、盐酸沙拉沙星注射液、盐酸沙拉沙星片、盐酸沙拉沙星可溶性粉、盐酸沙拉沙星溶液、甲磺酸达氟沙星注射液、甲磺酸达氟沙星溶液、甲磺酸达氟沙星粉、盐酸二氟沙星片、盐酸二氟沙星注射液、盐酸二氟沙星粉、盐酸二氟沙星溶液、恶喹酸散、恶喹酸混悬液、恶喹酸溶液、氟甲喹可溶性粉、氟甲喹粉。

（3）其他：乙酰甲喹片、乙酰甲喹注射液。

（二）抗寄生虫药

1. 抗蠕虫药：阿苯达唑硝氯酚片、甲苯咪唑溶液（水产用）、硝氯酚伊维菌素片、阿维菌素注射液、碘硝酚注射液、精制敌百虫片、精制敌百虫粉（水产用）。

2. 抗原虫药：注射用三氮脒、注射用喹嘧胺、盐酸吖啶黄注射液、甲硝唑片。

3. 杀虫药：辛硫磷溶液（水产用）。

（三）中枢神经系统药物

1. 中枢兴奋药：尼可刹米注射液、樟脑磺酸钠注射液、盐酸苯恶唑注射液。

2. 全身麻醉药与化学保定药：注射用硫喷妥钠、注射用异戊巴比妥钠。

（四）外周神经系统药物

1. 拟胆碱药：氯化氨甲酰甲胆碱注射液、甲硫酸新斯的明注射液。
2. 抗胆碱药：硫酸阿托品片、硫酸阿托品注射液、氢溴酸东莨菪碱注射液。
3. 拟肾上腺素药：重酒石酸去甲肾上腺素注射液、盐酸肾上腺素注射液。
4. 局部麻醉药：盐酸普鲁卡因注射液、盐酸利多卡因注射液。

（五）抗炎药

氢化可的松注射液、醋酸可的松注射液、醋酸氢化可的松注射液、醋酸泼尼松片、地塞米松磷酸钠注射液、醋酸地塞米松片、倍他米松片。

（六）生殖系统药物

黄体酮注射液、注射用促黄体素释放激素 A2、注射用促黄体素释放激素 A3、注射用复方鲑鱼促性腺激素释放激素类似物、注射用复方绒促性素 A 型、注射用复方绒促性素 B 型。

（七）抗过敏药

盐酸苯海拉明注射液、盐酸异丙嗪注射液、马来酸氯苯那敏注射液。

（八）局部用药物

苄星氯唑西林注射液、氨苄西林钠氯唑西林钠乳房注入剂（泌乳期）、盐酸林可霉素硫酸新霉素乳房注入剂（泌乳期）、盐酸林可霉素乳房注入剂（泌乳期）、盐酸吡利霉素乳房注入剂（泌乳期）。

（九）解毒药

1. 金属络合剂：二巯丙醇注射液、二巯丙磺钠注射液。
2. 胆碱酯酶复活剂：碘解磷定注射液。
3. 高铁血红蛋白还原剂：亚甲蓝注射液。
4. 氰化物解毒剂：亚硝酸钠注射液。
5. 其他解毒剂：乙酰胺注射液。